河北省教育厅人文社会科学研究重大课题攻关项目“冀北地区生态恢复与居民福祉耦合关系研究”（ZD201462）成果。

承德市财政局科技支撑项目“京津承水源地生态恢复与居民福祉耦合关系研究”（CZ2012001）成果。

承德生态恢复与居民福祉

张月丛 成福伟 等 / 著

ECOLOGICAL RESTORATION AND
RESIDENTS' WELL-BEING OF CHENGDE

图书在版编目（CIP）数据

承德生态恢复与居民福祉／张月丛，成福伟等著．—北京：经济管理出版社，2017.12
ISBN 978-7-5096-5518-4

Ⅰ.①承…　Ⅱ.①张…　②成…　Ⅲ.①生态恢复—关系—居民—幸福—研究—承德
Ⅳ.①X171.4　②D668

中国版本图书馆 CIP 数据核字（2017）第 298178 号

组稿编辑：张莉琼
责任编辑：张　艳　张莉琼
责任印制：黄章平
责任校对：董杉珊

出版发行：经济管理出版社
（北京市海淀区北蜂窝 8 号中雅大厦 A 座 11 层　100038）
网　　址：www.E-mp.com.cn
电　　话：（010）51915602
印　　刷：北京玺诚印务有限公司
经　　销：新华书店
开　　本：720mm×1000mm/16
印　　张：27.5
字　　数：480 千字
版　　次：2018 年 4 月第 1 版　　2018 年 4 月第 1 次印刷
书　　号：ISBN 978-7-5096-5518-4
定　　价：89.00 元

项目组核心成员

张月丛	成福伟	张　娜
杨依天	孟宪峰	吴才武
杨　越	韩永娇	

前　言

时光流逝，岁月如梭，转眼间到承德市来工作已经 30 年。这 30 年来对承德的山、水、人有了浓厚的感情，不知不觉中承德从第二故乡变成了第一故乡。我作为承德的教学科研工作者，一直想为承德地方经济发展贡献一份微薄之力。这些年来的科学研究主要围绕承德生态恢复与居民福祉耦合关系展开，探讨承德在生态恢复和保护的同时如何切实增进居民福祉。

承德市有着“五最一特”的优势。“五最”一是区域面积在全省最大，总面积 3. 95 万平方千米，生态建设有天地，产业发展有空间。二是森林覆盖率在京津冀地区最高。承德市有林地面积占全省的 50%以上，森林覆盖率达 54. 80%，是华北的“生态绿肺”和“天然氧吧”。在京津冀大部分城市空气质量恶化、雾霾严重超标的情形下，承德良好的生态环境已成了稀缺资源。三是在京津冀区域内水资源最丰沛。承德市是滦河、潮河和辽河等大河的发源地，在当前京津冀各地水源奇缺之时，承德可向外输送水资源。四是矿产资源最丰富。五是文化特色最鲜明。承德市是全国第一批历史文化名城之一，有世界现存最大的皇家园林和皇家寺庙群——避暑山庄及周围寺庙。“一特”指区位优势最为特殊。承德环抱京津，在环渤海、环京津地区加速崛起的新形势下，优势突出地显现出来，为承德市今后经济发展、经济转型、产业升级提供了不可多得的条件。

“五最一特”是承德市发展定位的重要依据，习近平总书记对承德市作出了“定位于建设京津冀水源涵养功能区，同步考虑解决京津周边贫困问题”的重要指示。承德市发展规划围绕“京津冀水源涵养功能区、国家绿色发展先行区、环首都扶贫攻坚示范区和国际旅游城市”进行，发展行动准则是以持续提升环境质量为目标，大力实施山、水、林、田、湖治理等生态工程，实施最严格的水资源管理制度，扎实推进“蓝天、碧水、净土、雷霆”四大行动，打好“减煤、治企、控车、抑尘、增绿”大气污染防治攻坚战，确保空气质量、水环境质量不断优化，进一步筑牢京津绿色生态屏障。

承德市属于环首都经济贫困区，增进居民福祉在这样的发展定位下如何实现？环首都扶贫攻坚示范区和国际旅游城市发展，需要了解承德地理概况、尊重自然、顺应自然、保护自然，自觉践行绿色生活，促进生态恢复与居民福祉耦合，共同建设美丽承德。

本书构思虽早已开始，然而起初率尔操觚，草成初稿，但框架和内容并不够缜密与完善，断断续续在修改或重新写作，如今契合上一个适宜的社会氛围，即全社会都在重视生态与环境问题，祈望本书能够在承德市生态文明建设和增进居民福祉方面发挥微薄之力。本书编写过程中，杨依天博士负责专题地图的绘制，成福伟参与了承德市生态恢复与居民福祉耦合关系研究设计案例的写作，张娜博士收集了在承德市国民经济和社会发展概况数据资料，孟宪峰、吴才武、杨越、韩永娇、李春和、郭翠恩等给予了很大帮助，在此谨表谢忱。

书中部分图片来源于网络，由于书稿各部分编写时间不同，文献引用可能有时间上的差异。在统稿阶段对早期引用的文献、图片尽量标注，然也可能有遗漏。若此，敬请原文献作者见谅。

囿于笔者才识，书中一些谬误在所难免。正所谓“挟泰山以超北海，此不能也，非不为也”。书中缺憾，俟再版修订时加以弥补。

张月丛

2017 年 8 月 6 日

目　录

第一篇　承德市生态环境

第一章
承德市自然地理和社会经济概况

承德市地理位置115°54′E～119°15′E，40°11′N～42°40′N。地处河北省东北部，东临辽宁省朝阳市，南邻唐山市和天津市，东南为秦皇岛市，西南紧依北京市，西接张家口市，西北、正北和东北与内蒙古自治区接壤，总面积3.95万平方千米（2007～2009年全国第二次土地调查数据）。境内辖八县三区，包括：承德县、兴隆县、平泉县、滦平县、隆化县、丰宁县、宽城县和围场县以及双桥区、双滦区和营子区，截至2015年底，共有115个乡，90个镇，年末总人口382.3489万人，年末总户数137.1792户（《承德统计年鉴》，2016）。承德市人民政府位于双桥区武烈河畔，距省会石家庄435千米，距首都北京180千米。

承德市自然地理条件复杂多样，为发展农林牧副渔业和工业生产提供了有利条件。境内资源丰富，已探明的矿产资源有黑色金属、有色金属、可燃性有机岩、非金属矿藏等。自然风景、名胜古迹闻名遐迩，经济发展注重发挥生态、旅游、资源、区位等优势。

承德市在民国和解放初期为原热河省省会。位于承德市的国家重点风景名胜区避暑山庄及其周围寺庙是中国十大风景名胜之一、中国旅游胜地四十佳之一、1982年经国务院批准的首批24个历史文化名城之一。1994年避暑山庄及其周围寺庙被联合国教科文组织批准为世界文化遗产，同时其也是国家首批世界文化遗产，是国家甲类开放城市。2011年和2012年连续两年被中国（国际）休闲发展论坛评为中国“十大特色休闲城市”。2016年11月，承德市被国家旅游局评为第二批国家全域旅游示范区。承德市是中国普通话标准音采集地，也是中国摄影之乡、中国剪纸之乡。

承德市地理位置十分重要，是首都的北大门。境内有京承、锦承、京通、承隆四条铁路线，正线延展里程632千米，共有国家干线公路五条，公路通车里程22149.3千米，在建的京沈高铁途经河北省承德市。

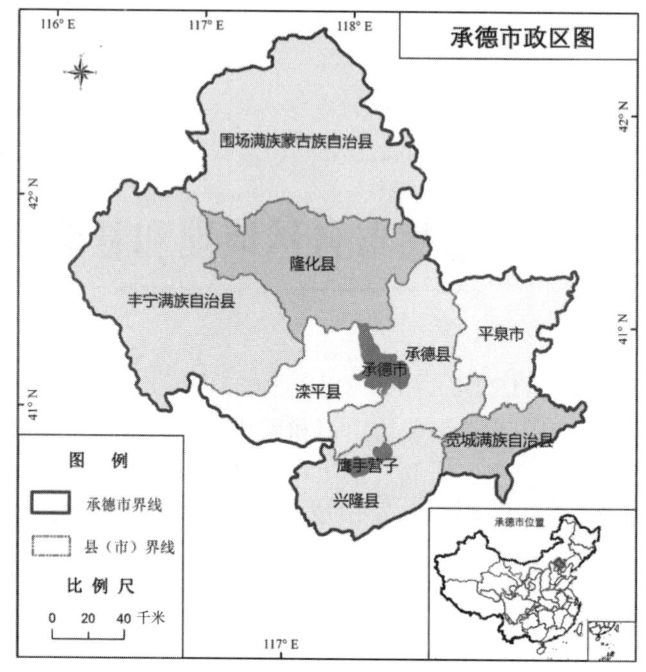

图 1-0-1　承德市政区图

根据《承德市城市总体规划（2016～2030 年）》，承德市规划发展目标是国家历史文化名城，国际旅游城市，连接京津辽蒙的区域性中心城市，规划形成“一核、三带、多点”的市域城镇空间格局。

第一节　承德市自然地理概况

一、地质

承德市地处中朝准地台（中朝板块）的北缘，褶皱断裂发育，岩浆活动频繁，由太古代至新生代，各时代的地层出露较全，总厚度 $5.28\times10^4 \sim 7.43\times10^4$ 米，蕴含着较为丰富的矿产资源。

太古界迁西群中的深变质岩系，分布在兴隆县及宽城县西部；单塔子群中级变质岩系，分布在丰宁县、承德县及平泉市一带，均为本区铁、磷、金及某些建材矿产含矿层位。下元古界在本区不发育，沉积厚度很小，而中、上元古界长城系、蓟县系、青白口系属海相复理式建造，厚度 2651.8~10623 米，分布在承德县至平泉县以南地区，其中的高于庄组、雾迷山组及铁岭组碳酸盐岩建造，是硫铁矿、锰铁矿及有色金属矿产的赋存层位。古生界在本区发育不全，寒武系及下、中奥陶系为浅海相沉积。中奥陶纪末期由于受加里东运动的影响，地壳隆起而未接受沉积，缺少上奥陶系、志留系及泥盆系。中石炭纪至二叠纪时期，海水时进时退，形成海陆交互相至陆相沉积，气候暖湿，植被繁茂，为本区主要成煤时期。二叠纪末期，本区处于中朝板块的北缘，受海西运动的影响，西伯利亚板块向南俯冲，本区以隆起运动为主，结束了东西向构造的发展历史，奠定了基底地层的构造格局。中生界为本区厚度最大的盖层，分布面积占全区的 2/3，总厚度 3810~15005 米，主要为陆相、河湖相、火山碎屑沉积层及火山喷发岩层。新生界第三系以玄武岩为主，分布在围场县北部坝上地区。第四系以冲积、洪积及坡积层为主，分布在河谷及山麓地带。

承德市岩浆活动历史悠久、期次频繁、岩石类型复杂、与内生矿床的关系极为密切。由太古代开始，经历了阜平运动、五台群晋宁运动、加里东运动、海西运动、印支运动、燕山运动及喜马拉雅山运动七期较大的岩浆活动旋回，其中以古生代海西运动旋回和中生代燕山运动时期岩浆活动最为强烈。海西运动旋回与西伯利亚板块向南俯冲的消减带有关，燕山运动时期岩浆活动是太平洋板块通过琉球俯冲带对亚洲板块作用的结果。潜火山、火山喷发活动导致的超基性岩、基性岩及中酸性岩的侵入以及碱度偏高的钙碱性系列岩石的中深层侵入，为本区域内生矿床的生成创造了良好的条件。

根据中国大地构造单元的划分，承德市处于华北地台的北缘，属内蒙地轴和燕山褶皱带的东段，北部与内蒙古—大兴安岭褶皱系为邻，构造形态以复式褶皱和断裂为主，构造活动具有长期性、继承性和多种复合的特点。东西向构造属于古亚洲断裂体系，生成时代较早，活动历史较长，奠定了本区基底构造形态。北东向构造属于太平洋断裂体系，丰宁—上黄旗构造岩浆带和平泉—喜峰口断褶带均与东西向构造相斜接、交切，构成本区域现代构造格局，对各类矿产的生成、赋存和分布具有重要的控制作用。

地震、崩塌、滑坡和泥石流是当今主要地质灾害。根据河北省历次地震活动记载，太行山山前断裂带的南段以及沧东断裂带与燕山褶皱带南缘交汇的部位，是地震的多发地带。本区处于内蒙地轴和燕山褶皱带的东段，受上述地震多发区的影响和波及，也可能造成相当程度的危害，特别是东南部宽城、平泉一带。雨季泥石流现象屡有发生，危及农田甚至村庄居民安全。

二、地貌

承德市为华北平原与内蒙古高原的过渡地带，大马群山脉尾闾的东猴顶山、宜肯坝、豪松坝、塞罕坝从西部伸向东北，把全市分割成两大部分。西北为内蒙古高原的边缘，俗称“坝上”；东北部为七老图山、努鲁儿虎和杜岭山山脉；西南与南部为燕山山脉，构成了全市西北高、东南低的地势。就地貌单元而论，分为坝上高原与冀北山地两大地貌类型。冀北山地由高到低依次为中山、低山、丘陵和盆地顺序排列。这种由西北向东南阶梯下降的地势，明显地影响了全市的气候、水文、土壤和植被等自然因素，从而形成了土地利用上的地域差异。这种特定的土地资源条件，对农业生产的立体布局，充分和合理利用土地资源具有重要意义（邢书印等，2014）。承德市地貌形态复杂多样，有高原和山地两大地貌单元类型，即坝上高原和冀北山地。

（一）坝上高原

坝上高原呈狭长的带状，位于丰宁和围场两县的北部，属内蒙古高原的一部分。南缘以东猴顶山、老窝铺、姜家店一线为界，其他部分止于省、市界，总面积4424.33平方千米。占承德市土地面积的11.2%，占全省坝上高原面积的25.9%（邢书印等，2014）。高原地势南高北低，坝缘翘起，平均海拔1000~1700米，切割较浅，为典型的波状高原，又多湖淖滩梁。

（二）冀北山地

冀北山地主要由燕山、七老图山和阴山山脉余脉构成，总面积3.5万平方千米，占全市土地总面积的88.8%。包括中山、低山、丘陵、河流谷地和山间盆地，海拔多在2000米以下，高于2000米的山峰有十座，多分布在丰宁县的西部边陲。

东猴顶山海拔2293米，位于丰宁县和张家口市赤城县交界处，海拔高度在河北省排第7位；其次为位于丰宁县的小梁山海拔2206米，在河北省排第13位，见表1-1-1。燕山山脉主峰雾灵山（2118米），潮河西侧的云雾山（2047米）。

按地势高度和切割深度的差异，冀北山地又分为坝下山地和燕山山地两部分，坝下山地由中山、低山、中低山、河流谷底和山间盆地组成。燕山山地主要为中低山区，地势复杂，切割深度大。

表 1-1-1　河北省 2200 米以上的山峰

区域	山名	海拔（米）	简　介
1. 蔚县	小五台	2882	东台海拔 2882 米，是河北第一峰，北台海拔 2838 米，中台海拔 2801 米，南台海拔 2743 米，西台海拔 2671 米
2. 蔚县南山	茶山	2524	小五南、草坨和东甸子梁北
3. 小五台地区	韩家洼山	2488	东台东南方向，军事禁区北
4. 涿鹿	灵山	2420	东台东 40 千米，东灵西 20 千米，涿鹿孔涧西（又叫西灵山）
5. 涞源	摆宴陀	2307	西甸子梁的北边（白见坨）
6. 怀来门头沟	东灵山	2303	孔涧东，双塘涧北，黄草梁西
7. 赤城	东猴顶山	2293	老掌沟东，冰山梁东偏北，小梁子南
8. 保定阜平	歪头山	2286	大五台东，驼梁北，黄落伞西
9. 保定阜平	南驼	2281	灵寿、平山、阜平县
10. 涿鹿西山	韭菜梁	2262	小五南台东，军事禁区南
11. 赤城延庆	海坨山	2241	属军都山系。主峰海拔 2241 米，为北京第二高峰，延庆县第一高峰
12. 赤城沽源	冰山梁	2211	东猴顶山西偏南，老掌沟南
13. 丰宁	小梁山	2206	东猴顶山北

三、气候

（一）气候类型及特征

承德市气候类型是寒温带向暖温带过渡、半干旱向半湿润过渡的大陆性季风气候。冷暖季节分明，干湿期显著。夏季温热多雨，冬季寒冷少雪。夏季盛行偏南风，受南来暖湿气团影响；冬季盛行偏北风，受蒙古、西伯利亚干冷气团控制。春秋为冷、暖气团交替控制的季节，天气复杂，风向多变，气温变化剧烈，春季回暖快，干燥少雨，秋季气温速降，多为晴朗天气。

1. 光能资源丰富

承德市年太阳辐射总量 122154～140876 卡/平方厘米（1 卡＝4. 184 焦耳），和全国比较，仅少于青藏高原和西北地区。年平均日照时数为 2705. 6～2987. 5 小时，为可照时数的 61%～67%。作物生长期 4～9 月日照时数为

1473.0~1557.9 小时，平均每天日照时数为 8.2 小时，能够满足单季作物对光照的需求。

2. 水热同季、热量适中

承德市太阳辐射能量比河北省中部和南部偏少，区域内呈南多北少分布趋势，见表 1-1-2。中南部≥0℃积温为 3556.4~4059.8℃，北部为 3029~3403.1℃，坝上为 2198.4~2336.3℃。中南部≥10℃积温为 3107.5~3668.7℃，北部为 2548.0~29554℃，坝上为 1642.6~1733.1℃。无霜期南部 161~170 天，中部 137~152 天，北部 124~128 天，坝上 73~79 天。

表 1-1-2　承德市热量南北分布

	坝上	北部	中南部
≥0℃积温（℃）	2198.4~2336.3	3029~3403.1	3556.4~4059.8
≥10℃积温（℃）	1642.6~1733.1	2548.0~2955.4	3107.5~3668.7
无霜期（天）	73~79	124~128	137~152，161~170

3. 立体分布、小气候多

承德市主要气象要素呈立体分布，山地小气候明显。根据气象部门在丰宁县农业气候区划中的实地观测，7 月气温垂直梯度为 0.48~0.65℃/100 米。根据有关气象台站气象资料统计表明，年平均气温垂直梯度为 0.72℃/100 米，大于自由大气的 0.65℃/100 米。每上升 100 米≥0℃积温减少 169.50℃，≥10℃积温减少 191.7℃。

4. 农业气象灾害频繁

承德市气象灾害较多，主要有干旱、冰雹、大风、霜冻、洪水等。十年九旱，以春旱、初夏旱为多，但夏旱和“卡脖”旱（玉米等旱作物孕穗期遭受干旱危害的群众用语）危害严重。每年的 7~8 月多雷雨，时常发生暴雨和洪涝，冰雹灾害北部多于南部，4~10 月均有可能发生。霜冻危害严重，尤其是北三县的早霜危害更大。低温冷害时有发生，主要危害玉米、水稻和高粱。冬春季节多大风，夏季的 7~8 月雷雨大风最大。

（二）气温

承德市年平均气温-1.4~9.0℃，南北相差近 10℃。其中，南部年平均气温 7.5~8.8℃，中部 7.6~9.0℃，北部 4.9~6.9℃，坝上-1.4℃。坝下地区极端最高气温为 35.8~41.3℃，坝上为 32.8~33.0℃；坝下极端最低气温为

-23.3~-32.8℃，坝上为-37.4~-42.9℃，年较差34.0℃，见表1-1-3。

表1-1-3　承德市坝上、坝下气温分布　　单位:℃

温度指标	坝上	坝　下		
		北部	中部	南部
年平均气温	-1.4	4.9~6.9	7.6~9.0	7.5~8.8
极端最高气温	32.8~33.0	35.8~41.3		
极端最低气温	-37.4~-42.9	-23.3~-32.8		
气温年较差	34.0	—		

(三) 降水

全市年平均降水量402.3~882.6毫米，由北向南递增。坝上为411.6~514.0毫米，最多年份达706毫米；北部402.3~515.4毫米，最多年份达705毫米；中部501.0~609.1毫米，最多年份达855毫米；南部627.1~882.6毫米，最多年份达1087毫米。见表1-1-4。

表1-1-4　承德市降水量分布　　单位：毫米

降水	坝上	坝　下		
		北部	中部	南部
分布区	丰宁、围场	丰宁、围场	承德县、滦平、平泉、隆化	兴隆、宽城
降水量	411.6~514.0	402.3~515.4	501.0~609.1	627.1~882.6
最大降水量	706	705	855	1087

从降水量和降水时间分布看，雨量充沛但时空分布不均，冬季少雨雪，夏季多雷雨，6~8月集中年降水量的70%。春季少雨常出现干旱。多年平均陆面年蒸发量1147.6~1815.9毫米，平均1493.2毫米。雾灵山和七老图山受地形抬升作用形成区域多雨中心。

四、水系

承德市有滦河、北三河（潮河、白河、蓟运河）、辽河、大凌河四大水系，均为各水系的上游，其中滦河、北三河流域较大。滦河流域贯穿全区，面积 24165 平方千米，约占全区总流域面积的 68.9%；北三河流域面积 6759 平方千米，占 19.3%（见图 1-1-1）。

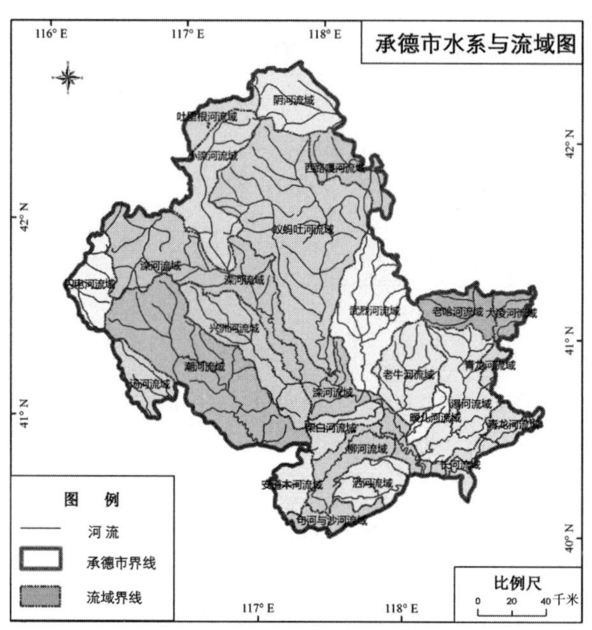

图 1-1-1　承德市水系与流域示意图

（一）滦河水系

滦河发源于丰宁县西北大滩镇界碑梁，向西流经张家口沽源县，称闪电河，转向北流经内蒙古多伦县境内，再转向南又流入丰宁县、隆化县、滦平县、兴隆县、宽城县等，最终注入潘家口水库。滦河干流总长 877 千米，流经承德市境内的河长 374 千米，河道平均坡降 2.43‰。滦河水系在承德市境内流域面积 28858.20 平方千米，约占承德市总流域面积的 72.53%。较大的一级支流有小滦河、兴洲河、伊逊河、武烈河、瀑河、老牛河、柳河、洒河等。

小滦河位于河北省围场县西部桃山林场和孟滦林场境内，为滦河的最大支流，全长 97 千米，流域面积 390 平方千米，是围场县境内水量最充沛、流量最稳定的一条河流。天然落差 730 米，水流清澈、河床狭窄，水深 0.8~1 米，平均宽 3~10 米，平均流量 3.859 立方米/秒，最大流量 120 立方米/秒。

兴洲河为滦河一级支流，发源于丰宁满族自治县柳树底下村。流经丰宁县、滦平县，于滦平县张百湾镇汇入滦河。河长 113.33 千米，平均坡度为 10.1‰，流域面积为 1970.88 平方千米。

伊逊河为滦河一级支流，发源于围场县台子水三道窝铺分水岭，其中，一条支流不澄河发源于围场县蓝旗卡伦川草帽梁，通过钓鱼台水库后流入伊逊河；另一条支流蚊蚂吐河发源于围场县城子桃儿山分水岭，流经围场县、隆化县后在隆化县城汇入伊逊河。伊逊河流经围场县、隆化县、滦平县，于承德市双滦区大龙庙村汇入滦河。河长 222.7 千米，流域面积为 6789 平方千米。

武烈河为滦河一级支流，古称武列水，《热河志》称其为热河。发源于燕山山脉七老图山支脉南侧的围场县道至沟，在承德市大石庙镇雹神庙村汇入滦河。流域地处滦河中游左岸。地理坐标在东经 117°42′~118°26′，北纬 40°53′~41°42′。河长 114 千米，流域总面积 2580 平方千米，河道平均坡降 10.8‰。流域涉及围场、隆化、承德三县和承德市双桥区。

瀑河为滦河一级支流，也是河北省境内滦河的主要支流之一。辽代时称陷河，而陷河之名，即因瀑河两岸的陷泉而得名。瀑河又名宽河、豹河。宽城以宽河为名。瀑河是平泉县、宽城满族自治县最大的河流。瀑河主流（北源）发源于平泉县卧龙镇，流经平泉县、宽城县，于宽城县瀑河口汇入潘家口水库。河长 110.75 千米，平均坡度为 7.87‰，流域面积为 989.53 平方千米。

洒河为滦河一级支流，发源于兴隆县东八品叶，流经兴隆县，于迁西县园楼汇入大黑汀水库。承德境内河长 58.36 千米，平均坡度为 10.6‰，流域面积为 965.85 平方千米。

柴白河为滦河一级支流，发源于承德县两益城，流经承德县、双桥区，于双桥区上板城镇白河南汇入滦河。河长 663 千米，流域面积为 702.42 平方千米。

暖儿河为滦河一级支流，发源于承德县李杖子，整条河流均在承德县境内，于承德县彭杖子汇入滦河。河长 40.5 千米，流域面积为 232.82 平方千米。

青龙河为滦河一级支流，发源于平泉县倪杖子，流经平泉县，经辽宁省凌源市进入宽城县，经宽城县进入秦皇岛市青龙县，境内河长 32.00 千米，流域面积为 862.38 平方千米。

长河为滦河一级支流，发源于宽城县亮甲台大汉沟，经宽城县进入唐山市迁西县。境内河长 57.6 千米，平均坡度为 10.4‰，流域面积为 391.06 平方千米。

（二）北三河水系

北三河水系包括潮河、白河和蓟运河。境内河长 236.40 千米，流域面积为 6776.74 平方千米，约占全市流域总面积的 17.03%。

潮河发源于丰宁县上黄旗哈拉海沟，经过丰宁县城和滦平县与潮白河的另一支流安达木河汇合后流入密云水库。干流全长 253 千米，境内河长 157 千米，平均坡度为 5.7‰，流域面积为 5281.88 平方千米。

白河干流发源于张家口市大马群山，其中两条支流汤河和天河发源于丰宁县西部的东猴顶。汤河境内河长 54 千米，天河境内河长 35 千米，平均坡度为 13.2‰，流域面积为 819.62 平方千米，在本区域流域面积为 820 平方千米。

蓟运河主要一级支流有洵河、沙河等，均发源于兴隆县南部，河长 22.4 千米，河道平均坡度为 1.7‰，流域面积为 675.24 平方千米。

（三）辽河水系

辽河水系包括老哈河、阴河、西路嘎河。境内河长 157.50 千米，流域面积为 3718.88 平方千米，约占全市流域总面积的 9.35%。

老哈河发源于平泉县柳溪乡光头山，境内河长 57 千米，平均坡度为 13.1‰，流域面积为 914.23 平方千米。

阴河发源于围场县新拨乡，境内河长 48.75 千米，平均坡度为 23.2‰，流域面积为 1483.14 平方千米。

西路嘎河发源于围场县朝阳湾、朝阳地，境内河长 51.75 千米，平均坡度为 6.25‰，流域面积为 1321.51 平方千米。

（四）大凌河水系

大凌河水系发源于平泉县榆树林子九神庙分水岭，境内河长 24 千米，平均坡度为 14.6‰，流域面积为 434.90 平方千米，约占全市流域总面积的 1.09%。

五、植被

承德市自然地理环境复杂，地域差异明显，气候类型多样，适合多种生物生长，形成了生物资源丰富、分布较广的特点。植被类型属于我国东部湿润森林区温湿带半旱生落叶阔叶林和灌丛草原亚带，冀北山地栎林油松和亚高山针叶林，属华北植物区系。

主要树种有油松、落叶松、云杉、侧柏、山杨、桦树、柞树、椴树，以及杨树、柳树、榆树、槐树、臭椿等乡土树种，还有引进树种华山松、樟子松、火炬树等。

森林资源分布在雾灵山林区、都山林区、塞罕坝林区、七老图山林区、平顶山林区。次生林比较集中地分布在孟滦、茅荆坝、雾灵山、大窝铺、邓家栅子、干沟门、都山等林区。由于地势、水热条件不同，森林植被也随地域性积温的变化而分布不同。

承德市是干鲜果品的重要生产基地，果品种类多，品味好。主要有苹果、板栗、山楂、核桃、梨、杏、柿子等。

20 世纪 50 年代原始森林已荡然无存，生态恢复工程实施以后，通过退耕还林、封山育林和植树造林等，林业有了较大的发展。

承德市草地植被覆盖率居河北省之首，牧草种类多，分布广。坝上高原有广阔的天然草地，坝上草原植被主要是草甸草原、干草原和山地草甸。草甸草原靠近林区，分布在地势低平或山脚缓坡处；干草原分布在草原、山咀等高爽地段；山地草甸分布在大尖顶子山和大肚子梁等地；低洼处还有沼泽植被和湿草甸植被分布。坝下山区有大量草山草坡，主要植被为山地灌木丛和山地草甸草地。

六、土壤

承德市土壤受生物、气候、母质、地形、土壤年龄等自然因素和人为因素影响，形成了不同的土壤类型。全区共有土纲 7 个，土类 13 个，亚类 29 个，土属 127 个，土种 283 个。

棕壤和褐土为主要土壤类型，分别占土地面积的 44.7%和 27.3%，粗骨土占 9.8%，灰色森林土占 3%，栗钙土占 3%，其他各类土壤均在 2%以下（见第二章）。

第二节　承德市国民经济和社会发展概况

根据承德市 2016 年国民经济和社会发展统计公报，承德市经济呈现了稳中有进、稳中向好的良好态势，社会事业长足发展，民生保障不断增强，为建设“生态强市、魅力承德”奠定了坚实基础。

一、承德市国民经济综合状况

根据承德市 2016 年国民经济和社会发展统计公报的初步核算，2016 年承德市生产总值 1432.9 亿元，比上年增长 6.9%。其中，第一产业增加值 237.8 亿元，增长 6.7%；第二产业增加值 654.1 亿元，增长 5.1%；第三产业增加值 541.0 亿元，增长 9.5%。三次产业增加值占全市生产总值的比重由上年的 17.4∶46.8∶35.8 调整为 16.6∶45.6∶37.8。

全年实现全部财政收入 147.0 亿元，比上年下降 10.1%。其中，公共财政预算收入 82.1 亿元，下降 15.6%。税收收入 61.2 亿元，下降 12.3%。公共财政预算支出 306.2 亿元，增长 4.8%。其中，住房保障、文化体育与传媒、社会保障和就业支出分别为 14.2 亿元、6.1 亿元、34.3 亿元，分别增长 10.0%、28.4%、14.8%。

全年实现民营经济增加值 923.1 亿元，比上年增长 8.1%，增长速度比生产总值增速快 1.2 个百分点，民营经济增加值占全市生产总值的比重达到 64.4%，比上年提高 0.6 个百分点。民营经济中，第一产业增加值 27.7 亿元，增长 8.2%；第二产业增加值 569.7 亿元，增长 6.4%；第三产业增加值 325.7 亿元，增长 11.5%。

据抽样调查，全年居民消费价格比上年上涨 1.6%。其中，食品烟酒类上涨 2.7%，衣着类上涨 3.0%，居住类上涨 0.5%，生活用品及服务类上涨 0.6%，交通和通信类下降 2.2%，教育文化和娱乐类上涨 0.7%，医疗保健类上涨 5.4%。工业生产者出厂价格上涨 0.5%。其中，轻工业生产者出厂价格上涨 1.2%，重工业生产者出厂价格上涨 0.4%。

二、农业

全年粮食播种面积 434.7 万亩，比上年下降 2.6%，总产量 134.0 万吨，比上年增加 12.8 万吨，增长 10.5%，粮食平均亩产 308 千克，比上年增加 36 千克，增长 10.9%。在粮食总产中，谷物总产量 107.6 万吨，增长 2.2%。在谷物中，玉米产量 87.4 万吨，增长 1.0%；稻谷产量 10.5 万吨，下降 2.1%。蔬菜播种面积 117.5 万亩，增长 3.1%，总产量 463.1 万吨，增长 6.8%。其中，食用菌（干鲜混合）产量达到 67.7 万吨，增长 13.4%。中药材种植面积 19.1 万亩，增长 3.4%，总产量 10.8 万吨，比上年增加 0.6 万吨，增长 5.6%。瓜果产量 3.1 万吨，增长 10.0%。

全年造林面积 85.2 万亩，比上年增长 5.2%。其中，人工造林面积

70.1万亩，增长6.2%。四旁（零星）植树835万株，增长5.0%；森林抚育面积72.7万亩，下降14.4%；育苗面积11.1万亩，增长32.2%。园林水果产量128.8万吨，增长3.9%。食用坚果总产量20.8万吨，增长7.3%。全市有林地面积3360万亩，森林覆盖率达56.7%，林木蓄积量为8000万立方米。

全年肉类总产量45.7万吨，比上年增长1.4%。其中，猪肉产量18.5万吨，下降0.9%，牛肉产量8.9万吨，增长3.9%，羊肉产量1.9万吨，下降2.5%；禽蛋产量11.9万吨，比上年增长2.9%；奶类总产量15.3万吨，增长3.2%。年末牛存栏81.2万头，增长3.2%；牛出栏56.6万头，增长5.6%。羊存栏112.5万只，增长7.8%；羊出栏141.3万只，下降1.3%。猪存栏163.9万头，增长1.3%；猪出栏245.9万头，增长0.9%。家禽存栏2862.6万只，增长0.02%；家禽出栏10087.7万只，增长4.4%。

全年水产品养殖面积58.67平方千米，下降0.2%。其中，水库养殖54平方千米，下降0.4%。水产品总产量4.2万吨，增长4.5%。

三、工业和建筑业

全年实现全部工业增加值554.2亿元，比上年增长4.3%。518家规模以上工业企业实现工业增加值471.7亿元，增长5.0%。在规模以上工业企业中，从登记注册类型看，国有及国有控股企业增加值125.9亿元，增长3.2%；股份制企业增加值455.8亿元，增长5.1%。从产业类型看，采矿业增加值217.3亿元，增长6.3%；制造业增加值207.6亿元，增长3.1%；电力、热力、煤气及水生产和供应业增加值46.8亿元，增长7.1%。从企业规模看，84家大中型企业增加值339.9亿元，增长6.2%。从轻重工业看，轻工业增加值50.8亿元，增长4.1%；重工业增加值420.9亿元，增长5.1%。

在规模以上工业企业中，159家黑色金属矿采选业增加值203.1亿元，增长5.7%，11家黑色金属冶炼及压延业增加值94.5亿元，增长0.8%，两行业拉动规模以上工业增长2.7个百分点，对全市工业增加值的贡献率达53.6%，占规模以上工业的比重为63.1%，比上年下降3.2个百分点。食品制造业增加值14.2亿元，增长7.0%；农副食品加工业增加值11.0亿元，增长0.5%；酒和饮料制造业增加值22.9亿元，增长5.6%；电力生产和供应业增加值39.9亿元，增长6.8%；装备制造业增加值23.2亿元，增长10.3%；医药工业增加值4.2亿元，增长7.0%；煤炭开采和洗选业、石油加工炼焦和核燃料加工业、化学原料和化学制品制造业、非金属矿物制品业、黑色金属冶炼和压延加工业、电力热力生产和供应业六大高耗能行业增加值 166. 6 亿元，增长 2. 4%。81 家高新技术产业企业增加值 48. 1 亿元，增长 14. 4%。其中，新能源增加值 17 亿元，占 35. 3%。

2016 年末，规模以上工业企业中亏损企业 168 家，比上年末增加 15 家。全年累计亏损额 26. 4 亿元，比上年下降 39%。自 2016 年第一季度开始，利润呈现大幅增长走势。全年实现利润 45. 4 亿元，比上年增长 53. 5%。

2016 年，规模以上工业企业产品产量中，铁矿石原矿产量 2. 5 亿吨，增长 18. 0%；生铁产量 1422. 9 万吨，增长 7. 0%；粗钢产量 1372. 4 万吨，增长 7. 3%；钢材产量 1239. 1 万吨，增长 7. 6%；水泥产量 569. 5 万吨，增长 15. 4%；发电量 106. 4 亿千瓦时，增长 3. 6%，其中风力发电量 52. 4 亿千瓦时，增长 14. 1%，光伏发电 3. 2 亿千瓦时，增长 29. 8%；中成药产量 4719. 3 吨，增长 12. 3%；白酒产量 3304. 3 万升，增长 5. 4%。规模以上工业企业产品销售率 96. 6%，比上年低 0. 5 个百分点。

初步核算，全年建筑业增加值 100. 1 亿元，比上年增长 10. 0%。资质等级以上总承包及专业承包建筑企业 193 家，有施工活动的企业 179 家。签订合同总额 223. 3 亿元，下降 0. 8%。其中，本年新签合同额 150. 6 亿元，增长 16. 1%。房屋建筑施工面积 778. 7 万平方米，下降 12. 4%，房屋建筑竣工面积 279. 3 万平方米，下降 2. 4%。

四、固定资产投资

全年完成全社会固定资产投资 1632. 8 亿元，比上年增长 6. 4%。其中，固定资产投资（不含农户）1615. 5 亿元，增长 6. 8%；农村个人投资 17. 3 亿元，下降 25. 4%。

在固定资产投资（不含农户）中，城乡建设项目投资 1478. 9 亿元，增长 7. 1%。第一产业投资 218. 2 亿元，增长 16. 9%。第二产业投资 525. 2 亿元，下降 2. 5%。其中，工业投资 525. 2 亿元，下降 2. 4%；黑色金属矿采选业投资 68. 2 亿元，下降 36. 4%；黑色金属冶炼及压延业投资 22. 1 亿元，增长 147. 8%；医药制造业投资 4. 8 亿元，下降 72. 0%；农副食品加工业投资 12. 8 亿元，下降 61. 2%；汽车制造业投资 1. 3 亿元，下降 89. 4%；电力、热力生产及供应业投资 195. 1 亿元，增长 74. 4%；工业技术改造投资 264. 8 亿元，下降 26. 6%。第三产业投资 872. 1 亿元，增长 10. 9%。其中，交通运输、仓储和邮政业投资 165. 8 亿元，下降 36. 3%；水利、环境和公共设施管理业投资 342. 0 亿元，增长 69. 2%。

从投资项目看，城乡建设施工项目 1577 个，本年新开工项目 1190 个，增长 16.6%，占施工项目的 75.5%。亿元以上建设施工项目 448 个，比上年增加 56 个，完成投资 1064.5 亿元，增长 13.1%，占固定资产投资的 65.9%，拉动投资增长 8.2 个百分点。

房地产开发投资 136.6 亿元，增长 3.9%。房屋施工面积 1449.4 万平方米，增长 5.3%；房屋竣工面积 120.2 万平方米，增长 76.2%。商品房屋销售面积 350.0 万平方米，增长 29.2%。

五、国内贸易

全年实现社会消费品零售总额 543.3 亿元，比上年增长 10.7%。从经营地看，城镇实现消费品零售额 407.0 亿元，增长 10.2%；乡村实现消费品零售额 136.3 亿元，增长 12.1%。

245 家限额以上批发零售住宿餐饮企业（单位）全年实现零售额 123.2 亿元，比上年增长 11.0%。限额以上批发零售企业中，粮油、食品类 17.8 亿元，增长 5.7%；烟酒类 10.1 亿元，增长 8.2%；服装、鞋帽、针织品类 15.4 亿元，增长 17.0%；日用品类 4.2 亿元，增长 6.4%；金银珠宝类 1.8 亿元，增长 20.3%；家用电器和音响器材类 4.9 亿元，增长 3.6%；文化办公用品类 1.7 亿元，增长 1.5%；石油及制品类 22.1 亿元，增长 9.3%；汽车类 26.1 亿元，增长 22.2%。

六、对外经济和旅游

全年实际利用外资 20006 万美元，比上年增长 25.4%。其中，外商直接投资 11070 万美元，下降 4.2%。在外商直接投资中，电力、热力生产及供应业 7888 万美元，制造业 1615 万美元。年末实有三资企业 96 家，比上年末增加 2 家。全年新批三资企业 6 家，比上年末增加 2 家；新批合同总金额 7893 万美元，下降 26.2%，其中新批合同外资额 3443 万美元，下降 27.2%。

据海关统计，全市进出口总值 47563.2 万美元，比上年增长 19.1%。其中，出口 43732.3 万美元，增长 14.2%。五矿产品出口 17260 万美元，下降 30.1%；农副产品出口 5777 万美元，增长 14.6%；机电产品出口 11363 万美元，增长 199.7%。

据市旅游部门提供，全年接待境内外游客 4636.6 万人次，比上年增长 38.4%。其中，境内游客 4604.1 万人次，增长 38.7%；境外游客 32.5 万人次，增长 4.1%。实现旅游总收入 506.6 亿元，比上年增长 49.8%。其中，境内游客收入495.0亿元，增长49.8%。

七、交通、邮电

2016年末，全市境内公路里程22149.3千米。其中，等级公路21450.9千米，高速公路758.5千米，干线公路3307.1千米。公路客运周转量88817.5万人/千米，货运周转量1092739.5万吨/千米。年末实有公共汽（电）车营运车辆1292辆，客运总量14248万人次。

全年完成邮政业务总量3.5亿元，比上年增长25.0%；快递业务总量1034.0万件，增长73.0%；邮政业务总收入4.0亿元，增长21.2%；快递业务总收入1.8亿元，增长80%；订销报纸杂志累计份数5427.5万件，下降5.4%。电信业务总收入（移动、联通、电信公司）22.5亿元，比上年增长7.1%。移动电话年末用户数328.7万户，增长16.3%；互联网宽带接入用户57.4万户，比上年增长40.7%。

八、金融和保险业

2016年末，全部金融机构人民币各项存款余额2210.4亿元，比年初增长14.4%。其中，住户存款1438.7亿元，增长12.9%；非金融企业存款367.6亿元，增长31.4%。年末各项贷款余额1656.8亿元，增长10.7%。住户贷款556.4亿元，增长18.6%。其中，短期贷款189.4亿元，增长2.7%；中长期贷款367.0亿元，增长28.9%。非金融企业及机关团体贷款1100.4亿元，增长7.2%。

全市人身险保费收入41.2亿元，比上年增长17.9%，赔款、给付金额14.5亿元，增长59.7%。财产险保费收入12.7亿元，增长10.9%，财产险保险金额6201.1亿元，增长39.7%，财产险赔付金额6.4亿元，增长0.6%。交强险保费收入3.3亿元，增长2.9%。

九、科学技术和教育

全市专利申请1185件，专利授权595件，分别比上年增加389件和101件。

全年组织申报、实施国家、省科技计划项目56项，争取资金支持3108万元，安排市级科技计划项目65项，财政投入1570万元。其中，围绕工业转型升级组织实施重大创新和支撑项目16项，争取资金支持690万元；围绕林果、蔬菜、食用菌、中药材等特色产业发展，组织实施国家、省农业科技项目 15 项，争取资金支持 630 万元。

全年新认定高新技术企业 12 家、新认定科技小巨人企业 15 家、科技型中小企业 303 家，全市科技型中小企业已达到 890 家、科技小巨人企业达到 37 家。全市新增省级工程技术研究中心 3 家，新建院士工作站 2 家，国家技术创新方法与实施工具技术研究中心——承德基地落户承德市，成立了承德市功能农业产业技术创新战略联盟，培育认定市级众创空间 9 家，国家级创新型孵化器“车库咖啡”已试营业；20 家“星创天地”获省科技厅备案，5 家“星创天地”在科技部备案。

2016 年度，全市学前三年毛入园率达到 76%以上。省级城市示范性幼儿园达 24 所，60%的农村幼儿园达到省级二类园以上标准；在标准化小学、初中就读的学生比例分别达到 82%、98.5%。小学、初中义务教育巩固率分别达 100%、97%以上。省级中小学素质教育示范校达到 26 所；高中阶段毛入学率 90.1%。省级示范性高中达 14 所，在省级示范性高中就读学生达到 78%。普通高考成绩再创新高，一本上线率 29.7%，二本以上上线率 78.1%，分别比上年提高 9.0 个和 35.9 个百分点。

普通高等学校 6 所，教师 2731 人，学生 43063 人；中等职业教育学校 30 所，教师 2051 人，学生 36527 人；普通中学 121 所，教师 12134 人，学生 16.6 万人；小学 447 所，教师 17734 人，学生 28.2 万人。

十、文化、体育和卫生

2016 年末，全市有广播电台 9 座，广播节目 11 套，中、短波发射台和转播台 5 座，广播覆盖率达 95.5%；电视发射台和转播台 15 座，电视发射功率 23.1 千瓦，电视覆盖率 98.0%；有线电视用户数达 52.4 万户。

全市拥有涵盖民间文学、传统手工技艺等 10 大类 185 个非物质文化遗产项目。其中，9 项被列为国家级非物质文化遗产，42 项被列为河北省非物质文化遗产，134 项被列为承德市非物质文化遗产，2 人被命名为国家级传承人，30 人被命名为省级传承人，51 人被命名为市级传承人。

全年开展了 2016 承德国际马拉松比赛、“承德避暑山庄杯”第三届全国轮滑公开赛、第二届全国大众速度滑冰马拉松赛、全国雪地摩托车挑战赛、MMA 终极格斗比赛、全国 U13 篮球男子预赛、河北省第八届青少年古典式摔跤、自由式摔跤比赛等国家级、省级赛事活动 30 余项。承德冰上运动中心（中国残疾人冰上运动训练中心）项目正在建设中。

全市拥有体育场馆 118 个，体校及业余体校 6 个，重点体校及业余体校

1个，体育俱乐部31个，体育社团组织27个。二级运动员85人，社会体育指导员（二级）660人。全年开展群众体育活动140次，50万人积极参加。在省及以上级比赛中共获得金牌36枚、银牌47枚，铜牌56枚。

年末拥有卫生机构3679个，其中医院47个；医生8522人，注册护士6973人；卫生机构床位19755张，其中医院拥有12594张；卫生机构人员26561人，其中卫生技术人员19381人。

十一、人口、居民生活和社会保障

据公安部门统计，2016年末，全市户籍人口383.3万人，比上年末增加1万人。其中，男性197.6万人，女性185.7万人；城镇人口126.9万人，乡村人口256.4万人。据人口变动抽样调查，全市常住人口353.2万人，城镇化率为49%。

据抽样调查，2016年全市居民人均可支配收入16095元，比上年增长10.1%。按常住地分，城镇居民人均可支配收入24856元，增长8.6%；农村居民人均可支配收入8736元，增长10.3%。

2016年末，全市城镇职工养老保险参保人数61.9万人，城乡居民社会养老保险参保人数171.3万人；城镇职工基本医疗保险参保人数43.6万人，城乡居民基本医疗保险参保人数297.2万人。工伤保险参保人数43.8万人，较去年增加2.1万人；生育保险参保人数30.8万人，较去年增加0.2万人；失业保险参保人数22.3万人，较去年增加0.1万人。全年城镇新增就业人员56221人，年末城镇登记失业人员23079人，城镇登记失业率为3.2%。

全年城市居民最低生活保障人数5.9万人，农村居民最低生活保障人数22.8万人；养老机构103个，床位18066个；社会福利院1个，福利院床位120个；城市社区服务中心75个；社会救济总人数31.4万人。

十二、环境保护

市区空气质量达标天数275天，达标天数比例75.1%，比上年提升4个百分点。市区PM2.5浓度年均值40微克/立方米，降低3微克/立方米。全市地表水国、省控监测断面达到Ⅲ类以上水质标准的比例为100%，比上年提升12个百分点。城市集中式饮用水源地水质达标率保持100%。

全年规模以上工业企业综合能源消费量991.6万吨标准煤，比上年增长2.6%，单位工业增加值能耗比上年下降2.3%。

第三节　承德市交通概况

2016年末，全市境内公路里程22149.3千米。其中，等级公路21450.9千米，高速公路758.5千米，干线公路3307.1千米。公路客运周转量88817.5万人/千米，货运周转量1092739.5万吨/千米。年末实有公共汽（电）车营运车辆1292辆，客运总量14248万人次。

一、承德市公路、铁路和航空交通

（一）公路

承德市有公路向四周辐射，境内有101国道、111国道、112国道通过，向北通往内蒙古的赤峰，向东至辽宁，向西可达张家口，西南前往北京，东南则到天津。从北京到承德京承高速只需要2个小时。构筑以“一环九射”（一环是指市区周边高速环路，九射是指京承、承唐、承秦、承朝、承津、承围、承赤、承张、承平）高速公路为核心的综合交通网络，形成面向京津、通达辽蒙、辟通港口的交通枢纽和蒙东、辽西至京津唐的煤电能源通道。承德长途汽车站（汽车东站）现已开通至北京及石家庄的高级快客，在旅游季节，北京和天津都有旅游班车直达承德市，平时也有固定班次的长途汽车往返。

京承高速公路，是G45大广高速的一段，南起北京市北三环太阳宫桥（南连京开高速公路），北至河北省承德市绕城西段（东连承赤高速公路）。线路全长209.1千米，投资约200亿元，设计时速80~100千米/小时，采用双向4~6车道加救援车道及局部避险车道。

承唐高速公路全长125.934千米。设计为双向六车道，路基宽32米，设计时速80千米/小时。高速公路全线需占用各类土地9700亩、拆迁房屋52000平方米、迁移各种电力电信线路合计500多千米。

承朝高速公路线路起自承德市域平泉县许杖子，与在建的铁岭至朝阳高速公路相连接，经杨树岭、平泉、东山嘴、东营子、双峰寺、红石砬，在大石庙与京承高速公路相连接，全长118.279千米，设计时速为100千米/小时，其中东营子至双峰寺路段4.529千米双向六车道标准建设路基宽度33.5米，其余路段采用双向四车道标准建设，路基宽度26米，预计总投资55.11亿元。2007年12月29日，承朝高速公路正式开工建设。

承秦高速公路主要路段都位于燕山山区，其中承德段起于承德南，与京承、承朝高速公路相连接。途经双桥区、承德县、宽城满族自治县，止于庙岭，与承秦高速公路秦皇岛段相连接，路线全长约 94 千米。其中，承德起点至下板城 23.5 千米路段为双向六车道，其余路段为双向 4 车道，设计时速分别为 100 千米/小时和 80 千米/小时。

承围高速（承德至围场高速公路）又称承赤高速公路围场支线，河北省级高速编号 S50。承围高速起自大庙互通立交，经围场的蓝旗卡伦乡、腰站镇、四合永镇，到围场县城北，接县城城市道路，已于 2013 年 12 月 9 日全线建成通车。

承赤高速公路是国家高速公路网大广高速公路（G45）的重要组成部分；北起内蒙古自治区赤峰市（东连赤通高速公路），南至河北省承德市（南连京承高速公路）。是河北省高速公路网“五纵、六横、七条线”中“纵一”的重要路段。线路全长 212 千米，总投资 195.6 亿元。由承德市绕城东段向东北方向引出，经过隆化县、喀喇沁旗抵达赤峰市环城路南段。此段高速，内蒙古境内对其称为赤承高速公路，河北省境内对其称为承赤高速公路，设计时速 100 千米/小时，为双向四车道加救援车道。因河北省地势以山区为主，所以全线大部分路段采用隧道、高架，成为大广高速通车里程最长、标准最高、施工难度最大、有效工期最短、质量与安全状况最好的一段高速公路。此段高速公路是原 S206 省道的新线，部分路段重合，其余路段现已全部拆毁。

张承高速公路全长 375 千米，经张家口、崇礼、沽源、大滩、丰宁至承德。承德段起于承赤高速公路单塔子互通，向西经红旗、二道河、太平庄、凤山、选将营、土城子、喇嘛山、槽碾沟、胡家营子，在大滩与张承高速公路张家口段衔接，长 203.583 千米，设计时速 100 千米/小时。按照计划，丰宁互通至张承界段（70 多千米）2015 年建成，承德至丰宁互通段（130 千米）2016 年建成。全长 367 千米的张承高速公路于 2015 年 12 月 30 日全线通车。

（二）铁路

承德市现有四条铁路线包括京承铁路、锦承铁路、承隆铁路、京通铁路。主要车站有承德站和承德东站。

承德站位于河北省承德市双桥区车站路 235 号，始建于 1936 年，京承铁路、锦承铁路、承隆铁路三条铁路在这里交汇，隶属北京铁路局管辖，现为一等站。现有发往北京、石家庄、沈阳、丹东、赤峰、隆化、兴隆县、昌平、通辽、邯郸等地的客运列车17对。去承德旅游一般取道北京，也可以从辽宁方向前往。承德站售票厅设有两台自动取票机，可取互联网购车票。未来还将有京沈客运专线、承秦铁路贯穿河北北部，促进承德经济发展。

承德东站，建于1976年，位于河北省承德市双桥区大石庙乡，隶属北京铁路局承德车务段管辖。现已停办客运业务，但仍有管内普客停靠。货运办理整车、零担货物发到。

在建的京沈高铁又名京沈客运专线自北京铁路枢纽北京星火站引出，途经河北省承德市，辽宁省朝阳市、阜新市后接入沈阳铁路枢纽沈阳站，线路全长709千米，设计时速350千米/小时，设车站20座，总工期5年，总投资1245亿元。全线山丘多，河北承德段主要运行于燕山山脉，桥隧比高达72%。

京沈客专承德市境内191.589千米，设兴隆西、安匠、承德南、承德县北和平泉北5座车站，估算投资约257亿元，2017年承德段已全线开工建设。承德南站车站规模为3台7线（含正线2条），设基本站台1座，岛式中间站台2座，预计于2017年11月完工。规划输送能力单向6000万人/年。高铁建成通车后，承德市将列入全国高速铁路网，等于通过京沈客专把承德市与华北、华东、西南、东北快速连接起来，从而拉近了承德与北京、天津、上海、沈阳等城市的空间距离，使承德市的经济文化活动真正融入京津冀辽都市圈中。

未来，承德到北京只需50分钟，到石家庄将实现当日往返，而到天津，将由现在的8个多小时缩短至1个小时左右。京沈高铁开通后，便捷、舒适、安全、准时的交通不仅能吸引更多的旅客进入承德，还可以吸引更多的高端人群来承德居住、度假、开展政务和商务活动，并且可以依托高铁客运站建立区域旅游集散中心，提供便利的换乘运输条件，推动区域旅游业的跨越发展。

（三）航空

河北承德机场于2013年10月开始建设，2016年11月1日试飞，2017年5月31日正式通航。2017年2月23日，承德普宁机场迎来试航日，试航单位为中国东方航空公司。2017年4月14日，承德普宁机场顺利通过民航华北地区管理局行业验收及使用许可审定，标志着承德普宁机场基本具备通航条件。

工程将按照满足2020年旅客吞吐量45万人次、货邮吞吐量1600吨的目标设计。作为国内旅游支线机场，承德机场总占地面积为230.7553公顷，位于承德县小梁后，距离市中心直线距离19.5千米，与承赤高速互通。机场飞行区等级4C，跑道2800米，5个机位站坪，新建4996.1平方米的航站楼、

7278 平方米的停车场、1785.3 平方米的综合办公楼、1 座塔台和 816.38 平方米的航管楼；以及通信、导航、气象、供电、供水、供油、供热、消防救援等辅助生产设施。可起降包括 CRJ200、B737/300/700/800、A319/320 等系列机型，能够满足国内大多数航空公司运营机型起降。

承德机场的定位是国内旅游和支线机场，考虑来承德的旅客构成以观光旅游为主，初期航线拟安排承德至石家庄、西安、秦皇岛、呼和浩特、沈阳、大连、张家界、桂林等城市。远期增加承德至武汉、广州、重庆、杭州、洛阳、青岛、上海、敦煌、昆明等城市。

二、承德市交通未来发展规划

对外交通规划。空港形成“两支五通”的体系：“两支”指承德民用机场、丰宁民用机场，“五通”指围场通用机场、平泉通用机场、滦平通用机场、宽城通用机场、兴隆通用机场。铁路形成由高速铁路、城际铁路、普通铁路三个层次组成的铁路网络。在京沈客专基础上，规划津承客专，以及承唐、承张城际铁路；规划承秦、兴蓟、四多①三条普通铁路。高速公路形成“一环十射双联”的体系：“一环”指城市外围高速环线；“十射”指京承高速公路、承唐高速公路、承秦高速公路、承朝高速公路、承赤高速公路、承张高速公路、承围高速公路、承平高速公路、承津高速公路、京锡高速公路；“双联”指赤呼高速公路、赤唐高速公路。

中心城区交通规划。规划构建与城市空间形态和主要发展带相适应的复合交通走廊，加强组团间交通联系，优化组团内部道路网，优先发展公共交通，鼓励绿色出行，创造良好的自行车和步行交通环境，构建各种交通方式转换顺畅“快捷、高效、安全、绿色”的现代化城市综合交通网络。优化中心城区道路网络，完善快速路、主干路、次干路、支路四级道路系统。形成“五纵、六横、两环”的路网主骨架。到 2030 年，规划路网密度 8.97 千米/平方千米。优先发展公共交通，形成以轨道交通为骨干，快速公交和普通公交相结合的现代化、多层次公共交通体系。规划公交站点 300 米半径覆盖率达到 75%，500 米半径覆盖率达到 95%。城市公共交通分担率不低于 35%。完善慢行交通网络，串联景区景点、滨水岸线、城市公园等公共空间，构建服务市民日常出行、休闲健身出行和游客游玩出行的慢行交通系统。规划 324 条步行道、271 条自行车道。

---

① “四多”为四合永到多伦的普通铁路。

第二章
承德市土壤资源环境

承德市受地貌、气候、水文和植被等自然条件的影响，形成的土壤类型多样，棕壤、褐土分布范围广，面积大。坝上高原分布一定数量的风蚀沙化土壤；坝下山地坡度陡，土壤干旱贫瘠，有些山地水土流失较为严重，冰雹、风沙、霜冻、洪水等自然灾害时有发生，这些成为土地资源开发利用中存在的主要障碍因素。

第一节　土壤形成的条件

承德市由西北向东南阶梯下降的地势，明显地影响了全市的气候、水文、土壤和植被等自然因素，从而形成了土地利用上的地域差异。这种特定的土地资源条件，对农业生产的立体布局，充分和合理利用土地资源具有重要意义（邢书印等，2014）。

一、坝上高原成土条件

坝上高原位于承德市西北部，属于内蒙古高原的南缘。坝下山地大致以姜家店、老窝铺、东猴顶山一线为界，交接处为坝缘（坝头）。坝上高原平均海拔 1000~1700 米，地势总趋势东北、西南部较高，中部较低。气候类型属于寒温型。总面积 663.65 万亩，占全区总面积的 11.20%，占全省坝上高原面积的 25.88%。坝缘地带山地切割比较破碎，多呈垄状低山，相对高度 200 米左右，山坡较陡，一般为 20~40 度。坝缘以北为低山和岗梁垄地相间分布，坡度一般为 5~10 度，相对高度为 50~100 米。山丘之间有黄土分布，河谷两侧为耕地分布区。境内有固定半固定沙丘，有沙生植被。

二、冀北山地成土条件

冀东北山地分为坝下山地和燕山山地两部分。土地面积 5264.04 万亩，占全区土地总面积的 88.80%，由中山、低山、丘陵及分布其间的山麓、河流阶地等地貌单元。

表 2-1-1　承德市地貌类型

地貌分区		合计（万亩）	所占比例（%）
坝上高原		663.65	11.20
冀北山地	坝下山地	4483.8	75.64
	燕山山地	780.24	13.16

注：数据来源于承德市第二次土地调查。

（一）坝下山地

包括丰宁县、围场县的坝下部分，隆化、滦平、平泉县（承德县）全部。土地面积 4483.8 万亩，占全区面积的 75.64%，海拔 500~800 米，相对高度300~500 米山势陡峻，坡度 25~35 度，由西北向东南呈阶梯式倾斜。近坝缘地带为中山区，河谷狭小，阶地不发育，山体阴坡和二阴坡森林植被保存较多。本区中南部由低

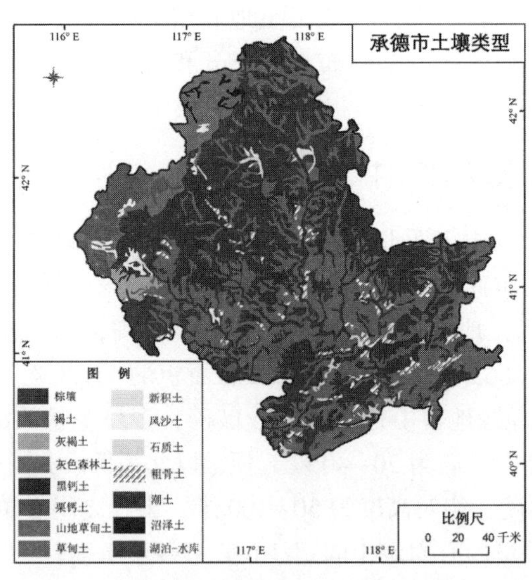

图 2-1-1　承德市土壤类型分布示意图

山和较宽的河流谷地组成，耕地多分布在滦河、潮河等干支流两侧阶地上。

（二）燕山山地

燕山山地包括宽城、兴隆两县全部。土地面积 780.24 万亩，占全区土地面积的 15%，为坝下地区面积的 13.16%。山地海拔一般为 400～1200 米，山高谷深，沟川密集，高差在 150～700 米，坡度多在 40 度以上。该区耕地少，且坡耕地比例大，水土流失较严重。此外，坝下山地由于滦河等贯穿而形成了许多宽河谷地，其面积 230.75 万亩，占坝下山地面积的 4.98%，占全区土地面积的 4.4%。

第二节　土壤类型及其质量分析

承德市土壤受生物、气候、母质、地形、土壤年龄等自然因素和人为因素影响，形成了不同的土壤类型（见表 2-2-1）。全区共有土纲 7 个，土类 13 个，亚类 29 个，土属 127 个，土种 283 个。承德市土壤类型、面积及比例。

表 2-2-1　承德市土壤类型、面积及比例

序号	土壤类别	面积（万亩）	占全市土壤总面积（%）
1	棕壤	2601.85	45.75
2	灰色森林土	158.27	2.78
3	褐土	1822.28	32.04
4	黑土	2.34	0.04
5	草甸土	58.77	1.03
6	栗钙土	159.54	2.81
7	新积土	16.67	0.29
8	风沙土	112.46	1.98
9	石质土	85.26	1.50
10	粗骨土	518.47	9.12
11	沼泽土	19.46	0.34
12	潮土	75.60	1.33
13	山地草甸土	55.49	0.98

注：数据来源于承德市第二次土地调查。

一、棕壤

棕壤主要分布在坝下中、低山上部，海拔高度由南向北依次在 600 米、700 米、800 米、900 米以上，直至林木生长上限。

受夏季温热多雨季风气候影响，土壤风化程度强烈，粘化作用显著，淋溶作用较明显，致使土壤中粘粒向下淀积层移动，形成较明显的粘化淀积层。呈棕色，为粘核状或碎块状结构，分布面积 2353.21 万亩，占总土地面积的 44.83%。其中包括棕壤、棕壤性土两个亚类。

（一）棕壤

棕壤主要分布在山地阴坡植被带，面积 2080.48 万亩，占全区土地总面积的 39.63%。棕壤有机质含量较高，是一种比较肥沃的土壤。以滦平小白旗乡二道沟桦树背棕壤剖面为例（见表 2-2-2）。

表 2-2-2　棕壤理化性质

深度（cm）	pH 值	有机质（%）	全 N（%）	全 P（%）	全 K（%）	速 P（ppm）	速 K（ppm）	代换量（me/100g±）
0~17	6.45	5.17	0.254	0.031	1.364	4	270	16.10
17~42	7.0	1.66	0.068	0.017	1.215	1	60	10.34
42~78	6.5	0.54	0.041	0.143	2.058	1	70	10.48

（二）棕壤性土

棕壤性土多分布在山地阳坡。由于植被遭到破坏，水土流失严重，土壤发育层次不明显，土层薄，且多含砾石。承德市棕壤性土面积 272.72 万亩，占总土地面积的 5.2%。其理化性质以兴隆白马川乡黄土梁子村搭子岭半阳坡棕壤性土剖面为例（见表 2-2-3）。

表 2-2-3　棕壤性土理化性质

深度（cm）	质地	pH 值	碳酸钙（%）	有机质（%）	全 N（%）	全 P（%）	全 K（%）	速 P（ppm）	速 K（ppm）	代换量（me/100g±）
0~21	砂壤	7.02	0.108	1.57	0.098	0.015	0.639	1.2	109	4.5
21~45	砾质土	7.16	0.071	0.26	0.012	0.004	0.398	0.5	40	2.0

二、灰色森林土

灰色森林土分布在围场坝上机械林场和御道口牧场一带。土壤颜色深暗，土层薄，下层常见二氧化硅粉末属森林草原下的一个土类，故称灰色森林土。分布面积 158. 27 万亩，占全区总土地面积的 3. 02%。

灰色森林土地带海拔 1500～1900 米，年平均气温<1℃，≥10℃的积温为 1800～2000℃。年降水量 460 毫米，无霜期 80～90 天。自然植被以华北落叶松、云杉、桦树为主，还有樟子松。根据土壤形态和环境条件可划分为暗灰色森林土和灰色森林土两个亚类。

（一）暗灰色森林土

暗灰色森林土分布在山地阳坡或坡地上部较湿润地带。土体上部有机质含量较高，一般大于 5%。分布面积 31. 55 万亩，占全区总面积的 0. 6%。该土理化性质以围场县御道口牧场桃山北坡暗灰色森林土剖面为例（见表 2-2-4）。

表 2-2-4　暗灰色森林土理化性质

深度（cm）	质地	pH 值	有机质（%）	全 N（%）	全 P（%）	全 K（%）	速 P（ppm）	速 K（ppm）	代换量（me/100g±）
0～10	砂壤	6. 66	8. 42	0. 398	0. 067	2. 010	7. 70	260	16. 06
10～30	砂壤	6. 45	5. 54	0. 297	0. 065	2. 075	3. 90	125	19. 08
30～65	砂质	6. 75	5. 37	0. 019	0. 023	2. 282	0. 86	30	4. 12
65～105	轻壤	6. 45	2. 47	0. 116	0. 057	2. 117	0. 42	53	13. 65
105 以下	轻壤	6. 70	4. 0	0. 195	0. 056	2. 033	0. 47	60	18. 87

（二）灰色森林土

灰色森林土分布在坝上低山丘陵地带，为森林草原植被。分布面积 126. 72 万亩，占全区总土地面积的 2. 24%。该土壤层上部养分含量较高，下部较低。其剖面特征是腐殖质层厚度不超过 40 厘米，淀积层发育不明显，底土中有二氧化硅粉末出现。其理化性质以围场县机械林场东南 300 米处剖面为例（见表 2-2-5）。

表 2-2-5　灰色森林土理化性质

深度（cm）	质地	新生体	pH 值	有机质（%）	全 N（%）	全 P（%）	全 K（%）	速 P（ppm）	速 K（ppm）	代换量（me/100g±）
0~30	轻壤	—	6.5	7.35	0.028	0.161	0.955	1	100	25.44
30~50	砂质	二氧化硅粉末	6.5	0.59	0.031	0.015	1.079	1	22	2.31
50 以下	砂质	二氧化硅粉末	6.3	0.28	0.014	0.004	1.121	1	10	2.05

灰色森林土由于受成土母质的影响，土壤砂性较重，表层肥土易遭风蚀。因此，灰色森林土地区应以发展林业为主，林牧结合，以林护草，以草促牧。应采用封山养草育林，逐渐扩大森林面积和提高林木生产率。

三、褐土

承德市褐土主要分布在坝下自南至北 600~900 米的低山丘陵和高阶地地带，相对高度一般不超过 300 米。排水性能良好，土层较厚，质地沙粘适中，是粮食生产的重要产区。

褐土分布于暖温带半湿润半干旱季风气候区，夏季高温，雨热同季，有利于土体中矿物质的化学风化。次生粘土矿物随降水的增多而发生明显的机械淋移，进行淀积粘化过程，使下层土壤较上层土壤的粘粒和胶膜大大增加，旱季再氧化沉淀导致褐土颜色为褐色。承德市褐土发育的母质主要为黄土和黄土性冲积物，还有一部分沉积岩、变质岩的风化残积物，在侵蚀严重的地方，黄土下覆的红土层广泛出露，形成了侵蚀沟网。黄土和黄土状物质富含碳酸钙，在办湿润气候条件下，钙质发生淋溶和淀积，所以褐土的钙化作用明显，一般呈中性至微碱性。褐土分布面积 1436.56 万亩，占总土地面积的 27.36%。

褐土区自然植被以旱生森林、灌木林和草地为主。褐土分布区地势较高、气候干燥，有机质矿质化较为强烈，所以表土层有机质积累不多。本区褐土土类包括五个亚类：淋溶褐土、褐土、碳酸盐褐土、潮褐土及褐土性土。

（一）淋溶褐土

淋溶褐土分布于黄土阶地的顶部及低山下部，处于垂直带谱棕壤之下，居棕壤带与褐土带中间部位。全区分布面积 718.78 万亩，占总土地面积的 13.7%。由于植被覆盖程度和种类不同及气候因素影响的差异，其土壤的养分状况有明显的区域变化。因此，在生产开发利用上也应有所不同，其剖面理化性质如表 2-2-6 所示。

表 2-2-6　淋溶褐土理化性质

深度（cm）	质地	pH 值	有机质（%）	全 N（%）	全 P（%）	全 K（%）	速 P（ppm）	速 K（ppm）	代换量（me/100g±）
0~8	轻壤	6. 7	3. 15	0. 155	0. 028	1. 106	3	130	12. 3
8~42	轻壤	6. 9	0. 72	0. 047	0. 014	1. 218	2	65	23. 12
42~100	砂质砂土	6. 6	0. 43	0. 038	0. 038	1. 213	1	110	11. 8

淋溶褐土区主要种植旱作杂粮，有的栽植板栗、苹果、山楂等，是承德市粮果主要产区。该土区应注意防止水土流失，采取培肥措施，提高土壤肥力。

（二）褐土

褐土分布在褐土带中的低山丘陵区。在垂直带谱上则位于石灰性褐土与淋溶褐土之间，或与其交错分布。褐土的主要形态特征：剖面发育层次明显。土层构造常由枯枝落叶层、腐殖质层、粘化层、钙积层和母质层组成。粘化层一般出现在 20 厘米左右，钙积层出现深度在 1 米左右。在结构面上有石灰斑点及假菌丝体。该亚类分布面积 132. 47 万亩，占全区总土地面积的 2. 52%。褐土理化性质以丰宁县满族自治县长阁乡东沟门村南梁的褐土剖面为例（见表 2-2-7）。

表 2-2-7　褐土理化性质

深度（cm）	质地	新生体	pH 值	碳酸钙（%）	有机质（%）	全 N（%）	全 P（%）	全 K（%）	速 P（ppm）	速 K（ppm）	代换量（me/100g±）
0~15	轻壤	—	7. 6	0. 975	0. 959	0. 024	0. 050	1. 85	7. 1	86	9. 7
15~25	轻壤	—	7. 6	0. 875	0. 841	0. 045	0. 048	2. 034	7. 6	72	12. 13
25~50	轻壤	假菌丝	7. 5	—	0. 553	0. 031	0. 041	2. 266	—	—	—
50~90	轻壤	假菌丝	8. 0	4. 74	0. 537	0. 040	0. 040	2. 034	11. 7	86	16. 98

承德市褐土亚类物理性状良好，适宜种植林果，应注意培肥土壤，在化肥施用上注意氮、磷比例的协调。

（三）碳酸盐褐土

碳酸盐褐土分布在低山丘陵上部或没有树木的荒山上，多发育在黄土母质上。分布面积150.83万亩，占总土地面积的2.87%。碳酸盐褐土剖面石灰反应强烈，呈碱性反应，有时钙积层直接裸露于地表。其理化性质以承德市西平台村电台两侧的石灰性褐土剖面为例（见表2-2-8）。

表2-2-8 碳酸盐褐土理化性质

深度（cm）	质地	碳酸钙（%）	pH值	有机质（%）	全N（%）	全P（%）	全K（%）	速P（ppm）	速K（ppm）	代换量（me/100g±）
0~12	中壤	9.2	7.90	0.79	0.052	0.086	1.685	2.29	90	11.65
12~43	中壤	9.9	8.35	0.33	0.028	0.101	1.976	1.46	90	10.34
43~80	中壤	7.4	8.40	0.36	0.031	0.062	2.158	2.19	100	12.95
80以下	轻壤	9.6	8.60	049	0.034	0.072	2.080	8.42	90	15.16

（四）潮褐土

潮褐土分布在沿海两侧或山麓河谷的低阶地上。地下水深一般在4~6米，分布面积43.89万亩，占总土地面积的0.83%。该亚类的成土母质，为近代洪冲积物或黄土状冲积物。该土壤剖面上层具有褐土特征，剖面下部，由于受地下水影响，有锈纹锈斑。该土区是承德市主要的农耕地。增施有机肥，协调氮、磷比例，增施锌肥，是充分发挥该土壤生产潜力的关键措施。其理化性质以滦平县大屯乡窑上村村东大地的潮褐土剖面为例（见表2-2-9）。

表2-2-9 潮褐土理化性质

深度（cm）	地质	碳酸钙（%）	pH值	有机质（%）	全N（%）	全P（%）	全K（%）	速P（ppm）	速K（ppm）	代换量（me/100g±）
0~21	重壤	0.13	7.45	1.03	0.083	0.044	1.292	8.2	122	25.36
21~54	重壤	0.13	8.10	0.46	0.024	0.046	1.248	3.2	70	25.95
54~100	中壤	0.28	7.46	0.29	0.029	0.040	1.199	5.0	84	16.25

（五）褐土性土

褐土性土分布在石质低山丘陵地区，面积 390.6 万亩，占总土地面积的 7.44%。由于所处坡度大，侵蚀利害，或成土时间短等原因，致使土壤发育层次不明显。这种土壤侵蚀强烈，地面植被稀少，土中石砾含量较多，养分较少，肥力差，宜种草栽树。该土区应大力加强水土保持，进行综合利用。其理化性质以宽城县山家湾子乡葫芦峪村下西庄西坡褐土性土剖面为例（见表 2-2-10）。

表 2-2-10 褐土性土理化性质

深度（cm）	质地	pH 值	有机质（%）	全 N（%）	全 P（%）	全 K（%）	速 P（ppm）	速 K（ppm）	代换量（me/100g±）
0~20	砂壤	7.9	0.65	0.039	0.072	0.963	2.5	110	21.74
20~30	砂质土	8.1	0.44	0.048	0.068	0.921	3.5	85	21.28

总之，褐土土层较厚，质地属轻壤到中壤，耕性良好，矿质养分含量较高。酸碱度为中性到微碱性，排水良好，是承德市生产条件较好的土壤，是粮食作物的主要产地。此外，在低山丘陵地区的褐土还分布有许多果树，也是果品重要产区。

褐土的主要问题是干旱、贫瘠、水土流失严重。因此，在褐土利用改良上，最重要的环节就是加强水土保持，进行农田基本建设，坡耕地应修筑水平梯田。同时要结合生物措施，耕作措施发展多种经营，发挥综合功能作用。另外，应充分利用各种水源，积极发展灌溉，增施有机肥，合理施用化肥，不断提高土壤肥力。

四、黑土

黑土分布在围场县坝上红松洼一带。其地形为波状起伏台地，海拔1500~1600 米，年降水量为 400 毫米，属寒温半湿润高原气候，自然植被为草甸草原，分布面积 2.34 万亩，占总土地面积的 0.04%。其理化性质以红松洼种畜场西大包黑土剖面为例（见表 2-2-11）。

表 2-2-11　黑土理化性质

深度（cm）	质地	pH 值	碳酸钙（%）	有机质（%）	全 N（%）	全 P（%）	全 K（%）	速 P（ppm）	速 K（ppm）	代换量（me/100g±）
0~30	重壤	6. 2	0	1. 23	0. 248	0. 050	1. 245	3. 9	50	24. 92
30~50	轻壤	6. 0	0	1. 00	0. 077	0. 033	0. 830	2. 0	40	19. 74
50~100	轻壤	6. 0	0	0. 82	0. 030	0. 018	0. 245	2. 0	110	13. 87

根据黑土的特点和环境条件，应以发展牧业为主，并注意防止土壤沙化，水土流失，按地理环境条件，进行合理规划，保护土地资源。

五、草甸土

草甸土主要分布在丰宁满族自治县和围场县坝上淖泡周围、下湿滩及河谷低地狭长地带。地下水位在 1~3 米。分布面积为 33. 6 万亩，占总土地面积的 0. 63%。承德市草甸土分为草甸土、石灰性草甸土、沼泽化草甸土、盐化草甸土四个亚类。

（一）草甸土

草甸土分布在坝上高原滩地，其植被由中生植物所组成。土壤腐殖质层厚度一般为 20~50 厘米，剖面上部腐殖质含量较高，一般为 5%~10%。分布面积为 15. 05 万亩，占总土地面积的 0. 28%。其理化性质以围场县坝上御道口牧场草甸土剖面为例（见表 2-2-12）。

表 2-2-12　草甸土理化性质

深度（cm）	质地	新生体	pH 值	有机质	全 N（%）	全 P（%）	全 K（%）	速 P（ppm）	速 K（ppm）	代换量（me/100g±）
0~4	砂壤	—	5. 5	14. 36	1. 79	0. 071	1. 374	7. 37	148. 6	18. 44
4~32	砂壤	锈斑	4. 7	2. 49	0. 575	0. 035	1. 163	5. 18	119. 1	11. 36
32~36	砂土	锈斑	4. 1	1. 83	0. 082	0. 016	1. 426	3. 92	149. 9	9. 72

（二）石灰性草甸土

石灰性草甸土分布在坝上河流两岸的低阶平地上，母质为河流冲积物，并含有碳酸盐，碳酸钙含量一般为 0. 2%~4%。分布面积 9. 50 万亩，占总土地面积的0.18%。

（三）沼泽化草甸土

沼泽化草甸土分布在坝上淖泡周围或排水困难的涝湿滩地，地下水的深度一般小于1米，草皮层下出现锈纹、锈斑，1米左右出现浅育层。分布面积5.72万亩，占总土地面积的0.11%。

（四）盐化草甸土

盐化草甸土分布在坝上高原的下湿滩地。地下水位较高，地表有盐霜，一般含盐量小于1%。盐分以硫酸盐、氮化物为主，不适合开垦耕地，适宜发展牧业。其分布面积3.32万亩，占总土地面积的0.06%。

草甸土一般比较肥沃，是发展畜牧业较好的土壤。已开垦为农田的，应加强培肥，提高土壤肥力。对淖泡周围的草甸土，因含盐地下水临近地表，所以应注意加强草滩的保护，不要破坏草皮层，否则就会迅速盐化，致使土壤性状变坏。总之，要根据草甸土的特征，因地制宜地进行开发利用。

六、栗钙土

栗钙土分布在丰宁满族自治县坝上地区。面积159.5万亩，占总土地面积的3.04%。土壤剖面分化明显呈栗色，主要由腐殖质层和碳酸钙淀积层所组成。栗钙土分布区的海拔高度在1400~1700米。气候特点是夏季短促温热，冬季漫长严寒。年平均温度0.6℃，≥10℃积温1600~1800℃，年降水量400毫米，无霜期62~80天。风蚀沙化较为利害。从本区生物气候条件和土壤属性特征看，栗钙土土类包括暗栗钙土、栗钙土、草甸栗钙土、栗钙性土四个亚类。

（一）暗栗钙土

暗栗钙土分布在坝上黄土地带。有机质含量较高，一般在2%以上。分布面积38.73万亩，占总土地面积的0.74%。其理化性质以丰宁满族自治县北梁乡石板沟村东队暗栗钙土剖面为例（见表2-2-13）。

表2-2-13　暗栗钙土理化性质

深度（cm）	质地	碳酸钙（%）	pH值	有机质（%）	全N（%）	全P（%）	全K（%）	速P（ppm）	速K（ppm）	代换量（me/100g±）
0~20	轻壤	3.61	8.5	3.281	0.152	0.040	1.95	1.5	88	18.67
20~27	轻壤	3.07	8.5	3.178	0.169	0.043	1.95	2.0	66	3.07
27~100	轻壤	2.0	7.6	3.089	0.125	0.043	2.034	3.2	46	2.0

（二）栗钙土

栗钙土分布在坝上坡梁中下部，有机质含量一般为 1.5%~2%。分布面积 73.02 万亩，占总土地面积的 1.39%。该土理化性质以丰宁满族自治县万胜永乡承法村西栗钙土剖面为例（见表 2-2-14）。

表 2-2-14　栗钙土理化性质

深度（cm）	质地	碳酸钙（%）	pH 值	有机质（%）	全 N（%）	全 P（%）	全 K（%）	速 P（ppm）	速 K（ppm）	代换量（me/100g±）
0~20	轻壤	0.77	7.6	1.940	0.098	0.039	2.221	3.5	138	12.85
20~27	轻壤	0.30	7.65	1.948	0.093	0.038	2.221	3.8	114	8.73
27~100	砂壤	6.0	7.75	1.297	0.064	0.040	2.117	2.0	102	5.34

（三）草甸栗钙土

草甸栗钙土分布在旱地下湿滩、二阴滩部位。地下水埋深在 3~5 米。分布面积 2.90 万亩，占总土地面积的 0.05%。其理化性质以丰宁满族自治县坝上农科所北草甸栗钙土剖面为例（见表 2-2-15）。

表 2-2-15　草甸栗钙土理化性质

深度（cm）	质地	新生体	碳酸钙（%）	pH 值	有机质（%）	全 N（%）	全 P（%）	全 K（%）	速 P（ppm）	速 K（ppm）	代换量（me/100g±）
0~20	轻壤	—	—	9.25	7.90	0.498	0.012	1.62	9.96	430	26.40
20~35	砂壤	假菌丝	—	8.95	4.85	0.309	0.012	1.70	2.96	215	16.45
35~68	砂质沙土	假菌丝	2.2	8.90	0.87	0.048	0.045	1.78	1.36	90	9.24
68 以下	砂壤	锈斑	0.6	8.60	0.67	0.039	0.039	1.74	0.48	80	9.44

（四）栗钙性土

栗钙性土分布在残丘岗梁上部，其土壤剖面发育不明显。分布面积 4489 万亩，占总土地面积的 0.86%。其理化性质以丰宁满族自治县万胜永村小南沟栗钙性土剖面为例（见表2-2-16）。

表2-2-16　栗钙性土理化性质

深度（cm）	质地	pH值	碳酸钙（%）	有机质（%）	全N（%）	全P（%）	全K（%）	速P（ppm）	速K（ppm）	代换量（me/100g±）
0~15	轻壤	7.3	0	2.138	0.184	0.039	2.262	3	114	10.19
15~23	轻壤	7.6	0.4	0.881	0.042	0.016	2.304	2.6	22	12.61
23~38	砂质沙土	7.6	0.15	0.351	0.008	0.021	2.304	3	0.15	2.91

承德市目前栗钙土区利用状况是，由于积温低，作物以莜麦、马铃薯等为主，另外，还有半农半牧区。其土壤有机质含量，全氮含量，按全国土壤养分分级标准大部分属3~4级水平。但速效磷含量较低，农耕地应注意调节氮、磷比例，进行合理施肥。

栗钙土区气候干旱，风蚀水蚀较严重，农耕地的粮食产量不高，因此，在改良利用上，首先要营造防护林带，改良保护现有草地，管理、保护好现有人工林，推广围栏养草，进行合理放牧。充分利用现有农耕地，通过采用农业新技术，培肥土壤，不断提高农作物单位面积产量。

七、新积土

承德市新积土是在新的河流沉积物上发育而成的一种幼年土壤类型。新积土多分布在各水系的河漫滩上，一般土层较厚，质地多为砾质。其分布面积16.67万亩，占总土地面积的0.31%。该土在改良利用上，应因地制宜，合理利用，通过培肥等措施，提高其生产能力。

八、风沙土

风沙土是在风积沙母质上发育成的一种土壤，其形成特点，成土作用微弱，在成土过程中经常被风蚀和沙压作用所打断。所以，风蚀和在堆积作用，是该土壤形成的重要特征。风沙土分布在围场、丰宁满族自治县境内，面积112.46万亩，占总土地面积的2.14%。

风沙土上的植被稀疏，覆盖度较小，多以沙生植被为主，风沙土地貌成沙丘状态，也有波状垄和风蚀凹地，其理化性质以围场镇东山西坡剖面为例（见表 2-2-17）。

表 2-2-17 风沙土理化性质

深度（cm）	质地	碳酸钙（%）	pH 值	有机质（%）	全 N（%）	全 P（%）	全 K（%）	速 P（ppm）	速 K（ppm）	代换量（me/100g±）
0~30	砂砾	0.2	7.85	0.18	0.11	0.018	1.436	0	114	1.51
30~45	砂砾	0	7.45	0.03	0.003	0.013	1.577	2.6	1.59	1.0
45 以下	粉沙	0.15	8.55	0.05	0.05	0.023	1.120	3	1.46	2.0

风沙土改良利用上应注意以下几点：

（1）风沙育草。严禁在荒地上放牧、采草、打柴，恢复天然植被，增加地表覆盖度，以降低风速，达到固沙目的。

（2）人工植树种草。造林应采用深栽办法，提高树木成活率。其树种以灌木沙棘林为主，人工种草应以沙打旺等木本植物为主。

（3）合理耕作。改善其理化性状，增加土壤中的粘粒和有机质含量，其途径是增加有机肥的施肥量。凡农耕的风沙土，可采取免耕方法，减少风蚀，起到固沙作用。

九、石质土

石质土分布在石质山地和丘陵顶部。面积 85.26 万亩，占总土地面积的 1.62%。石质土属幼年土壤，其剖面属 A-C 构型的 A 层一般小于 10 厘米，A 层下为母岩层。其主要特征是土质很粗，多含石砾和碎石。再利用上应进行封山养草，或进行人工种草，有条件的地区可发展小灌木，以发展牧业为主。

十、粗骨土

粗骨土分布在遭到侵蚀较重的山地和丘陵上部。其特点呈显著骨性。分布面积 518.47 万亩，占总土地面积的 9.87%，再利用上可种草栽树。如要农用，应设法清除表土中的石砾和石块，其理化性质以兴隆孙损杖子乡门子哨村东山粗骨土剖面为例（见表 2-2-18）。

表 2-2-18　粗骨土理化性质

深度（cm）	pH 值	有机质（%）	全 N（%）	全 P（%）	全 K（%）	速 P（ppm）	速 K（ppm）	代换量（me/100g±）
0~21	7.71	0.75	0.041	0.015	1.585	1.1	7.8	7.71
21~53	7.7	0.03	0.007	0.004	0.523	0.4	1.7	7.70

十一、沼泽土

沼泽土属于非地带性土壤，分布在围场、丰宁满族自治县的坝上河谷的河漫滩低洼地区，淖泡周围低洼地区。地下水位一般小于 1 米。由于地表季节性或常年积水，所以土壤水分长期处于饱和或过剩状态，通气不良，致使植物残体不能充分分解，有机质易于积累。矿物质在还原条件下，以低价形态存在，其土体有明显的潜育化特征。在土壤水分过多的条件下，有利于喜温植物生长。常见的植物有苔草、地榆、狭叶芹、水木贼和蒲草等。其成土母质为第四纪静水沉积物。承德市分布面积 19.46 万亩，占总土地面积的 0.37%。根据沼泽土形成过程和剖面特征，共划分为草甸沼泽土、泥炭沼泽土两个亚类。

（一）草甸沼泽土

草甸沼泽土分布在沼泽的外侧，地下水位高，埋葬深度在 50 厘米左右，雨季地表短期积水。面积 6.90 万亩，占总土地面积的 0.13%。土壤全剖面的潜育层比较明显，土表层有机质含量较高。其理化性质以围场县坝上御道口牧场七号草甸沼泽土剖面为例（见表 2-2-19）。

表 2-2-19　草甸沼泽土理化性质

深度（cm）	质地	新生体	pH 值	有机质（%）	全 N（%）	全 P（%）	全 K（%）	速 P（ppm）	速 K（ppm）	代换量（me/100g±）
0~15	砂壤	锈纹	8.34	7.95	0.43	0.087	1.775	8.36	141	18.31
15~35	轻壤	锈斑	8.35	7.02	0.32	0.041	1.291	9.01	112	19.6
35~55	砂壤	锈斑	8.0	1.34	0.71	0.026	1.039	3.27	210	11.4

(二) 泥炭沼泽土

泥炭沼泽土分布在封闭低平洼地。地表常年积水。土壤有机质不易分解，形成浅褐色泥炭层。植被以蒲草科苔草占优势，并形成点状草丘（俗称塔头）。面积12.56万亩，占总土地面积的0.24%。其理化性质以围场县坝上御道口牧场七号泥炭沼泽土剖面为例（见表2-2-20）。

表 2-2-20 泥炭沼泽土理化性质

深度（cm）	质地	新生体	pH值	有机质（%）	全N（%）	全P（%）	全K（%）	速P（ppm）	速K（ppm）	碳酸钙（%）	代换量（me/100g±）
0~10	砂壤	锈斑	7.2	4.40	0.027	0.084	1.66	7.49	80	0.1	39.86
10~30	砂壤	锈斑	6.75	17.40	0.859	0.074	1.45	8.63	100	0.12	42.07
30~50	砂壤	锈斑	6.5	26.50	1.246	0.110	1.08	2.56	75	0.08	48.29
50~70	砂壤	锈斑	6.4	10.30	0.475	0.044	1.49	1.04	275	0.08	24.80
70以下	砂土	锈斑	6.7	3.71	0.178	0.028	1.99	1.78	52	0.08	5.92

沼泽土利用改良的中心问题是水分过多，养分呈有机态存在。因此，在改良利用上首先要排除过多的水分，一般不宜种植农作物，应栽植耐湿树种和发展牧业，另外，可充分利用其泥炭制作堆肥，或用来垫圈与牲畜粪尿沤制厩肥。

十二、潮土

潮土分布在坝下河流两岸的低阶地上。面积75.60万亩，占总土地面积的1.44%。潮土的成土母质为河流的沉积物，在地下水活动直接作用下，经过耕种熟化而形成的，也叫二潮土。

潮土地处半干半湿润季风气候区，年平均气温12~15℃，年降水量为500毫米。≥10℃的天数为190~230天。其地下水位一般为1~3米。潮土的潮化过程是由于地下水常年上下变动，引起了土壤氧化还原交替作用，致使土壤中的某些物质溶解、移动和淀积，在土体中产生锈纹锈斑。另外，由于受河流多次沉积作用，所以土壤剖面层次明显，沙粘相间，土壤质地多为壤质，也有粘质和沙质。根据潮土形成过程，承德市潮土共划分为潮土、盐化潮土两个亚类。

（一）潮土

潮土亚类广泛分布在河谷一级阶地地带上，地势较为平坦。面积 74.36 万亩，占总土地面积的 1.42%。土壤剖面由腐殖质层、氧化还原层、母质层组成，腐殖质层呈灰棕色，其土体结构面上有胶膜、锈纹锈斑。底土层色泽灰暗，有潜育化现象，其理化性质以隆化县张三营乡后街村潮土剖面为例（见表 2-2-21）。

表 2-2-21　潮土理化性质

深度（cm）	质地	新生体	pH 值	有机质（%）	全 N（%）	全 P（%）	全 K（%）	速 P（ppm）	速 K（ppm）	代换量（me/100g±）
0~12	重壤	—	8.3	1.15	0.027	0.009	1.361	19.4	118	16.66
12~38	砂壤	—	8.15	0.482	0.060	0.007	1.876	5.8	62	12.90
38~84	轻壤	锈斑	8.20	0.45	1.026	0.007	1.644	5.6	58	10.57

（二）盐化潮土

盐化潮土分布在洼地边缘，有时与潮土插花分布。地下水位埋藏较浅，一般为 1~2.5 米，地下水矿化度较高，含量为 1 克/升以上。其分布面积 1.24 万亩，占总土地面积的 0.02%。盐化潮土地面有积盐现象，但耕作层土内的含盐量一般不超过 0.7%。其理化性质以丰宁县大阁镇西庙村顺道子地盐化潮土剖面为例（见表 2-2-22）。

表 2-2-22　盐化潮土理化性质

深度（cm）	质地	新生体	pH 值	有机质（%）	全 N（%）	全 P（%）	全 K（%）	速 P（ppm）	速 K（ppm）	全盐（%）	代换量（me/100g±）
0~20	轻壤	—	7.6	1.049	0.063	1.87	1.95	4.8	390	0.205	12.13
20~50	轻壤	锈斑	7.6	0.954	0.095	0.095	2.07	6.8	410	0.205	19.94
50~100	轻壤	锈斑	7.6	0.954	1.057	0.089	1.951	6.4	358	0.203	13.34

潮土是我国农耕地中较好的一种土壤。其速效钾含量较高，一般在 100ppm 以上，但速效磷含量较低，所以在潮土上要取得高产，应注意协调

氮、磷比例。

潮土是全区农作物的主要种植区之一，有水源的地方可以大力发展水稻。在开发利用上应注意以下几点：

（1）增施有机肥，提高土壤肥力。针对潮土中有机质含量少，水肥气热不协调的问题，要广开肥源，增施有机肥料，以提高其生产能力。

（2）做好防涝放盐工作。通过农业技术措施、工程措施，达到排涝控制地下水位的上升，防止土壤发生次生盐渍化。

（3）因土种植，对于质地偏粘偏沙的潮土，可进行客土改良，增施有机肥，同时，要因地制宜地种植较适合的农作物品种。

十三、山地草甸土

山地草甸土属于半水成土纲，分布在坝上高原缓丘顶部，坝下中山山顶平缓地带。其成土母质以酸性硅铝质，基性硅铝质残坡积物为主。所处气候寒冷，冻结期和积雪期均很长。≥10℃的积温小于2000℃，无霜期70~100天，年降水量为400~600毫米。植被为中生杂类草草甸或灌丛草甸。其土层类型。草被茂密，是承德市优良的天然牧场，分布面积55.49万亩，占总土地面积的1.05%。其理化性质以平泉县光头山山顶山地草甸土剖面为例（见表2-2-23）。

表2-2-23　山地草甸土理化性质

深度（cm）	pH值	碳酸钙（%）	有机质（%）	全N（%）	全P（%）	全K（%）	速P（ppm）	速K（ppm）	代换量（me/100g±）
0~25	6.8	0	6.49	0.367	0.148	1.743	1.46	65	23.89
25~45	6.7	0	8.64	0.472	0.142	1.743	0.945	180	29.82
45~60	6.7	0	2.68	0.122	0.080	2.034	5.29	150	6.12
60~80	6.7	0	0.77	0.046	0.058	2.822	5.20	145	12.85
80以下	6.5	0	0.58	0.039	0.082	1.909	6.46	120	15.26

山地草甸土土体呈微酸性，无石灰反应。因气候冷凉，有机质积累大于分解，腐殖质层一般可达50厘米，表土有机质含量高达9%~17%，土体中杂有砾石。

第三节　土地利用类型和现状

承德市土地利用现状的总体构成，既反映土地资源自然地理状况，包括地质、地貌、气候、水文、土壤、植被等，又反映承德市社会、经济结构状况。

一、承德市土地利用一级分类构成

承德市土地利用一级分类构成，即有耕地、园地、林地、草地、城镇村及工矿用地、交通用地、水域及水利设施用地、其他用地八种类型（见表 2-3-1）。

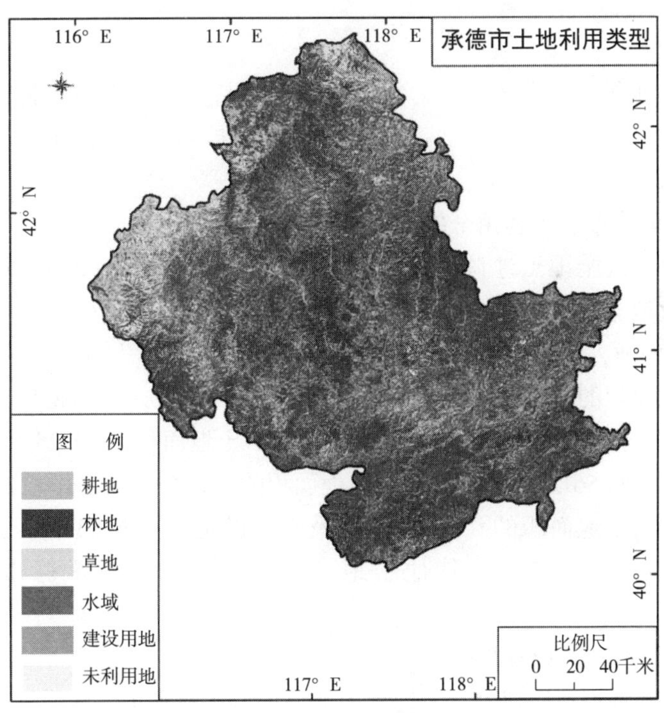

图 2-3-1　承德市土地利用类型简图

表 2-3-1　承德市土地利用类型

	面积（公顷）	占本区域土地面积的比例（%）
耕地	402952. 18	10. 2
园地	137791. 38	3. 49
林地	2351991. 14	59. 56
草地	799752. 77	20. 25
城镇村及工矿用地	87509. 56	2. 22
交通用地	27486. 74	0. 7
水域及水利设施用地	68835. 37	1. 74
其他用地	72634. 09	1. 84
土地总面积	3948953. 23	100

注：数据来源于承德市第二次土地调查。

按照土地利用性质又可分为农业用地（包括耕地、园地、林地、草地）、非农业用地（包括城镇乡村、工矿、交通、特殊占地）和尚未充分利用土地（包括裸岩、乱石滩、荒山、荒坡、沙荒地等）。

（一）承德市土地利用一级分类构成

根据第二次全国土地调查数据，承德市土地总面积为 3948953. 23 公顷，占河北省土地总面积的 20. 94%。其中一级土地利用分类构成为：耕地面积 402952. 18 公顷，占承德市土地面积的 10. 2%；园地面积 137791. 38 公顷，占承德市土地面积的 3. 49%；林地面积 2351991. 14 公顷，占承德市土地面积的 59. 56%；草地面积 799752. 77 公顷，占承德市土地面积的 20. 25%；城镇村及工矿用地 87509. 56 公顷，占承德市土地面积的 2. 22%；交通用地 27486. 74 公顷，占承德市土地面积的 0. 7%；水域及水利设施用地 68835. 37 公顷，占承德市土地面积的 1. 74%；其他土地 72634. 09 公顷，占承德市土地面积的 1. 84%。

（二）土地利用现状构成特点

按照土地利用性质划分，土地利用类型可分为农用地、建设用地和未利用地三大类。根据第二次全国土地调查数据，承德市农用地面积 3103742. 23 公顷，占全市土地总面积的 78. 60%；建设用地面积 105008. 02 公顷，占全市土地总面积的 18. 74%；未利用地面积 740202. 98 公顷，占全市土地总面积的 20. 14%。

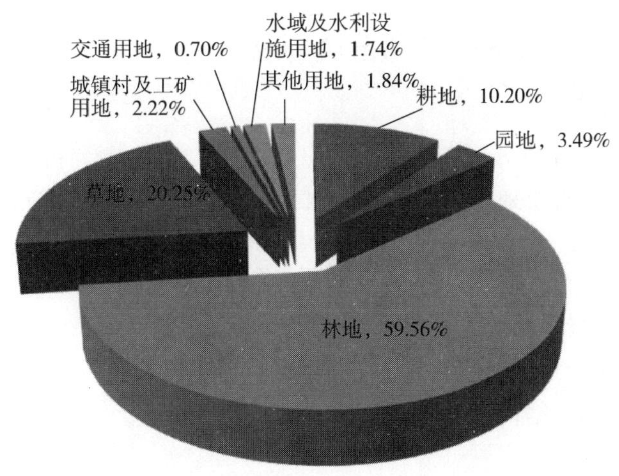

图 2-3-2　承德市土地利用现状一级分类

农用地率占 78. 60%；建设用地率占 2. 66%，土地垦殖率占 10. 20%。其他各县区情况见表 2-3-2。

表 2-3-2　承德市土地利用现状综合指标统计　　单位：%

	农用地率	土地垦殖率	建设用地率	土地利用率	未利用土地比例
承德市	78. 60	10. 20	2. 66	81. 26	18. 74
双桥区	71. 30	10. 24	9. 44	80. 78	19. 26
双滦区	38. 85	11. 03	8. 60	47. 45	52. 55
营子区	87. 78	4. 98	10. 41	98. 19	1. 81
围场县	86. 80	12. 35	1. 61	88. 41	11. 59
丰宁县	84. 65	10. 66	1. 94	86. 58	13. 42
隆化县	75. 30	10. 53	2. 27	77. 57	22. 43
承德县	75. 31	9. 20	2. 77	78. 08	21. 92
平泉县	73. 60	14. 79	4. 12	77. 72	22. 28
滦平县	72. 15	7. 65	2. 56	74. 71	25. 29
宽城县	60. 35	6. 78	5. 32	65. 67	34. 33
兴隆县	77. 15	3. 16	2. 53	79. 68	20. 23

注：数据来源于承德市第二次土地调查。

二、承德市土地利用二级分类构成

(一) 耕地

第二次土地普查承德市耕地面积 402952.18 公顷，占土地总面积的 10.20%。人均占有耕地面积 2.24 亩，高于全省人均值 1.63 亩耕地水平，高于河北省平均水平（1.4 亩/人）。每个农村劳动力平均负担耕地 2.04 亩。本区垦殖率为 10.20%，远低于全省垦殖率 35.48%的水平。

从耕地类型结构看，水田面积 13262.80 公顷，占全市耕地总面积的 3.29%；水浇地 23382.48 公顷，占 5.80%；旱地面积 366306.90 公顷，占 90.91%。耕地类型结构见表 2-3-3。

表 2-3-3　耕地类型结构

耕地类型	面积（公顷）	占耕地面积比例（%）
水田	13262.80	3.29
水浇地	23382.48	5.80
旱地	366306.90	90.91
合计	402952.18	100

在农业耕作用地中，含有多砾石的耕地面积 3.444 万公顷，坡度大于 25 度的耕地面积 1.06 万公顷，黏重板结耕地面积 2.06 万公顷，低洼易涝耕地面积 1.28 万公顷，中低产田面积 16.10 万公顷，约占总耕地面积的 44.8%。

从农业耕地利用结构看，以种植粮食作物为主，播种面积 446.46 万亩，占耕地播种面积的 74.92%，单产 4072 千克/公顷，总产量 1212077 吨。经济作物播种面积 125.89 万亩，占耕地播种面积的 21.13%。其他作物播种面积 23.54 万亩，占耕地播种面积的 3.59%。耕地利用结构见表 2-3-4。

表 2-3-4　2015 年耕地利用结构

耕地利用类型	播种面积（万亩）	占耕地播种面积比例（%）
粮食作物	446.46	74.92
经济作物（包括油料作物）	125.89	21.13
其他	23.54	3.95

注：数据来源于 2016 年《承德统计年鉴》。

第二次土地普查承德市耕地面积（420952. 18 公顷）比 2008 年（335897 公顷）增加 85055. 18 公顷，主要原因是土地开发整理复垦。但历史时期人均耕地面积呈减少趋势，从 1965 年以后不断减少，1965 年耕地面积 491. 45 万亩，平均人均耕地面积 2. 7 亩。1981 年耕地面积 469. 83 万亩，比 1965 年减少了 21. 62 万亩，大约相当于一个宽城县的耕地面积，平均人均耕地面积下降到 2 亩以下。到 1986 年耕地面积减少到 462. 25 万亩，比 1965 年减少 29. 20 万亩，大约相当于一个宽城县耕地面积的一倍半，平均人均耕地面积 1. 9 亩。人均耕地面积减少的主要原因是人口增加。

综上所述，本区耕地特点是：中低产田、旱地面积大，水田、水浇地面积小，经济作物面积小。

（二）园地

承德市园地总面积 137791. 38 公顷，占土地总面积的 3. 49%，其中鲜果园面积 92119. 66 公顷，占园地面积的 66. 85%。其他园地面积 45671. 72 公顷，占园地面积的 33. 15%。

承德市园地主要分布在低山丘陵山下部地带。园地土壤类型主要有褐土及一部分棕壤，成土母质为酸性盐、碳酸盐岩等残积坡积物以及黄土母质，土壤多微酸到中性酸碱度范围。地处燕山山地的兴隆、宽城及隆化、平泉南部是板栗、山楂、苹果的重要生产基地。

果蔬单株产量较低，苹果树每株产果 3. 6 千克，山楂树每株产果 1. 9 千克，板栗树每株产果 32. 25 千克。果园土地资源生产潜力还很大。

（三）林地

承德市有林地面积 2351991. 14 公顷，占土地面积的 59. 56%。其中，有林地面积 1249740. 14 公顷，占全市林地总面积的 53. 13%。灌木林地面积 635640. 70 公顷，占 27. 03%。其他林地面积 466609. 30 公顷，占 19. 84%。

林地主要分布区为，滦河、潮白河、老哈河等水系上游地带的雾灵山、都山、塞罕坝、七老图山等深山的阴坡。尚有大面积的阳坡、半阳坡荒山荒坡未充分利用。

（四）草地

承德市草地面积 799752. 77 公顷，占总土地面积的 20. 25%。其中，天然牧草地面积 155431. 17 公顷，占全市草地总面积的 19. 43%；人工牧草地面积 5742. 86 公顷，占全市草地总面积的 0. 72%；其他牧草地面积 638578. 74 公顷，占全市草地总面积的 79. 85%。

（五）城镇村工矿用地

承德市城镇村及工矿用地面积 78509.56 公顷，占总土地面积的 2.22%。其中，城市面积 4423.92 公顷，占全市城镇村及工矿用地总面积的 5.06%；建制镇面积 8160.05 公顷，占 9.32%；村庄面积 59152.45 公顷，占 66.45%；采矿用地面积 13292.40 公顷，占 15.19%；风景名胜及特殊用地面积 3490.74 公顷，占 3.98%。

特殊占地是指名胜古迹、旅游风景、陵园、国防等占地面积。随着经济的发展，非生产性占地面积逐年增加，农业用地面积减少。

（六）交通用地

承德市交通运输用地总面积 27486.74 公顷，占土地总面积的 0.70%。其中，铁路用地面积 3023.11 公顷，占交通运输用地总面积的 11.00%；公路用地面积 8966.48 公顷，占 32.62%；农村道路用地面积 15493.12 公顷，占 56.37%；机场用地面积 4.03 公顷，占 0.01%。

（七）水域及水利设施用地

第二次土地调查数据表明，承德市的水域及水域设施用地为 68835.37 公顷，占土地总面积的 1.74%，占河北省水域及水利设施用地总面积的 7.78%，居一级土地利用类型面积的第七位。按行政区域分析，隆化县有水域及水利设施用地 11999.38 公顷，占全市水域及水利设施用地总面积的 17.43%，居第一位；其次为丰宁县，有水域及水利设施用地 11847.72 公顷，占全市水域及水利设施用地总面积的 17.21%；再次为围场县，有水域及水利设施用地 11142.16 公顷，占全市水域及水利设施用地总面积的 16.19%。营子区水域及水利设施用地面积最少，为 150.22 公顷，仅占全市水域及水利设施用地总面积的 0.22%。

从水域及水利设施用地占土地总面积的分布密度分析，全市平均为 1.74%。其中：分布密度最大的是宽城县，为 3.62%；其次为双桥区 3.13%；再次为双滦区 2.25%。营子区分布密度最小仅为 1.01%。全市水域及水利设施用地面积统计分析情况见表 2-3-5。

表 2-3-5　承德市水域及水利设施用地分布

	水域及水利设施用地面积（公顷）	占本辖区总面积的比例（%）	占承德市水域及水利设施用地总面积的比例（%）
承德市	68835.37	1.74	100
双桥区	2037.43	3.13	2.96
双滦区	1016.51	2.25	1.48
营子区	150.22	1.01	0.22
围场县	11142.16	1.23	16.19
丰宁县	11847.72	1.36	17.21
隆化县	11999.38	2.19	17.43
承德县	6707.46	1.84	9.74
平泉县	7359.53	2.23	10.69
滦平县	4314.23	1.44	6.27
宽城县	7010.43	3.62	10.18
兴隆县	5250.30	1.68	7.63

注：数据来源于承德市第二次土地调查。

承德市河流水面面积 35323.05 公顷，占承德市水域及水利设施用地面积的 51.31%；湖泊水面面积 26.45 公顷，占 0.04%；水库水面面积 5237.16 公顷，占 7.61%；坑塘水面面积 778.65 公顷，占 1.13%；内陆滩涂面积 25144.57 公顷，占 36.53%；沟渠面积 2057.81 公顷，占 2.99%；水工建筑用地面积 267.68 公顷，占 0.39%。

（八）其他用地

其他用地包括裸露岩石、卵石滩、荒山、荒坡等。承德市其他用地面积 72634.09 公顷，占全市土地总面积的 1.84%。其中，设施农用地面积 1538.00 公顷，占全市其他土地总面积的 2.12%；田坎面积 29965.92 公顷，占 41.26%；盐碱地面积 138.34 公顷，占 0.19%；沼泽地面积 4501.80 公顷，占 6.20%；沙地面积 1810.25 公顷，占 2.49%；裸地面积 34679.78 公顷，占 47.74%。

第三章
承德市水资源环境

承德市水资源由地表水和地下水两部分组成，地表水主要来自河川径流，绝大部分为自产水；地下水多储存于第四纪松散层中，属于河谷地下水。地下潜流与地表水流向一致，相互转化，相互补充。地下水为典型的浅层地下潜水，含水层为独特的山间河谷盆地极薄含水层类型，含水层厚度多为 5~13 米，水位埋深多为 1~6 米，含水层水量调蓄能力极弱。受地下水含水层特性影响，全市地表水资源量占水资源总量的 97%以上。

据 2007 年发布的河北省第二次水资源评价结果，承德市多年平均水资源总量为 34. 91 亿立方米，人均水资源量为 1050. 18 立方米，耕地亩均水资源量为 686. 62 立方米，均居河北省第一位。其中，多年平均水资源总量占全省的 17%；人均水资源量是全省人均水资源量的 3. 42 倍；亩均水资源量是全省亩均水资源量的 3. 25 倍。

第一节　水资源总量及其分布

一、水资源分区

承德市水系属于河北滦河流域山区亚区，根据承德水文水资源勘测局"承德市水资源评价"把承德市划分为滦河、潮白蓟运河、辽河三大流域，全市流域总面积为 39808. 87 平方千米，其中滦河流域 28878. 35 平方千米；潮白蓟运河流域 6776. 74 平方千米；辽河流域 4153. 78 平方千米。承德市水系大部分分布在滦河流域（见表3-1-1、图 3-1-1）。

表 3-1-1　承德市水系分区面积　　　　单位：平方千米

	滦河	蓟运河	潮白河	辽河	小计
宽城	1952.00	—	—	—	1952.00
兴隆	1971.44	675.24	476.32	—	3123.00
平泉	1958.70	—	—	1349.13	3307.83
滦平	1791.00	—	1422.00	—	3213.00
丰宁	4579.92	—	4185.01	—	8764.93
隆化	5497.11	—	—	—	5497.11
围场	6415.07	—	—	2804.65	9219.72
全区合计	24165.24	675.24	6083.33	4153.78	35077.59

注：数据来源于承德市第二次土地调查。

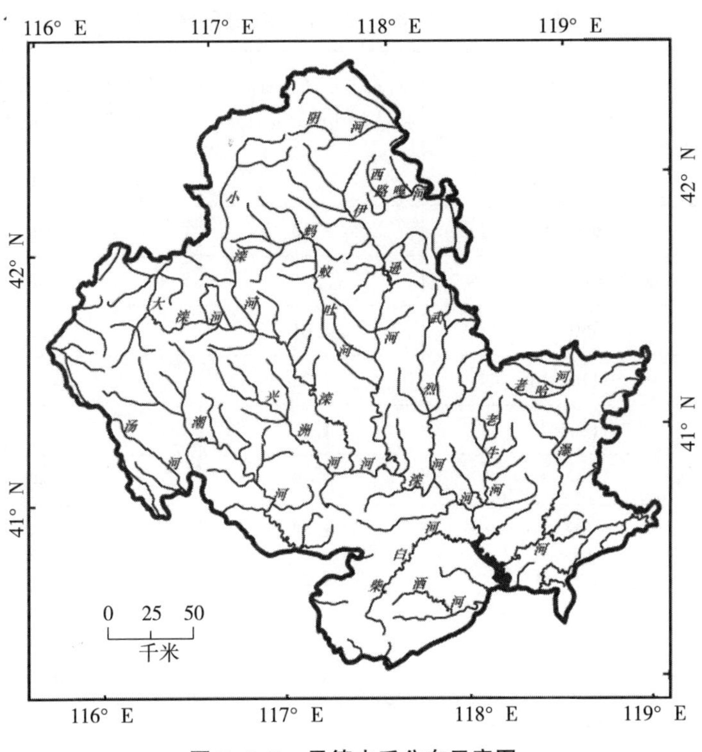

图 3-1-1　承德水系分布示意图

第二次土地调查数据表明，承德市的水域及水域设施用地为 68835. 37 公顷，占土地总面积的 1. 74%，占河北省水域及水利设施用地总面积的 7. 78%，居一级土地利用类型面积的第七位。按行政区域分析，隆化县有水域及水利设施用地 11999. 38 公顷，占全市水域及水利设施用地总面积的 17. 43%，居第一位；其次为丰宁县，有水域及水利设施用地 11847. 72 公顷，占全市水域及水利设施用地总面积的 17. 21%；再次为围场县，有水域及水利设施用地 11142. 16 公顷，占全市水域及水利设施用地总面积的 16. 19%。营子区水域及水利设施用地面积最小，为 150. 22 公顷，仅占全市水域及水利设施用地总面积的 0. 22%。

从水域及水利设施用地占土地总面积的分布密度分析，全市平均为 1. 74%。其中，分布密度最大的是宽城县，为 3. 62%；其次为双桥区 3. 13%；再次为双滦区 2. 25%。营子区分布密度最小仅为 1. 01%。全市水域及水利设施用地面积统计分析情况见表 3-1-2。

表 3-1-2　承德市水域及水利设施用地分布

	水域及水利设施用地面积（公顷）	占本辖区总面积的比例（%）	占承德市水域及水利设施用地总面积的比例（%）
承德市	68835. 37	1. 74	100
双桥区	2037. 43	3. 13	2. 96
双滦区	1016. 51	2. 25	1. 48
营子区	150. 22	1. 01	0. 22
围场县	11142. 16	1. 23	16. 19
丰宁县	11847. 72	1. 36	17. 21
隆化县	11999. 38	2. 19	17. 43
承德县	6707. 46	1. 84	9. 74
平泉县	7359. 53	2. 23	10. 69
滦平县	4314. 23	1. 44	6. 27
宽城县	7010. 43	3. 62	10. 18
兴隆县	5250. 30	1. 68	7. 63

注：数据来源于承德市第二次土地调查。

二、地表水

根据土地利用现状调查分类，承德市地表水域及水利设施用地的二级分类共有七个，即河流水面、湖泊水面、水库水面、坑溏水面、内陆滩涂、沟渠和水工建筑用地。

承德市境内有滦河、北三河、辽河和大凌河四个水资源区。滦河流域最大 28858.20 平方千米，占承德市国土总面积的 72.53%，境内干流河长 374 千米。流域面积 1000 平方千米以上的较大支流有小滦河、兴洲河、伊逊河、武烈河、老牛河、柳河、瀑河、洒河等九条，流经承德市八县三区，全部注入潘家口水库。其流域面积占潘家口水库上游流域面积的 83.7%，是津唐地区的重要水源地。图 3-1-2 为滦河源头景观。

图 3-1-2　滦河源头景观

北三河水系包括潮河、白河和蓟运河，流域面积 6776.74 平方千米，占国土总面积的 17.03%。其中潮白河境内流域总面积 6101.46 平方千米，占密云水库上游流域面积的 38.7%，是首都北京的主要水源地。辽河水系包括老哈河、阴河和西路嘎河，流经平泉、围场两县，流域面积 3718.88 平方千米，占国土总面积的 9.35%。大凌河水系流经平泉县，流域面积 434.90 平方千米，占国土总面积的 1.09%。

承德市河流水域面积共 35323.05 公顷，占水域及水利设施用地总面积的 51.32%，占河北省河流水面总面积的 16.75%。按行政区域分析，围场县有河流水面 6909.30 公顷，占承德市河流水面总面积的 19.56%，居第一位；其次为承德县，有河流水面 5396.91 公顷，占全市河流水面总面积的 15.28%；

再次为隆化县，有河流水面 5189.70 公顷，占全市河流水面总面积的 14.69%。营子区河流水面面积最小，为 126.87 公顷，仅占全市河流水面总面积的 0.36%。

从河流水面占土地总面积的比例分析，承德市平均为 0.89%。其中，分布密度最大的是双桥区、双滦区和承德县，均为 1.48%；其次兴隆县为 1.32%；再次宽县为 1.29%。丰宁县分布密度最小，仅为 0.39%。

承德市均属山区河流，汛期径流由降雨形成的地表径流补给，非汛期则由地下水径流补给，即地下径流转化为地表径流。因此，山区河川径流总量基本上代表了山区的全部水资源量。

据 1956~2000 年的资料分析计算，全市多年平均河川径流总量为 35.9991 亿立方米，折合成径流深为 90.4 毫米，其中河川基流量为 16.0957 亿立方米，约占总数的 44.7%。全区地表产流系数为 0.086，上游地区比较小，下游变化大。围场县最小为 0.053，兴隆县最大为 0.190（承德市水资源评价，2012 年 5 月 30 日）。承德市各分区地表水资源量表见表 3-1-3。

表 3-1-3　各分区地表水资源量表　　单位：亿立方米

分区河名	面积（平方千米）	统计参数			不同频率年资源量		
		年均值	Cv	Cs/Cv	50%	75%	95%
滦河流域	28878.35	26.46	0.55	2.1	23.71	15.69	8.14
潮白蓟运河流域	6776.74	6.93	0.62	2.7	5.80	3.79	2.34
辽河流域	4153.78	2.60	0.59	2.0	2.31	1.46	0.68

注：据 1956~2000 年的资料分析计算。

资料来源：《承德市水资源评价》，2005 年 11 月 8 日。

三、地下水

地下水资源量系指与降水、地表水有直接补排关系的地下水总补给量。地下水资源总量为河川基流量、山前泉水溢出量、山前侧向径流流出量及开采净消耗量四项之和。鉴于承德市山前泉水溢出量和山前侧向径流流出量占地下水资源量的比重很小，因而地下水资源总量采用河川基流量及地下水开采量的净消耗量两项之和代替。经计算得出承德市多年平均地下水资源量为 17.1096 亿立方米，河川基流量为 16.0957 亿立方米，占地下水资源量的

94.1%，开采净消耗量为1.0139亿立方米，占地下水资源量的5.9%。降水入渗补给系数为0.080，北部围场、丰宁县、隆化县较小，分别为0.063、0.068、0.062，南部兴隆、宽城较大，分别为0.115、0.1092，承德市最大为0.111。地下水资源总量特征值见表3-1-4。

表3-1-4　承德市地下水资源总量特征值　　单位：亿立方米

分区河名	面积（平方千米）	统计参数			不同频率年资源量		
		年均值	Cv	Cs/Cv	50%	75%	95%
滦河流域	28878.35	12.59	0.31	2.0	12.19	9.75	6.97
潮白蓟运河流域	6776.74	3.11	0.28	2.0	3.03	2.48	1.83
辽河流域	4153.78	1.41	0.46	2.4	1.29	0.93	0.58

注：据1956~2000年资料分析计算。

资料来源：《承德市水资源评价》，2005年11月8日。

四、水资源总量

区域的水资源总量，为当地降水形成的地表水和地下水的产水总量，由于地表水和地下水相互联系又相互转化，河川径流量中的基流部分是由地下水补给的，而地下水补给量中又有一部分来源于地表水入渗，因此计算水资源总量时应扣除两者之间相互转化的重复计算部分。

承德市多年平均河川径流量为35.9991亿立方米，多年平均地下水资源量为17.1096亿立方米，两者之间的重复计算水量为16.0957亿立方米，扣除地表水和地下水相互转化的重复量即河川基流量，承德市水资源总量为37.0130亿立方米。承德市各流域水资源总量特征值见表3-1-5。

表3-1-5　承德市各流域水资源总量特征值　单位：亿立方米

分区河名	面积（平方千米）	统计参数			不同频率年资源量		
		年均值	Cv	Cs/Cv	50%	75%	95%
滦河流域	28878.35	27.22	0.54	2.3	24.26	16.34	9.17
潮白蓟运河流域	6776.74	7.09	0.60	2.8	5.96	3.99	2.56
辽河流域	4153.78	2.70	0.56	2.0	2.43	1.58	0.78

注：据1956~2000年资料分析计算。

资料来源：《承德市水资源评价》，2005年11月8日。

五、水资源的特点

（一）年内分配集中

全年降水量的80%左右集中在汛期（6~9月），整个非汛期的降水量仅占全年降水量的20%左右。特别是丰水年，汛期占全年降水量的比重更大，最多达到90%以上。降水的年内分配不均导致径流在年内分配也不均匀，全年径流近70%集中在汛期（6~9月），整个非汛期的径流量仅占全年径流量的30%，特别是丰水年汛期占全年的径流量的比重多达80%以上，南部的平泉、宽城、兴隆的部分地区甚至达到90%以上，然而在农业大量需水的4~5月径流量最小，仅占全年径流量的8%左右，甚至经常出现河流断流的情况。水资源年内分配的不均衡性给水资源的利用带来了很大困难，汛期的洪水很难利用，枯季又没水可用（承德市水资源评价，2005年11月8日）。

（二）年际变化大

承德市降水量和天然径流量的年际变化也很大，实测最大年降水量与最小年降水量的比值均大于2，承德大部分地区降水量的CV值在0.20~0.25，只有丰宁、围场、隆化一带略小于0.2，兴隆、宽城大于0.25；天然年径流量特征值CV值在0.5以上，宽城县、平泉县最大达0.76，全市1959年径流量最大，为109.0576亿立方米，2000年最小，为9.2308亿立方米，最大年径流量为最小年径流量的12倍。承德市地下水主要表现为河川基流，受地表水变化过程的影响，地下水也呈现不均匀变化的特性。近年来当武烈河持续断流时，避暑山庄内离宫湖也随之干枯即是地表水与地下水相互转换的印证。

（三）地区分布不均衡

承德市的降雨、径流在地区的分布上很不均衡。北部和坝上地区，年降雨量在400毫米左右，南部山区是暴雨中心，年降雨量在800毫米以上。北三县的年径流量占全区总径流量的44.9%，而耕地面积占全区总耕地面积的66.9%，南两县的年径流量占全区总径流量的34.3%，而耕地面积仅占全区总耕地面积的14.5%，水土资源的分布关系恰恰相反，无疑对承德市北部工农业生产的发展是很不利的。

（四）水资源的区域分布与生产力布局不相匹配

承德市水资源总的来说南部较多，北部、中部相对较少，特别是中部地区的承德市三区，人口占全市的12.1%，耕地占全市的1.7%，工业建筑业占全市的49.4%，商饮服务业占全市的25.5%，人均水资源量为215.6立方米，属人多、地少、经济发达水资源最为缺乏的地区。南部的兴隆县人口占全市的 8.9%，耕地占全市的 3.9%，工业建筑业占全市的 7.8%，商饮服务业占全市的 9.9%，人均水资源量为 2370.0 立方米，亩均资源量为 3594.4 立方米，属人较少、地较少、经济一般发达水资源最为丰富的地区。其他地区虽然人均资源量都在 700 立方米以上，但北部的围场、丰宁，隆化以及中部的平泉县亩均水资源量却在 600 立方米以下，这四个县的耕地面积占全市的 73.4%，农业缺水比较严重。

第二节　水资源开发利用现状

一、水利设施及供水能力

20 世纪 50 年代以来，承德市不断加大水利建设工程投资力度，投入了大量人力、财力和物力。已建成大、中、小型水库 102 座，其中，大型水库 1 座，中型水库 7 座，小型水库 93 座，总库容超过 3 亿立方米（李相国，2006）。

承德市水库水域面积共 5237.16 公顷，占水域及水利设施用地总面积的 7.61%，占河北省水库水面总面积的 7.54%。按行政区域分析，宽城县有水库水面 3645.95 公顷，占全市水库水面总面积的 69.62%，居第一位。水利部所属的“引滦入津”枢纽工程潘家口水库大部分水面坐落在该县，另有中型水库 1 座、小型水库 6 座。其次为围场县，有水库水面 606.02 公顷，占全市水库水面总面积的 11.57%，主要有庙宫水库，是承德市所属的唯一一座大型水库，另有中型水库 1 座、小型水库 1 座。再次为丰宁县，有水库水面 444.39 公顷，占全市水库水面总面积的 8.48%，主要有黄土梁水库、丰宁水电站水库，2 座中型水库和 7 座小型水库。双桥区、双滦区和营子区水库水面较小，分别仅占全市水库水面总面积的 0.04%、0.06%和 0.10%。

承德市地下水天然资源量 14.9302 亿立方米/年，可采资源量 1.0945 亿立方米/年（韩美清，2009）由于承德市地下水观测资料系列较短，无法进行频率计算，但地下水可供水量与降雨频率关系极为密切。

二、承德市主要水库

（一）潘家口水库

潘家口水库，位于中国河北省承德市宽城满族自治县、兴隆县与唐山市迁西县交界处，是经国务院批准的“引滦入津”主体工程，它由一座拦河大坝和两座副坝组成，最大面积达 72 平方千米，最深处 80 米，水库总容量 29.3 亿立方米，库区水面 10.5 万亩。潘家口水库位于燕山山脉沉降地带东南构造带与新华夏构造带的复合部位，地质构造复杂，四周的石灰岩、白云岩及少部分页岩岩体，水库两侧山峰陡峭，怪石如林，十分险峻。

1. 潘家口水库工程概况

潘家口水库坝址以上控制面积为 33700 平方千米，占全流域面积的 75%（滦河全流域面积为 44600 平方千米）。坝址以上多年平均径流量为 24.5 亿立方米，占全流域多年平均径流量的 53%（全流域多年平均径流量为 46 亿立方米）。潘家口水利枢纽工程包括潘家口水库大坝、下池枢纽、两座副坝和坝后式水电站。潘家口水库是整个“引滦入津”工程的源头，主坝坝顶高程 230.50 米（大沽高程），正常蓄水位 222.00 米，设计洪水位 224.50 米，校核洪水位 227.00 米，汛限水位 216.00 米，防洪库容 9.7 亿立方米，兴利库容 19.5 亿立方米。以供水为主，结合供水发电，兼顾防洪和水产养殖，为多年调节水库，总库容 29.3 亿立方米。

潘家口水利枢纽工程分两期施工。一期工程自 1975 年 10 月主体工程动工，至 1985 年基本竣工。1988 年 7 月通过国家验收。一期工程的主要建筑物有：主坝一座，副坝两座，坝后式电站一座 15 万千伏安，常规机组一台和 220 千伏高压开关站一座。二期工程于 1984 年夏季开始动工兴建，主要建筑物有：闸坝一座，5000 千伏安常规机组两台，9 万千伏安蓄能机组三台。

潘家口水库主坝为砼底宽缝重力坝，按“千年一遇”洪水设计，“五千年一遇”洪水校核，坝顶长 1039 米，最大坝高 107.5 米，最大坝底宽 90 米，大坝中间部分设有 18 孔溢洪道，用 15×15 米弧形钢闸控制，溢洪道最大泄洪能力为 53100 立方米/秒。四个底孔，用 4×6 米弧形闸门控制，两座副坝均为土坝，西城域副坝，脖子梁副坝一般情况不挡水。坝后式水电站总装机 42 万千伏安，其中一台 15 万千伏安常规机组，三台单机容量为 9 万千伏安的抽水蓄能机组。220 千伏高压开关站位于主坝后滦河右岸，其中常规机组主变容量为 18 万千伏安，抽水蓄能机组主变每台容量为 10 万千伏安，以 220 千伏高压经开关站输入京、津、唐电网。

下池枢纽由闸坝和电站组成，有效库容 1000 万立方米，属日调节水库，与潘家口电站抽水蓄能机组配合使用。

2. 潘家口水库水利效应

滦河具有一个突出的特点就是来水量在时间分布上很不均匀。一年之内的来水量主要集中在 7~9 月，占全年来水的 80%以上；另外，来水量的年际变化悬殊，如 1959 年潘家口站实测径流量为 74 亿立方米，而 1972 年仅 10 亿立方米，相差 7 倍多。所以潘家口水库是开发滦河水利资源，调节径流，除害兴利的重要控制工程。潘家口水库平均每年调节水量 19.5 亿立方米，相应的保证率为 75%，调节流量为 68 立方米/秒。

滦河的另一个特点就是洪水峰高量大，1962 年潘家口站实测最大洪峰流量达 18800 立方米/秒，而枯水季节时，最小流量尚不到 3 立方米/秒。潘家口水库起到了拦蓄洪水削减洪峰的作用。水库建成后遇较大洪水，如 1962 年洪水 18800 立方米/秒，可削减到 10000 立方米/秒，减少下游洪水灾害，并确保下游京山（北京—山海关）铁路桥行车安全。如 1994 年 7 月 13 日，滦河流域遭受了有资料记载以来第二位，潘、大两水库投入运行以来第一位的大洪水，潘家口水库最大入库洪峰流量 9870 立方米/秒，由于潘、大两水库调度合理，汛前将潘家口水库预泄水位至 207.00 米，为下游错峰 8 小时，保住了乐亭小埝，使小埝内 12 万人口的村庄，20 多万亩土地安然无恙，保住了国家投资 1600 万元的白龙山电站，为下游减轻了损失。

3. 潘家口水库旅游资源

由于流水侵蚀与褶皱断裂作用，塑造出一系列千奇百怪、绚丽多姿的奇峰怪石与陡崖悬壁，加上万顷碧波湖光衬托，形成了以瀑河口、贾家安为中心的几乎可以与桂林相媲美的十里画廊及数量众多的奇形怪石乳，是北国极为罕见的第一流山水风光。库区景色有“十里画廊”“象鼻山”“一线天”“月牙洞”“椭圆天”“双眼洞”“乌龟岛”“棒槌岩”“天柱峰”“窟窿山”“猴儿山”等十余处自然景点。

建水库前潘家口库区鱼虾跳跃，两岸稻花飘香，林木蓊郁，风景秀丽，堪称塞北的“小江南”。水库建成蓄水后，又增加了天然的和人工的旅游景点 20 多处。潘家口水库所处地域喜峰口一带是古长城雄关要塞闻名的地方，以古代军事工程为主体，形成了一系列古文物旅游景点，主要有“喜峰口要塞”“松亭关要塞”“潘家口长城”以及传说中的多处古遗址。在库区还可欣赏到宽城县境内拥有的“口外八景”中的四景：都山积雪、鱼鳞叠锦、万塔黄崖和独木仙桥。喜峰口一带是古长城由于部分长城已没入水中，形成长城奇观——水下长城。

（二）庙宫水库

庙宫水库是一座以防洪为主，兼顾灌溉、发电等综合利用的大（Ⅱ）型水利枢纽工程。历史上是清王朝几代皇帝举行“木兰秋狝”大典的必临之地。

清朝皇帝来围狩猎的行宫——庙宫，中华人民共和国成立后为了下游的防洪灌溉在这里修建了水库，故称庙宫水库。水库控制流域面积 2370 平方千米，占伊逊河流域面积的 54.5%。

1. 地理位置

庙宫水库位于河北省承德市围场满族蒙古族自治县四合永镇西南 1 千米处，四面环山，海拔多在 770 米以上，地势为西高东南低，距水库的下游隆化县城 55.5 千米，属浅山灌丛草原区，全年平均气温 4.7℃，最低气温-28.7℃。最高气温 38.9℃，年降水量 460 毫米左右，无霜期 137 天，承赤高速围场支线从这里半山腰中间通过，坐在车里可以俯视庙宫水库全貌。

2. 水库概况

伊逊河干流上的大（Ⅱ）型水库，总库容 1.83 亿立方米，控制流域面积 2370 平方千米。水库以防洪为主，兼顾灌溉、发电、养殖。

水库于 1959 年动工兴建，1960 年 7 月拦洪蓄水，1961 年 9 月基本完工，但泄洪洞、水电站尚未兴建。1970 年，续建溢洪道和电站。1976 年，大坝加高 2.2 米。2003~2005 年，进行了全面除险加固，增加调节水量 0.1 亿立方米。水库防洪标准为“百年一遇”洪水设计，“两千年一遇”洪水校核。

3. 枢纽工程

水库枢纽由大坝、溢洪道、输水洞、泄洪洞、排沙洞和水电站组成。大坝为均质土坝，坝长 400 米，最大坝高 44.2 米，坝顶宽 5 米，坝顶筑有 1.2 米高的浆砌石防浪墙；副坝在主坝左侧，坝长 140 米；溢洪道在主坝左岸，正常溢洪道最大泄流量 1900 立方米/秒，非常溢洪道最大泄流量 306 立方米/秒；输水洞在大坝左岸与溢洪道之间，最大泄流量 110 立方米/秒；水电站在支洞出口处，为坝后式，装机容量 3×500 千瓦；泄洪洞设计最大泄流量 216 立方米/秒；排沙底洞为 2003~2005 年除险加固中增设，设计最大泄流量 579 立方米/秒。

4. 水库效益

水库建成后，下游隆化县城的防洪标准由“二十年一遇”提高到“百年一遇”，40 多年来伊逊河发生大于水库下游河道安全泄流量 500 立方米/秒的洪水共 12 次，水库削峰率都在 84%以上，保证了下游河道安全行洪，保护了下游沿河两岸 9 个乡镇、1 个县城和承围公路、沙通铁路的安全；水库每年向灌区供水 3000 万立方米，灌溉面积 6000 公顷。截至 2004 年底，水电站累计发电 8058.2 万千瓦时。1968~1987 年，共捕成鱼 159.08 吨（1987 年后水库停止养鱼）。

水库附近有清嘉庆皇帝巡幸塞外时修建的“敦仁镇远神祠”，俗称“庙宫”，水库因此得名。从1994年起，水库上游被列为河北省水土保持重点防治区。1994~1998年，实施一期治理工程，累计完成综合治理面积511.78平方千米，综合治理程度达70%以上，林草面积达80%以上，生态环境和自然面貌大为改观，农民生产生活条件得到明显改善；1999~2003年，实施二期治理工程，完成治理面积200平方千米；2000~2005年，水库上游实施了京津风沙源治理工程，完成小流域综合治理面积139.25平方千米。

5. 旅游景点

现在的庙宫水库已成为当地的旅游景点，在节假日期间来这里旅游的人很多，在这里划船、钓鱼、野炊。庙宫水库水域宽阔，景色迷人，远远望去，有些烟波浩渺之感。沿水坝之上，是高耸的山崖，在云雾之中，重峦叠嶂，甚是巍峨，就像一幅美丽的山水画，水库大坝的右侧就是清王朝几代皇帝举行“木兰秋狝”大典的必临之地。当年清朝皇帝来围狩猎的行宫已不存在，但行宫墙外的松树还依然郁郁葱葱，这些百年老松造型优美已被列入国家保护文物。

（三）黄土梁水库

黄土梁水库，建成于1979年，位于河北省丰宁满族自治县，属海河流域滦河系兴洲河上游，位于西官营乡西北1千米处。集雨面积324平方千米，总库容2830万立方米，均质土坝高39.3米，坝长340米，坝顶宽5米。水库主体工程由拦河坝、溢洪道、放水隧洞、水电站和泄洪渠等组成，是以防洪和灌溉为主，兼有发电、养鱼、林果和旅游等综合效益的中型水库。灌溉面积1560公顷，电站装机3台600千瓦，年发电量127千瓦时。水库所辖面积11.23平方千米，其中，工程及管理占地0.56平方千米，水域面积2.18平方千米，公益林封育面积8.49平方千米。是丰宁最大的水利枢纽工程。

1. 水库作用

黄土梁水库建成至今，在防洪兴利等方面发挥了重要作用，共拦蓄超下游河道行洪标准的致灾洪水4次，化水害为水利，促进了本地区工农业生产的发展和人民群众生命财产的安全，据不完全统计防洪效益达5763万元，社会效益达6983.75万元。在保证防洪安全的同时，累计灌溉农田31200公顷，累计发电882万千瓦时。水库旅游区自1997年开发建设以来，以自然景观为主，以人文景观特别是中型水工建筑群为辅，集参观、游览、度假和休养于一体的旅游区初具规模。黄土梁水库山水资源丰富，是一块尚待开发的“处女地”，现正积极对外招商筹建依托库区水面而建的游乐园，其功能是建一个兼有水下、水面与库岸、低空游乐的立体游乐园。黄土梁水库于2002年6月被水利部列入第二批全国重要大中型病险水库除险加固名单，现正进行除险加固的前期实施阶段。

2. 水库容积

黄土梁水库位于滦河一级支流兴州河上游，总库容2830万立方米，是丰宁县最早修建的一座中型水库。30年前，在省政府和地方政府的关心和支持下，县委、县革委会把修建黄土梁水库工程作为头等重要的工作，组织号召全县上下节衣缩食、出工出力、投工投劳共建水库工程，于1975年3月成立了“黄土梁水库工程指挥部委员会”，在之后的5年时间里，全县集中大批领导干部和水利工程技术人员，先后抽调45个公社的民兵共计1.6万人次，以军事化的方式日夜施工，累计投入工日310万个，投资472万元，完成工程量229万立方米。在当时生产力条件下，发扬自力更生、艰苦奋斗的革命精神，以无所畏惧的气概，克服施工设备简陋、生产资料缺乏、生活条件艰苦等诸多困难，于1979年胜利完成了移山造湖的伟大壮举。

3. 水库影响

修建黄土梁水库为后人留下了三笔宝贵财富。一是宝贵的精神财富，厉炼形成了“自力更生、艰苦奋斗，团结协作、无私奉献，尊重科学、一丝不苟”的黄土梁精神，为丰宁水务事业和全县人民留下一座精神丰碑。二是巨大的物质财富，经过精心管护和二次创业，水库在防洪、发电、灌溉、养殖、旅游各方面发挥着日益显著的综合效益，成为推动县域经济社会发展的基础设施保障。三是优良的素质财富，在黄土梁水库的建设和管理过程中，培养锻炼了一大批领导干部、管理人才和专业技术人才，成为社会主义建设的生力军。

（四）承德市双峰寺水库

承德市双峰寺水库位于滦河一级支流武烈河干流上，地处市区上游，工程坝址为双桥区双峰寺镇小庙子村村南，距离市区12千米。承德市双峰寺水库是河北省一号水利工程，是一座以城市防洪为主，兼顾生态环境、城市供水及发电等综合利用的大（Ⅱ）型水库，水库设计总库容1.373亿立方米，调洪库容7380万立方米，兴利库容4510万立方米，电站装机容量为1580千瓦。

1. 水库建设概况

工程总工期为3年。总投资36亿元。工程包括拦河坝、溢洪道、泄洪底孔、水电站等。设计最大坝长533米，最大坝高50.1米。承德市双峰寺水库的建设将使承德市区防洪能力由目前的“二十年一遇”，提升到“百年一遇”。从根本上解决中心城市和世界文化遗产的防洪问题；将极大增强蓄水供水能力，为城市生产生活和生态用水提供可靠的保障；增强水源涵养和水资源配置能力。对改善当地水环境，改善承德市的居民、工业用水的条件都具有重要意义。

承德市双峰寺水库库区淹没地点将涉及上窝铺、新房子、下南山、东荒、李营、东坎、西坎、甸子8个行政村，西坎村和甸子村采取防护措施后，可解决移民搬迁问题。防护后水库淹没影响涉及6个行政村。淹没总面积16575亩，淹没影响人口2322户，规划安置移民5105人。拆迁各类房屋22万平方米。公路改线10.9千米，铁路改线6.4千米。承德市双峰寺水库目前阶段工程静态总投资36亿元，其中水库淹没补偿费8.64亿元、水土保持工程0.13亿元、环境保护工程0.06亿元。

2. 旅游景观

双峰寺水库的建成将成为承德市新的旅游景观。水库与下游河道水景观联合互动，在武烈河干流形成碧水清泉、川流不息的美丽景观，使承德市这座国际旅游名城彰显山水园林特色，是一项功在当代、利在千秋的德政工程；是一项造福百姓、惠及子孙的民心工程；也是一项助推发展、富民强市的战略工程。

三、承德市水资源开发利用演变情势

（一）水资源配置

水资源合理配置是实现水资源可持续利用的有效调控措施之一。针对北方干旱半干旱地区十分紧张的用水形势，提出水资源合理配置的定义为：在水资源生态经济系统内按照可持续性、有效性、公平性和系统性原则，遵循自然规律和经济规律，对特定流域或区域范围内不同形式的水资源，通过工程与非工程措施，对多种可利用水源在宏观调控下进行区域间和各用水部门间的科学调配。水资源合理配置的本质，是按照自然规律和经济规律，对流域水循环及其影响水循环的自然和社会诸因素进行多维整体调控。水资源合理配置的目标，是兼顾水资源开发利用的当前与长远利益，兼顾不同地区与部门间的利益、兼顾水资源开发利用的社会、经济和环境利益，以及兼顾效益在不同受益者之间的公平分配。水资源的开发、利用、治理、配置、节约和保护等活动，必须以生态经济系统为依托，以可持续性、有效性、公平性和系统性为原则进行科学配水。

承德市2000年基准年用水水平情况下，多年平均水资源开发利用率为25.9%，高于全国平均水平（20.4%），其中滦河流域、潮白蓟运河流域和辽河流域的水资源开发利用率分别为28.1%、15.5%、30.0%，到2030年用水水平，滦河、潮白蓟运河、辽河流域的水资源开发利用率分别达到49.7%、26.3%、46.1%。为了保证本区域及邻近地区经济和社会发展的需要，改善生态环境，解决水资源不足，实现可持续发展，必须进一步搞好合理用水、节约用水方案，同时应抓紧现有工程的维修加固、科学管理、优化调度，尽量恢复或提高供水能力；合理安排蓄、引、提及地下水工程布局，适当增加地表水蓄水工程。除承德市外的其他各县，农业用水均占该县总用水量的70%以上，建立节水农业体系是解决农业缺水的有效途径。此外在今后的经济建设中，应积极发展科技含量高、耗水量少的工农业生产项目，采取一切有效的节水措施，切实改善水资源的管理。

通过对承德市水资源的统一调算，合理配置各分区的水资源量，到2030年用水水平，承德市多年平均可供水量为172601万立方米，其中工业生活（包括二产、三产，农村、城镇生活）可供水量为71817万立方米，占总可供水量的41.6%，农业（包括种植业、林牧渔业等）可供水量为100784万立方米，占总可供水量的58.4%，工业生活净消耗率为74.0%，农业净消耗率为64.0%（承德市水资源评价，2005年11月8日）。

（二）水资源开发利用演变情势

承德市2010水平年多年平均水资源总量（包括入境）为382471万立方米，需水总量为134884万立方米，供水量为130914万立方米，净消耗量为85961万立方米，出境水量为296405万立方米，出境水量和用水净消耗量占水资源总量的比例分别为77.5%、22.5%，水资源开发利用率为34.2%。

预测2020水平年水资源总量为382401万立方米，需水总量为157478万立方米，供水量为154311万立方米，净消耗量为103526万立方米，出境水量为278223万立方米，出境水量和用水净消耗量占水资源总量的比例分别为72.8%、27.1%，水资源开发利用率为40.4%。

预测2030水平年水资源总量为382370万立方米，需水总量为175800万立方米，供水量为172601万立方米，净消耗量为117684万立方米，出境水量为263596万立方米，出境水量和用水净消耗量占水资源总量的比例分别为68.9%、30.8%，水资源开发利用率为45.1%。

其中滦河流域，2010水平年多年平均水资源总量为284916万立方米，需水总量为109910万立方米，供水量为106563万立方米，净消耗量为69146万立方米，出境水量为 215691 万立方米，出境水量和用水净消耗量占水资源总量的比例分别为 75. 7%、24. 3%，水资源开发利用率为 37. 4%。2020 水平年水资源总量为 284846 万立方米，需水总量为 128592 万立方米，供水量为 125740 万立方米，净消耗量为 83806 万立方米，出境水量为 200424 万立方米，出境水量和用水净消耗量占水资源总量的比例分别为 70. 4%、29. 4%，水资源开发利用率为 44. 1%。2030 水平年水资源总量为 284815 万立方米，需水总量为 144546 万立方米，供水量为 141570 万立方米，净消耗量为 96138 万立方米，出境水量为 187630 万立方米，出境水量和用水净消耗量占水资源总量的比例分别为 65. 9%、33. 8%，水资源开发利用率为 49. 7%。

潮白蓟运河流域多年平均水资源总量为 70517 万立方米，2010 水平年需水总量为 13967 万立方米，供水量为 13909 万立方米，净消耗量为 10000 万立方米，出境水量为 60481 万立方米，出境水量和用水净消耗量占水资源总量的比例分别为 85. 8%、14. 2%，水资源开发利用率为 19. 7%。2020 水平年需水总量为 16808 万立方米，供水量为 16773 万立方米，净消耗量为 11999 万立方米，出境水量为 58484 万立方米，出境水量和用水净消耗量占水资源总量的比例分别为 82. 9%、17. 0%，水资源开发利用率为 23. 8%。2030 水平年需水总量为 18600 万立方米，供水量为 18564 万立方米，净消耗量为 13349 万立方米，出境水量为 57132 万立方米，出境水量和用水净消耗量占水资源总量的比例分别为 81. 0%、18. 9%，水资源开发利用率为 26. 3%。

辽河流域多年平均水资源总量为 27037 万立方米，2010 水平年需水总量为 11006 万立方米，供水量为 10442 万立方米，净消耗量为 6815 万立方米，出境水量为 20233 万立方米，出境水量和用水净消耗量占水资源总量的比例分别为 74. 8%、25. 2%，水资源开发利用率为 38. 6%。2020 水平年需水总量为 12078 万立方米，供水量为 11798 万立方米，净消耗量为 7721 万立方米，出境水量为 19315 万立方米，出境水量和用水净消耗量占水资源总量的比例分别为 71. 4%、28. 6%，水资源开发利用率为 43. 6%。2030 水平年需水总量为 12653 万立方米，供水量为 12467 万立方米，净消耗量为 8197 万立方米，出境水量为 18834 万立方米，出境水量和用水净消耗量占水资源总量的比例分别为 69. 7%、30. 3%，水资源开发利用率为 46. 1%。

四、承德市在城市化进程中面临的主要水问题与建议

（一）随着城市化进程加快，生活用水持续增长

近年来，承德市按照城镇化建设的总体布局，以加快壮大中心城市、积

极培育区域次中心城市、加快发展县城、有重点的扶持建制镇为重点，不断加快城市化进程。“十一五”末，承德市的城镇化率由“十五”末的24%增加到39.41%，2012年，城镇化率达到42.80%，城镇人口达160万人。相应地，全市城镇生活用水量由“十五”末的3137万立方米增加到“十一五”末的7917万立方米。按照《承德市国民经济和社会发展第十二个五年规划纲要》，根据2016年《承德统计年鉴》数据，承德市2015年城镇人口为121.30万人，生活用水量进一步增加。

（二）随着工农业的迅速发展，生产用水持续增加

目前，承德市总用水量为5.8亿立方米，其中，工业和服务业耗水占15.9%，农业耗水占73.1%，工业与农业用水量分别为17955万立方米和127355万立方米，与2000年相比，分别增加了5662万立方米和29359万立方米，年均增长9.3%和3.0%。同时，由于水利设施建设滞后，水资源总量衰减严重，造成工程性缺水和资源性缺水并存，再加上相关部门之间职能交叉、分割管理，水资源配置效率不高，水资源面临的形势仍很严峻。

（三）随着京津唐用水增加，保障供水压力加大

承德市是京津地区重要水源涵养地，每年将境内85%的水资源输送给下游三个严重缺水城市——北京、天津和唐山，素有“京城一杯水，半杯源承德”的评说。其中滦河是承德市境内的第一大河流，每年汇入潘家口水库地表径流平均16.3亿立方米，占潘家口水库多年平均入库水量的82%。潮河发源于承德市丰宁县，年均径流量8亿立方米，占密云水库年径流量的56.7%。随着三个城市水资源紧缺程度逼近极限，对承德市增加供水的呼声越来越大。如何在保障自身发展用水的同时，为下游城市提供更多的水资源，是承德市面临的主要挑战。

五、承德市水资源保护和利用措施

（一）建设良好的水源涵养重点生态功能区

实施水源涵养工程。20世纪80年代以来，承德市相继实施21世纪初期首都水资源可持续利用规划项目、京津风沙源治理、退耕还林、引滦水源保护治理等水源涵养工程，沿边界和坝上风沙源区建设了百万亩防风固沙林，在四河源头及密云、潘家口水库上游地区建设了百万亩水源涵养林，在中南部山地丘陵区建设了百万亩水保经济林，在河川谷地建设了百万亩川地防护林，目前全市造林面积达44674公顷，森林覆盖率高达55.8%。同时，在市区南出口武烈河、滦河交汇处的三角地，建成了占地284亩的湿地公园。这

些措施的实施有效地提高了水源涵养能力，使承德市在连续十几年持续干旱背景下，水资源总量仍能接近多年平均水平。

划定水源涵养生态功能保护区。市政府于2010年批准实施了《承德市重点水源涵养生态功能保护区规划》。该《规划》依据承德市的气候、地理等自然特点、生态系统服务功能的重要性、生态环境敏感性等因素，在全市范围划定了14个水源涵养功能区，总面积达8015.92平方千米，占全市土地总面积的20.29%；规划了总投资34.4亿元的47项重点水源涵养项目，作为保护区建设的支撑；保护区内要求因地制宜发展有益于水源涵养生态功能发挥、资源环境可承载的特色产业，限制不符合主导生态功能保护的产业发展。力争到2025年，宜林宜草地绿化率达到90%，森林覆盖率达到60%，生态公益林覆盖率达到35%，新增小流域综合治理面积1200平方千米，基本实现水源涵养能力强大、生态产业规模效益显著、监管体系完善的保护区发展目标。

（二）重点解决工程性缺水短板

承德市水资源时空分布不均，年内地表径流70%集中在6~9月，而在农业大量需水的4~5月地表径流最小，仅占全年径流量的8%左右，某些地区春季甚至人畜饮水困难。加之目前，承德市地表水实际控制率只是水资源总量的3%，使承德市87%的地表水流失。为有效合理利用水资源，市政府投入巨资加快解决工程型缺水短板。

蓄水工程建设，有大、中、小型水库101座（其中大型水库1座、中型水库7座、小型水库93座），塘坝325座，水池水窖2.3万个，蓄水工程的理论蓄水量已达到4亿立方米，但由于多年淤积等原因，目前实际有效库容仅1.1亿立方米。目前，市政府正全力推进“千湖工程”项目，即全市按照“小规模，大群体”的要求，在适宜建设蓄水工程的地方，建成星罗棋布的水库、塘坝等各类水面，项目完成后，将实现新增蓄水能力10亿立方米。

橡胶坝群建设和维护，在武烈河上建设完成12道橡胶坝、二仙居旱河17道橡胶坝和滨水新城5道橡胶坝，形成了全国最大的橡胶坝群，市中心区水面总面积达到800万立方米。2007年4月，市政府相关部门对12道橡胶坝群进行大规模的工程运行检修，通过对每道橡胶坝库区实施排空，对河床进行晾晒，平整、河道底泥清理、河床水草清除等措施，来达到水体交换、抑制河道内藻类等微生物的产生、改善水质、确保坝群安全运行、安全度汛的目的。

2012年底谋划多年的河北省水利枢纽“一号工程”—双峰寺水库开工建设。该水库位于武烈河干流上，地处市区的上游，水库距市区仅12千米，运行成本较低，建成后水库控制流域面积将达 2303 平方千米，总库容达 1.37 亿平方米，每年可向市区供水 5600 万立方米，将成为市区的主要供水水源地。同时，通过水库调洪可将承德市防洪标准提高到“百年一遇”，确保市区及避暑山庄的防洪安全。未来，承德市区将采取水库供水与滦河滩地地下水相结合的供水方式，有效提高供水保证率。

（三）实施综合性的水污染控制措施

在基础设施建设方面，“十一五”期间，承德市共建成了 11 座城镇生活污水处理厂，中心城镇生活污水处理率达到了 94.5%，实际污水处理量达 5207 万吨/年。“十二五”以来，启动了工业园区、产业聚集区和重点乡镇的污水处理厂和处理设施建设。目前，承德市正在对现有污水处理设施进行升级改造，重点加强再生水工程建设，力争实现污水处理率和再生水处理率达到 100%，以满足工业循环水、园林绿化、环境卫生、景观工程生态保护等中水回用需求。

在流域水环境治理方面，开展了武烈河、滦潮河流域水污染综合整治，制定了实施方案，出台了《武烈河流域水污染防治管理办法》，并将武烈河、滦河水环境治理作为生态环境质量改善的“一号工程”，列入 2013 年度承德市重点工作任务予以推进；目前，《滦、潮河流域水污染防治管理办法》正在起草过程中。实施跨界断面水质目标责任考核制度，在河流的行政区域边界设置监测断面，对各县（区）政府实施环保目标考核责任制，对县（区）政府主要负责人实施问责。

在工农业节水方面，在潮河流域范围内实施了“稻改旱”项目，将原有的稻田改种玉米等节水型作物，按照每年每亩 550 元的标准给予农民补偿，项目自 2007 年实施至今，共涉及 7.1 万亩耕地，节水 2.2 亿立方米，取得了显著的节水效益和水环境效益。矿山生产用水基本实现了闭路循环，工业水重复利用率达到 94%以上，未来将基本实现废水“零排放”。

（四）实行最严格水资源管理制度

2013 年 4 月，承德市政府常务会议审议并通过了《承德市人民政府关于实行严格的水资源管理制度的意见》，对水资源实行“红线”管理提出了明确要求。该《意见》分为五个部分、共 20 条，明确了实行最严格水资源管理制度的总体要求。提出承德市“三条红线”的主要目标：一是水资源开发利用控制红线，到“十二五”末，全市用水总量控制在 10.55 亿立方米以内，其中地下水开采总量控制在 5.5 亿立方米以内；二是用水效率控制红线，万元工业增加值用水量与现状相比降低 33%，达到 33 立方米/万元（以 2000 年不变价计)，农田灌溉水有效利用系数达到0.69；三是水功能区限制纳污红线，重要水功能区水质达标率提高到88.6%以上，比省政府下达的指标提高了9.7%。规定了考核范围，全市共考核22个水功能区，比河北省要求的目标更加严格。其中，河北省考核将承德市19个水功能区列入本次考核范围，其中13个位于海河流域，占总数的68.4%，6个位于辽河流域，占总数的31.6%；根据承德市实际情况，武烈河作为承德市重要的水源地，将武烈河的3个水功能区作为承德市重点流域水功能区同样进行考核。同时，提出了加强“三条红线”管理的主要措施，并强调要落实责任和健全机制，确保最严格水资源管理制度落到实处。

（五）推动引滦流域生态补偿

继新安江流域生态补偿机制试点之后，2012年3月，环保部启动了滦河流域水环境补偿试点调研，承德市在配合环保部调研组全力做好专题调研的基础上，组织开展了滦河流域污染状况调查分析、水质加密监测等工作，通过对大量基础数据的分析、调研和反复测算，就滦河水质补偿原则、补偿方式、补偿标准等方面提出了可行性意见。在此基础上，起草了《引滦流域跨界水环境补偿方案（建议稿）》，以省政府名义报环保部和财政部，环保部部长作出了“认真研究资金来源和投向，加快推进”的重要批示，至此，承德市呼吁多年的生态补偿工作取得积极进展。此项工作如能顺利推进，将会在引滦流域的水源涵养、生态保护、水污染防治等方面发挥重要作用，将会极大地促进流域水资源的可持续利用，实现引滦流域上下游共同发展和社会和谐稳定。

第三节　水产资源

一、水产资源种类及其分布

据初步调查，承德市主要经济鱼类共有8科，30余种。其中鲤科鱼类最多，分布全市，有草鱼、鳙鱼、鲢鱼、鲤鱼、鲫鱼、鲂鱼、鳊鱼、麦穗鱼、棒花鱼、马口鱼、餐条鱼。丽鱼科有非洲鲫鱼。合鳃科有黄鳝。鳢科有鲶鱼。鳅科有泥鳅、花鳅。鲿科有黄颡鱼。鲑科有坝上小滦河的细鳞鱼。其他还有白条鱼、船丁鱼、花棒鱼、唇鱼、岁鱼、青鳉鱼、虾虎鱼、宽鳍唇鱼、青鳞鱼、石榴鱼等。最为常见的养殖经济鱼类有草鱼、鲢鱼、鳙鱼、鲤鱼、鲫鱼、鲂鱼6个品种。鲢鱼、鳙鱼占全区养殖鱼类的45%；草鱼占30%，鲤鱼、鲫鱼占20%；其他占5%。水库鲢鱼、鳙鱼生长较快；池塘草鲤鱼产量较高，深受广大消费者喜爱。

除上述鱼类资源外，全区河流、水库、湖泊、坑塘均有鳖科的元鱼分布。潘家口、窟窿山、南天山水库并有大量青虾繁衍。坝上还有蛙类中的林蛙等名贵产品。这些宝贵资源保护利用得好，均可造福人类。各种鱼类在各主要河流分布情况见表3-3-1。

表3-3-1　各河流主要鱼类分布

河流名称	主要鱼类分布
滦河	鲤鱼、鲫鱼占优势，其他还有白条鱼、黄颡、餐条、船丁鱼等
小滦河	细鳞鱼、雅罗鱼占优势。其他还有青鲋、花鱼、麦穗、棒花鱼等
兴洲河	鲤鱼、鲫鱼、马口鱼占优势。其他还有乌鱼、鲇鱼、泥鳅、宽鳍鱼等
蚂蚁吐河	鲇鱼、乌鱼占优势。其他还有鲤鱼、鲫鱼、米虾、麦穗、船丁鱼、甲鱼等
伊逊河	鲤鱼、鲫鱼、马口鱼占优势。其他还有棒花、白条鱼等
武烈河	鲤鱼、鲫鱼，青鳞鱼占优势。其他还有宽鳍鱼唇、米虾等
柳河	鲇鱼、马口鱼占优势，其他还有鲫鱼、船丁鱼、甲鱼等
瀑河	鲤鱼、鲫鱼占优势，其他还有船丁鱼、青鳞鱼、甲鱼等
洒河	马口鱼占优势。其他还有乌鱼、鲫鱼、泥鱼、米虾、甲鱼等
潮河	鲤鱼、鲫鱼占优势。其他还有花楸、船丁、马口鱼、米虾、甲鱼等

二、水域资源

承德市水域资源较为丰富，现有水产养殖面积5881公顷，包括池塘养殖面积428公顷，湖泊养殖面积47公顷，水库养殖面积5405公顷（《承德统计年鉴》，2016）。

承德市2015年各县（区）水域资源利用情况（见表3-3-2、图3-3-1），水产养殖面积最大的是宽城县2510公顷，占承德市水产养殖总面积的42.68%；其次是丰宁县1100公顷，占18.70%；兴隆县870公顷，占14.79%，围场县675公顷，占11.48%；其他县（区）水产养殖总面积较小。

表 3-3-2　承德市各县（区）水域资源利用

县（区）	淡水产品产量（吨）		水产养殖面积（公顷）		
	淡水捕捞鱼类	淡水养殖鱼类	池塘养殖	湖泊养殖	水库养殖
双桥区	55	300	29	33	1
双滦区	—	480	38	—	—
营子区	—	310	1	—	2
承德县	198	962	35	—	67
兴隆县	990	5000	48	—	822
平泉县	315	930	30	—	240
滦平县	520	860	20	—	160
隆化县	130	470	29	—	41
丰宁县	200	4030	50	—	1050
宽城县	7321	14570	30	—	2480
围场县	909	1655	118	14	543
承德市	10638	29567	428	47	5406

注：数据来源于第二次土地调查。

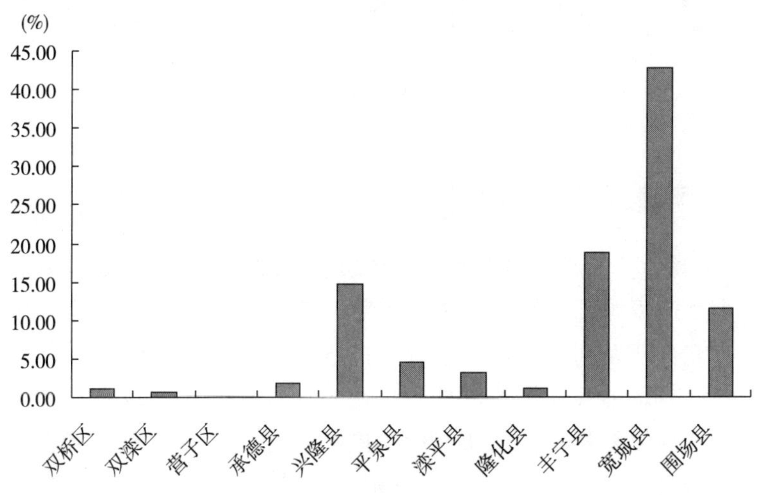

图 3-3-1　承德市 2015 年各县（区）水产养殖面积比例

三、渔业发展现状

随着潘家口水库的建成，承德市水产业有了一定的发展。2015 年承德市淡水产品产量 40205 吨，其中淡水捕捞 10638 吨（鱼类 10588 吨、虾蟹类 50 吨），淡水养殖鱼类 29567 吨。

承德市 2015 年各县（区）水产品产量比例见图 3-3-2，水产品产量最大的是宽城县 21891 吨，占承德市水产品总产量的 54.45%；其次是兴隆县 5990 吨，占 14.90%；丰宁县 4230 吨，占 10.52%，围场县 2564 吨，占 6.38%；其他县（区）水产品产量积较低。

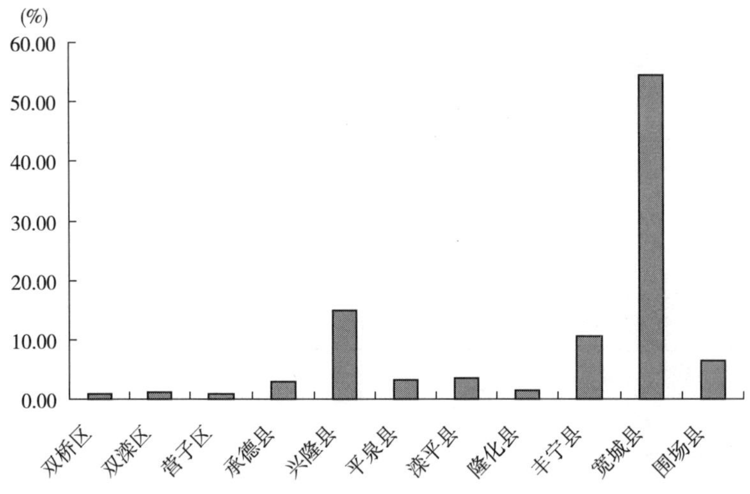

图 3-3-2　承德市 2015 年各县（区）水产品产量比例

四、水产资源开发利用建议

（一）明确水产资源开发利用的指导思想、发展方针和规划目标

承德市水产资源开发利用的指导思想：在管理利用好现已开发利用水面的基础上，充分开发利用可养殖水域，把适当发展水产业作为综合开发利用山区国土资源、调整农业产业结构、尽快脱贫致富的一项战略措施，进一步加强政策指导、依靠科学、加快速度、提高效益。发展水产养殖业，要实行因地制宜，合理规划，以养为主，养殖、增殖、种植、捕捞相结合的发展方针。

在现有水资源的利用上，要加强以水、种、饵、防、管为中心的经营管理，提高单位面积产量，充分发挥经济效益。合理确定承包指标，兼顾国家、集体、个人三者利益，责、权、利相结合。规划责任荒滩、洼地，有计划地开辟新水域。增加科学技术的投入和资金的投入，实现池塘、中小型水库精养、网箱养鱼生态环保高产化。

（二）加强水产业的标准化管理

完善建立苗种繁育体系、科学配方饵料加工供应体系、集中捕捞服务体系三大体系。加强渔政管理，认真贯彻执行《中华人民共和国渔业法》、国务院《水产资源繁殖保护条例》和各项渔业法规，确实把承德市渔政管理工作搞上去。

（三）加强政府协调监管和行业间协作，大力扶持发展水产业

相关管理部门要从战略高度重视并加速发展承德市水产业，切实加强相关工作指导，各级计划、财政、金融、粮食、科技部门要密切配合，从资金、物资、饲料、技术等方面对水产业给予扶持。重点区水利站要配备协助员主抓水产业务，形成强有力的水产专业机构和服务体系。

第四章
承德市气候资源环境

气候资源是光、热、水和空气等气象要素的综合体。它不仅对农业的发展有直接关系，同时对工业交通运输部门也有一定影响。

承德市气候类型是“寒温带向暖温带过渡、半湿润向半干旱过渡的大陆性、季风型气候”。具有“冬冷夏热、四季分明、雨热同期、昼夜温差大”的特点。全面认识气候资源的特征和形成条件，是因地制宜发展生产的科学依据。

第一节　光能

太阳辐射是土壤和大气热量的主要来源。它是大气中一起物理过程和天气现象形成的基本动力，是形成气候的决定因子。根据区域气候能量的多少可以科学地估计生产潜力大小。此外太阳能还广泛地应用于工业、卫生医疗和热水等方面。

一、年太阳辐射量地理分布

承德市年太阳辐射总量为 122154~140876 卡/平方厘米。隆化以北为 132000 卡/平方厘米以上，坝上鱼儿山最多，中南部较少，宽城最少，在 128000 卡/平方厘米以下。

二、太阳辐射总量年内分配

一年之中一般 5~6 月太阳辐射总量最多。每月平均 1462.9~1688.8 卡/平方厘米，12 月最少为 521.6~615.6 卡/平方厘米。按季节分，以春季、夏季最多，秋季次之，冬季最少。春季为 3871.4~4350.1 卡/平方厘米，占年辐射总量的31%；夏季为4028.1~4721.2卡/平方厘米，占年辐射总量的32%~34%，秋季为2427.2~2881.5卡/平方厘米，占年辐射总量的19%~20%，冬季为1887.7~2134.8卡/平方厘米，占年辐射总量的15%~16%。

承德市为春播大田作物一年一熟栽培区。4~9月是生长期，其间太阳辐射总量为7753.2~9025.3卡/平方厘米，占年辐射量的64.1%~69.1%。

三、光热有效辐射

区域总辐射量的多少与生产潜力并非简单的正相关关系，因为生产潜力是受多因子影响的，如作物品种、种植方式、技术措施、土壤水分，尤其受温度条件制约。

承德市粮食作物年光合有效辐射，围场，丰宁、两县北部及坝上为62325~66212卡/平方厘米，丰宁南部、隆化为59519~62288卡/平方厘米，滦平、平泉为61631~62772卡/平方厘米，隆化、宽城为60518~61965卡/平方厘米。

四、光温生产潜力

光温生产潜力是在一定的光、温条件下，其他环境因素（水分、二氧化碳、养分等）和作物群体因素处于最适宜状态，作物利用当地的光、温资源的潜在生产力。

按光温生产潜力计算承德市兴隆县的全年生产潜力为981千克/亩，围场县为846千克/亩。由此分析，目前地块的产量与生产潜力还有差距，而各县的平均产量与生产潜力则差距更大。因此在农业生产上，采取有效措施，充分利用光能是大幅度提高产量的重要措施之一。

第二节　热能

热量是作物生长发育的必要条件之一。作物生长发育必须在一定的温度条件下进行，只有当温度积累到一定数量时才能完成发育获得产量，热量对作物的种类、品种分布、产量高低、优劣、甚至耕作制度起着制约的作用。通常以温度、无霜期及各种界限温度及其积温来鉴定一个地区的热量状况。

一、年平均温度的变化特征

承德市地域广阔，地形复杂，加之处于南北气团的交绥地区，受天气系统影响较大，所以年平均温度时空变化较大。全区年平均气温-1.4~9.0℃，南北相差约10℃。南部7.5~8.8℃，中部7.6~9.0℃，北部4.9~6.9℃，坝上-1.4℃，雾灵山顶年平均气温在-2.7℃左右。

气温年较差变化在32.3~38.9℃，御道口最大为38.9℃，兴隆县最小为32.3℃，围场县以南在34.0℃以下。极端最高气温南高北低，坝上为-32.64~33.0℃，坝下为35.4~41.3℃；极端最低气温也是南高北低，坝上为-37.4~-42.9℃，坝下为-23.3~-32.8℃。

二、最冷月与最热月平均温度

承德市最冷月为1月，月平均气温为-9.0~-21.5℃。兴隆、宽城高于-10℃，丰宁、隆化以南为-10~-12℃，围场以南为-12~-14℃，坝上为-18.6~-21.5℃。

最热月为7月，月平均气温为17.4~24.4℃。兴隆、宽城、平泉、滦平为22.4~24.1℃，隆化、丰宁、围场为20.7~22.8℃，坝上为17.4~17.7℃。

三、无霜期

一年内作物生长季节不受霜害的期间称为无霜期，指一年中终霜后至初霜前的一整段时间。在这一期间内，没有霜的出现。农作物的生长期与无霜期有密切关系。无霜期越长，生长期也越长。无霜期的长短因地而异，一般纬度、海拔高度越低，无霜期越长。在作物生长季节内，当气温降到某一临界温度值以下时，作物就会出现冻害。一般喜温作物在地面温度降到0℃以下时才开始受害。

承德市初霜期常出现在平均气温≥10℃的时期，秋收作物正处于灌浆成熟的后期。因此，无霜期的长短，影响种植制度的确定和各种积温的利用程度。

承德市无霜期是南长北短。南部137~152天，中部161~170天，北部124~128天，坝上73~79天。南北无霜期相差79天，受地形影响造成的局部地区差异则更大。

承德市初终霜冻日期与≥10℃初、终日不一致，导致一定的热量因为霜冻出现而不能被利用，缩短了作物的生育期（见表4-2-1）。

表 4-2-1　初终霜日与≥10℃始终及差值（天）

	初霜日	≥10℃终日	差值	终霜日	≥10℃初日	差值
南部	9 月 30 日~10 月 3 日	10 月 4~12 日	4~8	5 月 6~11 日	4 月 12~20 日	21~24
中部	10 月 8~9 日	10 月 12~13 日	4~9	4 月 22~29 日	4 月 11~13 日	14~20
北部	9 月 22~24 日	9 月 25~30 日	3~12	5 月 4~20 日	4 月 24 日~5 月 4 日	13~16
坝上	8 月 27~29 日	9 月 8~10 日	10~14	6 月 6~13 日	5 月 25~27 日	11~18

四、界限温度的农业意义与分布特征

（一）界限温度的农业意义

各种作物必须在一定的生物学下限温度以上才能生长发育。春季日平均气温稳定通过≥0℃土壤开始解冻，≥0℃初日可视为春小麦等耐寒作物的播种开始温度。≥0℃期间的积温都能被植物等有效利用。我们可根据不同作物的下限温度来确定适宜播种期，充分利用春季热量资源，以避开终霜的危害。同时可以利用“水热同季”的气候规律，使之和作物需求相配合，达到增产的目的。≥5℃为马铃薯、荞麦、胡麻等作物的播种指标；≥10℃为玉米、谷子、高粱、大豆、水稻和各种果树的有利生长温度指标；≥15℃则为水稻栽培，棉花、花生等活动生长的温度指标。

作物从出苗到成熟需要一定数量的温度，只有在热量得到满足的条件下，才能完成生长发育，获得较好的收成。在整个生育期间，任何一段时期的低温都能延迟作物的成熟。承德市以≥0℃、≥5℃、≥10℃、≥15℃各界限温度和≤0℃的负积温作为热量资源的指标，对农业生产具有明确的意义（见表 4-2-2）。

表 4-2-2　承德市各界限温度起止日期持续天数及积温

		起日	终日	持续天数（天）	积温（℃）
≥0℃	南部	3 月 13~16 日	11 月 13~15 日	243~249	3556. ~3941. 2
	中部	3 月 12~13 日	11 月 14~15 日	250	4048. 2~4059. 8
	北部	3 月 22~31 日	11 月 5~8 日	220~232	3029. 5~3403. 1
	坝上	4 月 12~14 日	10 月 15~20 日	186~190	2198. 4~2336. 3

续表

		起日	终日	持续天数（天）	积温（℃）
≥5℃	南部	4月2~4日	10月25~29日	205~211	3423.7~3805.7
	中部	3月28~30日	11月1~2日	218	3929.9
	北部	4月8~14日	10月17~22日	186~198	2911.1~3285.5
	坝上	4月30日~5月1日	9月26日~10月1日	150~155	2043.5~2166.8
≥10℃	南部	4月12~20日	10月4~12日	168~184	3107.5~3589.8
	中部	4月11~13日	10月12~13日	182~184	3177.0~3677.1
	北部	4月24日~5月4日	9月25~30日	146~160	2548.0~2955.4
	坝上	5月25~27日	9月8~10日	105~109	1635.8~1733.1
≥15℃	南部	5月8~15日	9月12~20日	121~137	2464.9~2950.1
	中部	5月6~7日	9月21~24日	129~140	2704.1~3031.5
	北部	5月10日~6月3日	9月5~13日	95~114	1850.4~2495.8
	坝上	6月26~27日	8月14日	49~50	861.9~885.3

（二）各界限温度的分布特征

1. ≥0℃积温的分布

承德市由于地形复杂，≥0℃的积温分布差异显著，兴隆、宽城在4000℃以上。南北相差1742.8℃。

2. ≥5℃积温的分布

≥5℃积温的分布：兴隆、宽城在3400~3900℃，滦平、平泉、隆化在3500℃左右、围场、丰宁在2900~3300℃，坝上为2000℃，坝东在1600℃以下。南北相差1947.0℃。

3. ≥10℃积温的分布

≥10℃积温的分布：宽城及兴隆南部在3600℃左右，平泉、隆化、滦平及兴隆北部在3100℃左右，围场、丰宁坝下部分在2200~3000℃，坝上及接壤地区在2200℃，坝东在1600℃以下。南北相差1947.0℃。

4. ≥15℃积温的分布

≥15℃积温明显偏少。宽城在2800℃以上，平泉、滦平、隆化、兴隆为

2400~2800℃，丰宁、围场、坝下部分在1800~2400℃，坝上及接坝地区在1800℃以下，坝东不足1000℃。南北相差2088.2℃。

5. ≤0℃负积温的分布

承德市地处长城以北，各地≤0℃负积温的分布：南部为-731.8~-824.0℃，中部为-753.5~-763.8℃，北部为-1057.6~-1269.6℃，坝上则达-1989.4~-2401.6℃。

承德市≤0℃负积温多，持续时间长，冬季严寒，使冬小麦的种植受到限制。当负积温在-750℃以下时则不能种植。在-400~-750℃时要采取防寒措施才能安全越冬，局部地块在-400℃为冬小麦安全越冬的温度指标。

6. 气候界限与分区

我们根据《中国气候区划》初稿，以≥10℃积温3400℃和年平均气温8℃作为暖温带北界指标。≥10℃积温1600℃作为中温带北界。承德市处于寒温带向暖温带过渡地区，根据承德市的热量分布特征，将承德市分为六个气候区。

（1）南部暖温型农业气候区。≥10℃积温≥3400℃，年平均气温≥8℃，无霜期150~170天。此区为两年三熟制的北界，冬小麦的种植已不适宜，不能安全越冬，需采取防寒措施。而适宜苹果、板栗、红果、葡萄等多种果树生长。

（2）中部中温型农业气候区。≥10℃积温3000~3400℃，年平均气温7~8℃，无霜期140~150天。此区处于中温带南界地区，热量稍多，适宜单季耕作，是河北省春玉米稳产高产区，同时适合红果、葡萄等多种林木生长。

（3）北部较凉温型农业气候区。≥10℃积温3000~3400℃，年平均气温5~7℃，无霜期120~135天，此区为中、早熟玉米、高粱、谷子种植区，是河北省春玉米中产区。此区为红果的种植北界，其他果树已不适宜种植。

（4）北部凉温型农业气候区。≥10℃积温2200~2600℃，年平均气温3~5℃，无霜期100~125天。以早熟玉米、谷子和马铃薯为主，也适宜各种林木和小苹果的生长。

（5）接坝冷温型农业气候区。≥10℃积温1800~2200℃，年平均气温1~3℃，无霜期70~90天，种植作物有春小麦、荞麦、马铃薯、胡麻等和生长各种针、阔叶林木。

（6）坝上寒温型农业气候区。此区为北温带上界，由于地处内蒙古高原边缘，气候寒冷。≥10℃积温<1800℃，年平均气温在0℃以下，只适宜耐寒春播作物和耐寒林生长。

第三节 降水

区域降水量及其分布与大气环流和地形密切相关。降水量影响作物产量，在热量和其他条件得到保证的条件下，降水量则成为农作物产量多少的关键。

一、承德市年降水量的地理分布

承德市具有大陆性季风气候特点，降水集中在夏季，雷水多，降雨强度大，加之山高坡陡，径流量大，利用率低，且年际变化大，雨季开始早晚不同，结束迟早不一。

全区年降水量 402.3~882.6 毫米。南部 627.1~882.6 毫米，中部 501.0~609.1 毫米，北部 402.3~515.4 毫米，坝上 411.6~514.0 毫米。因地形的抬升作用，在雾灵山、七老图山迎风坡形成承德市两个多雨区。

二、降水的季节变化

承德市的降水分布具有干湿界限分明的季节变化特点。夏季最多，秋季多于春季，冬季最少。春季降水量（3~5 月）为 55.5~74.7 毫米，占全年降水量的 10%~12%。此期正是春播和幼苗期，作物需水迫切，但降水量不多，常发生程度不同的春旱。夏季（6~8 月）雨量为 241.5~542.4 毫米，占全年降水量的 56%~75%，是全年降水量集中的季节。秋季（9~11 月）雨量为 66.4~102.1 毫米，占全年降水量的 14%~16%。冬季雨雪稀少，仅 5.1~12.4 毫米，占全年降水量的 1%~3%。

三、年降水量保证率及相对变率

承德市南部年降水量 627.1~882.6 毫米，保证率为 50%，年相对变率为 20%~24%；中部年降水量 501.0~609.1 毫米，保证率为 45%~50%，年相对变率为 18%~20%，北部年降水量 402.3~5151.4 毫米，保证率为 50%~56%，年相对变率为 13%~15%。全区年降水量相对变率均在 25%以下，年降水变化相对较稳定。

四、蒸发和干燥度

承德市年可能蒸发量为 1430.5~1801.7 毫米。蒸发量 5~6 月最大，一般为430~620毫米。12月至次年1月最少为60~70毫米。可能蒸发量与降水量之比春季最大，可能蒸发量为降水量的8~11倍。因此，春季土壤失墒严重，造成春播期旱情不断发展。“十年九旱”是承德市发生春旱频繁的特征表述。

干燥度是指日平均温度≥10℃期间可能蒸发量与降水量之比。全区干燥度分三类干湿区。

A区：兴隆、宽城干燥指数<1.1，为较湿润区，年降水量为600~800毫米。

B区：平泉、滦平干燥指数1.1~1.5，为半湿润区，年降水量为500~650毫米。

C区：隆化、丰宁、围场干燥指数>1.5，为半干旱区，年降水量为400~600毫米。

第四节　风及风能的利用

风能资源利用有许多优点，如资源分布广，可再生，较少造成污染，又可综合利用，而且风力机设备简单，投资少见效快，有着广阔的发展前景。

一、承德市风的时空分布

承德市地处内蒙古高原南缘和燕山地区，地形复杂，造成各地风的差异显著。“十里不同风”正是这种差异特征的确切描述。

本区域年平均风速1.4~4.3米/秒，北部大于南部。平泉、滦平以平均风速在2米/秒以上，坝上为3.4~4.3米/秒。各月平均风速的地理分布与年平均风速相似。年内4月风速最大，5月次之，8月最小，7月、9月次小。4月平泉、滦平以北在3米/秒以上，坝上为4.7~5.8米/秒。8月坝上为2.5~2.8米/秒，其余各县在2米/秒以下。

二、最多风向频率

承德市风向的变化具有明显的季节性。冬半季以偏北风为主，夏半季以偏南风为主。平泉、滦平以南全年最多风向为偏南风，风频10%~17%，以北最多风向为偏北风，风频15%~21%。

三、风能资源

承德市风能资源除坝上可作为开发区外，其余各地风能资源不大。丰宁、围场的坝上地区风能储量为500~800千瓦时/平方米，其他地区在200千瓦时/平方米左右。

一年中春季风季风量最大，占全年的40%以上，冬季占20%以上。夏季最少占10%，秋季多于夏季。

第五节　农业的天气灾害

灾害性天气是影响承德市农业生产的重要因素。每年都有不同程度的旱、涝、冰雹、大风、霜冻等自然灾害，给农业生产和居民生活造成了不同程度的影响。

一、干旱

干旱是承德市的主要农业气象灾害之一、对农业生产危害甚大。由于干旱发生的季节不同可分为春旱、初夏旱、伏旱和秋旱。

承德市以春旱发生较为频繁，夏旱也经常发生，秋旱则发生较少。通过对北京1977~2007年春季降水资料，对照承德市同时段资料进行分析，春旱发生规律基本一致。每隔10年发生一次大旱，每隔2~3年或5年发生一次小旱。大旱年一般出现在年代初期，春旱的发生概率为40%。承德市的春旱分布以丰宁、围场、隆化、承德县、滦平为主，平泉次之。初夏旱和伏旱也常发生。一般4~5年发生一次，例如，1965年、1972年、1980年、1984年、1992年、1999年、2000年、2001年均发生了较严重的初夏旱连伏旱。

二、霜冻

霜冻对农业生产的危害很大。承德市初霜冻，坝上始于8月27~29日，最早7月1日即可见霜。北部常年出现在9月22~24日，最早8月31日也可见霜，南部则始于9月30日~10月3日，最早9月10日可见霜。南北相差40天左右。终霜，南部结束于5月6~13日。承德市的无霜期南长北短，霜冻强度北重南轻。

三、冰雹

冰雹主要发生在春末至秋初。始于 4 月，结束于 10 月，以 6~9 月发生次数最多。承德市降雹日由西北向东南减少。围场、丰宁年降雹日 4 次，坝上最多，年平均 6.5~6.7 次。平泉、滦平以南为 3 次，宽城降雹日最少为 2 次。承德市冰雹主要来自内蒙古，经围场、丰宁、隆化抬升作用加强，由西北向东南分别侵入各地。主要雹线有以下七条：

第一条：内蒙古—姜家店—新拔—西老府（辽宁）。

第二条：内蒙古—机械林场—棋盘山—银镇—七家—三家—七沟—松树台—辽宁。

第三条：内蒙古—御道口牧场—下伙房—黄土坎—荒地—三沟—党坝—辽宁。

第四条：多伦—御道口—城子—步谷沟—隆化镇—承德市—承德县—宽城—七道河—罗汉洞—唐山地区。

第五条：多伦—苏甸子—太平庄—周营子—安匠—李营—挂兰峪。

第六条：多伦—森吉图—牛圈子—选将营—凤山—周营子—安匠—李营—挂兰峪。

第七条：多伦—草原—小坝子—土城子—黑山嘴—邓栅子—赤城。

四、大风

大风的标准是指平均风速达到 12 米/秒（8 级）以上或阵性风速≥17 米/秒的风速。承德市主要受风寒大风和雷雨大风影响。寒潮大风主要发生在冬、春季节，出现频繁，土壤风蚀严重。雷雨大风则多发生在 6~8 月，此时期各种作物拔节孕穗，常因大风突起，造成茎秆折断和植株倒伏，果树枝断果落，危害严重。

承德市大风日数全年平均 11~63 天。北部丰宁、围场和坝上大风日数最多，全年可达 93~116 天，春季大风最多，冬季次之，秋季最少，春季大风日数 7~26.9 天，占全年大风日数的 41%~59%。

五、暴雨

暴雨是承德市灾害性天气之一。承德暴雨发生在 4~10 月，其中集中在 7~8 月。南部一年可发生 2~3 次，中部 1~2 次，北部一年不足一次，兴隆县受雾灵山的影响，暴雨次数最多，最多年可达 6 次，滦平是中部暴雨较多的地区，最多年可达 2~4 次。北部的隆化、围场较少，常年平均仅 0.5 次。

1986 年 6 月 18 日，滦平县付营子乡降了一次历史罕见的特大暴雨。15 分钟降雨 248 毫米，造成山洪暴发，冲毁庄稼危害人畜，损失严重。

六、低温冷害

低温冷害是承德市的主要农业气象灾害之一，即在群众中所说的“哑叭灾”。以 8 月上旬、中旬所出现的低温对作物影响最大。承德市低温冷害以丰宁、围场最重，滦平、隆化、平泉次之。1976 年承德市就因大范围低温冷害而造成严重减产。

第六节　综合气候评价

承德市农业气候资源表现为水热同季，配合较好。春季光能充足，水热不足；冬季严寒干燥，越冬作物易受害。承德市南北气候差异显著，地域之间气候具有多样性的特点，气候资源多样性为多种利用方式提供了有利条件。

一、气候资源的有利条件和不利条件

承德市有充足的光能，为作物的光合作用制造有机质提供了可靠的保证；雨量适宜，属河北省北部多雨带，年降水量比同纬度的张家口地区多出 100~200 毫米，基本上能满足作物对水分的要求，并且水热同季，配合较好，所以承德市是河北省春玉米高产区之一；秋季温差大，有利于提高作物的品质和质量。但是，相对来说，热量不足，冬小麦不能安全越冬，限制了两年三熟耕作制以及喜温作物和经济作物的栽培。另外，春雨少多春旱，热量不足，使播种期推迟，致使春季光能大量浪费，又推迟了作物的成熟。再者农业气象灾害多，发生频繁，历年都有不同程度的灾害，造成损失。

二、合理利用气候资源的途径

承德市立体气候特征造就了各具特色的生态环境。有的宜农、有的宜林、有的宜牧，为农业的综合发展提供了有利条件。

（一）农作物气候区划与农业布局

承德市地处寒温带向暖温带过渡地区，加之燕山和内蒙古高原的大地貌影响，使作物栽培有明显的地域性，中南部以玉米为主，可以发展水稻，稳

定谷子、大豆、高粱种植面积，做好小杂粮生产。北部以玉米、谷子为主，坝上则以马铃薯、春小麦、胡麻为主，发挥气候冷凉的优势，组成合理的农业结构和作物布局。

（二）发挥山区优势，合理开发山区

承德市受季风影响，夏季温和多雨，山区小气候明显，生物资源丰富。因此，要保护森林充分发挥坝上草原和山区草地优势，可以发展草食牲畜，建立肉牛、羊只和家兔生产基地。相应地发展畜产品加工工业。承德市中南部盛产苹果、红果、板栗等果品，应加强统一规划，搞好基地建设；同时承德市山野资源比较丰富，应加强对沙棘、三棵针、山杏和各种药材的合理开发和采摘，做到可持续发展，提高经济效益。

（三）加强人工控制局部天气工作

首先要改变耕作习惯，采取农业技术措施，选育优良品种，适时早播，合理利用春季光、热资源，做到秋霜春防，减轻低温冷害的威胁。坝上地区要搞好防护林建设，防风固沙，减轻灾害。充分利用风能、太阳能等再生能源。加强水源涵养林和水土保持林建设，减少水土流失。同时加强人工防霜、防雹工作，以抗御自然灾害的危害。

第五章
承德市森林资源环境

森林是地球上最大的生态系统。随着自然因素变化和对资源的开发利用，森林资源情况在不断发生变化。早在殷商时期，承德市就有古老的中国东湖族居住，又为历代北方少数民族与幽燕汉族交往之地。曹操平定乌丸（今朝阳），在沧海诗中曰“树木丛生，百草丰茂”；嘉靖年一奏折中写道“蹊径狭小，林木茂密”；乾隆三十五年扩建装点山庄，曾从古城川、十八里汰、广仁岭等地挪松造园。历史沿革表明，森林是该地域中生态系统的主体。但是，由于历史上森林驱兽、毁林垦殖、战争等原因，森林也在不断地逆行演替。到乾隆初年已是“垦遍山田不见林”，“非木兰猎场禁地，皆不可行围矣”。1948 年 11 月 12 日承德市第二次解放，为区域林业发展带来了机遇。到 1984 年森林覆盖率由中华人民共和国成立初期的 5.8%提高到 26.5%（不包括灌木林和四旁树折合面积）。森林面积达到 1395.4 万亩，活立木蓄积 2471.8×10^4 立方米，区域人均 5.77 亩林地和 10.23 立方米蓄积。承德市已成为河北省重要的木材生产基地。同期草地面积 1323 万亩，耕地 464.67 万亩，地表水蓄水量 30.6 亿立方米，为野生动植物提供了栖息、繁衍后代的场所，为区域经济发展、环境保护和社会发展提供了多种效益。

第一节　森林资源的构成

我国《森林法》规定“森林包括林木、竹子和林地以及林区范围内的植物和动物”。从生态系统的观点说，森林是以林木为核心的动植物和环境的统一体。其构成和现状有历史发展的渊源与痕迹，又有其生存环境、人为作用的制约，是与经济发展相伴的自然产物。

一、森林分布

森林植被的地带性和区域性是地理环境因素和森林植被在长期历史发展过程中逐渐演化而形成的产物。承德市在地理位置上属于泛北极植物区的中国—日本植物亚区，为中国温带地区的华北植物区系。由于复杂地形对太阳辐射和水热状况再分配的结果，形成坝上森林草原区和坝下暖温带落叶阔叶林区（见图5-1-1）。

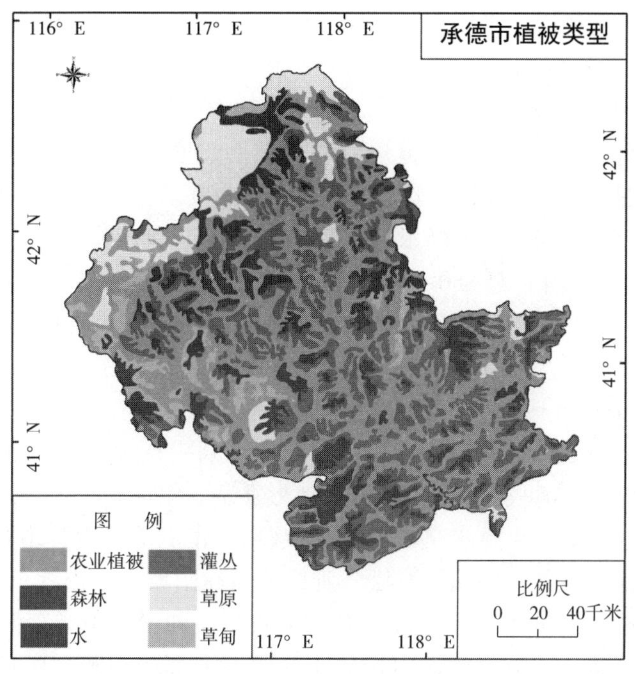

图5-1-1　承德市植被类型示意图

（一）坝上森林草原区

该区位于≥10℃的活动积温1900℃线以北，海拔1100~1950米，年均温-1.4~1.5℃，是承德市气温最低的区域。该区年降水量不足450毫米，无霜期80天左右，年大风日数50~84天。以森林草甸草原为主，兼有干草原、零星丘间草甸和沼泽，素有“远眺是山，近看是川”的开阔景色。在原始森林被破坏后的次生迹地上，有零散天然次生林。1985年以前营造落叶松林92.1万亩（其中农田林网2.1万亩），其他林地10.2万亩。林外生长着山荆子、山刺玫、沙棘、杞柳和塔头草、低地羊草、无芒雀麦、赖草、黄花及菌类等植物。气候寒冷干燥，土壤风蚀沙化严重，需要大面积植树造林，防风固沙，改善环境，发展生态农业。随着“三北”防护林建设，建成了以塞罕坝机械林场为主，华北地区最大的人工防护林基地。主要树种为落叶松、樟子松、云杉、赤峰杨、白桦、榆树、杞柳、沙棘等。

（二）暖温带落叶阔叶林区

该区位于≥10℃活动积温1900℃线以南，长城沿线以北。森林面积1303.3万亩。森林植被构成主要有禾本科、蔷薇科、菊科、豆科、桦木科、壳斗科、松科、柏科、杨柳科等。雾灵山区物种丰富，有112科，460余属，1103种。该区分三部分：

1. 北部坝缘山地森林

位于老窝铺—燕格柏—五道川以北至坝上高原坝根山地，主要包括接坝地区、七老图山、燕山山脉地段。海拔800~1600米，年均温0~4℃，≥10℃活动积温1900~3200℃，年降水量400~450毫米。森林植被以海拔1300米为界，分为两个垂直带：①850~1300米中山带，林分组合类型为蒙古栎—油松—白桦，蒙古栎和油松分布在阳坡，白桦分布在阴坡；②1300~1600米亚高山带，以白桦为主。还有落叶松、油松、榆树、山杏等。

2. 中部山地森林

位于坝缘山地森林区以南，古北口—潘家店—党坝一线以北的冀北山地和七老图山地区。海拔800~1700米，地形复杂。年均温4~9℃，≥10℃活动积温3200~3400℃，年降水量500~600毫米。属于干旱森林地带，800米以下低山地区代表树种为刺槐和油松，刺槐分布在阳坡，油松分布在阴坡。800~1400米的中山地带代表性林分组合为蒙古栎—油松—山杨。油松分布在阳坡，蒙古栎分布在阳坡上部，山杨分布在阴坡上部或沟脑。1400~1700米亚高山带主要树种为白桦。天然植被还有柞、山杏、荆条、绣线菊等。此外，还有苹果、山楂、梨等。

3. 南部山地森林林

位于燕山林区，包括兴隆县、宽城县和营子区等南至长城。年均温7~9℃，年降水量600~800米。≥10℃活动积温3400℃，为暖温带半湿润丘陵气候，海拔1000米以下代表性植被为荆条、酸枣等灌丛。1000~1500米以落叶阔叶林为主，代表树种为山杨，并有蒙古栎、辽东栎和以此为主的混交林。针叶林树种有落叶松、油松、侧柏及引进的红松、华山松等。阔叶树种有桦、柞、山杨、黄菠萝、白蜡、椴树、枫树、山杏和猕猴桃等。经济林树种有苹果、梨、山楂、板栗、核桃、柿子等。

二、林业用地面积

森林土地资源是林业用地的数量和质量的总称，一般包括有林地和无林地（宜林荒山荒地、采伐迹地、火烧迹地、沙地）以及散生木、四旁树占用的土地。根据全国第二次土地调查数据（见表 5-1-1），承德市林业用地面积 2351991. 14 公顷，占全市土地总面积的 59. 56%，占河北省林地总面积的 50. 77%，居全省第一位。按行政区划分析，全市林区集中分布在北三县，占全市林地总面积的 62. 53%，其中，围场县面积最大，有 591381. 16 公顷，占全市林地总面积的 25. 14%；其次为丰宁县，林地面积 544612. 76 公顷，占全市林地总面积的 23. 16%；再次为隆化县，林地面积 334609. 81 公顷，占全市林地总面积的 14. 23%。市辖三区林地面积最小，其中，双滦区林地面积 10526. 13 公顷，仅占全市林地总面积的 0. 45%；营子区林地面积 11092. 01 公顷，仅占全市林地总面积的 0. 47%；双桥区林地面积 34828. 40 公顷，仅占全市林地总面积的 1. 48%。

表 5-1-1　承德市林地面积统计

	辖区面积（公顷）	林地面积（公顷）	占辖区面积的比例（%）	占全市林地总面积的比例（%）
承德市	3948953. 23	2351991. 14	59. 56	100. 00
双桥区	65166. 87	34828. 4	53. 44	1. 48
双滦区	45173. 59	10526. 13	23. 30	0. 45
营子区	14931. 44	11092. 01	74. 29	0. 47
围场县	903737. 44	591381. 16	65. 44	25. 14
丰宁县	873867. 08	544612. 76	62. 32	23. 16
隆化县	547345. 13	334609. 81	61. 13	14. 23
承德县	364806. 58	216628. 69	59. 38	9. 21
平泉县	329410. 57	176453. 24	53. 57	7. 50
滦平县	299295. 58	180409. 21	60. 28	7. 67
宽城县	193572. 96	81834. 69	42. 28	3. 48
兴隆县	311645. 69	169615. 05	54. 43	7. 21

注：数据来源于承德市第二次土地调查。

（一）林地的分类

林种是根据森林的不同效益和经营目的以及自然、经济条件划分的森林分区。按照我国《森林法》规定的五种林包括：

1. 防护林（Shelter forest）

防护林是为了保持水土、防风固沙、涵养水源、调节气候、减少污染所经营的天然林和人工林。防护林是以防御自然灾害、维护基础设施、保护生产、改善环境和维持生态平衡等为主要目的的森林群落。它是中国林种分类中的一个主要林种。

2. 用材林（Timber production forest）

用材林是以培育和提供木材或竹材为主要目的的森林，是林业中种类多、数量大、分布普遍、材质好、用途广的主要林种之一。可分为一般用材林和专用用材林两种。前者指以培育大径通用材种（主要是锯材）为主的森林；后者指专门培育某一材种的用材林，包括坑木林、纤维造纸林、胶合板材林等。培育用材林总的目标是速生、丰产和优质。速生是缩短培育规定材种的年限；丰产指提高单位面积上的木材蓄积量和生长量；优质主要包括对干形（通直度、尖削度）、节疤（数量、大小）及材性（木材物理和力学特性、纤维素含量和特性）等方面的要求。集约经营用材林有可能缩短培育年限的一半，但仅在部分条件较好、生产潜力较大的林地上采用。对这部分集约经营的森林（以人工林为主）称为速生丰产用材林。经营速生丰产林的业务称为高产林业或种植园式林业。用材林是以生产木材或竹材为主要经营目的的乔木林、竹林、疏林。主要有：短期伐期工业原料用材林；速生丰产用材林；一般用材林。

3. 炭薪林（Forest for firewood）

炭薪林是以生产薪炭材为主的森林。一般以萌芽力强、生长快、燃值高的树种为主。人们使用的早期薪炭主要来自森林，包括乔木和灌木。

这类植物主要提供薪柴和木炭，如杨柳科、桃金娘科桉属、银合欢属等。有的地方种植薪炭林 3~5 年就见效，平均每公顷炭薪林可产干柴 15 吨左右。美国种植的芒草可燃性强，收获后的干草能利用现有技术制成燃料用于电厂发电。

4. 特种用途林（Forest for special purpose）

特种用途林是以国防、环境保护、科学实验等为主要目的的森林和林木，包括国防林、实验林、母树林、环境保护林、风景林，名胜古迹和革命纪念地的林木，自然保护区的森林。

5. 经济林（Forest for non-timber products）

经济林是以生产除木材以外的果品、食用油料、工业原料和药材等林产品为主要目的的森林。

广义经济林是与防护林相对而言，以生产木料或其他林产品直接获得经济效益为主要目的的森林。它包括用材林、特用经济林、薪炭林等。

狭义经济林是指利用树木的果实、种子、树皮、树叶、树汁、树枝、花蕾、嫩芽等，以生产油料、干鲜果品、工业原料、药材及其他副特产品（包括淀粉、油脂、橡胶、药材、香料、饮料、涂料及果品）为主要经营目的的乔木林和灌木林，是有特殊经济价值的林木和果木，如木本粮食林、木本油料、工业原料特用林等。

（二）林地的构成

根据全国第二次土地调查数据，承德市林地中二级分类有三个，即有林地、灌木林地和其他林地，面积、比例、分布情况如下。

1. 有林地

承德市有林地面积 1249741. 14 公顷，占全市林地总面积的 53. 14%，占全省林地总面积的 55. 58%。按行政区域分析，围场县有林地最多，面积为 357894. 51 公顷，占全市有林地总面积的 28. 64%；其次为丰宁县，有林地面积 245418. 11 公顷，占全市有林地总面积的 19. 64%；再次为隆化县，有林地面积 224327. 82 公顷，占全市有林地总面积的 17. 95%。有林地面积较小的是营子区、双滦区和双桥区，分别为 3682. 71 公顷、7472. 97 公顷和 18443. 63 公顷，仅占全市有林地总面积的 0. 29%、0. 60%和 1. 48%，见表 5-1-2。

表 5-1-2　承德市有林地面积统计

	有林地面积（公顷）	占本区林地总面积的比例（%）	占全市有林地总面积的比例（%）
承德市	1249741. 14	53. 14	100. 00
双桥区	18443. 63	52. 96	1. 48
双滦区	7472. 97	70. 99	0. 60
营子区	3682. 71	33. 20	0. 29
围场县	357894. 51	60. 52	28. 64
丰宁县	245418. 11	45. 06	19. 64
隆化县	224327. 82	67. 04	17. 95
承德县	104485. 28	48. 23	8. 36

续表

	有林地面积（公顷）	占本区林地总面积的比例（%）	占全市有林地总面积的比例（%）
平泉县	81580.31	46.23	6.53
滦平县	77654.08	43.04	6.21
宽城县	35382.97	43.24	2.83
兴隆县	93398.75	55.07	7.47

注：数据来源于承德市第二次土地调查。

从有林地占本辖区林地面积的比例分析，最高的是双滦区占 70.99%，其次为隆化县占 67.04%，再次是围场县占 60.52%，最低的是营子区占 33.20%。

2. 灌木林地

承德市有灌木林地面积 635640.70 公顷，占全市林地总面积的 27.03%，占全省灌木林地总面积的 57.13%。按行政区域分析，丰宁县灌木林地最多，面积为 228044.28 公顷，占全市灌木林地总面积的 35.88%；其次为承德县，有灌木林地面积 77204.84 公顷，占全市灌木林地总面积的 12.15%；再次为滦平县，有灌木林地面积 71857.16 公顷，占全市灌木林地总面积的 11.30%。灌木林地面积较小的是双滦区、营子区和双桥区，分别为 702.59 公顷、5635.09 公顷和 6536.02 公顷，仅占全市灌木林地总面积的 0.11%、0.89%和 1.03%，见表 5-1-3。

表 5-1-3　承德市灌木林地面积统计

	灌木林地面积（公顷）	占本区林地总面积的比例（%）	占全市灌木林地总面积的比例（%）
承德市	635640.70	27.03	100.00
双桥区	6536.02	18.77	1.03
双滦区	702.59	6.67	0.11
营子区	5635.09	50.80	0.89
围场县	34919.08	5.90	5.49

续表

	灌木林地面积（公顷）	占本区林地总面积的比例（%）	占全市灌木林地总面积的比例（%）
丰宁县	228044.28	41.87	35.88
隆化县	59324.63	17.73	9.33
承德县	77204.84	35.64	12.15
平泉县	54316.73	30.78	8.55
滦平县	71857.16	39.83	11.30
宽城县	40113.92	49.02	6.31
兴隆县	56986.36	33.60	8.97

注：数据来源于承德市第二次土地调查。

从灌木林地占本辖区林地面积的比例分析，最高的是营子区占50.08%，其次为宽城县占49.02%，再次为丰宁县占41.87%，最低的是双滦区占6.67%。

3. 其他林地

承德市有其他林地面积466609.30公顷，占全市林地总面积的19.84%，占全省其他林地总面积的36.71%。按行政区域分析，承德市其他林地主要集中分布在北三县，占全区其他林地总面积的68.73%。其中，围场县其他林地最多，面积为198567.57公顷，占全市其他林地总面积的42.56%；其次为丰宁县，其他林地面积71150.37公顷，占全市其他林地总面积的15.25%；再次为隆化县，其他林地面积50957.36公顷，占全市其他林地总面积的10.92%。其他林地面积较小的是营子区、双滦区、宽城县和双桥区，分别占全市其他林地总面积的0.38%、0.50%、1.36%和2.11%，见表5-1-4。

表5-1-4　承德市灌木林地面积统计

	其他林地面积（公顷）	占本区林地总面积的比例（%）	占全市其他林地总面积的比例（%）
承德市	466609.30	19.84	100.00
双桥区	9848.75	28.28	2.11

续表

	其他林地面积（公顷）	占本区林地总面积的比例（%）	占全市其他林地总面积的比例（%）
双滦区	2350.57	22.33	0.50
营子区	1774.21	16.00	0.38
围场县	198567.57	33.58	42.56
丰宁县	71150.37	13.06	15.25
隆化县	50957.36	15.23	10.92
承德县	34938.56	16.13	7.49
平泉县	40556.20	22.98	8.69
滦平县	30897.97	17.13	6.62
宽城县	6337.80	7.74	1.36
兴隆县	19229.94	11.34	4.12

注：数据来源于承德市第二次土地调查。

从其他林地占本辖区林地面积的比例分析，最高的是围场县占33.58%，其次为双桥区占28.28%，再次为平泉县占22.98%，最低的是宽城县占7.74%。

（三）林业生产情况

根据2016年《承德统计年鉴》，2015年承德市林业生产情况见表5-1-5。2015年造林总面积54030公顷。按造林方式分，人工造林面积44029公顷，无林地和疏林地新封10001公顷。按林种用途分，用材林5120公顷，经济林13587公顷，防护林34957公顷，特殊用途林333公顷。2015年更新造林2227公顷，年末实有封山育林面积324058公顷，低产低效林改造面积30公顷，未成林抚育作业面积56596公顷，林木种子采集量1426公顷，育苗面积5600公顷。2015年主要林产品包括：山杏仁19482吨；花椒600吨。2015年商品木材395396立方米。

表 5-1-5　2015 年林业生产情况

种　类		面积（公顷）
造林总面积		54030
按造林方式分	人工造林面积	44029
	无林地和疏林地新封	10001
按林种用途分	用材林	5120
	经济林	13587
	防护林	34957
	特殊用途林	333
更新造林		2227
年末实有封山育林面积		324058
低产低效林改造面积		30
未成林抚育作业面积		56596
林木种子采集量		1426
育苗面积		5600
主要林产品	山杏仁（吨）	19482
	花椒（吨）	600
商品木材（立方米）		395396

注：数据来源于 2016 年《承德统计年鉴》。

第二节　森林保护

承德市森林面积大，而病、虫、鼠害、火灾、火情历年都有不同程度的发生，甚至造成重大损失。森林保护极其重要。保护森林资源，除正常科学经营之外，重要的是靠国家法律、群众觉悟和森林保护科技工作的加强。

一、森林主要病虫害的危害

为了加强森防工作，2009 年承德市进行了一次对林业病虫害的普查工作，经过调查发现，近年来从省外传入的林业有害生物 20 科，有害虫类达 40 种（陈凤安，2015）。

（一）病虫害主类型

1. 病害

承德市常见森林病害有腐烂病、溃疡病及落叶病、白粉病，锈病、丛枝病、腐烂病是由真菌或细菌坏死林木细胞，组织解体，危害树株各部。承德市以杨树受害危害为重，柳树、苹果树等也有发生，溃疡病危害枝干皮层，也以杨树为多，落叶松溃疡时有发生；落叶病多发生在人工落叶松林，使其提前 1~2 个月落叶，影响林木生长。近几年以来受害面积较大，其中腐烂病，溃疡病比较突出，年受害面积约 15 万亩，其中腐烂病，溃疡病比较突出，年受害面积 8 万余亩。

2. 虫害

常见的虫害有松毛虫、天牛、小蠹虫、叶峰等，松毛虫食叶，天牛、小蠹虫危害枝干，鞘蛾、叶蜂、尺蠖、象甲、舞毒蛾、透翅蛾等也各不相同的妨害林木生长发育，严重时危害成灾（见图 5-2-1）。松毛虫是承德市森林的主要害虫，尤以落叶松、油松受害严重，赤松也有发生，年发生面积 60 万~70 万亩；杨干象为杨树幼树的一种毁灭性蛀干害虫）的发展已由宽城、兴隆蔓延到滦平、丰宁等地。

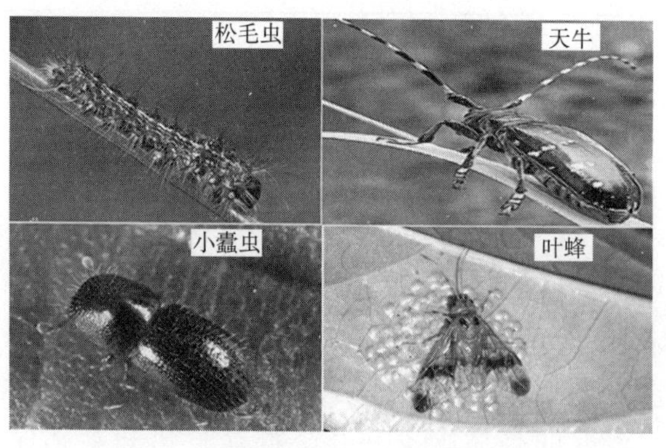

图 5-2-1 承德市常见森林病虫害

3. 鼠害

危害承德市林木的鼠类很多，常见的有东北鼢鼠和宗背鼢鼠。危害3~5年生的落叶松、油松、樟子松幼树，常于早春咬断幼树根部、剥皮、盗食松子等，严重时可使成片松林遭害，年受害面积达8万~10万亩。

(二) 林业病虫害防治工作存在的问题

1. 病虫害发生面积逐年增加，防治难度加大

由于人工造林面积的增加，特别是单一树种的大面积种植，使得病虫害的危害不断加剧，1970年全县发生的病虫害面积为3.65万亩，1981年达到7.5万亩，1991年上升到10.6万亩，直到1992年河北省实行森防目标管理，发生面积才有所下降。但是由于近些年冬季气候变暖、连续干旱等因素，害虫越冬死亡率降低，病虫害的发生面积又呈上升趋势。而承德市因受当前技术、资金、人力等因素的制约，防治工作进展不顺利，病虫害防治困难不断增加。

2. 病虫种类繁多，危害严重

目前，河北省能够造成严重灾害的病虫害已从20世纪80年代初的350种增加到了580种，有些是从外地传进来的，有些则是河北省从未发现过的。就过去危害比较严重的杨扇舟蛾、天牛、松毛虫等到现在也未得到有效的控制，2006年在承德市发现的美国白蛾短短4年就迅速扩散到3个县（区），面积达1.1万公顷，对当地的经济造成了严重的影响。

3. 危险性病虫害潜在危害加大

苹果棉蚜、美国白蛾、油松叶小卷蛾等危害性病虫已入侵承德市，虽然及时采取了有效的措施进行控制，目前没有造成严重的危害，但潜在的危害却不容忽视。由于承德市特别适合松材线虫病的生存，一旦松材线虫入侵，承德市的油松林在短期内将会大面积毁灭。

(三) 林业病虫害的防治对策

1. 加大科技投入，改进防治手段

首先，在保护现有林业的基础上适时适度地造林，要根据地方的土质、水温、气候等因素合理地进行种植，同时实行集约经营和工程造林等林业措施，将病虫害的防治工作运用到林业生产的各个流程中，并且加强病虫害的早期预防和林木自身抵抗灾害的能力。其次，按国家规定合理使用农药化肥，禁止使用对硫磷、甲胺磷、氧化乐果、水胺硫磷等效果不明显、容易产生抗性、高污染的农药，大力提倡使用植物性农药、仿生农药、动物源农药、矿物性农药、微生物农药等高效、环保的农药，减轻对环境、土地、水源的污

染。最后，加快生物防治技术的普及，并且研发新的病虫害防治技术，以适应当前病虫害防治工作面临的形势。

2. 加强林木检疫，严防危险性病虫传入

首先，加强森林植物检疫工作重要性的宣传，让每个人都意识到森防工作人人有责。其次，增设检疫检查站，对过往运输林木植物的车辆进行检疫检查，严防带疫植物进出。最后，加强源头管理，对一切与林木息息相关的市场、加工、仓储、销售等环节进行治理，阻断危险病虫害的传播渠道。

3. 加强对病虫害的监测

病虫害的防治工作要像天气预报一样防患于未然，因此，各地必须把病虫害的监测工作放在首位，准确、及时、全面地对本辖区的森林病虫害动态进行监测，做到及时发现，及时根除，避免到病虫害成灾时才采取措施的局面发生。另外，要建立一个健全的预测预报网络系统，对病虫害进行短期或长期的预警，为林业部门做出防治措施提供科学依据（陈凤安，2015）。

二、人为的危害

森林的人为危害，多为当地居民生活、生产活动中的护林意识薄弱酿成，也有个别的故意危害，以火灾危险性最大。近年来，承德市认真贯彻了“以预防为主，积极消灭”的方针，坚持“以防为主，防火扑火为主结合”的原则，广泛深入地进行宣传教育工作，树立爱林护林的社会新风尚，护林防火工作取得了一定成效。

（一）森林火灾火情

从历年情况看，1949~1985 年全区累计发生森林火灾 932 起，烧燎面积达 139.6 万亩，其中烧毁林地 35.7 万亩，发生次数最多的 1951 年达 113 起，火烧面积最大的是 1956 年达 33.98 万亩，其中烧毁林地 21.55 万亩。1985 年发生 9 起火灾，20 次火情，火烧面积 1304 亩，林地被烧 351 亩，损失 9332 元。近年来承德市森林火灾呈减少的趋势，但仍有火灾发生，防火意识不容小觑。2017 年 4 月 29 日 12 时 50 分，承德县三家镇西兴村发生森林火灾，当地有民房被烧毁。火灾发生后，承德县立即启动森林火灾扑救应急预案，组织专业扑火队、半专业扑火队及乡村防林组织 600 余人，立即展开扑救。2017 年 4 月 30 日上午 8 时 20 分，明火被全部扑灭，转入清理看守阶段。估测过火面积 50 公顷（750 亩）。当日由于风干物燥，火灾蔓延进入林边村庄，过火丛营村、柳条村村民房屋 10 余处，安全转移当地村民 700 余人，无人员伤亡。

(二) 乱砍滥伐情况

据统计，1981~1985年全区发生乱砍滥伐5604起，其中滥伐2353起，盗伐3251起，破坏面积达1935万亩，砍材17.43万立方米。1985年1466起，其中滥伐242起，盗伐1224起，破坏林地面积7300亩，砍材2100立方米，毁幼树7.83万棵，是近五年来发生次数最多的一年，而破坏面积则是最少的一年，也是砍材数量最少的一年。1998年4月29日，第九届全国人民代表大会常务委员会第二次会议制定了《关于修改〈中华人民共和国森林法〉的决定》之后，乱砍滥伐情况得到有效控制。

(三) 其他危害

由于对森林经营管理不善，利用作业不尽合理，林权纠纷不断出现。林业面积大但林业经济规模和质量有待提高。侵占林地和乱砍滥伐现象时有发生，不合理放牧阻碍了林业经济的发展。樵采、挖药、采石、洪水、暴雨、霜、冻等对森林资源也有一定的损害。

第三节　森林资源评价及其开发利用

森林资源评价是在科学分析的基础上对森林资源的数量、质量、结构、生长、消耗、地理分布及特点等进行评估，以全面了解和正确认识其价值和效益（量化和非量化的），使森林经营者和决策者据此采取保护、培育、经营、开发利用措施，促进森林资源在综合发挥高效益前提下的持续发展。森林资源评价是已纳入社会经济周转为依据的森林价值计量。由于历史原因和林价制度不健全，营林尚未像耕作业和畜牧业一样当成一种经济事业来经营，现就森林资源的数量、质量、生长量及生长率等一些指标加以反映。

一、森林资源的评价

(一) 覆盖率

森林覆盖率（The forest coverage rate），也称森林覆被率，指一个国家或地区森林面积占土地面积的百分比，是反映一个国家或地区森林面积占有情况或森林资源丰富程度及实现绿化程度的指标，又是确定森林经营和开发利用方针的重要依据之一。全世界的森林覆盖率为32%。中国国家林业局2014年2月25日公布了第八次全国森林资源清查成果，清查显示，中国森林覆盖率为21.63%。全国第二次土地调查数据表明，2015年承德市有林地、灌木林地和其他林地总面积 235. 19 万公顷，占全市土地总面积的 59. 56%，森林覆盖率为 54. 80%，高于世界（32%）、我国（21. 63%）和河北省（17. 69%）的森林覆盖率。

（二）森林结构

承德市林业在河北省内占有重要地位。但从森林结构看，林种、林龄、树种结构存在不合理现状。

1. 人工有林地的林龄结构以中、幼林为主

1949 年新中国成立初期，承德市有林地面积较小，只有 25. 60 万公顷，森林覆盖率仅有 5. 8%。经过 60 多年的封山育林和大规模植树造林以及退耕还林，到 2006 年有林地面积发展到 188. 53 万公顷，增长了 7. 36 倍，森林覆盖率达到 47. 87%，其中人工有林地面积发展到 68. 90 万公顷。但目前人工有林地的林龄结构仍以中、幼林为主，面积达 45. 31 万公顷，占人工有林地面积的 65. 76%，林木蓄积量具有很大潜力。

2. 有林地分组合以生态公益林为主

承德市地理位置为林牧交错带，北临内蒙古浑善达克和科尔沁两大沙地，是风沙过境的物源区，位于潘家口水库和密云水库上游，是京津的水源和环境保护屏障。由此决定了承德市在林木抚育上必须将生态公益林放在优先地位。据 2006 年统计，承德市有林地中，生态公益林面积 148. 13 万公顷，林木蓄积量 3578. 81 万立方米，分别占有林地总面积（188. 53 万公顷）和林木蓄积总量（4923. 29 万立方米）的 78. 57%和 72. 53%。而商品林面积 40. 40 万公顷，木材蓄积量 1352. 48 万立方米，分别仅占有林地总面积和林木蓄积总量的 21. 43%和 27. 47%。据 2016 年承德统计年鉴，2015 年承德市植树造林情况（见表 5-3-1、图 5-3-1）仍以防护林为主，占总造林面积的 64. 74%。

表 5-3-1　2015 年承德市植树造林情况

林种用途	用材林	经济林	防护林	特殊用途林
造林面积（公顷）	5120	13587	34957	333

3. 商品林中经济林比例偏低

据统计资料，2006 年承德市商品林总面积 40. 40 万公顷，木材蓄积量 1352. 48 万立方米。其中经济林面积 7. 19 万公顷，仅占商品林总面积的 17. 80%。2015 年经济林造林面积占总造林面积的 25. 16%。

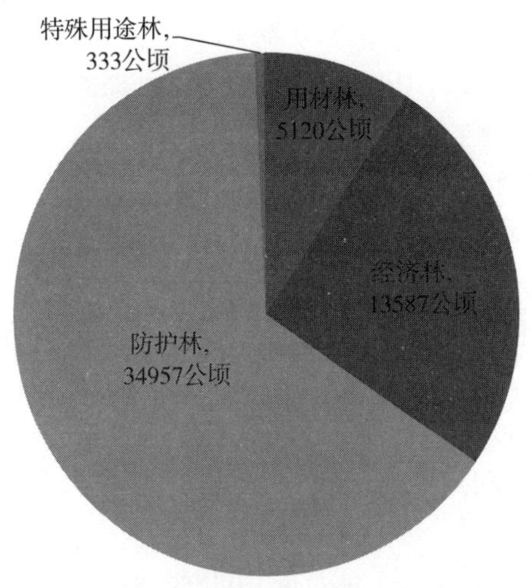

图 5-3-1　2015 年承德市植树造林情况

二、森林资源的开发利用

（一）20 世纪 50 年代以来森林资源开发利用

20 世纪 50 年代以来，承德市林业建设得到较快发展，林业生产有了一定经济基础，为合理开发利用，实现林业现代化提供了有利条件。到 1985 年，全区累计植树造林 1805. 06 万亩，其中国营 446. 29 万亩，育苗 78. 37 万亩，封山成林 1100 余万亩，生产木材 212 万余立方米，生产蚕茧 717. 63 万千克，干鲜果品产量 11. 52 亿千克。四旁树木 2. 65 亿株。承德市四次全区性林业资源调查主要数据见表 5-3-2。

表 5-3-2　承德市林业资源调查情况

调查年份	调查种类	有林地面积（万亩）	有林地蓄积（万立方米）	平均每亩蓄积（万立方米）	森林覆盖率（%）	说明
1949	—	305	—	—	5. 8	统计数
1956	森林资源踏查	481. 1	607. 0	1. 25	9. 2	—
1962	森林普查	657. 7	677. 4	1. 03	12. 5	—
1975	森林清查	1237. 0	2471. 0	2. 39	23. 5	含经济林 205 万亩
1984	林业区划调查	1395. 4	2243. 6	1. 91	26. 5	含经济林 218. 5 万亩

四次调查的资料表明，承德市的林业以每年 4.4%的递增速度向前发展。据统计资料，林业总产值由 1985 年的 1972 万元提高到 1985 年的 8766 万元，十年翻了两番多。

1985 年造林 129.51 万亩，育苗 4.51 万亩，其中新育 3.1 万亩，林材生产 15.1 万立方米，新栽果树 551 万株，果树育苗 9700 多亩，加大了发展步伐。

20 世纪末林业组织机构逐渐健全，经营水平有较大提高。以“三北”防护林体系建设为主的首都周围绿化工程项目实施，林业已经形成一个有一定物质基础的国民经济部门，在国民经济不断发展中起着重要作用。

（二）现阶段开发利用中的问题

1. 部分林地权属不清，林权纠纷不断出现

承德市处于山区，林地占土地总面积的 59.56%，长期以来山林权属争议不断（邢书印等，2014）。据 1979 年统计，原承德市 58 个国营林场经营的 58 万公顷林地中，农村集体向林场提出权属要求的面积占 12.4%。隆化县 80%以上的公社和 50%以上的生产大队同国营林场发生山林权属争议。虽然 1980~1984 年按照国家统一部署，在全市范围内开展了稳定山权林权、划定自留山、确定林业生产责任制的林业“三定”工作，对涉及“三定”的林地边界、权属进行了确权登记发证，但仍遗留很多争议，并在此后因各种原因产生很多新的纠纷。这些林权纠纷主要是国营林场与所在村农民集体发生的争议，部分为村集体经济组织之间产生的争议。其主要原因为：

（1）当时个别地方划定的国营林场范围过大，未给当地农民集体保留长远发展需要的山林。经过几十年的发展，人口大量增加，土地被各项建设占用后逐年减少，于是，村农民集体为发展集体经济对山林重新提出权属要求。

（2）受当时国家政策影响，在建立国营林场或实行人民公社化时，搞“平调”，实行平均主义和“大锅饭”，无偿调用部分村集体经济组织的山林，现在农村集体要求归还。

（3）建立国营林场时，手续不完备，有的山林权属不明确或存在插花地等。

（4）国营林场与村集体合作造林，由于山林权属不明确造成林权纠纷。

（5）在实行林业“三定”，进行林权登记发证时，虽无争议，但受当时条件限制，图件比例尺较小，四至界限叙述不清，林权界限没有明显标志物或标志物消失，现在重新引发争议。

（6）有的当时本无争议，但因林木经多年经营后，经济价值显现，个别

单位为自身利益，重新提出权属要求。对这些林权纠纷如不及时解决，势必在很大程度上影响林业生产的发展，并产生社会不稳定因素。

2. 林地面积大但林业经济规模和质量有待提高

根据承德市第二次土地调查结果，2009 年承德市农用地面积为 3103742. 23 公顷，其中，耕地占 10. 20%，而林园地占 63. 05%，耕地与林园地比例是 0. 16：1。同年，全市可比价农林牧渔业增加值为 113. 90 亿元，其中，农业增加值占 49. 03%，林业增加值占 11. 58%。增加值与用地的比值，农业为 4. 8，而林业仅为 0. 2，农业是林业的 24 倍。据北京中林资产评估公司 2009 年底的初步评估结果，承德市的林地面积居河北省第一位，森林资源资产价值为 1216. 26 亿元，产品与服务价值为 691. 23 亿元。但是，2010 年，全市林业产值仅为 74 亿元，占河北省林业产值的 10. 6%，排全省第二位（第一位为廊坊市，产值为 148 亿元），与第三位的保定市（73. 8 亿元）、第四位的石家庄市（72. 9 亿元）基本持平。可见，承德市的林业经济发展还处在较低水平，林业经济的规模和质量与全市所拥有的资源和发展的空间尚有很大差距。

3. 侵占林地和乱砍盗伐的现象时有发生

这一现象表现在一些地方的干部群众受传统农业思想的束缚，生态观念淡薄，甚至缺乏生态意识，在指导和从事农业生产过程中，急功近利，违背自然规律，随意毁林开荒，盲目扩大种植面积；有的地方为了报批建设用地，单纯追求耕地占补平衡，不惜毁林开垦耕地；有的地方非农建设项目违法违规占用林地；甚至个别地方的单位和个人法制观念淡薄，只顾眼前利益，乱砍盗伐林木。这些现象都在一定程度上对林地造成了破坏，阻碍了林业经济发展，必须及时进行纠正。

4. 造林成活率偏低，难度加大

20 世纪 50 年代以来，经过 60 余年大规模的植树造林，承德市林地面积已发展到 2351991. 14 公顷，占全市土地总面积的 59. 56%。森林覆盖率达到 54. 80%。全市山地阴坡、半阴坡宜林地基本上已全部植树造林。剩余直林地多数为山地阳坡，这些地段一般土层较薄或缺少土层，干旱缺水，植被立地条件较差，尽管每年全市投入大量人力、物力进行大规模的植树造林，但其成活率很低。累计每年的植树造林面积已超过全市国土总面积，但是真正成林的面积较少，如不采取有效措施，改善自然条件，很难保证植树造林的效果。

5. 现有林地经营管理水平有待提高

在现有林地抚育中经常出现以取材为目的的倾向。在部分地区抚育质量检查中发现，抚育合格的仅占 45. 50%，间伐强度偏大的占 42. 00%，砍好留次的占 12. 50%。这种现象使一些地方的林分质量下降，单位面积蓄积量减少，有的有林地甚至变成疏林地。多数地方在发展林业中重造林、轻管林，基本没有培肥地力和改善水利条件的措施，只能靠林木自然生长。同时，由于技术力量薄弱，手段落后，森林病虫害时有发生，大大降低了林木的生长量和质量，严重时造成大面积森林被毁，给林业生产带来很大损失。个别地方的干部群众森林防火意识不强，看护不到位，引发森林火灾，造成林地林木损失。近年来，全市每年都有因烧秸秆、燎地边、上坟等引发不同程度的森林火灾，有的甚至引起森林大火，给国家和人民群众的生命及财产造成很大损失。

（三）林地管理利用的对策建议

1. 充分认识林业生产在全市经济建设和生态建设中的重要地位

承德市地理位置独特，南邻京津，北接内蒙古风沙源，是京津重要的生态屏障，为京津阻沙源、涵水源是承德市林业建设的首要任务，在全国生态建设中占有举足轻重的地位。承德市地貌类型多样，气候、水文、土壤等自然条件较好，具有发展林业生产，改善生态环境，发展多种经营的有利条件。同时，承德市是全国划定的燕山贫困带，通过发挥山区优势，加快林地和森林资源的开发利用，大力发展林业经济，实现林业产业化，对优化全市产业结构，壮大区域经济，增加农民收入，进而脱贫致富，建设小康社会具有十分重要的意义。各级政府和有关部门要进一步增强对发展林业生产重要性的认识，切实加强对林业工作的领导，坚持“绿水青山就是金山银山”的理念，“为官一任、绿化一方、治理一方、致富一方”。要制定更加灵活的林业政策和切实可行的有力措施，因势利导，充分调动广大干部群众搞好造林、营林、护林、用林的积极性，推动林业生产又好又快发展，为改善生态环境，促进农民增收，建设森林城市和国际旅游城市，实现承德绿色崛起创造有利条件。

2. 积极稳定山林权属，鼓励社会资金和林农增加对林业的投入

根据《中华人民共和国森林法》（以下简称《森林法》）和《土地管理法》的有关规定，积极做好农村集体土地所有权和国有林地使用权的确权登记工作，妥善解决山林权属争议，进一步深化集体林权制度及综合配套改革，稳定林地的所有权和承包经营权，保障林农和其他林权经营者的

自主经营权和林木处置权，充分调动广大林农和林权经营者进行林业生产和经营管理的积极性。以建设林业强市为目标，以增加农民收入为核心，坚持政府主导，市场运作、因地制宜，突出特色、优化布局、调整结构的基本原则，增投入，上项目、建基地、壮龙头，拓市场、强服务，全面提升林业产业化水平。制定和实施鼓励业发展的优惠政策，鼓励林农和乡村集体经济组织及社会资金增加对林业的投入，改善林业生产条件，确保全市国土绿化目标的实现。

3. 采取综合措施，提高植树造林成活率

在加大林业投入的同时，注意采取综合措施，提高造林科学化水平。一是坚持因地制宜，适地适树，根据本地自然条件和社会经济条件，选择最佳的造林模式，提高造林效果。在坝上山地阴坡发展用材林，阴坡营造水土保持林，沙丘、谷间河道营造防风固沙林，一般旱滩营造护田林网，二阴滩营造护牧林网，下湿滩栽种碱灌木；在坝下山地土层较厚、水土流失基本得到控制的地带营造以中径级林为主的用材林，山高沟长地带营造水源涵养林，在植被较差、水土流失严重的浅山丘陵营造水土保持林，在水热条件好的低山丘陵发展经济林，在冲积滩地和谷发展速生丰产林。二是大力搞好造林地整地，大力推广鱼鳞坑、石坝梯田、挖蓄水沟等工程措施，拦蓄自然降水，增加土壤水分。同时，采取选育优良品种，推广客土栽植、营养钵栽植等先进技术，做到“营造一片，成活一片”，切实提高造林成活率。三是大力推行封山育林，减少人为干扰和器力破坏，利用树木的天然下种和萌芽更新能力，使疏林地、散生林地、采伐迹地或其他迹地恢复森林植被。

4. 处理好营造和管护的关系，加大林木管护力度

在植树造林过程中必须坚持营造与管护并重的原则，进一步加大林木管护的力度，提高成林质量。建议各级政府进一步加强对植树造林管护工作的领导，建立健全各级林政资源管理和治安机构。设置专职和兼职管护员，负责经常巡逻管护。建立健全各种规章制度，包括管护责任制和奖惩制度等，把责、权、利紧密结合起来，调动社会各方面参与林木管护的积极性。要认真贯彻落实《森林法》，坚持依法造林、依法护林、依法管林，依法用林。加强林业行政执法，对违法违规侵占林地、未经批准擅自开垦林地和乱砍盗伐蓄意破坏林木的要依法给予必要的经济或行政处罚。完善林地占用补偿制度，非农建设占用林地的必须足额缴纳林地资源补偿费，用于补充新的林地或用于植树造林。

5. 加强森林资源经营管理，提高林业综合效益

针对承德市人工有林地面积大，中、幼林多，林地抚育改造任务重的实际，认真贯彻执行“全面规划，因地制宜，以抚育为主，抚育、改造、利用相结合”的方针。以抚育中、幼林为主，改造疏林，低价值林为辅，有计划地采伐过熟林、成熟林和近熟林，在采伐过程中严格执行国家有关抚育间伐、改造和采伐的技术规定，严格采伐作业设计和控制采伐限额、指标，保证抚育改造质量。通过抚育改造使林分、林相整齐，林分分布均匀，提高林木质量和林木生长量，使森林资源可持续发展。要大力发展森林草原观光，休闲度假、森林温泉疗养、观光采摘游等形式的森林旅游业，大力发展林药、林苗、林菜、林草、林菌等林间种植业及林禽、林畜、林间特种养殖业，推进林业多种经营，不断提高林业综合利用效益。

6. 加强森林防火和病虫害防治体系建设，努力减少灾害损失

要进一步加强各级森防站，检疫站等森林病虫害防治组织建设，建立监测预报，远程诊断和综合防治体系，深入研究森林病虫害的发生、发展及分布规律，实施综合防治，提高防治水平。严格检疫监管，严防危险性病虫害的传播和蔓延，全面提升林业有害生物的防治能力。要坚持“预防为主”的方针，严格落实森林防火行政领导负责制和部门分工负责制，加强预防、监测和指挥、扑救体系建设，完善防火基础设施建设，提高防火扑火能力，减少火灾损失（邢书印等，2014）。

第四节　雾灵山自然保护区

一、雾灵山概况

雾灵山自然保护区位于东经 117°38′，北纬 40°26′，在兴隆县境内。自然保护区范围包括雾灵山林场和大沟林场的全部及红旗林场的一部分，总面积为 25.46 万亩，其中主峰周围的 5.1 万亩为科学保护区（绝对保护区），其余部分为相对保护区。

雾灵山是燕山山脉的主峰，雾灵山的主峰叫景天峰，其最高点叫天都峰，海拔 2116.2 米。雾灵山驰名中外。

雾灵山原名伏凌山，北魏地理学家郦道元的名著《水经注》中写有：“伏凌山甚高，严障寒深，阴崖积雪，凝冰夏结，故世人因以名山也。”之后，雾

灵山也叫五龙山，“乌龙”系就山容而言，指有五个峰头的意思。“雾灵”之名的由来，是因为在降雨前，山上必有云雾发生，又因“雾灵”与“乌龙”的发音很相似，所以以后就叫雾灵山了。

雾灵山一带原为清代东陵的风水禁地，200 年间严禁砍伐。林木得以自然生长，遍地成林，大树参天。但自清末因朝廷财政匮乏，遂赐予重臣，听其自行处理，山林便遭到砍伐，民国六年也曾设局砍伐，加上日伪时期的破坏，中华人民共和国成立前夕天然林几乎破坏殆尽，仅在山地中上部及沟谷中残余成片的天然次生林。中华人民共和国成立后设林场加以保护，经过抚育更新，人工造林，逐渐恢复。

据统计，雾灵山地区约有维管束植物 121 科，460 属，1103 种，约占河北省野生植物种类之半数，可见其植物种类之丰富。雾灵山上有许多动物，生物资源十分丰富。

雾灵山的主体部分系由中生代燕山期正场岩累构成，在地质时期几经剥蚀，形成耸立于燕山山脉中段的突出水泥地，周围的低山岩性比较复杂，由震旦纪的硅质灰岩、古生代的石灰岩和中生代的砂岩等构成。

低山区分布着山地淋溶褐土，到海拔 900 米以上分布着棕色森林土，土壤母质为花岗岩的风化残积物，在许多地方有较厚的土层，适于树木的生长。

二、雾灵山气候

雾灵山一带属于暖温带大陆性季风气候，年平均气温约 7.5℃，最冷月（1 月）平均气温-15.6℃，最热月（7 月）平均气温 17.6℃，年日照 2872 小时，无霜期 141 天，年降水量 763 毫米，是河北省的多雨中心之一。大部分降水量分配在 5~8 月，与温暖季节相配合，有利于植物生长。

三、雾灵山植被

雾灵山从山麓的东梅寺至最高处的七眼井，相对高度达 1400 米，由于山体高大，地形复杂，植物垂直分带现象和随地形的变化均十分明显，大致可以分为下列三个带。

（一）低中山松栎林带

海拔 700~1000 米的低山地带，森林植被多遭破坏，目前除一部分农田外，占优势的植被类型为中生和旱中生落叶灌丛。海拔 950 米以下沿河谷两侧基本为农田和果园。主要林层可分为海拔 940~1600 米的桦杨混交林与海拔 1400~1700 米的桦树林层，其上限为针叶林带。阳坡是荆条、酸枣为主的灌丛，阴坡分布着绣线菊、风箱果、大花溲疏等为主的灌丛。

低山阳坡的落叶阔叶林，主要是树、蒙古栎、辽东栎等多种栎树为代表的类型。沟谷中和阴坡水分条件好的生境上，分布着落叶阔叶杂木林。主要有花曲柳、核桃楸、元宝槭、青杨、旱柳、蒙椴等，林下灌木主要有柔毛丁香、北京丁香、锦带花、胡枝子、山梅花、小花溲疏、照山白等。

在阳坡和山脊上分布着油松林，如娘娘洼一带。有的油松与多种栎树混生，形成松栎林带。油松分布的上限可达 1500 米。

自中古院（1100 米）以上，沟谷杂木林中分布着春榆、裂叶榆、崖柳、紫椴、粉叶稠李、关东丁香等。草本植物中有许多美丽的花草，如小红菊、甘野菊、藿香、水金凤。还有宽叶石防风、疏毛圆锥乌头等，在耕地附近多生有山楂叶悬钩子、胡枝子等。

在山麓地带还分布着有侧柏的自生林，如小柏树至夹马石之间的山地。侧柏多呈小乔木及灌木状，多与石灰岩生境相联系。

在低中山松栎林带上部，呈现向针叶林过渡的现象。在这一带可见华北落叶松、青杆、白杆与油松混生的天然林，并且在这些林分中有明显的火灾痕迹。除上述针叶树种外，尚见有硕桦、竖桦、铁木、百花山花楸等树种，灌木有胡枝子、大果深山蔷薇等。

（二）中山针叶林带

1500~1800 米的沟谷中分布着以云杉占优势的针叶林。在山地阴坡也以青杆、白杆为主，其间有华北落叶松混生，还有硕桦、竖桦、花楸等落叶为树种。由于人为影响，原有的云杉林多遭破坏，呈散生状态存在，针叶林中华北落叶松占优势。在山地阳坡分布着的落叶松林，尤其在 1800 米以上常形成纯林（疏林）并可一直分布到山顶，如莲花池一带，可见呈岛状分布的华北落叶松疏林。

（三）山顶草甸带

雾灵山的山顶，大致有两级平台，海拔高度分别为 1800 米、2000 米。在这些平坦的山顶夷平面上，目前是亚高山草甸景观。除个别地方有呈岛状的落叶松疏林外，在山顶尚有草星生长的华北落叶松，可以证明过去山顶为华北落叶松林，而雾灵山的高度尚未达到森林界限。整个山顶，盛夏之际，奇花异草，万紫千红，像一座天然的大花园。此草甸虽有亚高山草甸的外貌，实则属于人为地消灭森林和由于山顶风大原生植被不易恢复而形成的次生性的山顶草甸，或可称为林间草甸。

四、雾灵山动植物资源

（一）动植物资源种类

据统计，雾灵山地区约有维管束植物 121 科，460 属，1103 种，约为河北省野生植物之半数，种类十分丰富，雾灵山植物种类见表 5-4-1。

表 5-4-1　雾灵山植物种类

	科	属	种
蕨类植物	16	26	54
裸子植物	2	4	5
被子植物	104	452	1044
木本植物	35	77	191
乔木	14	25	54
灌木	35	59	137

在植物种类中已知可以利用的植物资源约有 720 种，（其中有许多身兼数用）木材（造林，防风，固沙，园林，绿化，行道树，建筑，家具，器材，胶合板工业）65 种。药用 540 种；食用（野菜，野果，代茶，维生素）230 种。尚有多种著名的食用菌。酿造（酒料，淀粉，糖）70 种。纤维（纺织，造纸，编织，木纤维工业）96 种。鞣料 112 种。芳香植物（香精）70 种。染料（染织，食品，绘画）56 种。饲草 98 种。杀虫剂 32 种。油料 133 种。栓皮 2 种。树脂、树胶 7 种。养蚕 12 种。蜜源 255 种。观赏 180 种。有毒植物 25 种。

其他包括磨光材料，雕刻，活性炭，油墨，香菌，木耳等培养基原料，皂素，酒石酸，枸橼酸及苹果酸，放羊白蜡虫，纺织丝绸增光剂，显微切片用料等 25 种。

（二）森林资源

雾灵山地区具有华北植物分布区的特点，为河北省的重要林区之一，残留不少珍贵的针叶林和阔叶林树种，这里分布着辽阔的油松带。油松是低中山的优良造林树种，分布在海拔 1500 米以下，在 1500 米以上适合青杆、白杆、华北落叶松的生长，这些都是珍贵的造林树种。这里是侧柏的原产地，也是珍贵树种，应予保护，其在发展香料生产方面有着广阔的前景。

（三）药材

雾灵山地区为河北省主要中草药产区之一，在500多种药用植物中，大量收购的有黄芩、赤芍、五竹、防风、柴胡等50多种药材。有许多种类为河北省出口中药材大宗品种，历史悠久，主销中国香港、中国澳门、日本、马来西亚、泰国、新加坡、西德等地区和国家。中药材为雾灵山区传统出口商品，出口品种达20余种，雾灵山盛产的党参、刺五加等在我国古代医书中均被视为珍品，为祖国医药宝库中的珍贵药材。

（四）食用植物

山珍野菜种类繁多，营养丰富，蕨菜被誉为“山珍之王”出口日本等国。雾灵山有多种著名菌类，也产灵芝。野菜食品已逐渐被人们所重视，并为扩大栽培品种之库源。

可供代茶用的有毛建草、黄芩、刺五加、黄海棠、胡枝子、金露梅等，许多代茶制品，早已驰名中外，称有药效，可以延年益寿。

由于野生植物富含多种维生素及特殊的营养成分，可为“保健食品”或“强化食品”提供原料。多种树木可供糖源品种多样化及糖源木本化。木糖醇已用于糖尿病患者。

酿造，兴隆酒厂每年大量收购雾灵山地区盛产的橡实、山葡萄、猕猴桃等为造酒原料。许多食品厂也多采用雾灵山地区的野果为原料。猕猴桃产量丰富，且为当今世界上受到重视和赞赏的新兴果品。酸枣数量很大，既为直接食用，也用于酿造及药用，也是大宗出口商品之一，发展酸枣有着广阔的前景。

雾灵山一带产有丰富的多种含鞣质的植物，可以制取栲胶。多种芳香植物可提取香精。总之，雾灵山区有很多资源植物，可以开发利用。

雾灵山一带除了产有丰富的植物资源外，尚有很多种类的动物，其中列为国家一级保护动物的有金钱豹、斑羚羊、白冠长尾雉等。列为国家二级保护动物的有麝（香獐）、穿山甲等。列为国家三级保护动物的有黑熊、鹰、雕、猫头鹰等。此外还有狐、狍子等哺乳动物，有野鸡、石鸡等许多种鸟类，还有多种两栖类、爬虫类、鱼类及昆虫类。

五、结语

雾灵山自古为风景胜地，近代以来，国内外学者及旅游者络绎不绝，加之距首都较近，交通方便，此地之繁荣，自不难想象。有人记雾灵山八景如下：

雾灵积雪，皑皑肃穆；七盘井水，清凉甘甜；莲花宝池，花团锦簇；红梅寺塔，雄伟壮观；仙人石塔，挺拔秀丽；清凉界碑，古老苍劲；龙潭飞瀑，烟雾浩渺；东西孤石，亭亭玉立。

雾灵山区的动植物资源十分丰富，有些具有重要的学术价值。其植物区系显示了华北区的特点。其原始植被虽遭破坏，但仍残留不少珍贵的针、阔叶树种，有些草本植物为雾灵山所特有。雾灵山的天然次生林不仅是宝贵的经济资源，也是涵养水源、调节气候、维持生态平衡的重要条件。

第五节　辽河源自然保护区

辽河源国家森林公园，位于河北省平泉县大窝铺林场，东、北、西分别与辽宁省凌源市、内蒙古宁城县、河北省承德县接壤。距承德市区 80 千米，总面积 230 平方千米，因其为中国辽河的发源地而得名。公园总面积 118. 86 平方千米，森林覆盖率达 81. 2%，主峰马盂山（光秃山）海拔 1738 米。公园内保存有大面积的原始次生林，植物垂直分布明显。有各类植物 2000 余种，其中木本植物 198 种，有包括国家一级保护动物金钱豹、金雕在内的各种野生动物 20 余种。

一、自然地理环境

（一）山体地貌

辽河源国家森林公园在大地构造上属于内蒙古台背斜与七老图岭的过渡地带，自中生代燕山运动，地面火山喷发，岩浆流溢，多次的岩浆活动，随着地壳运动逐渐上升为陆地，形成中山、低山、丘陵等不同花岗岩、岩洞、绝壁，构成千姿百态的地貌景观。

（二）气候特征

区域属暖温带向中温带过渡，半湿润半干旱大陆性凉温型山地气候，特点为：四季分明，雨热同季，光照充足，雨量充沛，风沙较小，昼夜温差大，年平均气温 5~7℃，年平均降雨量 500~700 毫米，主要集中在 7~9 月，日最大降雨量 170 毫米，无霜期 120~130 天，冬季积雪 5 个月，最大冻土层 143 厘米。

二、自然资源

（一）水资源

公园内水资源丰富，发源于头道水泉（辽河源头）的老哈河，流经柳溪乡、黄土梁子镇、宁城县而后入西辽河，流域面积 1349.13 平方千米，地表径流量为 0.9 亿立方米，地下水为 0.246 立方米，埋深在 1.5 米以下，水质为碳酸盐钠、钙、镁水、矿化度<0.5 公升，属淡水。

（二）生物资源

公园有各种植物 988 种，动物 260 种，其中国家濒危保护植物核桃楸、白杜鹃、大花勺兰等 18 种，国家级保护动物金雕、金钱豹，大、小天鹅等 30 余种，有记录的百年以上古树名木多达 219 棵，被专家誉为“绿色基因库”和“动植物王国”。

（三）土壤资源

公园内土壤主要为棕壤、褐土、草甸三大类型 8 个亚类，因海拔高度不同而形成中低山分布带，褐土分布在海拔 300~700 米，棕壤分布在海拔 700 米以上，草甸土分布在沟谷、河滩低阶地、阴坡、半阴坡多为壤土和沙壤土，土层厚度 30~60 厘米，阳坡为砂粒粗谷土，土层厚度 20~30 厘米，土壤 pH 值 6.5~7.5，有机质含量较丰富，一般表土含量 0.5%~4.8%，最高可达 15%。

（四）矿产资源

截至 2003 年，已经发现的矿产资源有 40 种，已经探明储量的有 25 种，正在开发的有金、银、铜、铁、锌、钼、锰及萤石、膨润土、煤等矿产资源 20 种。

第六节　塞罕坝国家森林公园

塞罕坝国家森林公园是中国北方最大的森林公园，位于河北省承德市坝上地区，在清朝属著名的皇家猎苑之一“木兰围场”的一部分。森林公园总面积 41 万亩，其中森林景观 106 万亩，草原景观 20 万亩，森林覆盖率 75.2%。

全园规划 6 大类型景观，被誉为“水的源头，云的故乡，花的世界，林的海洋，休闲度假的天堂”，属国家一级旅游资源。

一、自然地理环境

(一) 位置境域

塞罕坝国家森林公园位于河北省承德市围场县北部，北邻内蒙古自治区克什克腾镇[①]，距承德市区 240 千米，距北京市 460 千米。是清代皇家猎苑——木兰围场的一部分，总面积 141 万亩[②]。

(二) 气候特征

塞罕坝国家森林公园属寒温带季风气候，夏季气候凉爽，最高气温一般不超过 25℃。年均气温-1.4℃，气候凉爽，盛夏气温平均在 25℃，极端最高、最低气温分别为 30.9℃和-43.2℃，年均无霜期 60 天，属寒温带大陆性季风气候。虽地处华北，靠近京津，但其气候特点与东北大兴安岭相近。夏季凉爽，最高气温一般不超过 25℃；冬季寒冷，积雪时间长达 7 个月。

(三) 地形地貌

塞罕坝国家森林公园位于内蒙古高原与冀北山地的交汇地带，地形结构和植被复杂。海拔高度在 1100~1940 米。山地高原交相呼应，丘陵曼甸连绵起伏。塞罕坝按地形分为坝上、坝下两部分。坝上是内蒙古高原南缘，以丘陵、曼甸为主，海拔 1500~1939.6 米；坝下是阴山山脉与大兴安岭余脉交汇处，典型的山地地形，海拔 1010~1500 米。

二、自然资源状况

塞罕坝在动物地理上属华北、东北和蒙新三个动物区系的交汇处；在植物地理上，不仅是内蒙古、东北和华北三个植物区系的交汇处，而且有西北和达乌里成分，因此野生动植物资源丰富。

有兽类 11 科，25 种；鸟类 27 科，88 种。其中国家二级重点保护动物 5 种，省级 2 种。国家保护动物兽类有马鹿、黄羊等。鸟类有灰鹤、苍鹰、红脚隼、黑琴鸡等。具有较高经济价值的野猪、猞猁、狍子、艾虎等；鸟类赤麻鸭、绿头鸭、环颈雉、骨顶鸡等。

有自生维管植物 81 科、312 属、659 种（包括种下等级），其中，野生花卉植物有金莲花、银莲花、二色补血草（干枝梅）、翠雀、映红杜鹃、锦带花、胭脂花等。药用植物有金莲花、细叶白头翁、升麻、草芍药、黄芩、柴

① 摘自新华网。
② 摘自中国日报网。

胡、刺五加、野罂粟、铃铛花等120多种。山野菜植物有蕨菜、升麻、小黄花菜、蒲公英、河北大黄等。酿造果酱饮料植物有秋子梨、楔叶茶藨子、山杏、沙棘果、东方草莓等10余种。草原退化指示植物有百里香、地椒等。主要造林树种有华北落叶松，落叶松、长白落叶松、日本落叶松、樟子松、云杉、黑松等。

第六章 承德市草地资源环境

草地资源不仅是发展畜牧业生产的物质基础，也是防风固沙、涵养水源、调节气候、维护自然生态平衡的重要因素。承德市地处燕山地槽与内蒙古高原地质过渡带，地形复杂，地域辽阔，草地资源丰富，牧草种类较多。第二次土地调查结果，承德市草地面积为 799752.77 公顷（1199.63 万亩），占土地总面积的 20.25%，排一级土地利用类型总面积第二位，占河北省草地面积的 28.42%。承德市的草地主要分布在坝上高原和坝下山地。按行政区域分析，全市草地主要分布在北三县，占全市草地总面积的 54.78%。其中，丰宁县的草地最多，面积为 190202.92 公顷，占全市草地总面积的 23.78%；其次为围场县，有草地 138670.79 公顷，占全市草地总面积的 17.34%；再次为隆化县，有草地 109699.59 公顷，占全市草地总面积的 13.72%。营子区、滦区和双桥区草地面积最小，分别仅占全市草地总面积的 0.01%、2.81%和 1.27%（见图 6-0-1）。

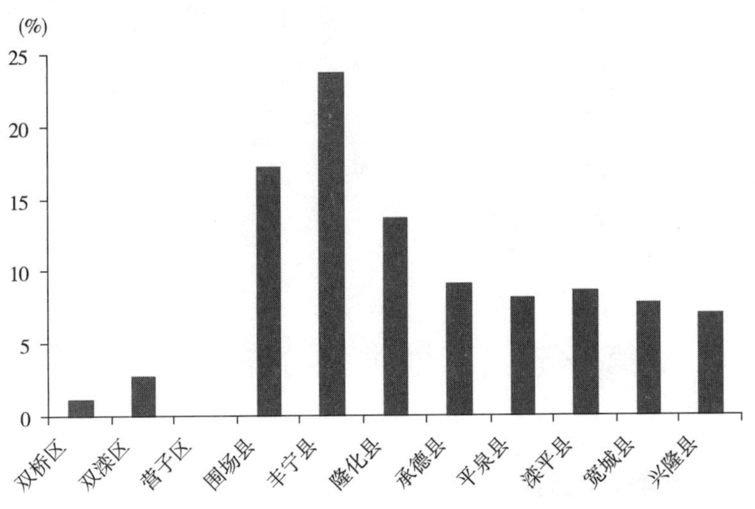

图 6-0-1　2015 年承德市各县（区）草地资源分布比例

其中可利用面积 2482.7 万亩，占草地面积的 92.6%，占全区国土面积的 47.2%。据不完全统计，全区境内野生植物和部分栽培作物共 148 科，1642 种，其中可利用植物 500 余种。坝上高原有广阔的天然牧场，面积为 482.2 万亩，占全区草地面积的 82%，为发展畜牧业提供了良好的条件。草地资源分布（见表 6-0-1）。

表 6-0-1　承德市草地资源分布

	辖区面积（公顷）	草地面积（公顷）	占辖区面积的比例（%）	占全市草地面积的比例（%）
承德市	3948953.23	799752.77	20.25	100
双桥区	65166.87	10187.39	15.63	1.27
双滦区	45173.59	22472.15	49.75	2.81
营子区	14931.44	113.61	0.76	0.01
围场县	903737.44	13867079	15.34	17.34
丰宁县	873867.08	190202.92	21.77	23.78
隆化县	547345.13	109699.59	20.04	13.72
承德县	364806.58	7324252	20.08	9.16
平泉县	329410.57	65975.95	20.02	8.25
滦平县	299295.58	69786.82	23.32	8.73
宽城县	193572.96	6243273	32.25	7.81
兴隆县	311645.69	56968.30	18.28	7.12

注：数据来源于承德市第二次土地调查。

第一节　草地类型分布及分区

一、草地类型划分

草地类型是在环境条件的综合影响下形成的。在环境因素中，气候是基本条件，它决定草地类型的基本特征；土壤是支撑植物的基础，它直接影响牧草的种类成分、营养、发育和草地的利用方式等；地形则使水热条件等发生再分配，影响一地的植被，使其表现出不同特点。

根据河北省统一的草地分类原则和分类系统，承德市总划分 7 个类、47 个组、150 个型。①高原干草原类，4 个组，4 个型；②高原草甸草原类，6 个组，7 个型；③山地草甸类，5 个组，8 个型；④山地灌木草丛类，26 个组，123 个型；⑤低湿地草甸类，3 个组，5 个型；⑥草本沼泽类，3 个组，3 个型；⑦零星草地类（未编组型）。

二、不同类型草地的特点与分布

（一）高原干草原类

高原干草原类发育在干旱、半干旱气候条件下，具有开阔的草原景观，植被具有较均匀的一致性。主要分布在丰宁县坝上和接坝地区，地貌为波状高原，如万胜永、山嘴等乡，草地面积 83.02 万亩（55346.66 公顷），占全区草地总面积的 3.1%。≥10℃的年积温为 1800~2200℃，年降水量 350~400 毫米，年蒸发量大于 1600 毫米，为降水量的 4 倍。降水主要集中在夏季 7~8 月，春旱常常影响草芽发育，冬春季节常有灾害性寒流影响，湿润系数 0.3~0.6。土壤以栗钙土、草甸土及其亚种为主。腐殖质厚度为 10~20 厘米，自然肥力较高。草地植物以旱生、中旱生为主，多年生、丛生草本植被占优势。由于是边缘区，因此植被的生态组合比较混杂，除多年生丛生草本植物外，还混生了一定数量的中旱生小灌木和一定数量的旱中生植物，由于干旱作用较强，草层郁闭度不如草甸类草地高。此类草地旱生植物有大针毛、糙隐子草、硬质早熟禾；旱生小半灌木有冷蒿、铁杆蒿；中旱生草本植物有羊草、冰草、苔草、线叶菊；其他杂类草有羊胡子草等；中旱生小灌木有胡枝子、棘豆、黄芪等。此类草地具有较高的生产力，盛草期草层高度达 80 厘米，郁闭度 50%左右，亩产鲜草 200~400 千克，适宜绵羊、马、牛的发展。

（二）高原草甸草原类

高原草甸草原类分布于草原与森林接壤地带，但不是森林演替的次生植被，而是生境条件和植物立地条件的反映，主要分布在围场县坝上和接坝地区，面积为 314.55 万亩（20.97 万公顷），占全区草地总面积的 11.7%。处于半湿润气候区，年降水量 400~600 毫米，蒸发量大于 1500 毫米，降水多集中在 7~8 月，≥10°的年积温在 1800~2600℃，湿润系数 0.6~1.0。土壤类型主要为灰色森林土、黑土、草甸土。土壤肥力较高，腐殖质度 35~50 厘米。

主要植物以旱生和伴生中旱生植物为主，多年生草本及根茎性禾草占 50%~60%，并有大量的杂类草为群落占 50%~40%。由于生态、地形条件和地带性特点形成了不同的草甸草原植被特征。草地主要建群种禾本科有羊草、赖草、糙隐子草、无芒雀麦、冰草，豆科有山野豌豆、歪头菜、胡枝子、黄芪、苜蓿、草木栖等，其他科有线叶菊、萎陵菜、铁杆蒿、平榛子、虎榛子和栎类。结构复杂生长旺盛，草质优良。草层高度达 80~100 厘米，最高达 130 厘米以上；总盖度达 80%~100%，平均亩产鲜草 500 千克，最高达 900~1000 千克，是主要的天然割草地和放牧场，适于发展牛、马、绵羊等家畜，是提供肉、乳、皮、毛等畜产品的重要牧业生产基地。

（三）山地草甸类

山地草甸类分布在围场县坝上红松洼牧场、机械林场及御道口牧场东部的大肚子梁、大光顶子山一带和兴隆县雾灵山区及丰宁、平泉等县部分地势较高地区，毛面积 117.23 万亩（78153.33 公顷），占全区草地面积的 4.4%。本区域的气候比较寒冷，年平均气温-1.4~1℃，无霜期 60~80 天。≥10℃的年积温在 1330~2510℃，年平均降水量 510 毫米，主要土壤类型为黑土，一部分为棕壤和灰色森林土。土壤肥力较高，牧草种类多，草质优良，产量较高，总盖度 80%~95%，草层高度 30~50 厘米，平均亩产鲜草 300~400 千克。以中生、多年生草本为主，其建群种有月阴苔草、黑穗苔草、地榆、珠芽蓼、无芒雀麦、黄花菜、铁杆蒿、野青毛、直穗鹅观草、异燕麦、高山紫苑、散穗早熟禾、报春、野火球、野古草、萎陵菜、马先蒿、风毛菊、干叶蓍、沙参、缬草、柳叶蒿、裂叶蒿等。

（四）山地灌木草丛类

山地灌木草丛类分布在坝下山地丘陵及河谷阶地，是森林遭到破坏后形成的中性草本和灌木次生植被，分布广、面积大，是主要草地类型，面积 2035.62 万亩（135.71 万公顷），占全区草地总面积的 76.0%。分布区气候温暖，≥10℃的积温在 2600~3000℃，年降水量 400~600 毫米。该类型草地植被以次生落叶、阔叶、灌木草丛为主，有相当一部分灌木草丛和森林植被。按生境条件可分为两大类：一类是阴坡、半阴坡灌木，以平榛、虎榛为主，草本层以禾草及苔草组成灌木草丛，土层较厚，以棕壤为主，气候条件湿润，植被覆盖度较高，恢复能力强。灌木层高 80~200 厘米，草本层高 30~80 厘米，平均亩产鲜草 250~400 千克，牲畜可食植物占 50%左右。另一类是阳坡灌木草丛类，由山杏、绣线菊、铁杆蒿、隐子草、苔草、野古草组成，以淋溶褐土为主，土层较瘠薄，植被覆盖率低，恢复能力较差。灌木层高 60~180

厘米，草本层高 25~60 厘米，平均亩产鲜草 500 千克左右。阴坡半阴坡比阳坡植被茂盛，适宜发展山羊及肉牛等。

（五）低湿地草甸类

低湿地草甸类分布在低洼处，主要是地下水埋藏较浅的河流两岸、滩地、湖淖周边，包括围场、丰宁等县分部地区。雨季有短期积水，地下水矿化度高。面积 13.37 万亩（8913.33 公顷），占全区草地总面积的 0.5%。土壤潮湿，主要植被由多年生湿生和中生植物组成，一年生植物较少。其组成植物种有莎草科的苔草，湿生的芦苇，局部常有单优群落。草层高度 30~50 厘米，盖度较高，可达 80%~100%，平均亩产鲜草 300 千克，是承德市和河北省的重要天然牧场，但由于利用不当，过度放牧，草场有退化趋势。

（六）草本沼泽类

草本沼泽类主要分布在坝上高原的低洼潮湿滩地、湖淖周围，包括平泉县部分地区，面积 22.36 万亩（14906.67 公顷），占全草地总面积的 0.8%，处于过渡潮湿及低湿的河流两岸与低洼地带，土壤为沼泽土，植被组成以莎草科和蓼科植物为主，伴生部分杂类草，主要植物有芦苇、拂子草、苔草、三棱草、水芹菜等。

（七）零星草地类

零星草地类分布在田间、隙地，面积 92.75 万亩（61833.33 公顷），占全区草地总面积的 3.5%，以生长禾草类植物为主。

三、草地资源分区

草地资源的分区，是按照生态和经济特点的差异而划分的自然区域。按省草地资源分区，承德市草地属坝上和冀北山地两个草区，而冀北山地草区又可划分为北、中、南三区。

（一）坝上草区

坝上草区位于承德市北部，包括丰宁、围场两县坝上的 12 个乡和御道口、红松洼、后沟、大滩、鱼儿用、孤石等牧场。土地总面积 787.3 万亩，其中可利用草地面积 482.2 万亩，占本区土地面积的 61.2%。本区草地类型属于高原干草原和高原草甸草原，平均亩产鲜草 400 千克以上，理论载畜量 87.1 万羊单位。从保护资源出发，适宜载畜量为 63 万羊单位。

（二）北部草区

北部草区包括丰宁、围场两县坝下部分和隆化县全部，共 1125 个乡（镇），总面积 2734.9 万亩，其中可利用草地面积 1306.9 万亩，占 47.8%。

本区草地广阔，主要草地类型为山地灌木草丛类，接坝地区草地为山地草甸草地，平均亩产鲜草 300～400 千克，本区农、林业比较发达，为畜牧业提供了良好的饲草饲料条件，载畜量 308. 3 万羊单位（其中草地载畜量 266. 8 万羊单位），适宜载畜量 264. 8 万羊单位。

本区为人工草地建设和牧草种子繁殖基地。主要牧草品种有山野豌豆、无芒雀麦、披碱草、扁穗冰草等。

（三）中部草区

中部草区包括平泉、滦平两县，总面积 978. 2 万亩（65. 21 万公顷），其中可利用草地面积 430 万亩（28. 67 万公顷），占 44%。草地类型以山地灌木丛类为主，亩产草量 300 千克左右。此外，本区川地较多，农作物秸秆年产量达 7. 5 亿千克，饲草资源载畜量 115. 4 万羊单位（其中草地载畜量 74. 3 万羊单位）适宜载畜量 98. 1 万羊单位。

（四）南部草区

南部草区包括兴隆、宽城两县，总面积 761. 3 万亩，其中可利用草地面积 263. 6 万亩，占 34. 6%。主要草地类型为山地灌木草丛类，亩产草量 250～400 千克，饲草资源载畜量 92. 8 万羊单位（其中草地载畜量 50. 4 万羊单位），适宜载畜量 72. 3 万羊单位。

第二节　草地资源评价

一、草地的构成

根据土地利用现状调查分类，承德市草地中二级分类有三个，即天然牧草地、人工牧草地和其他草地，其面积、比例、分布情况如下。

（一）天然牧草地

承德市的天然牧草地面积为 155431. 17 公顷，占草地总面积的 19. 43%，占河北省天然牧草地总面积的 45. 14%。全市天然牧草地集中分布在丰宁和围场两县。其中，围场县有天然牧草地 65803. 74 公顷，占全市天然牧草地总面积的 42. 34%；丰宁县有天然牧草地 89623. 91 公顷，占全市天然牧草地总面积的 57. 66%。另平泉县有天然牧草地 3. 52 公顷。

（二）人工牧草地

承德市的人工牧草地面积为 5742. 86 公顷，占草地总面积的 0. 72%，占河北省人工牧草地总面积的 9.37%，全部分布在丰宁和围场两县。其中，围场县有人工牧草地 2495.59 公顷，占全市人工牧草地总面积的 43.46%；丰宁县有人工牧草地 3247.27 公顷，占全市人工牧草地总面积的 56.54%。

（三）其他草地

承德市的其他草地面积为 638578.74 公顷，占全市草地总面积的 79.85%，占河北省其他草地总面积的 26.52%。

按行政区域分析，隆化县的其他草地最多，面积为 109699.59 公顷，占全市其他草地总面积的 17.18%；其次为丰宁县，有其他草地 97331.74 公顷，占全市其他草地总面积的 15.24%；再次为承德县，有其他草地 73242.52 公顷，占全市其他草地总面积的 11.47%。营子区其他草地最少，仅占全市其他草地总面积的 0.02%。从其他草地占本辖区草地总面积的比例分析，围场县为 50.75%，平泉县为 99.99%，其余县（区）均为 100%。

二、承德市草地的利用特点

（一）草地类型以其他草地为主

承德市的其他草地面积为 638578.74 公顷，占草地总面积的 79.85%，是天然牧草地和人工牧草地总和的 4 倍。经土地资源适宜性评价，有宜牧草地 65840 公顷。这说明全市发展种草养畜的潜力很大。应充分利用其他草地，大力发展牧草，为畜牧生产提供更多的饲料。

（二）天然牧草地和人工牧草地分布集中

承德市的天然牧草地面积为 155431.17 公顷，占草地总面积的 19.43%，人工牧草地面积为 5742.86 公顷，占草地总面积的 0.72%，集中分布在围场和丰宁两县的坝上地区。这种分布格局有利于对牧草地进行集中科学管护和合理开发利用，有利于集约经营，建立以牧为主的农村经济结构，也有利于进行集中投资，建设畜牧生产、养殖、加工基地，提高畜牧综合效益。

三、草地载畜量及载畜潜力

草地是巨大的绿色能源宝库，潜藏着巨大的生产力。生产的挖掘和利用是发展畜牧业的重要方面。

（一）天然草地载畜量的计算

载畜量是指在一定草地面积上和一定的时间内，以放牧为主，按照适度放牧的原则，使家畜得到良好的生产发育的情况下，所能容纳的家畜头数，它是表示草地生产力大小的指标之一。

载畜量=(亩或公顷产草量×可利用率)÷(牲畜日食草量×放牧天数)

式中，亩或公顷产草量以“千克/亩（公顷）·年”表示；牲畜日食草量以“千克/头·日”表示。将全部草食家畜折算成羊单位计算，即“放牧羊单位法”。折算比例分别是马 6、牛骡 5、驴 3，家兔 7 只为一个羊单位。一个放牧羊单位每天吃鲜草 5 千克，全年共需鲜草 1825 千克。

在计算草地载畜量时，应从实际放牧情况和保护草地资源的原则出发有一定的保留系数。承德市各类草地的利用率定为：高原干草原类、高原草甸草原类、山地草甸类均为 80%，山地灌木草丛类 75%，零星草地 70%。

用载畜量作为衡量草地生产力的指标有一定的使用价值，但容易给草地资源利用带来不良后果。有些地方片面追求载畜量和滥牧超载过牧等，不仅破坏了草地资源，还引起草地退化。

（二）草地载畜量

承德市草地可利用面积 799752.77 公顷（1199.63 万亩），平均亩产鲜草 351.5 千克，理论载畜量 231.05 万羊单位。不同类型草地载畜力见表 6-2-1。

表 6-2-1　不同类型草地载畜力

草地类型名称	草地面积（公顷）	草地利用率（%）	单位草地产草量（千克/亩）	产草量（千克）	理论载畜量（万只）
天然牧草地	155431.17	80	400	746069616.00	40.88
人工牧草地	5742.86	80	500	34457160.00	1.89
其他草地	638578.74	75	300	2155203247.50	118.09

（三）饲草资源载畜量

饲草资源除草地资源外，还包括农作物秸秆。按照耕地亩产 200 千克/亩计算，粗略统计 2015 年全区收获农作物秸秆产量 595.89 万亩×200 千克/亩=11.92 亿千克。一个羊单位每天吃作物秸秆 2.5 千克，全年共需作物秸秆 912.5 千克，载畜量 130.60 万羊单位。

（四）载畜潜力

2015 年草地载畜量 231.05 万羊单位，饲草资源载畜量为 130.60 万羊单位，合计载畜潜力为 361.65 万羊单位。丰宁潜力最大，平泉、宽城已超载放牧。1985 年部分县（区）的饲草资源载畜量 581.4 万羊单位，草食家畜饲养量430.4万羊单位。2015年载畜潜力与1985年（见表6-2-2）相比较有所减少。

表6-2-2　1985年承德市部分县（区）饲草资源载畜量和载畜潜力

（单位：万千克、万羊单位、%）

县别	草食家畜饲养量	饲草资源载畜量	草地			农作物秸秆		
			总产草量	载畜量	占比	总产草量	载畜量	占比
宽城	28.6	24.0	22702	15.2	63.3	5500	8.8	36.7
平泉	71.6	57.6	50000	25.3	43.9	20000	32.3	36.1
兴隆	19.3	55.4	63318	35.2	63.3	15900	20.3	36.7
围场	107.7	96.1	181300	84.5	88.0	20700	11.5	12.0
隆化	74.6	94.5	190397	74.6	78.8	15500	20.0	21.2
滦平	35.3	57.8	52253	49.1	84.7	8000	8.8	15.3
丰宁	92.7	196.0	452630	195.0	99.4	9000	1.0	0.6
总计	430.4	581.4	1012600	478.9	82.3	94600	102.6	17.7

注：本表草食家畜饲养量为1985年末数。

第三节　草地资源的开发利用中存在的问题及对策

一、草地利用中存在的主要问题

（一）过度垦草，造成草地沙化严重

从1958年至文化大革命期间，承德市坝上垦草种粮活动达到高潮，草原面积锐减，到1979年，草原面积比1950年减少了81%，单位面积产草量下降76%，牧草质量也明显降低。1972年，丰宁县在“粮上滩，牧上山”口号的影响下，在坝上大力发展粮食生产，大面积垦草种粮。承德市坝上草场的面积已由新中国成立初期的33.33万公顷减少到20世纪80年代的24.48万公顷，减少了26.55%，而第二次土地调查数据显示，坝上高原天然牧草地和人

工牧草地仅有 16.12 万公顷。由于开垦后草场面积减少，但牲畜并未减少甚至有所增加，剩存草场压力增大，导致过度放牧，草被破坏，土层裸露，风蚀严重。同时，草场自然植被被大量破坏后，降低了小气候的调节能力，使气候变得干燥多风，土层变薄，甚至损失殆尽，质地变粗，肥力降低，也加剧了盐分的积累，造成土壤次生盐碱化。

（二）过度放牧，造成草场退化严重

过度放牧是指超载畜量放牧、早期放牧、低茬放牧及频繁放牧等。适度放牧是发展畜牧业最经济的一种方法，成本低、效果好，有利于牧草更新生长，增加草场产草量。但是，放牧超过一定限度后，牲畜对草地的过度践踏和啃食就会造成草场植被破坏，引起草地植物群落的退化演替，牧草质量和产量下降，最后变成沙化荒地。过度放牧对土壤理化性质的破坏也十分明显，过量牲畜对土壤的频繁践踏踩压，可使质地黏重或湿润的土壤变得更加紧实，表层板结，造成牧草再生受阻，抗逆能力减退，影响牧草生长发育；使质地较粗、含沙较多及干燥的土壤变得松散，极易导致风蚀沙化或荒漠化。草场退化后，草地植被结构发生变化，原有优势牧草逐渐衰退或消失，大量一年生或多年生杂草侵入，有毒、有害植物增多，优良牧草比例下降，产草量明显降低，草场载畜量大大减少。承德市草场理论载畜量为 361.65 万羊单位，实际载畜量最多时达到 713 万羊单位。据《承德市综合农业区划》调查结果，承德市坝上草场的利用率已由 80%左右下降到 60%以下，草场退化面积由 20 世纪 60 年代的 25%增加到 64%，由草高 70~80 厘米、亩产干草 250~300 千克下降为草高 20~30 厘米、亩产干草 100 千克左右。在 203 种牧草中，优良禾本科和豆科牧草各减少 5%，菊科植物增加了 40%，蔷薇科和有毒、有害植物增加。过去一个羊单位用 0.31 公顷草场，变为现在需要 0.53 公顷。

（三）管理粗放，加剧草场退化

在草场利用管理中，普遍存在“重用、轻管、轻养”的现象。对草场进行过度利用，但疏于管理，缺乏对草场的培肥改良意识，草场管护和改良资金短缺，技术手段落后，草场保护设施不完善，草场管理体制和机构不健全，致使草场资源退化速度进一步加快。截至 2009 年，全市草场退化面积达 7.68 公顷。

二、加强草地利用的对策

（一）依法加强草地保护

大力宣传、普及《中华人民共和国草原法》（以下简称《草原法》），做

到《草原法》的精神和规定家喻户晓，使依法用草、依法管草成为牧民的自觉行动。有关部门要加强《草原法》的执行检查，坚决制止和打击破坏草地资源的各种违法违规行为，做到有法必依、执法必严、违法必究、依法护草管草。依法划定草原保护区，严格限制保护区内的草地资源挪作他用，保持草地资源总量平衡。要严格落实草地承包责任制，固定草场使用权，实行“谁承包，谁建设，谁管护；谁利用，谁受益”的办法，充分调度广大牧农建设草场、保护草场的积极性。大力提倡种草与养畜同步承包，鼓励和支持养畜大户对远山、深山、边远草地进行开发利用，发展畜牧养殖业。严禁将草地随意开垦为耕地或转为其他非牧业用地。对那些毁坏或采取掠夺式经营利用草地的现象要及时制止，对情节严重、造成恶劣后果的要给予处罚甚至收回草地承包权。

（二）改良治理沙化退化草场

加强林网建设和草地封育。对沙化退化草场要采取多种措施进行改良，加强草场建设和保护利用，恢复和提高草场的生产力。一是要建设好草场防护林网，防风固沙，涵养水源，调节气候，保护草场。在建设防护林网时，应根据当地气候和土壤条件，选择耐瘠薄、耐干旱、耐风吹沙压，且具备根系强、生长快、分枝多、树冠郁等生物学特征的树种，如旱柳、沙棘、小叶杨、榆树、落叶松、樟子松等。同时注意乔灌结合，立体防护。防护林应由主林带和副林带组成，主林带和副林带垂直布局，形成纵横交错的林网，充分发挥其防风固沙、保护草场的作用。二是采取封山封滩围栏等措施培育草场。将现有草场或已沙化退化草场有计划地进行轮封。在轮封期间严禁放牧，为牧草创造一个良好的生长、繁育的机会。有条件的地方，要同时进行施肥、松耙、灌溉，以改善牧草品质、提高牧草产量，缩短牧草更新周期。据试验调查，一般退化草场封育一个生长季节，产草量可提高33%；封育2~3年可以基本恢复植被，产草量也成倍提高。

（三）大力发展人工草地

积极开展人工种草。实施人工种草能大幅度提高牧草产量和品质，是改良牧草，实现草场由粗放经营向集约经营转变的重要途径；也是建立牧业产业化、发展优质高产高效牧业的有效措施。开展人工种草，应坚持引进优良牧草与选育本地优良牧草相结合，以改良选育本地优良牧草为主的方针。根据本地自然条件选择引进或培育耐干旱、耐瘠薄、长势强、产草量高、营养价值优的适宜品种，如无芒麦雀、披碱草、冰草、羊草、草木樨、沙打旺、山野豌豆、紫花苜蓿等。同时，要做到种、围、管、用相结合，加强人工草地的科学管理，注意施肥、松耙、灌溉、防治病虫害，为人工牧草的正常健康生长创造良好条件，以提高牧草产量和品质。此外，还要根据牧草生长发育规律，合理确定放牧期，严禁滥放乱牧，禁止在春秋两季牧草禁牧期内放牧，做到人工草地的科学持续利用。

（四）不断提高草地的生产能力

合理利用草地资源。充分合理利用草地资源是维持和不断提高草地生产能力，提高单位草地经济效益、社会效益和生态效益的重要举措。为此，一要根据草场的产草量、利用率、作物秸秆补饲量及牲畜的食草量等确定适宜的草场载畜量，做到既能保证牲畜的正常营养需求，又能保护和合理利用草场，使其能持续利用，保持草畜平衡，实现草场利用的良性循环。二要根据牧草生长规律和季节特点，实行科学放牧。根据牧草的生长状况、分布情况和气候季节特点，将草原划分为若干个季节带，在每个季节带内划分若干个轮牧区进行轮牧，既做到适应牧草生长规律，维护牧草的正常生长，又适应牧草的丰歉规律，保证牲畜正常生长发育需求。同时，要注重放牧与打草储饲相结合，实行秋草冬用，以丰补缺，保证冬季枯草季节牲畜正常生长发育需要。三要通过采取充分利用农作物秸秆和其他农副产品代替牧草及增加人工饲料供应，实行科学配方喂养等措施，降低牧草需求量，减轻牲畜对草地的压力，实现草场的可持续利用（邢书印等，2014）。

第七章
承德市耕作养殖及野生动植物资源

承德市在良种作物、畜禽品种的培育推广及对山野资源的利用方面做了大量的工作，其中蘑菇、蕨菜、黄花、木耳在外贸上占有重要地位，“热河黄芩”在国内外享有盛誉。承德市地域辽阔，地貌形态复杂多样，气候南北差异显著，处于农牧交错带，多种植物系交汇处。特殊的地理环境，使这里呈现多种自然景观，野生动植物资源较为丰富。

第一节　栽培作物和家畜家禽资源

一、农作物资源

（一）农作物生产水平及发展情况

承德市农作物种类和品种类型较多，是以玉米、谷子、高粱为主的杂粮种植区。随着农业科技的推广，优良品种的选育和引进，农作物生产水平不断提高。2015 年农作物播种总面积 397265 公顷。

承德市谷物总产量由 1949 ~ 1958 年，十年平均年产量 36963. 5 万千克，单产 91. 89 千克，1979 ~ 1986 年平均年产量达到 74393. 87 万千克，单产 178. 74 千克，分别增长 101%和 94%。2015 年谷物播种面积 244808 公顷，总产量 105256. 5 万千克，单产量 4300 千克/公顷（286 千克/亩）。农业生产科技投入增加，使谷物总产量和单产量和 20 世纪相比较都有明显增加。

油料作物总产量由 20 世纪 50 年代的 385. 7 万千克增加到 20 世纪 80 年代的 843. 88 万千克，增长了 1. 18 倍。单产由 73. 12 千克提高到 100. 19 千克，增长了 37%。2015 年油料作物播种面积 7997 公顷，总产量 1444. 4 万千克，单产量 1086 千克/公顷（72. 4 千克/亩）。可见和 20 世纪相比较油料作物总产量有所提高，单产未见增长，因为种植方式传统，耕作粗放。化肥农药使用量少，属于绿色农产品。

承德市在农作物布局上，强调粮食作物种植面积，忽视经济作物；重视喜水肥作物，忽视耐旱和耐瘠薄作物；在作物种植种类上强调玉米、高粱“俩杂”作物的推广，忽视谷子、大豆、薯类（马铃薯、甘薯）及小杂粮的生产。同时存在片面追求产量及经济效益，不注意产品优质化的现象。

（二）农作物布局的演变过程

承德市农作物以玉米、谷子、高粱、大豆、水稻等作物为主。粮食作物占的比重大，经济作物占的比重小。20 世纪 50 年代粮食作物占农作物总面积的 94.46%，经济作物播种面积只占农作物总面积的 2.59%；到 80 年代粮食作物占农作物总面积的 89.96%，经济作物播种面积达到 6.74%。2015 年粮食作物占农作物总面积的 74.92%，经济作物播种面积占农作物总面积的 5.14%。总体来看，粮食作物面积逐步减少，经济作物面积呈逐步增加的趋势。粮食作物内部结构，随着农业生产条件的改善和农作物组织经营方式的变革而发生很大变化。

随着农作物种植制度的变革，种植方式进一步现代化。特别是地膜覆盖新技术的应用，出现了以粮为主，多熟、高产、高效的粮、油、草、果、菜等多种产品形式的高效益田。

（三）农业物品种演变情况

承德市农作物可分为粮食作物、经济作物、其他作物三大类。

1. 玉米

玉米品种，20 世纪 50 年代全区有当地或外地引进的玉米良种达 33 个，如围场县的黄八趟、丰宁县的老来秕、滦平县的黄马牙，兴隆县的大小黄洋棒子、大白洋棒子、二黄棒子等。到 80 年代仍以当地玉米品种为主，以承杂 3 号、2 号、农大 4 号、全苏 156、贫农乐、东农 232 黑玉 46 为辅。20 世纪 60 年代后期，示范推广了上述玉米双交种，杂交种示范面积逐步扩大。到 70 年代除滦平黄马牙、白鹤、兴隆大黄洋、小白棒子、围场英粒子、黄八趟等地方良种仍有种植外，逐步由玉米双交种转变以单交种为主。中南部种植的旅北，白单 4 号、忻黄单 17 号、京早 1 号、兴单号、承单 4 号、丹玉 6 号、中单 2 号、京杂 6 号；北部种植的嫩单 3 号、嫩育 1 号、吉单 101、丰七一和 MQ17×吉 63。到 80 年代完全改种了单交种。北部种植的丰七一、承单 1 号、2 号、3 号、黄 417、京早 7 号，中南部种植的有中单 2 号、丹玉 13、承单 14、京杂 6 号。

现阶段适宜播种的玉米品种很多，有水源灌溉条件（含低洼易涝地、下湿地）的肥沃壮地，应选择喜肥水的高产玉米品种种植。如强盛1号、金刚50、新丹13、东单90、东单60、东单13、沈玉26、丹玉26（新丹2100）、京科516、海禾12号、海禾10、屯玉42、屯玉46、屯玉99、北玉1号、中迪985、三北6号等。

无灌溉条件的平肥地和台田壮地，可选用较抗旱喜肥水的高产品品种种植。如东单70、东单13、新丹105、农大368、农大95、华单208、万孚1号、万孚7号、沈玉17、丹玉96、丹科2162、承玉24、永玉3号、中单9406、中单306、富友39、铁研27、改良铁单18、雅玉27、良玉3、辽单43、先玉335、先玉508、铁单20等。

中上等肥力地块，应选择较抗旱的中高产品品种种植。如富友9号、东单16、明玉二号、博诚6号、丹科2151、丹玉86、海禾一号、丹科2123、方玉36、奔诚8号、沈玉21、农大364、农华16、东单19、冀宁9、你丰7、绿马206、宁玉309、中科10号、宽城60、铁研26、强盛49、联创6号、登海9号、登海3号、承单50、承玉10、承玉13、承玉26、承玉29、承玉33、承玉358、承玉6（白粒玉米）、富友99、东单14、富友1号、长城288、涌禾1号、冀宁9、奥玉3206、张玉1355、农华101、伟科606、三北4号、明玉9、曾玉7号、先玉696、长城706、预奥3号、诚田1号、辽单24、方玉1号、新66、辽单527、沈玉87、郑单958、浚单20等。

中等肥力地块，可选择生育期相对短一些的抗旱品种种植，如宽城10号、宽城13、承玉5、承玉14、三北9号、辽单529、东单12、济单7号、富有农大62、辽单33、长城799等。中下等肥力地块，选择抗旱的短日期品种种植，如农大3138、三北62号、吉单261、承玉20等。最差瘠薄地，选择抗旱耐瘠薄地的短日期品种种植，如沈单10号、纪元128、巡天16、唐抗5号等。承德市围场坝上地区气候冷凉，无霜期70~95天，应选择高密和生育期更短的极早熟玉米品种种植，如龙单13、黑303、佳禾158、佳518、冀承单3号等，种植以上这种按地力水平差异分类分别对应选购玉米品种的阶梯式选种法，可有效地避免由于种植品种单一，干旱年份带来的产量损失，以实现年份产量最大化。

2. 谷子

谷子是承德市比较悠久的作物资源，品种最多，据1956年承德市农作物品种资源收集整理中，全区共征得谷子农家品种926份原始资料，1962~1964年三年整理归并为598个品种。其中梗性品种515个，占总数的86%；粘谷品种83个，占14%。20世纪50年代各地种植的主要谷子品种，南部兴隆鹿角白；中部滦平青苗气死水、平泉县小白谷以及半道黑、黑沙滩；北部丰宁红苗鸭子嘴、围场薄地将、金巴斗、小青苗；隆化高苗青。90年代除上述农家品种继续种植外，示范推广了承农2号、阴天旱等品种。60年代除种植本地良种外，继续示范推广承农2号及承谷4号、6号、7号等品种。进入80年代各地种植面积较大的品种，在丰宁县有红苗鸭子嘴、孟楼黄；围场县七根齐；隆化县齐头白、冀谷3号；平泉县小白谷、冀谷8号；兴隆县鹿角白、子谷1号、多穗谷等。其中冀谷3号和冀谷8号被全区推广，产量较深，深受群众欢迎。

2014年9月承德市谷子新品种示范展示现场观摩会在平泉召开，在展示的7个谷子新品种中，由承德市农科所育成的新品种“承谷13”表现最为突出。该品种能够简化间苗和除草环节，高产、优质、抗倒、抗病、抗旱耐瘠，鸟害轻。该品种平均亩产可达350千克，高产地块可达450千克。该品种的育成，改变了谷子栽培靠人工间苗、人工除草的历史，是谷子栽培史上的一次飞跃。

当前种植品种主要有山西红谷、大金苗、老不死、齐头黄等，平均亩产360千克左右。选地整地在黄旗镇东营子村、上窝铺村及连桂村，选择土层深厚、土质疏松、保水保肥能力强、肥力中等以上的旱平地。结合深翻耙压综合整地措施，亩施优质腐熟农家肥3000千克、磷酸二铵15千克。蓄水保墒，将土壤整平耙细，上虚下实，为一次播种保全苗创造良好条件。前茬以豆类、薯类和玉米等作物为好，切忌重茬，轮作一般3~4年（李桂龙，2017）。

3. 高粱

20世纪50年代以种植为主的主要高粱品种有黑壳白大蛇眼、黑壳白二蛇眼、牛心黄（歪脖张）、紧码关东青、棒槌关东青、散码关东青、大白棒槌、二蛇眼红高粱、多穗高粱、黄罗伞等。自1960年以来开始试验、示范推广杂交高粱。如晋杂5号、忻杂7号、原杂11号、晋杂12号、渤杂1号等，到1974年推广杂交高粱达25个品种。到1983年只剩下晋杂1号，唐革9号、北杂1号、忻杂52和赤育7号等。1984年至今，在中南部推广的杂交高粱有冀承杂5号（承3A×7501）、冀承杂1号（T×624A×4003）、冀承杂2号（T×622A×秋晋五）、辽杂1号、沈杂4号；北部种植的仍是赤育7号等早熟高粱杂交种。

21世纪品种吉杂138、吉杂123、吉杂136、0583和峰杂5号适合承德南部晚熟区推广种植；吉杂90、0742和4842为矮秆，且田间生长整齐，适宜于机械化种植；吉杂 127、吉杂 133、吉杂 137 产量表现也不错，可以继续示范观察；其他品种则不再进行种植（季志强，2016）。

4. 大豆品种

解放初期基本是当地农家品种。据 1956 年农家品种收集的资料看，共收集大豆农家种 164 份，经整理，选出一批适于当地栽培的优良品种，如大白脐、小白脐、铁荚黄等。20 世纪 50 年代末开始引进外地良种，如小金黄 1 号、金元 1 号、满仓金等。20 世纪 60 年代又引进、推广了集体 5 号和荆山璞大豆。70 年代引进铁丰 18、铁丰 19 和吉林 3 号等品种。80 年代推广了丰收 12、黑河 3 号、阿莫索、开育 9 号等，并推广了承德市选育的一大批大豆品种，承豆 1 号、群英大豆、冀承豆 1 号、冀承豆 2 号。20 世纪以吉林 3、东豆 339、承豆 6 号、中黄系列大豆等为主要品种（韩永生，2014）。

5. 水稻品种

水稻在承德市栽培已有 200 多年的历史，自 20 世纪 50 年代起到 80 年代，累计种了 50 多个品种。20 世纪 50 年代初期，种植的水稻品种有兴亚、北海 1 号、卫国、大白芒、鹿尾、京租、小白稻子、毛葫芦、红稻子等。20 世纪 60 年代种植的水稻品种有元子 2 号、京引 59 号、青森 5 号等。70 年代种植的有长白 5 号、延系 20、新滨 1 号、穗稻 1 号、母粘 2 号、K~313、京引 39、京引 66 等。80 年代种植的有丰锦、早锦、秋光、京引 127、松前、石狩、花育 118、吉梗 60、长白 6 号、中丹 2 号、秋丰、辽梗 5 号等。其中以秋光、中丹 2 号、长白 6 号种植面积较大，产量较高。

由于承德市是北京、天津水源地，为确保京津水源安全和水量充足，自 2000 年开始承德市逐渐退出水稻种植改为旱作，特别是承德市定位为京津冀水源涵养区后，水稻种植越来越少，目前仅有十几万亩稻田。这些稻田集中在隆化县。隆化县以当地大米加工龙头企业隆泉米业为轴心，采取“公司+稻农合作社”的方式，引进旱稻品种，加工的隆泉大米享誉京津冀（马洪武，2017）。

6. 马铃薯品种

20 世纪 50 年代主要种植有笨山药、细秧、站秧、男爵等品种；到 20 世纪 60 年代有 292~20、里外黄、跃进、丰收白等品种；20 世纪 70~80 年代种植的品种有克新 1 号、虎头、冀农 958、跃进、丰收、丰收白、冀承马铃薯 1 号等。此外，小麦、甘薯、胡麻、花生、甜菜等作物品种也有发展。当前品种有新荷兰 1 号、冀张薯 12 号、荷兰 15 号、荷兰 14 号、大白花等。

（四）不同自然区域农作物品种布局情况

承德市耕地在坝上高原、坝下山地和山麓平原三大地貌类型区均有分布，其中以坝下山区耕地分布比例最大（邢书印等，2014）。

1. 坝上高原马铃薯、莜麦、胡麻区

承德市坝上高原区耕地面积为 54882.20 公顷，占全市耕地总面积的 13.62%。包括围场满族蒙古族自治县和丰宁满族自治县的坝上地区，海拔 1000 米以上，为内蒙古高原的南缘。由古老的花岗岩、片麻岩、石英岩长期风化，在天然草原基础上垦殖而成。年平均气温-1.4~1℃。气候寒冷，无霜期短。这里土层薄、干旱多风，光、热、水条件较差，受风蚀影响，土壤沙化较重，农业生产水平较低。主要农作物有马铃薯、莜麦、春小麦、油菜、胡麻等。

2. 坝下山地玉米、水稻、杂粮区

承德市坝下山地区耕地面积为 23857908 公顷，占全市耕地总面积的 59.21%，分布在北部七老图山脉和中南部燕山山脉的山间盆地、谷地、丘陵和坡地。地势西北高，东南低。植被较好，土层较厚，但多为坡地，农业设施条件差，基本靠天收。易水土流失，多中低产田。主要农作物有春玉米、谷子、高粱、豆类和小杂粮等。

（1）接坝地区玉米、水稻、杂粮区。

本地区包括围场、丰宁和隆化接坝部分，海拔 800 米左右，年平均气温 2~4℃,无霜期 90~100 天，降水量 450~500 毫米，气候冷温，无霜期较短，只能种植玉米、谷子、水稻、大豆、小麦、向日葵等早熟作物品种。

（2）北部地区玉米、水稻、杂粮区。

本地区包括围场中南部、隆化、丰宁中部。海拔 600 米左右，年平均温度 5~7℃，无霜期 120~130 天，气温凉温。作物有玉米、谷子、大豆、春小麦、水稻、高粱等中早熟作物。

（3）中部地区玉米、水稻、杂粮区。

本地区包括平泉、丰宁、滦平三县的中南部及宽城北部。海拔 500 米，年平均气温 7~8℃，无霜期 130~150 天，气候温和，降雨 500~650 毫米，适合农作物生长发育。这个地区的作物品种有玉米、谷子、高粱、水稻、大豆、花生、小麦等。作物种植比例为：玉米占 40%~50%，高粱占 20%，水稻占 10%，其他为大豆、花生、小麦、薯类等。

（4）中南、南部地区玉米、小麦、果桑区。

本地区包括兴隆、宽城、滦平县大部，平泉党坝、永安。海拔 250 米，年平均气温9～10℃，无霜期50～80天，气候暖温，降雨量600～800毫米，是承德市雨量最多的区域。种植作物为中熟和晚熟作物。各作物种植比例，玉米占45%、高粱占20%、谷子、小麦、水稻占30%，同时盛产板栗、核桃、山楂、柿子、苹果、梨等，桑蚕业有一定规模；其他安排甘薯、大豆、花生等。有条件的地方发展麦稻、麦豆连作，适宜花生生长的沙性地可以扩大花生种植面积。

3. 山麓平原区

承德市山麓平原区耕地面积为109490.90公顷，占全市耕地总面积的27.17%。该区耕地由滦河、潮河、辽河、大凌河四大水系洪积和冲积而成。地面平坦，土壤肥沃，地上、地下水源条件较好，排水通畅，是全市农业稳产高产区。主要农作物有春玉米、水稻、蔬菜等。

（五）农作物资源开发利用对策

1. 作物资源调查工作

对作物资源进行调查和整理，特别是对作物品种资源进行详细的收集整理，做好品种资源鉴定，做出正确的经济价值、社会价值评价，为选育新品种，挖掘地方良种提供资料，为开发利用农作物资源提供可靠的科学依据。重点是对承德市适种性强的玉米、谷子、大豆等作物品种资源进行了收集和整理，为开发利用作物资源提供基础资料。

2. 合理利用作物和品种资源

根据承德市农作物资源利用情况，应在发挥优势作物、优势品种基础上，因地制宜的合理利用。对种植面积较大的玉米作物，经济价值较高的水稻作物，商品率和经济价值较高的玉米、高粱“两杂”制种以及马铃薯等进行繁殖加工综合利用。对地域性分布的甜菜、胡麻、黍子、小杂豆等作物资源，可根据市场需要和当地农户种植习惯，由当地组织生产。这样，可使不同作物品种资源充分利用起来。在充分利用当地作物资源的同时，要注意保护资源，建立作物资源保护库，做到资源永续利用。

3. 加强优良品种引进

优良品种能够比较充分利用自然、栽培环境中的有利条件，避免或减少不利因素的影响，并能有效地解决生产中的一些特殊问题，表现为高产、稳产、优质、低消耗、抗逆性强、适应性好，在生产上有其推广利用价值，能获得较好的经济效益，因而深受群众欢迎。加强优质、多抗、高产粮、油、菜新品种的引进、选育和推广工作；注意名、优、特少量作物品种的繁殖和推广；建立健全良种繁殖体系；对优势作物品种加快繁殖和提纯复壮，建立制种，繁种基地，以适应农业发展和市场的需要。

表 7-1-1 承德市农作物播种面积变化情况 单位：万亩

		20 世纪 50 年代	20 世纪 60 年代	20 世纪 70 年代	20 世纪 80 年代	2015 年
农作物总播种面积	合计	425.79	485.39	487.16	462.65	595.90
	粮食作物面积	402.23	452.21	447.00	416.21	446.46
	稻谷播种面积	6.52	4.69	6.29	7.22	21.54
	小麦播种面积	8.34	11.79	16.54	15.15	23.57
	谷子播种面积	129.56	137.43	116.97	97.71	19.45
	玉米播种面积	49.63	77.37	109.12	141.56	289.43
	高粱播种面积	43.02	38.57	49.09	30.82	2.05
	薯类播种面积	23.21	27.96	30.09	36.50	65.67
	大豆播种面积	36.03	45.86	30.66	21.66	11.44
经济作物播种面积	合计	11.02	12.63	16.28	31.18	125.89
	棉花播种面积	1.69	0.25	0.04	0.005	—
	油料播种面积	5.28	8.42	11.46	25.91	11.99
	花生播种面积	1.23	0.46	0.19	1.16	0.37
	芝麻播种面积	0.18	0.30	0.18	0.32	0.10
	胡麻播种面积	2.56	5.61	9.51	20.99	3.77
	麻类播种面积	3.04	3.37	2.71	1.44	0.0015
	大麻播种面积	2.83	3.05	2.58	1.25	—
	青麻播种面积	0.079	0.22	0.11	0.07	—
	甜菜播种面积		0.33	1.27	2.77	—
其他作物面积		12.54	15.06	15.01	15.40	23.54
蔬菜播种面积				13.52	13.27	113.89

注：数据来源于 2016 年《承德统计年鉴》、1999 年《承德市五十年》。

4. 调查农作物的结构和布局

为满足区域人民生活和生产对粮食的需求，在粮食作物内部结构和布局上，玉米、高粱、谷子三大作物，应分别保持适当比例，大豆、黍子、薯类(马铃薯、甘薯)、水稻、小麦等应适当扩大种植面积；城镇郊区应保持一定的蔬菜和瓜类种植面积。总之，粮、油、菜等作物结构和布局要根据需要进行相应调整，因地因品种种植，达到增加产量，提高质量、增加效益的目的，以满足居民需求和经济发展的需要。

5. 增加科技投入

科研、教学、推广部门应加强合作，协同攻关，搞好省、地农作物重点项目的推广和设立试验示范课题，解决农作物生产中的技术难题。

二、家畜家禽

(一) 家畜生产情况

承德市现有丰富的地方和引进畜禽品种，2015 年主要畜品种猪、牛、马、羊、其他牲畜、家兔等存栏出栏数量（见表 7-1-2）。家畜家禽肉类总产量 450982 吨；奶类总产量 148515 吨。

表 7-1-2　2015 年承德市主要畜禽生产情况单位：百只、百头

	存栏	出栏
猪	16190	24370
牛	7867	5364
羊	10440	14317
活禽	286194	966419
其他牲畜	1229	509
家兔	1829	6408

注：数据来源于 2016 年《承德统计年鉴》。

1. 猪

猪在承德市畜禽结构中比重较大，主要品种有内三元、外三元、长白、杜洛克、杜长大三元、双肌臀大约克等优良品种。2015 年养猪业产值 40.35 亿元，占牧业总产值的 29.33%，猪肉产量 186458 吨，占肉类总产量

的 41.37%左右。2015 年猪的存栏头数达到 161.90 万头，出栏头数 243.70 万头。

从 2015 年各县（区）猪肉产量百分比可以看出猪肉产量最高的是滦平县（见图 7-1-1），年产猪肉 43573 吨，占承德市猪肉总产量的 23.37%；其次是隆化县 30709 吨，占 16.47%；承德县 22246 吨，占 11.93%；围场县 22044，占 11.82%。但由于受气候、品种、饲料、饲养方法等各方面的影响，目前还存在着饲养周期长，饲料报酬、出栏率、市场价格波动大、经济效益差等问题。

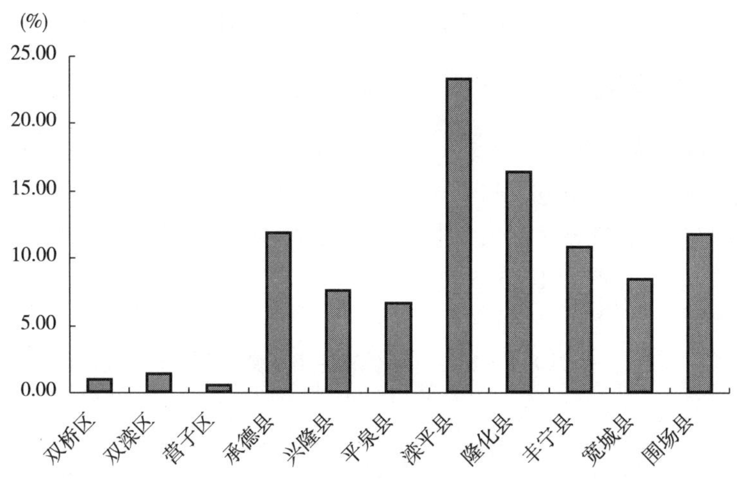

图 7-1-1　2015 年承德市各县（区）猪肉产量百分比

2. 牛

牛在畜牧业中特别是在大牲畜中占有较重要的地位，主要品种有鲁西黄牛、西门塔尔、利木赞牛、夏洛莱牛、荷斯坦奶牛等。2015 年养牛业产值 44.05 亿元，占牧业总产值的 32.02%，牛肉产量 85988 吨，占肉类总产量的 19.07%左右。2015 年牛存栏总头数 78.67 万头（其中肉牛 66.18 万头、奶牛 6.33 万头、役用牛 6.16 万头）；牛出栏头数 53.64 万头，牛存栏头数占大牲畜存栏总头数的 86.49%；牛出栏头数占大牲畜出栏总头数的 91.33%。

从 2015 年各县（区）牛肉产量百分比可以看出牛肉产量最高的是隆化县（见图 7-1-2），年产牛肉 28000 吨，占承德市牛肉总产量的 32.56%；其次是围场县 20899 吨，占 24. 30%；丰宁县 20336 吨，占 23. 65%。

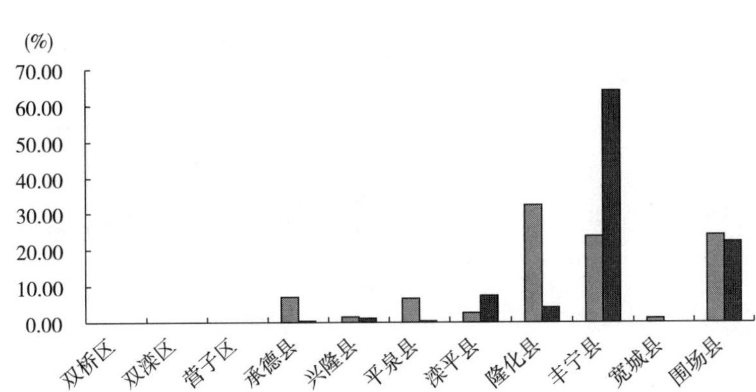

图 7-1-2　2015 年承德市各县（区）牛肉、牛奶产量百分比

2015 年承德市生牛奶总产量 14. 85 万吨。年产牛奶最多的是丰宁县 94956 吨，占承德市牛奶总产量的 63. 96%；其次是围场县 33207 吨，占 22. 37%；其他各县（区）牛奶产量较少。

3. 羊

羊在畜牧业中占有较重要的地位，主要品种有小尾寒羊、波尔山羊、夏洛莱羊、杜泊绵羊、无角陶塞特羊、特克塞尔羊、萨福克羊等，并对小尾寒羊纯种、南非系波尔山羊进行改良。2015 年养羊业产值 11. 65 亿元，占牧业总产值的 8. 47%，羊肉产量 19818 吨（其中山羊肉 9748 吨、绵羊肉 10070 吨），占肉类总产量的 4. 39%左右。2015 年羊存栏总头数 104. 4 万头，出栏头数 143. 17 万头。

从 2015 年各县（区）羊肉产量百分比可以看出羊肉产量最高的是隆化县（见图 7-1-3），年产羊肉 5600 吨，占承德市羊肉总产量的 25. 56%；其次是丰宁县 3116 吨，占 15. 72%；围场县 2979 吨，占 15. 03%。

承德市羊品种分为山羊和绵羊两大类。山羊存栏 55. 01 万只，占羊只存兰总数的 52. 69%；绵羊存栏 49. 39 万只，占羊只存栏总数的 47. 31%。山羊出栏 77. 27 万只，占羊只出栏总数的 53. 97%；绵羊出栏 65. 90 万只，占羊只出栏总数的 46. 03%。

其中纯种细毛羊 50231 只，改良羊 423630 只，蒙古羊 143916 只；山羊 652886 只，占总数的 51. 4%。养羊业在承德市畜牧业中也占有重要位置（仅

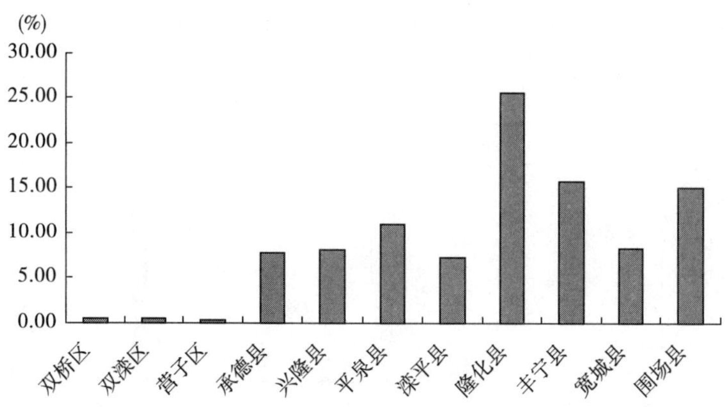

图 7-1-3　2015 年承德市各县（区）羊肉产量百分比

次于养猪业)，1984 年全区养羊产值达 2905 万元，占牧业总产值的 22.5%。

4. 兔

据资料记载，我国养兔业已有两千多年的历史。但是承德市养兔业是一项新兴产业，从 20 世纪 50 年代开始饲养。2015 年养兔业产值 2563 万元，占牧业总产值的 0.19%，兔肉产量 1145 吨，占肉类总产量的 0.25%。2015 年兔存栏总只数 18.29 万只，出栏只数 64.08 万只。

从 2015 年各县（区）兔肉产量百分比可以看出兔肉产量最高的是宽城县(见图 7-1-4)，年产兔肉 740 吨，占承德市兔肉总产量的 64.63%；其次是隆化县 165 吨，占 14.41%；滦平县 99 吨，占 8.65%。

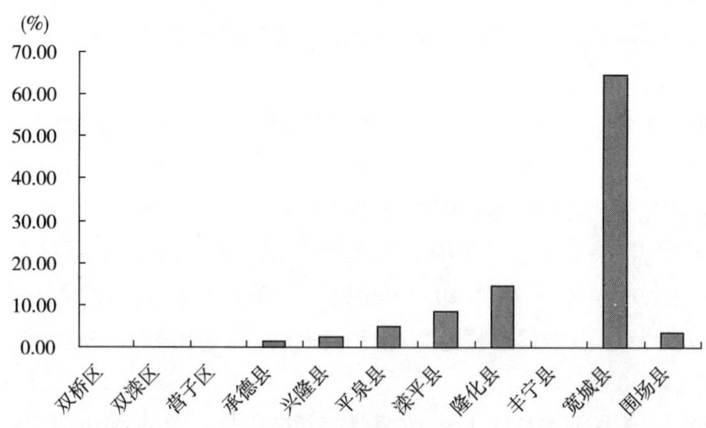

图 7-1-4　2015 年承德市各县（区）兔肉产量百分比

从品种上看，大多是引进的，主要有加利福尼亚兔、法国巨型兔、日本大耳白兔、法国公羊兔、青紫兰兔、银狐兔、安哥拉兔、比利时兔、新西兰兔、丹麦白兔10个品种，还有杂种兔和本地兔。

5. 其他牲畜

其他牲畜包括马、驴、骡。2015年其他牲畜肉产量5654吨，占肉类总产量的1.25%左右。其他牲畜饲养产值8200万元，占牧业产值的0.60%。2015年马、驴、骡的存栏数分别为5.88万匹、3.30万匹、3.11万匹，合计12.29万匹；出栏数分别为2.42万匹、1.42万匹、1.25万匹，合计509万匹。

如图7-1-5所示，从2015年各县（区）其他牲畜肉产量百分比可以看出其他牲畜肉产量最高的是围场县，年产其他牲畜肉3156吨，占承德市其他牲畜肉总产量的55.90%；其次是隆化县1507吨，占26.69%，其他县（区）产量低。

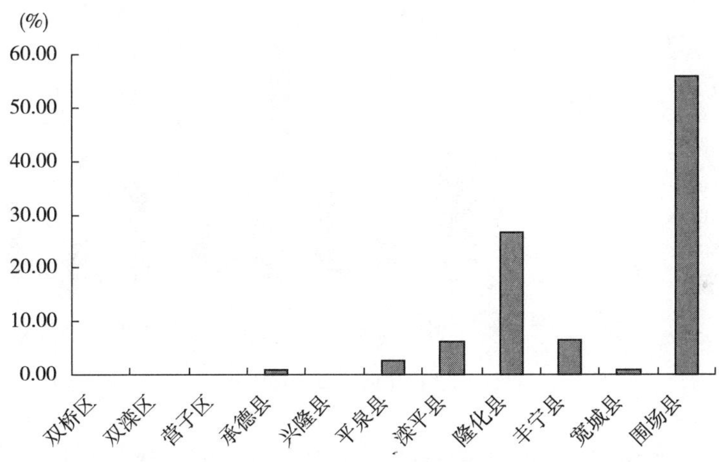

图7-1-5　2015年承德市各县（区）其他牲畜肉产量百分比

承德市马的品种主要是当地蒙古马和部分引进的品种，基本为役用。驴是承德市深山区农户的主要交通工具和农耕动力。驴的主要品种有山地驴，杂种驴和部分关中、渤海种公驴。

（二）家禽

养禽业是承德市畜牧业的一个重要组成部分，而养鸡、养鸭、养鹅又是养禽业的主要项目。由于家禽具有生长快，成熟早、繁殖力强、生产周期短、投资少、见效快等特点，近年来养禽业生产已成为广大居民脱贫致富的产业。

2015 年养活禽业产值 322954 万元，占牧业总产值的 23.48%，禽肉产量 1518.76 万吨，占承德市肉类总产量的 33.68%。2015 年承德市活禽存栏 2861.94 万只，出栏 9664.19 万只。

如图 7-1-6 所示，从 2015 年各县（区）禽肉产量百分比可以看出禽肉产量最高的是承德县，年产禽肉 66589 吨，占承德市禽肉总产量的 43.84%；其次是滦平县 56563 吨，占 37.24%，其他县（区）产量低。禽蛋产量最高的是承德县，年产禽蛋 25629 吨，占承德市禽蛋总产量的 22.16%；其次是丰宁县 18059 吨，占 15.61%，平泉县 17500 吨，占 15.13%，围场县 14826 吨，占 12.82%，其他县（区）产量低。

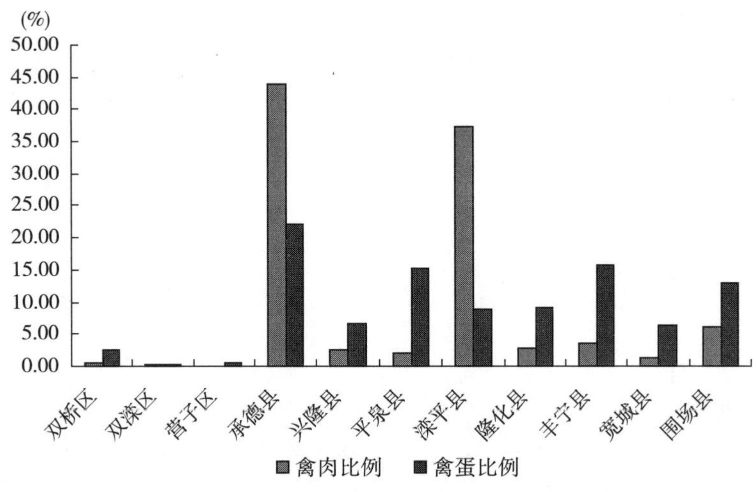

图 7-1-6　2015 年承德市各县（区）禽肉、禽蛋产量百分比

鸡的品种比较杂主要有京白鸡、海赛克斯、星杂 566、澳洲黑、芦花慢羽、罗斯、星杂 579 鸡等。除本地柴鸡和坝上长尾鸡地方品种外，多数是引进的品种，其中肉鸡品种还有少数的罗曼和火鸡；引进的蛋鸡品种还有来克杭“288”、“576”、农大黄、星婆罗、红玉、岩古等。鸭的品种主要有麻鸭、白鸭、康贝尔鸭、狄高鸭和本地鸭。鹅的品种有雁鹅、狮头鹅和白鹅。

（三）对承德市畜禽保种和杂交的改良意见

1. 搞好畜禽品种区划

要把各个畜禽品种特别是地方良种，纳入各级区域规划之中。每个培育品种（如乳肉兼用牛、河北细毛羊）应有育种区；每个地方品种（如民猪、雁鹅、坝上长尾鸡），也要有保种区。划区的范围要根据品种数量分布和需要确定当家的优良品种；严禁引进外血进行随意杂交改良，严防区域内群体混杂。

2. 加强品种管理

保种工作要在相关主管部门领导下，实行统一规划，分级管理，制定相应的负责制度、各级管理具体措施、方针、规划、选育目标等，应由建立的各级育种组织或协会统一研究制定。

3. 落实经济政策

如果必须保留的品种生产性能低，经济效益不高，农民不愿饲养。建议有选择地由相关组织或政府拨给一定数量的保种费，使从业户护养地方良种有利可图。

4. 确定选育目标

在育种和保种区内，要建立育种和选育核心群，并确定选育标准。注意保留地方品种特有的类型和特殊品质，不断地改善饲养管理条件，逐渐地使地方品种的生产性能或经济效益逐步提高。

5. 利用杂交优势

通过品种资源调查和对比分析研究可以看出，有的引进品种与当地品种杂交，后代优势比较显著，但也有盲目引种和杂交乱配的现象。为此，对杂交改良方面提出以下三点建议：

（1）牛的杂交改良已经确定为西门塔尔、夏洛来两个父本。在区域规划上初步确定交通沿线、城镇郊区、平川乡村以西门塔尔牛为主进行改良，发展乳肉兼用型品种；在县城镇附近，用黑白花奶牛改良，发展乳用品种；在边远山区和交通闭塞的乡村，以夏洛来公牛进行改良。

（2）绵羊育种工作在继续扩大改良数量的基础上，尽快提高毛的品质，生产性能，对现有的高代杂种羊，导入“澳美”和“中国美利奴”血液进行杂交。

（3）发展商品瘦肉型猪的生产。根据河北省的规划，积极引进北京黑母猪，有计划、有组织地进行改良。但目前可用杂血母猪杂交改良，大力推行人工输精技术，充分发挥优种公猪的作用。

第二节　野生动植物资源

野生动植物是指在野生环境下存在的动植物资源，是与栽培家养动植物相对而言的。承德市有野生植物（维管束植物）125 科、519 属、1205 种，其中有蕨类植物 54 种，裸子植物 9 种。

一、野生植物资源

（一）用材树种资源

承德市森林面积为河北省之冠，初步统计有野生乔灌木、亚乔灌木树种 202 种左右，按重要程度列举如下。

1. 承德市主重用材树种

按资源多少排列是：桦树、油松、柞树、落叶松、山杨、其他杨树、榆树、柳树。

2. 特用材树种

籽椴（特用板材）、云杉（乐器材）、榆（特种装饰板材）、侧柏（香气）、色木槭（光滑、耐磨）、山黄榆（耐磨）、杵榆（耐磨）、小叶白蜡（幼稚杆材、柄把）。

（二）饲用植物资源

承德市草地面积居河北省第一位。初步统计有饲用植物 200 种左右，按用途列举以下几类。

1. 优良牧草植物

主要作为牧畜饲料，如豆科的紫花（及黄花）苜蓿、山野豌豆、岩黄芪、歪头菜、多花木兰、达乌里黄芪、野火球、老牛筋；乔木科的无芒雀麦、羊草、冰草、白羊草、菅草、披碱草、狗尾草、大油芒、隐子草及菊科、蔷薇科、莎草科某些草类。

2. 优良乔灌木饲料植物

主要以树叶及嫩枝作为饲料（猪）、饲草（牧畜）。如都可的胡枝子（多种）、锦鸡儿（多种）；以及椴树叶、杨树叶（数种）、柳树叶、桑树叶、山杏叶、锦带花叶、平榛叶等。

3. 优良饲料植物

主要用作猪饲料（禽饲料添加剂等），如灰灰菜、猪毛菜、蒲公英、车前、酸模、扁蓄、野苋菜、龙芽草、东风菜、小蓟、泥胡菜、鸦葱、苦苣菜等。

4. 蜜源植物

承德市蜜源植物多达 100 种以上，包括两类。

（1）主要蜜源植物：能提供相当数量商品蜜，如荆条（一等蜜，可出口)、刺槐（一等蜜，出口受欢迎)、紫花苜蓿（一等蜜，可出口)、枣树(二等蜜)。

(2) 辅助蜜源植物：能维持蜂群生存，如杨、柳、榆、蔷薇科花果类、桑树、菊科十字花科、唇形花科（荆芥、益母草等)、豆科（草木犀）多种植物。

(三) 野生药物植物资源

据调查，有野生药用植物500种以上，医药部门经营200种以上，大量收购500种以上，著名的热河“黄芩”行销国内外。按类别和重要程度列举如下。

1. 草本药用植物

主产品黄芩、柴胡、黄芪、苍术、防风、射干、白芍、远志、桔梗、党参、金莲花、白屈菜、知母、丹参、沙参等。

2. 木本药用植物

主产品酸枣仁、小蘗、北五味子、欧李（仁)、刺五加、侧柏（子)、枸杞、黄菠萝（皮)、杏（仁)、苦参。

3. 蕨类真菌药用植物

贯众、石苇、茯苓、猪苓、马勃等。

(四) 野生食用药物

初步统计，可食野生植物在100种以上，主要用于以下方面：

1. 野生蔬菜及救荒本草

(1) 高级野生蔬菜，被视为山珍，如蕨菜、黄花菜、白蘑、榛蘑、肉蘑、松蘑、落叶松小灰蘑、猴头、黑木耳等。

(2) 一般野菜及救荒草本，如曲麻菜、灰菜、扫帚苗（地肤)、野苋菜、马齿苋、山葱、山韭菜等种类繁多。

2. 食用加工原料植物

用于酿造、罐头、饮料、提取维生素、色素等。如猕猴桃、山葡萄、山梨、酸枣、沙棘、小蘗、酸模（山大黄)、刺玫果、花椒、稠李、东方草莓，桦树（汁)、枫树（汁）等。

3. 可用于制茶植物

金莲花、紫椴花、黄芩叶、石苇叶、刺五加叶、暴马丁香叶、胡枝子叶等。

(五) 工业（及加工）原料植物

1. 油脂原料植物

初步统计有50种以上。产量较大的如山杏、平榛、胡桃楸、松类种子、榆类种子、臭椿、胡枝子、苍耳、遏兰菜、曼陀罗、野亚麻、酸枣等。

2. 纤维原料植物

初步统计有60种以上。产量较大的如椴树皮、葛麻叶、荨麻、野胡麻、桑、芦苇、马蔺、白茅、乌拉草、三棱草、葎草、南蛇藤等。

3. 淀粉原料植物

初步统计有30种以上，数量较大的如栎类、胡枝子类、山野豌豆、禾本科草类、百合科草类、穿龙薯蓣、葛根等。

4. 鞣料原料植物

栎类（壳斗及树皮）、胡桃楸（外果皮）桦树类（皮）、槭树类（皮）、蔷薇科木本皮、松类（根皮）等，统计有40种以上。

5. 芳香原料植物

有30种以上，数量较多的如野玫瑰、暴马丁香、红丁香、铃兰、百里香、木本香薷、野薄荷、黄芩、裂叶荆芥、侧柏、藁木、独活、照山白、荆条、泽兰等。

6. 提取杀虫剂及皂素原料植物

苦参、瑞香狼毒、芦、猫眼草、胡桃楸、大戟、白屈菜、石竹、山皂荚、穿龙薯蓣等。

7. 编织原料植物

初步统计有20种以上，产量较大的如荆条、杞柳、菠萝柳、黄柳、胡枝子类、榆树类、蒙桑、马蔺、蒲草、铁丝草等。

（六）野生观赏植物

初步统计有80种左右。

1. 木本观赏植物

如云杉、侧柏、色木槭、枫树、花楸、山楂、怪柳、山丁子、山梨、稠李、山桃、山杏、山樱桃、迎红杜鹃、锦带花、红瑞木、珍珠梅、山梅花、东陵绣球、红花锦鸡儿、丁香类、野玫瑰、绣线菊、胡枝子等。天女木兰产于宽城县都山（青龙老岭也有），为国家重点保护的珍惜濒临植物。

2. 草木观赏植物

铃兰、大花杓兰、柳兰、百合、山丹花、黄花、石竹、金莲花、银莲花、野芍药、野罂粟、鸢尾、曲枝天门冬、胭脂花、水金凤、二色补血草、地愉报春花、百里香等。

（七）名优土特产野生植物及菌类资源

承德市名优土特产野生植物资源（摘经济价值较高的几种）分布、储量和目前开发利用情况见表7-2-1。

表7-2-1　承德市主要土特产野生植物及菌类资源情况

名称	分布	利用情况
榛子	全区各县中低山均有分布，以丰宁、隆化、围场、平泉四县为主产区	自然野生，季节采集
猕猴桃	兴隆、平泉、宽城、丰宁、隆化	野生，季节采集
山葡萄	主要分布在海拔500米以上的山地林缘地带，以半阴坡为多以兴隆、平泉、宽城、隆化为主	野生，现在开发了隆化、宽城生产甚地
沙棘	主要分布在围场、丰宁、隆化	2010年底沙棘面积6.67万公顷
酸枣	全区七县均有分布，约45.4万亩主产区兴隆、宽城、丰宁县	野生自然生长，常年产量94.6万公顷
野玫瑰	分布广泛，尤以坝上和接坝地区为多	野生常年产量2.65万千克
蕨菜	主要分布在围场、丰宁两县，隆化平泉亦较丰富	丰年产量227万千克（常年产鲜蕨菜500万千克），出口量在40万~45万千克。刚刚发展人工栽植
黄花菜	主要分布在丰宁、围场坝上和接坝地区。隆化、滦平、平泉有少量分布	近年发展人工栽培。常年总产量7.2万千克（干花）。远销东南亚各国，今年又畅销日本、美国、非洲等国
酸膜	分布在坝上地区及临坝的深山区，另在高山湿谷中也有分布	近年人工种植100多亩，亩产可达5000千克。野生年收获量达220万千克，主要生产大黄罐头、酱、汁，深受京津欢迎
热河黄芩	各地中低山、丘陵，主要分布在北五县	野生自然生长及人工生产基地，销往日本、欧美、国内南方各省

续表

<table>
<tr><th colspan="2">名称</th><th>分布</th><th>利用情况</th></tr>
<tr><td colspan="2">黄芪</td><td>丰宁、围场县草原沙地、洼地</td><td>销往东南亚国家和地区以及国内部分省地，近年来发展了人工种植</td></tr>
<tr><td colspan="2">苍术</td><td>全区各地中低山地均有分布，主产区在丰宁县</td><td>销往东南亚国家和地区，国内部分地区，享有盛誉</td></tr>
<tr><td colspan="2">金莲花</td><td>围场、丰宁、坝上及坝缘草甸草原，林间谷地</td><td>以其加工金莲花片，畅销京、津、辽等地。常年产量 10 万~20 万千克</td></tr>
<tr><td colspan="2">远志</td><td>各县均有分布，主产区隆化、平泉、宽城</td><td>只 7%出口其他国内销售</td></tr>
<tr><td colspan="2">手掌参</td><td>主要产区雾灵山、平泉中高山及丰宁、围场坝上点状分布</td><td>常年产量 1040 千克，销往省内</td></tr>
<tr><td rowspan="4">蘑菇</td><td>松蘑</td><td>山区松林下，主产区为平泉县</td><td>盐渍出口也可干货出售</td></tr>
<tr><td>肉蘑</td><td>平泉县、隆化县</td><td>出口日本、西欧等</td></tr>
<tr><td>榛蘑</td><td>平泉县、丰宁县、隆化县、兴隆县</td><td>出口日本、西欧等</td></tr>
<tr><td>白蘑</td><td>坝上草原及林间草地</td><td>野生，年采集 10 万千克左右</td></tr>
<tr><td colspan="2">灵芝</td><td>雾灵山</td><td>销往省内，每年收购量 120 千克左右</td></tr>
</table>

注：数据来源于承德地区国土资源。

二、野生动物资源

（一）野生兽类

初步统计有 30 种左右。

1. 珍奇保护兽类

直隶猴（只产于兴隆六里坪林区，来源待考）。金钱豹、黑熊、猞猁、青羊、野狸子、貂子、艾虎、骚挠子、麝、斑羚羊、盲鼠等。

2. 一般狩猎兽类

狍子、黄羊、野兔、狐狸、狗獾、猪獾等。

3. 其他兽类

野猪、黄鼬、狼、刺猬、花鼠、鼹鼠（地羊）、鼢鼠（大眼贼）、蝙蝠等。

（二）野生鸟类

初步估计有 60 种以上。

1. 稀有保护鸟类

鸢、秃鹰（座山雕）、鵟（老鹰）、苍鹰、雕鸮（狼虎）、鸨、鸿雁、普通鸬鹚、大白鹭、中杜鹃、小杜鹃、灰林鸮、普通秋沙鸭、百灵鸟、黄鹂、八哥、火鸡、翡翠鸟等。

2. 一般狩猎鸟类

鹌鹑、斑翅山鹑（沙半斤）、石鸡（嘎嘎鸡）、环颈雉（野鸡）、松鸡、白脖鸦等。

3. 其他鸟类

麻雀、长耳鸮（夜猫子）、啄木鸟、普通夜鹰（贴树皮）、豆雁（普通大雁）、四声杜鹃、戴胜（呼勃勃）、家燕、山燕子、山鹡鸰（刮刮油）、红尾伯劳（虎不拉）、雀鹰（鹞子）、灰喜鹊、杂色山雀、岩鸽、喜鹊、乌鸦、尾鸡等。

（三）野生鱼类

据初步统计有 20 种以上。如鲤鱼、鲫鱼、鲶鱼、墨鱼、章鱼、白跳子、黄鳝、细鳞鱼、泥鳅、刺鳅、黄颡、虾虎鱼、棒花、麦穗鱼、贝氏餐条、中华鳑、鲅鱼、马口鱼等。并有草虾、青虾资源。

1. 两栖类、爬虫类野生动物

初步统计有 20 种左右。如青蛙、蟾蜍、鳖、蜥蜴、壁虎、穿山甲、野鸡脖子蛇、驴轴棍蛇、蝮蛇、棕黑锦蛇、水蛇等。

2. 昆虫类

没有准确资料，初步估计在 1500 种以上（1980～1982 年森林病虫普查时，承德市采集昆虫标本 1665 种）。把昆虫分为害虫、天敌昆虫、一般昆虫。昆虫具有大量、快速将植物蛋白转化为鱼蛋白的特殊能力，是一种有价值的生物资源，有不可估量的潜力。

3. 水生动物资源

承德市水生动物资源主要有：①原生动物。②软体动物，如田螺、扁螺等螺类；河蚌、黄蚬等蚌类。③环节动物，如水蚯蚓。④虾类，青虾是杂食鱼科主要饲料来源。

4. 名优土特产野生动物资源

承德市名优土特产野生动物资源（摘录经济价值较高的几种）分布、储量和目前开发利用情况见表 7-2-2。

表 7-2-2　承德市主要土特产野生动物资源

名称	分布	资源量	利用情况	备注
野鸡	全区各中低山、丘陵、山地、坝上林缘、主产区在围场、丰宁、隆化、平泉四县	储量约 64 万只，常年捕获 20 万只	进行了人工驯养，现有 3 个种鸡场	又名山鸡
沙鸡	全区各低山、丘陵、山地、主产区在围场、丰宁、隆化、平泉四县	储量约 134 万只，常年捕获 6.1 万只	外贸出口及国内京、津、承部分宾馆、酒店。野生季节捕捉	又名沙半斤
鹌鹑	平泉、隆化及各县低山、丘陵山地	130 万只常年产量 2.3 万只	近年来发展人工养殖，但产品量很小	
野猪	围场坝上及接坝林区	储量 2.1 万头	野生，季节捕捉	
野兔	围场、丰宁、隆化等全区各中、低、山地	储量 73 万只左右，常年捕获 9.24 万只	自然生殖季节捕获。供外贸出口及野味食品供应	
貉	丰宁、隆化、围场、宽城等中低山地	储量 1.6~2 万只，常年捕获 1860 只	近年来开展了家庭驯养	
马鹿	围场、丰宁坝缘密林	储量约 1600 只	野生，自然生殖（国家一级保护动物）	
青羊	主要分布在丰宁、宽城县局部地域，兴隆也有少量分布	储量约 800 只	野生自然生殖（国家三级保护动物）	
滦河细鳞鱼	滦河上游 250 千米范围	500 亩水面，总储量约 500 千克	自然生长，人工保护繁殖	

续表

名称	分布	资源量	利用情况	备注
狍子	主要分布在围场、丰宁、隆化、平泉、宽城等中高山林地	储量约11.4万只	常年捕获量在1.43万只左右，野生自然繁殖	
甲鱼	各河流中均有分布，主产区在瀑河滦河下游	储量约1.51亿千克	常年捕获5500多千克。在宽城、平泉、兴隆开展了人工养殖	
青虾	主要分布在潘家口水库、南天门书库、三旗杆水库	3000亩水面总储量在10万千克以上	常年产量5000千克左右、1985年产量达10000千克	

注：数据来源于承德地区国土资源。

三、对野生动植物资源的开发利用建议

承德市是河北省野生动植物资源比较丰富的地区，为省内外生产、科研、教学部门的重要区域。但是，在对资源的开发利用方面存在的严重问题，应引起高度重视。保护好野生动植物资源，充分发掘资源的经济价值，不仅对维持山区生态平衡具有重要作用，而且对承德市经济、旅游等各项事业发展也具有重要意义。为此，应该做到以下方面。

（一）进一步开展对野生动植物资源的调查工作

对各种资源的种类、数量、分布、经济用途及价值等作出准确的测定，为保护和开发利用提供可靠依据。

（二）保护生态环境

为野生动植物居栖繁衍，生长发育创造良好的条件，做到保护治理和开发利用相结合，严禁破坏资源和掠夺性生产。

（三）科学合理的利用野生动植物资源

承德市具有经济价值的野生动植物资源种类比较丰富，一些土特名优资源种类经济价值较高。为了科学合理地利用野生资源应做好以下三点：一是应该强化管理措施，做到适时、适度进行采集或猎取，坚决杜绝破坏性行为；

二是要搞好深加工，不断拓宽新领域，实现多项增值；三是加强科学试验研究，使更多的资源造福人类。

（四）积极开展对野生动植物的引种驯化和人工饲养、种植工作

随着对野生资源的不断利用，某些资源将会逐渐减少，为了可持续发展，永续利用，应在搞好试验的基础上，建立初具规模的生产繁殖（植）基地，满足经济发展的需要。

第八章 承德市矿产资源环境

矿产资源是大自然赋予人类的宝贵财富，是人类社会赖以生存和发展的重要物质基础。工农业生产所需自然资源总量的70%以上来自矿物原料，随着全球经济的不断发展、科学技术的日新月异，人类对矿物原料的需求量日益增加，矿产资源的开发利用在国民经济发展中具有越来越重要的地位和作用。然而，传统矿物燃料的稀缺性及对环境的严重污染，制约着人类的可持续发展。为了深入贯彻落实科学发展观，切实把节约资源和保护环境的基本国策落到实处，努力促进承德市矿产资源利用方式和管理方式的科学合理化，不断提高矿产资源对经济社会可持续发展的保障能力，结合承德市矿产资源特点，承德市国土资源局制定了《承德市矿产资源总体规划（2011~2015年）》，对承德市矿产资源勘查、开发利用、矿山地质环境保护与恢复治理等工作进行总体规划部署，此规划是承德市矿产资源管理工作的纲领性文件，是依法审批和监督管理矿产资源勘查、开发利用与保护活动的重要依据。除此之外，还应开发资源节约型、环境友好型的新能源，如太阳能、风能、地热能、海洋能等。

第一节 承德市矿产资源地质概况

一、黑色金属矿产

承德市黑色金属矿产，有铁、钛、钒、锰以及锰铁矿，其中以铁矿为主，钛、钒均为与铁、磷伴生的矿产，猛及锰铁矿仅有几处矿点，尚未发现具有较大规模的矿床，是短缺矿种之一。

（一）铁矿

1. 地质概况

承德市铁矿工业类型以鞍山式磁铁矿为主，并有大庙式钒钛磁铁矿，宣龙式赤铁矿、矽卡岩型（或邯邢式）磁铁矿、火山热液型铁矿，砂铁矿及伴生铁矿七类。

（1）鞍山式磁铁矿。

赋存于太古界迁西群及单塔子群片麻岩系之中，属沉积变质磁铁矿。矿体呈层状、似层状、透镜状，与围岩产状一致，矿体走向近于东西或北东，倾角较陡。矿石由磁铁矿、石英、角闪石、绿泥石等组成，含铁品位30%～35%，一般埋藏较浅，大部分适于露天开采。分布在兴隆县南部挂兰峪、洒河南，宽城县中部桲椤台、板城，平泉县东南部郭杖子，滦平县付家店、周台子、孙营子及丰宁县杨营、王营一带。

（2）太庙式钒钛磁铁矿。

太庙式钒钛磁铁矿属岩浆型铁矿。矿体呈透镜状、巢状、扁豆状赋存于苏长岩及斜长岩中，受成矿前期构造的控制，成群成带分布。矿石由磁铁矿、钛磁铁矿、钛铁矿等组成，矿石成块状、浸染状，含铁品位20%～45%，二氧化钛6%～10%，五氧化二钒0.005%～0.15%，有的伴生磷灰石而形成铁磷矿，含钴一般为0.05%～0.09%。分布在隆化县南部，滦平县东北部，即大庙黑山基性岩体的北部及西部地带。

（3）宣龙式赤铁矿。

宣龙式赤铁矿属元古界沉积铁矿。矿体呈透镜状、豆荚状，1～3层，赋存于长城系串岭沟组的中下部，厚度一般为0.5～0.8米，最厚4.02米。矿层与围岩产状一致。矿石呈肾状及块状或鲕状，以赤铁矿为主。含少量黄铁矿及褐铁矿。平均含铁35%～45%，含硫0.04%，含磷0.1%～0.8%。

承德市这类矿床不多，而且规模很小，主要有滦平大熊沟，隆化二道营西沟等几处矿点。

（4）火山热液型铁矿。

承德市仅有丰宁十八台一处火山热液型铁矿。矿体呈透镜状，赋存于被次石英粗面岩侵入的张家口组流纹岩破碎带中，矿石由镜铁矿、赤铁矿、石英等组成，并含有磁铁矿、黄铜矿、萤石及重晶石等，矿体长100～600米不等，厚1.5～4.8米，含铁品位38.16%～47.5%，平均为45.54%。储量1380万吨。

（5）矽卡岩型磁铁矿。

矽卡岩型磁铁矿亦为邯邢式铁矿。矿体呈透镜状、扁豆状或团块状，赋存于中酸性侵入岩与石灰岩、白云岩的接触带中，形态比较复杂。矿石以磁铁矿为主，伴生有黄铜矿等金属硫化物，脉石矿物主要为金云母、透辉石及石榴子石等。含铁品位27%~35%。矿床规模较小，如兴隆莫古峪、寿王坟矿区外围的富将沟、小寺沟外围的太阳沟铁矿均属这一类型。

（6）伴生铁矿。

承德市共有两种类型伴生铁矿，其一为产于太古界片麻岩系中的磁铁—磷灰石矿床，矿体呈层状、似层状，矿体长度最大可达1040米，厚8~35米。矿石由磷灰石、钛磁铁矿及斜长石、石英、黑云母、角闪石及绿泥石等组成，含五氧化二磷4.10%~4.28%，含铁14.2%~21.92%，二氧化钛5.22%~7.83%，五氧化二铁0.097%~0.204%，可以与磷灰石同时开采综合利用。其二为产于苏长岩及辉石岩等岩浆岩中的磁铁—磷灰石矿床。矿体呈团状、条带状或透镜状，规模较小，形态复杂。矿石由磁铁矿、钛磁铁矿、磷灰石、长石或辉石等组成。含铁品位14.91%~17.64%，五氧化二磷2.41%~4.51%，二氧化钛1.8%~5.38%，五氧化二钒0.124%~0.099%。

上述两种与磷伴生的铁矿以丰宁县招兵沟及隆化县大乌苏沟为代表，规模较大，具有较好的开发远景。

（7）砂铁矿。

承德市仅有一处砂铁矿，即宽城县孤山子砂铁矿，系产于超基性岩体中的钛磁铁矿，经第四纪长期的风化剥蚀冲刷沉积而成。分布在孤山子一带河漫滩及一级阶地上，已探明储量240万吨，平均含铁18%~22%，二氧化钛1%~4%，五氧化二钒0.1%~0.3%，易采易选，是全省唯一的砂矿型铁矿。

2. 资源情况

为了查明资源底数，有效引导和规范超贫磁铁矿的开发利用，于2006年开展了《承德市超贫钒钛磁铁矿普查》项目会战，查明超贫铁矿资源储量25.50亿吨，同时求得含铁岩石（8%>磁铁≥4%）资源量19.75亿吨。截至2010年，全市探明和预测超贫磁铁矿潜在资源总量超过80亿吨，为超贫磁铁矿进一步开发利用提供了资源依据《承德市矿产资源总体规划（2011~2015年）》。

3. 资源保障程度

承德市的铁矿属于优势矿产之一，以鞍山式铁矿为主，已探明矿产地中型8处，包括滦平周台子、兴隆乱石沟、沙坡峪、宽城豆子沟、北大岭、丰宁杨营子、滦平付家店及小营，储量2.05亿吨，平均品位TFe（全铁）33%~35%，虽属贫矿，但一般埋藏较浅，适于露天开采，选矿工艺简单。承德市与其他配套的冶金辅助原料矿产也比较丰富，是发展钢铁工业的有利条件。其他类型的铁矿如大庙式铁矿亦具有较大的开发远景。

4. 京津冀协同发展形势下铁矿资源利用中存在的主要问题和建议

承德的铁矿开发起步较晚，建设速度也较慢。由于缺乏技术管理方面的经验，选厂工艺过于简单，未能充分发挥效益，技术素质差，管理水平低。因此建议：

（1）遵照京津冀协同发展原则，已建矿山要抓紧完善配套，充分发挥其生产能力，在建、新建矿山应注重采选并举，加强矿产资源的合理开发和计划开采。

（2）强化行业管理，认真贯彻《矿产资源法》，正确执行"放开、搞活、管好"加快开发地下资源的总方针和"有效保护、节约使用"矿产资源的基本国策。

（3）充分利用已有的地质勘探资料，制定发展规划，搞好综合平衡，有计划地进行开发建设。

（4）抓紧人才培训，提高技术管理水平，实行科学办矿。

（5）加强矿山地质工作，为扩大矿山远景提供地质资料，延长已有矿山的生产年限。

（二）锰矿

1. 地质概况

承德市锰矿属于短缺矿种。有锰矿小型产地 5 处，其中 2 处与银矿伴生，虽然都进行过地质普查评价工作，但均未列入《河北省矿产资源储量表》中。承德市主要有两种矿床类型，一种为沉积型锰矿，另一种为火山热液型锰矿。

沉积型锰矿系层状、扁豆状，产于元古界长城系高于庄组下部，含锰页岩及含锰灰岩中，矿层厚 0.1~0.5 米，一般为 0.2 米，局部厚度可达 1.0 米，含锰 10%~20%，含 TFe（全铁）2%~5%，兴隆县茅山镇前干涧村的锰矿品位较好，含锰 20.52%~45.92%，但矿体厚度较小，平均 0.25 米，储量 50 万吨，其他矿点如明子沟、前苇塘等地，储量很小，仅有 10 万~20 万吨，仅能在经济效益较好的前提下进行群采。

锰铁矿亦属浅海相沉积矿床，产于上元古界蓟县系铁岭组的中下部，其工业类型称瓦房子式锰矿。而在本区由于浅海沉积条件的变化，形成了锰铁矿。矿层呈扁豆状或似层状 2~3 层，厚 0.2~0.5 米，最大厚度 2 米。主要分布在平泉县孤山子乡中心村及双洞子乡赵杖子、何杖子一带，含锰 4.88%~16.47%；TFe（全铁）15.58%~30.57%，锰+铁为 32%~35%，这种矿产可以作为冶炼锰铜的辅助原料利用，中心村铁锰矿及双洞子锰铁矿均进行过普查评价工作，分别求得地质储量 90.14 万吨及 5 万吨，合计 95.14 万吨。

火山热液型锰铁矿与银、铅、锌等伴生，矿石由硬锰矿、软锰矿组成，厚 0.5~3.0 米，含锰 15%~25%，主要分布在围场县北部，如小扣花营锰银多金属矿及满汗土锰银多金属矿皆属之。经过初步评价，求得锰矿 20 万吨。全区锰矿储量 100 万吨。

2. 资源利用情况存在的问题及建议

锰及含锰铁矿，由于矿产规模较小，矿层厚度较薄，以往曾经进行开采，由于经济效益不佳而停采。就储量和开采而言，锰及锰铁矿均为承德市的短缺矿种。但在全省范围内比较，还具有一定的成矿条件。中国地质部曾对锰矿进行过大量的工作，均无重大突破。火山岩型矿是 20 世纪 70 年代末期才被发现并被利用，但储量很小，到目前保有储量有限，可在开采银矿时综合利用，作为锰矿矿山进行开采，尚不具备条件，有待进一步加强地质工作，以期发现新的产地。对于已有的矿产地，仅能进行小规模的群采。

（三）钛和钒矿

承德市的钛、钒主要分布在隆化县韩麻营乡、滦平县及丰宁县塔黄旗乡。伴生于岩浆岩型钒钛磁铁矿和变质磷钒含磁矿中。

1. 钛矿

钛矿产地 3 处（其中大型产地 2 处），即丰宁招兵沟磷矿伴生储量（二氧化钛）501.2 万吨，含二氧化钛 7.96%；隆化大乌苏沟磷矿伴生储量（二氧化钛）191.6 万吨，含二氧化钛 5.38%；滦平铁马铁矿伴生二氧化钛 8.4 万吨，含二氧化钛 4.77%。合计地质储量（D 级）701.2 万吨。招兵沟矿区曾进行开采，后来由于经济效益不佳而停采，但是钛的利用问题目前尚未解决。大乌苏沟矿区尚未开采，铁马矿区由乡办铁矿进行开采，出售矿块，销往承钢及首钢作为炼铁原料及高炉炉衬之用，生产能力 3 万吨/年。

2. 钒矿

钒矿有产地 2 处，中型 1 处，小型 1 处。丰宁招兵沟磷伴生储量（五氧化二钒）9.83 万吨，隆化大乌苏沟磷矿伴生储量 3.54 万吨，合计 13.37 万吨，开采情况与钛相同。

二、有色、贵金属矿产

承德市有色、贵金属矿产及稀有金属矿产共 10 种，除钨、铍外皆属伴生矿产。有色金属矿产有铜、铅、锌、钨、钼 5 种；贵金属矿产有铂、钯、金、银4种，稀有金属矿产只有铍矿。

列入《河北省矿产资源储量表》的有9种，产地22处。经过地质工作尚未列入《河北省矿产资源储量表》的有6种，产地26处，合计10种48处，进行群采的矿点2种4处。

已利用的5种矿产是：铜、铅、锌、钼、金，产地32处，其中铜6处、铅6处、锌7处、钼2处、金11处，占总产地的66.7%。尚未利用的铅、锌、钨、钼、铂、钯、银、铍共8种，产地16处，其中铅4处、锌4处、钨1处、钼2处、铂1处、钯1处、银2处、铍1处，占总产地的33.3%。

（一）铜矿

矿主要分布在平泉县、兴隆县及丰宁县，除平泉小寺沟铜、钼矿属中型外，其他均属小型多金属矿产地。

1. 地质概况

铜矿类型以斑岩型、矽卡岩型为主，石英脉型规模较小。平泉县小寺沟铜、钼矿属斑岩型多金属矿床，赋存于燕山期石英斑岩与元古界蓟县系雾迷山组白云岩的内外接触带中，铜矿在外接触带一侧，钼产在岩体内侧及与接触带平行的裂隙带中。矿石为细脉型及细脉浸染型，矿石以黄铜矿、辉钼矿为主，伴生少量铅、锌矿，矿体长1300米，厚40米，平均品位含铜0.64%~0.96%，上部为氧化矿石，以孔雀石、兰同矿为主，选矿难度较大。兴隆县莫古峪铜钼多金属矿床赋存于燕山期石英斑岩与蓟县系雾迷山组、杨庄组白云岩、泥质白云岩的接触带中，矿体呈透镜状、筒状或脉状，矿体规模中等，矿石以辉钼矿、黄铜矿、闪锌矿为主，主要矿石类型为块状、浸染状，平均品位含铜0.54%，伴生钼、锌等。

石英脉型矿床如平泉县长胜沟金矿、丰宁窑沟及老米沟金铜矿属之。系产于前寒武片麻岩中之变质热液型矿床，矿体呈脉状或透明状，产于石英脉的两侧或中间，受构造裂隙的控制，矿石组成矿物为黄铜矿、方铅矿、闪锌矿、黄铁矿、自然金及辉银矿等，脉石矿物主要为石英及少量绿泥石，矿石致密块状，有的为细脉浸染状，含铜品位变化大，0.15%~0.8%不等，仅能与金及其他金属综合开采利用。

2. 资源情况

列入《河北省矿产资源储量表》的矿铜产地2处（中型、小型各一处），均进行初步勘探及详细勘探。保有铜金属储量17.16万吨，其中工业储量（A+B+C级）4.32万吨，占25.2%，地质储量（D级）12.84万吨，占74.8%，占全省总储量的50.2%。未列入《河北省矿产资源储量表》的伴生产地 4 处，保有地质储量（D 级）1754 吨。

全区保有铜金属储量 17.34 万吨，其中工业储量（A+B+C 级）4.32 万吨，占 24.9%，地质储量（D 级）13.01 万吨。

3. 开采利用情况

全区已经探明的 6 处产地均已开采利用。平泉小寺沟铜矿 1970 年投产，设计能力 250 吨/日，1975 年扩建至 3000 吨/日，1979 年转产钼矿。1985 年生产铜原矿中含铜 1033 吨，铜精矿 3422 吨，含铜 476 吨。至 1985 年末，铜精矿生产能力为 5576 吨，产量 3422 吨，生产能力利用率为 61.15%。

兴隆莫古峪多金属矿是乡办矿山，组织群采矿石销往迁西县洒河桥选厂，年产矿石量 0.8 万~1.0 万吨，品位 0.5%~0.6%。

其他 4 处矿产地以采金为主，副产铜金精粉，其产量未进行统计。以平泉洛金洼子金矿为例，1985 年发往沈冶金铜块矿 5500 吨，提取铜金属 27 吨，银 360 千克，黄金 327 两（10.218 千克）。

4. 资源保证程度

承德市的铜矿资源虽然在河北省占较大的比重，但是开采能力不大，仅有一处中型矿山，生产规模为 3000 吨/日，铜精矿生产能力 5595 吨。就已经探明的储量而言，可以满足需求。但由于浅部以氧化矿为主，品位低，可选性较差，生产能力利用率为 61.15%。其他小型矿床含铜品位低，作为副产而回收利用，产量很不稳定。所以应进一步加强地质勘查工作，寻找高品位的矿产基地。

（二）铅、锌矿

本区铅、锌矿均属伴生多金矿床。铅矿产地 10 处，经过地质工作已经列入《河北省矿产资源储量表》的产地 2 处，未列入的 8 处，均属小型矿床，锌矿产地 11 处，经过地质工作已经列入《河北省矿产资源储量表》的产地 3 处，未列入的 8 处，其中兴隆莫古峪矿床属中型规模。

1. 地质概况

铅、锌矿床工业类型有三种，以沉积型（高板河式）及矽卡岩型为主，变质热液石英脉型均与铜、金、银等伴生。

沉积型铅、锌矿即高板河铅锌黄铁矿床，矿体呈层状，似层状，赋存于元古界长城系高于庄组中下部炭质页岩和锰质白云岩层中，矿体最大长度 700 米，平均厚度 7 米，与黄铜矿体共生并具有密切的成因联系。矿石主要由方铅矿、闪锌矿组成，并含少量黄铁矿及其他脉石矿物，含铅 0.53%~2.80%，含锌 1.86%~2.01%，硫可达 20%。

矽卡岩型铅锌矿即兴隆莫古峪铜锌钼矿床，产于燕山期石英斑岩与元古界蓟县系雾迷山组、杨庄组白云质灰岩及泥质灰岩接触带中，与铜、钼伴生，矿石呈块状、细脉状或浸染状，含锌 1.77%。

变质热液石英脉型矿床产于太古界变质岩系之中，一般规模不大，均与铜、金等金属硫化物伴生，品位变化较大，含铅 0.73%~2.77%，锌 1.32%左右。

宽城县韩杖子铅锌矿、平泉毛家沟多金属矿及下营房多金属矿均属于中酸性斑岩有关的产于碳酸盐岩中的中低温热液矿床。

围场小扣花营及满汗土锰银多金属矿床，系产于中生界侏罗系张家口组熔结凝灰岩中的火山热液型矿床，铅锌矿与锰银伴生，含铅 0.36%~1.35%，锌 0.73%~1.57%。

2. 资源情况

经地质工作已经探明铅金属储量 52875 吨，（A+B+C 级）11900 吨，占 22.5%，产地 10 处，其中已列入《河北省矿产资源储量表》的产地 2 处，储量 17372 吨，（A+B+C+D 级）11900 吨，（D 级）5472 吨，占河北省总储量的 14.4%；未列入《河北省矿产资源储量表》的产地 8 处，储量 21059 吨；锌金属储量 583008 吨，其中已列入的产地 3 处，储量 526720 吨，（A+B+C 级）360059 吨，占 68.4%，占全省总储量的 51.4%，未列入的产地 8 处，储量 56288 吨。除宽城韩杖子、平泉毛家沟为以铅锌为主的矿产地之外，其他均为伴生。

3. 开采利用及资源保证程度

由于本区尚未发现较大规模的以铅锌为主的矿产地，均为伴生多金属矿床，所以目前尚不具备建设独立的铅锌矿山的条件。铅矿产地已开采利用的 6 处，尚未利用的 4 处，锌矿产地已利用的 7 处，尚未利用的 4 处。

高板河及莫古峪矿床勘探程度较高，具有一定的工业储量，可供建厂利用。目前仅作为辅产品开采矿块出售。就承德市国民经济发展趋势而言，铅锌矿的储量尚难满足需求，应加强地质工作，以期发现新的产地。

（三）钼矿

钼矿主要分布在平泉、丰宁及兴隆等县，是承德市的优势矿产资源之一。

1. 地质概况

承德市具有较好的钼矿成矿条件，主要类型为斑岩型、矽卡岩型，均为大型矿床，石英脉型一般规模较小。

斑岩型钼矿如小寺沟及丰宁撒岱沟门，系产于中生代燕山期中酸性侵入岩——石英斑岩、石英二长斑岩中，矿石为细脉浸染型，平均品位含钼0.08%~0.126%，并伴生铜、铅、锌、钴、铼。

矽卡岩型钼矿如兴隆莫古峪多金属矿床属之。石英脉型矿如兴隆花市矿床，系产于太古界变质岩系之石英脉中，规模不大，含钼品位0.076%。

2. 资源及利用情况

钼矿产地有4处，其中大型2处，如平泉小寺沟及丰宁撒岱沟门钼矿；中型1处；小型1处，如兴隆花市。均进行了详查以上的地质工作。保有金属储量270540吨，其中工业储量（A+B+C级）26195吨，占9.7%。

列入《河北省矿产资源储量表》的产地3处，金属储量83288吨，占全省总储量的64.1%，其中工业储量（A+B+C级）5312吨，地质储量67976吨。撒岱沟门钼矿已经勘探完毕，钼金属储量187252吨，其中工业储量（A+B+C级）10883吨，占5.8%，地质储量（D级）176369吨，占94.2%，尚未列入《河北省矿产资源储量表》。

平泉小寺沟铜矿与1979年转产钼精矿，1985年产钼原矿517976吨，含钼金属963吨；钼精矿661吨，含钼金属690吨。选矿回收率为78.1%，钼精矿品位含钼46%，属二级品。

撒岱沟门钼矿尚未建厂开采，据北京矿冶研究总院选矿试验证明，矿石可选性良好，选矿回收率可达94.43%，钼精矿品位为52.02%，属一级品。

所探明的4处产地，小寺沟已建厂开采，年处理矿石3000吨，兴隆莫古峪由地方乡办矿业进行开采，年产0.24万吨，其他2处尚未利用，应在可行性研究的基础上进行大力开发。

（四）黄金

承德市是全省主要黄金产地之一，采金历史有百年之久，金矿点密集，成群成带分布在宽城、兴隆、隆化、丰宁县。据统计，1949~1985年，全区共生产黄金11614.6斤（部分年份包括青龙县的产量）。

1. 地质概况

根据金的成矿条件和矿床矿点的分布情况，承德市有8个金矿带，包括牛心山金矿带（为金厂峪金矿带的东延部分）、花市—挂兰峪金矿带、峪耳崖金矿带、下营坊—毛家沟金矿带、洼子店—捞金洼子金矿带、窄岭—风山金矿带、兰营—马架子金矿带及围场朝阳湾金矿带。开采以岩金为主，砂金也有发展。岩金矿床类型主要有热液蚀变岩型，变质岩热液石英脉型及斑岩型。

热液蚀变岩型以宽城峪耳崖金矿为代表。矿体呈细脉状、网脉状，赋存于花岗斑岩与白云质灰岩的接触带中，矿石矿物多为金属硫化物，以细脉浸染状矿石为主，伴生有黄铜矿、黄铁矿、方铅矿及闪锌矿，含金平均品位14.99克/吨。

变质热液石英脉型以隆化马架子金矿、兴隆挂兰峪金矿为代表，含金石英脉赋存于太古界迁西群或单塔子带斜长角闪片麻岩、斑状混合岩中，受成矿前的断裂构造控制。矿石属多金属硫化物型，矿石主要矿物为黄铁矿、方铅矿、闪锌矿、自然金，矿体呈透镜状，一般长30米，最大70米，厚度0.3~0.6米，最大1.60米。含金品位一般为8~19克/吨，最高可达27.49~50.76克/吨。

斑岩型以平泉下营坊矿区下金宝沟为代表，矿体呈细脉状、网脉状或细脉浸染状，赋存于蚀变花岗斑岩中，含金品位较低，为1~5克/吨，但规模较大，现正进行地质工作。平泉洼子店金矿生成于正长斑岩的蚀变构造带种，高岭土化强烈，矿体长10~30米，含金3.05克/吨，矿石矿物由多金属硫化物组成，脉石矿物为石英及方解石等，其中含有方铅矿、闪锌矿及黄铜矿组成的透镜状、扁豆状富矿体，可综合开采利用。

矿金主要为河流阶地冲击型，挂兰峪乡八挂岭、丰宁宽沟皆进行过地质工作，未找到富集部位，宽城长河中游，围场克勒沟乡大苇子沟一带有新的进展。大苇子沟砂金有三层，厚0.4~3.30米，平均厚0.93米，属混合型砂矿，平均品位0.7克/立方米，已获金属储量248千克，规模较小。长河砂金矿由山家湾子至莲花池全长33千米，宽40~200米，有砂矿两层，厚5.01米，含金0.2~0.7克/立方米，初步估算远景储量2.7吨，尚未提交报告。

2. 资源情况

全区共有金矿产地11处，均为岩金。列入《河北省矿产资源储量表》的产地8处，包括中型3处，即宽城县峪耳崖、牛心山及山家湾子。小型产地5处，有隆化县马架子、兴隆挂兰峪、八岔沟、水泉沟、平泉洼子店等。未列入《河北省矿产资源储量表》的产地3处，即丰宁窑沟、上坝三道沟及围场朝阳湾金矿带，均为小型。另外有3处乡办金矿，即平泉卧龙岗、杜岱营子及石拉哈沟金矿，也保有一定储量。

已探明的金矿储量9388.2千克，其中已列入《河北省矿产资源储量表》的储量7953千克，未列入《河北省矿产资源储量表》的储量1435.2千克，根据乡办矿采矿坑道计算的远景储量为624.5千克，全区金矿保有储量为10.0127吨，其中探明的工业储量（A+B+C级）4224千克，占42.2%，地质储量（D级）4875千克，占48.7%，未探明的远景储量6.2%。矿石品位3~

8 克/吨，可选性良好，选矿回收率 80%～85%，同时综合回收铜、铅、锌、银等。除峪耳崖外，其他多数矿床开采条件简单。

3. 开采利用情况

从光绪十三年（1887 年）起，峪耳崖就有采金活动，至今已有 100 多年的历史，曾有慈禧太后“胭脂矿”的传称。

20 世纪 80 年代探明 14 处产地及尚未探明的 3 处小矿，均已开采利用。承德市群采点 777 个，金原矿品位 10～30 克/吨。20 克/吨以上的原矿块发往“沈冶”，20 克/吨以下的发往“云冶”和中条山冶炼厂，年产原矿 1.7 万～1.8 万吨。

据统计 1985 年共建 8 个金选矿厂（包括峪耳崖矿），年处理矿石 14 万～15 万吨。地方国营金矿年产黄金 3751 两（429.7 千克）。1985 年各金矿及群采生产概况见表 8-1-1。

表 8-1-1　各金矿生产概况（1985 年）

	产量				生产规模（万吨/年）	实际处理能力（吨/年）	备注
	年产矿石量（吨）	黄金总量（两）	含金量（两）	成品金（两）			
全区	106011	13751	12021	1730	14.5	151900	
宽城华尖金矿	10335	1830	1790	40	1.5	18566	自产及收购
平泉碾子沟金矿	9445	993	453	540	1.5	23475	自产及收购
隆化马架子金矿	8746	1231	328	903	1.5	14364	自产及收购
兴隆挂兰峪金矿	7780	366	119	247	0.75	8657	自产及收购
丰宁窄岑金矿	6000	947	947		0.75	5621	收购不足
围场朝阳湾金矿	9205	618	618		0.75	6782	自产
峪耳崖金矿	5400	6700	6700		5.9	6000	自产
峪耳崖镇金矿	500	1066	1066		1.5	14435	收购 13500 吨

中央直属峪耳崖金矿扩大规模，建成日处理矿石 300 吨的氰化厂，年产黄金 7000～10000 两（即 21.875～31.25 千克）。地方国营金矿 6 个，其规模为 25～50 吨/日，年产黄金 670 两（即 20.94 千克）；在建的平泉洛金洼子金

矿选厂，规模为50吨/日，年产黄金约1000两（31.25千克），乡办峪耳崖镇金矿选厂，生产规模50吨/日，年产黄金1060两（33.125千克）。

1958年3月，国家正式投资建设峪耳崖金矿。40多年来，几代峪耳崖人发扬自力更生、艰苦创业的精神，把峪耳崖金矿从日本人炸成的废墟上重建起来，并逐步从一个年产金几百两的小型矿山，发展成集地、探、测、采、选、氰、冶于一体的国家大型二类企业。1997年，峪耳崖金矿产金突破了32000两大关，昂首迈进“吨金矿”行列。建矿以来，共生产黄金45万两，创造利润1.5亿元，成为具有国内先进水平的国家重点黄金企业。该矿先后获得国家级黄金工业发展做出突出贡献的先进集体、省级先进企业、河北省学邯钢先进企业、河北省工业污染治理达标企业、承德市优秀企业、承德市质量管理先进单位等荣誉称号。2000年6月，峪耳崖金矿经改制进入中金黄金股份有限公司，2009年改制成立河北峪耳崖黄金矿业有限责任公司，从此步入了全新的发展轨道。

峪耳崖金矿坚持走科技兴矿道路，不断完善和改进生产工艺。每年对科研、技改、群众性技术进步项目及合理化建议进行评比、表彰，科技转化生产力步伐明显加快，取得了可观的经济效益。近年来，“壁式爆力削壁充填采矿法”“假底水平向上充填采矿法”“向上分层V形工作面充填采矿法”等先进的采矿方法的研究及推广应用，提升了矿山的生产水平，创造了较好的经济效益。

中金黄金股份有限公司河北峪耳崖金矿，位于河北省承德市宽城满族自治县境内。矿区北距承德市127千米；南距唐山市152千米；目前正在兴建的承德—秦皇岛出海公路经由该矿，交通十分便利。

现阶段承德市金矿开采按照《承德市矿产资源总体规划（2011~2015年）》执行。

4. 资源保证程度

全区已探明的金矿产地均已进行开采利用，有的矿点未经探明也正在实行边采边探，已建的矿山有的已开采到第五至第六中段，斜深200米左右，矿体变化较大，出现资源比较紧张的局面，大部分矿山依靠群采供应资源。就群采而言，由于开采年代较久，浅部易采的矿点逐渐减少，向深部发展又缺乏必要的地质依据及开采技术能力，后劲不足的现象日趋明显。为了保持承德市黄金生产的稳定增长，建议大力加强黄金地质找矿工作，增加地质勘探基金，扩大金矿产地；增加群采扶持基金，按产量落实，以便加强对老矿井的技术改造，以增补欠；搞好生产计划，充分合理地利用矿产资源，提高综合经济效益；地质勘查部门应重视地方小矿山的地质勘查工作，就矿找矿，扩大远景。

（五）银矿

承德市以银矿为主的产地主要分布在围场北部及丰宁县境内的火山岩地区。

1. 地质概况

银矿共有三种类型，产于火山岩及火山碎屑中的火山热液矿床，产于花岗岩中的低温热液矿床及伴生多金属矿床。主要银矿有围场小扣花营及满汗土锰银矿。

火山热液型银矿产于中侏系张家口组熔结凝灰岩的构造裂隙带中，矿带长1200~2000米，宽5~10米，矿体呈层状，长100~400米，厚0.62~1.65米，最厚7.62米。矿石分为锰—银型、银—铅型两类，组成矿物主要为硬锰矿、软锰矿、菱锰矿、辉银矿、方铅矿、闪锌矿、少量黄铜矿、黄铁矿，局部含辉钼矿及金。含银150~180克/吨，铅0.96%~1.10%，锌0.73%~1.57%。低温热液型银矿如丰宁北头营，矿体呈透镜状，产于花岗岩硅化蚀变带中，长10~20米，厚0.5~1.0米，规模较小，矿石矿物由辉银矿、黄铁矿及少量黄铜矿、方铅矿组成。含银品位212.9克/吨。

与多金属伴生型银矿有3处，如平泉长胜沟金矿、碾子沟金矿及毛家沟铅银矿，均为金或铅的副产品。

2. 资源与利用情况

承德市银矿勘探程度较低，已有中型矿产地2处，矿点1处，均尚未开采利用。已获储量343吨，其中小扣花营银金属储量187.9吨，含银208克/吨；满汗土银金属141.6吨，含银185克/吨。北头营银矿仅有13.5吨，含银212.9克/吨。伴生银金属储量81.4吨，地方小金矿1985年副产白银1939千克。

就承德市的地质成矿条件分析，在围场北部及丰宁县北部火山岩分布区开展银矿普查找矿工作，具有较大的远景。

（六）铂、钯矿

红石砬铂矿位于丰宁县东部，是河北省唯一的较大型铂钯矿床。

1. 地质概况

矿体呈似层状、透镜状，赋存于蚀变透明辉岩中，属热液蚀变透辉岩型矿床。矿体厚度及品位变化较大，埋深100米，个别200米。矿石的主要矿物为硫铂矿、砷铂矿，其次为锑钯矿。铂、钯比为5∶1~7∶1。平均品位含铂 0.89 克/吨，钯 0.16 克/吨，五氧化二磷 2.21%，可熔铁 4.66%；在精矿中含少量的锇、铱、铑、金、银等。分为五道沟矿段和梁底下矿段，其中五道沟矿段平均品位较高，铂 101 克/吨，钯 0.21 克/吨，五氧化二磷 2.20%，可熔铁 4.66%；梁底下矿段平均含铂 0.84 克/吨，钯 0.16 克/吨，五氧化二磷 2.39%，可熔铁 4.275%。开采条件简单，5 号坑道以上可以露天开采。

经过详细勘探探明铂、钯矿石量为 779.6 万吨，其中工矿石储量（C 级）216.7 万吨（占 27.8%），地质储量 562.9 万吨（占 72.2%）。

铂金属储量 6929 千克，其中工业储量 2127 千克（占 30.7%），地质储量 4802 千克（占 69.3%）。

五道沟地段含铂品位较高，探明矿石量 212.5 万吨，铂金属储量 2144 千克，占总储量的 30.9%，其中 C 级矿石量 140.3 万吨，金属储量 1423 千克，D 级矿石量 72.2 万吨，金属储量 721 千克。具备优先开采的条件。

钯与铂矿共生，探明金属储量 1352 千克，其中 C 级 300 千克，D 级 1052 千克。

经过选矿试验证明矿石易选，精矿品位铂 300 克/吨，钯 50 克/吨，回收率 86%，尾矿可做水泥辅料及陶瓷原料，需进一步扩大试验，伴生五氧化二磷 17.16 万吨，可综合回收。

2. 开采利用情况

该矿床品位较低，但规模较大。其中五道沟地段，具有较好的开发前景，适合综合开采，回收铂、钯、铁、磷、金及银，尾矿主要为透辉岩可做陶瓷原料，建议进行可行性研究，选择综合性开发方案予以开采，将取得较好的效益。

（七）钨、铍

钨和铍是河北省短缺的矿产之一，兴隆大苇塘钨矿已进行详查工作，矿体呈脉状赋存于片麻岩及闪长岩的破碎带中，属热液型钨矿。矿脉 12 条，有两条主矿脉长 155 米及 203 米，规模较小，含三氧化钨 0.33%。探明矿石储量（D 级）24.7 万吨，三氧化钨储量 816 千克。目前尚未开采利用。

铍矿位于兴隆县挂兰峪乡大茂峪，属含绿柱石石英脉型及含绿柱石伟晶岩。含氧化铍（BeO）0.735%。矿体呈脉状，长几米到 100 米，厚 3~6 厘米，最厚 10 厘米。可进行露天开采或坑采，开采条件简单。已探明矿石储量（D 级）0.1 万吨，氧化铍 11 吨，适合地方进行群采，目前尚未利用。

三、冶金辅助原料矿产

承德市冶金辅助原料矿产共有 6 种，包括溶剂石灰岩、耐火粘土、萤石、型砂、耐火纯杆岩及白云岩。

（一）溶剂石灰岩

1. 地质概况

主要产于古生界奥陶系中，矿体呈层状属浅海相沉积矿床，矿石品位氧化钙 49%~54%，氧化镁<3.5%。分布在平泉党坝、大吉口、大黑山、松树台一带，常与水泥灰岩伴生。

2. 资源及利用情况

全区经过地质工作的产地 1 处，即平泉县小寺沟大黑山石灰岩矿床。探明地质储量（D 级）4063.3 万吨，矿石品位氧化钙 51.27%，氧化镁 1.98%，二氧化硅 2.67%，三氧化二铝 0.24%，三氧化二铁 0.141%，五氧化二磷 0.079%，三氧化硫 0.0516%。矿层长 2000 米，厚 40 米，倾角 50~75 度，埋深 25~300 米，可以露天开采，目前尚未利用，仅有当地群众作为烧石灰的原料进行开采。

（二）耐火粘土

1. 地质概况

承德市已探明耐火粘土矿产地 2 处，即兴隆县平安堡及克里木耐火粘土矿，属赋存于石炭系中的沉积矿床。平安堡粘土矿由硬质粘土及软质粘土组成，硬质粘土含三氧化二铝和二氧化钛 36.0%，三氧化二铁 2.0%，灼减量 13.5%，耐火度 1670℃；软质粘土含三氧化二铝和二氧化钛 33.0%，三氧化二铁 2.5%，灼减量 13.5%，耐火度 1670℃。克里木粘土矿主要为硬质粘土，含三氧化二铝和二氧化钛 42.5%，三氧化二铁 1.75%，灼减量 13.2%，耐火度 1670℃。其他如平泉松树台子高刨沟及杨树岭等地也有产出。

2. 资源及利用情况

已探明产地 2 处，远景矿点 3 处。已探明储量（C 级）1066.7 万吨，远景矿点估算储量 700 万吨。目前尚未正式建厂开采。

平安堡粘土矿储量（C 级）233.8 万吨，其中硬质粘土储量（C 级）189.5 万吨，软质粘土 44.3 万吨；克里木粘土矿探明硬质粘土储量（B 级）189.3 万吨，（C 级）643.6 万吨，合计 832.9 万吨，开采条件简单，品级较好，附近有几处远景矿点尚有资源潜力。仅有克里木矿区由乡办矿进行开采，产耐火土原矿 0.3 万吨，熟料 0.37 万吨。

（三）萤石

萤石不仅是冶金辅助原料，而且也是氟系列化工产品的主要原料，是承德市的优势矿产资源之一。分布在平泉、隆化、围场、丰宁境内。

1. 地质概况

承德市萤石矿床主要由两种类型，一是产于碳酸盐岩中的低温热液交代矿床，如平泉双洞子及杨树岭。二是产于火山碎屑岩中的热液交代充填矿，如平泉郝家楼及围场广发永萤石矿。

热液交代碳酸盐岩—萤石矿床，矿体赋存于蓟县系雾迷山组白云岩及白云质岩的层间破碎带中，矿体呈似层状，长 140~450 米，厚 4~9 米。矿石呈蜂窝状、糖粒状、块状及浸染状，含氟化钙 35. 64% ~ 76. 34%。二氧化硅 52. 81% ~ 15. 43%，局部有重晶石。

火山岩型—热液交代充填型萤石矿床，矿体呈脉状，长 300 ~ 700 米，厚 1 ~ 2 米，最厚 20 米，矿石呈致密块状、梳状、假角砾状，均属单一萤石型矿石。氟化钙含量 41. 8% ~ 85%。

2. 资源及利用状况

已探明萤石矿产地 4 处，其中大型 2 处，小型 2 处，未进行地质工作的矿产地及采矿点 40 处。探明保有储量已列入《河北省矿产资源储量表》的 424. 7 万吨，占全省的 94. 4%。其中工业储量（A+B+C 级）33. 6 万吨，地质储量（D 级）391. 1 万吨。折合氟化钙 185. 6 万吨，其中工业储量（A+B+C 级）11. 5 万吨，地质储量（D 级）174 万吨。另外在丰宁、围场及隆化县境内尚有 40 处群采矿点，估算远景储量 450 万吨，氟化钙含量 60%，折合氟化钙 270 万吨。

经过地质工作勘探的 4 处产地，均进行了不同的开采。杨树岭萤石矿设计能力年产 4000 吨，1985 年开采量为 0. 30 万吨（折合氟化钙 0. 2 万吨）；双洞子萤石矿设计生产能力 3000 吨/年，1985 年开采量为 1. 35 万吨，其中氟化钙≥65%的 C 级储量 0. 3 万吨，氟化钙 35%的 D 级储量为 1. 05 万吨。损失量按 2%计算，损失矿量 C 级 60 吨，D 级 210 吨。围场广发永萤石矿开采量 1. 2 万吨，损失量 0. 2 万吨。平泉郝家楼萤石矿尚未建厂，仅有乡办矿进行少量开采。

此外，丰宁四道沟、围场石桌子、隆化三岔口均未进行地质工作，开采历史较长，已保有储量不多。

杨树岭、广发永及群采萤石矿点以生产冶金级块矿为主，双洞子萤石矿品位较低，供平泉萤石选厂利用。该选厂设计能力 1 万吨/年，年产萤石精粉 5000 吨，精矿品位氟化钙 97%以上，回收率 50% ~ 70%，萤石精粉属化工级原料，现销往苏联等国。

据 1985 年工业普查统计，全区独立的萤石矿山企业 19 个，产萤石原矿

6.14 万吨，其中地方国营矿山 4 个，产萤石原矿 2.82 万吨，乡办矿产量为 3.32 万吨。

平泉县萤石矿山 8 处，其中地方国营 2 处，原矿产量 2.81 万吨。围场县 6 处，其中地方国营矿 1 处，原矿产量 2.40 万吨。丰宁县 3 处，地方国营 1 处，原矿产量 0.73 万吨。隆化县乡办矿山 3 处，原矿产量 0.2 万吨。就目前情况来看，应进一步加强经营管理，合理规划，提高开采技术水平，才能保持产量持续稳定的增长。

（四）型砂

承德市型砂已探明产地 1 处，属大型风积沙矿床，长 2500 米，宽 500~1200 米，平均厚 7.4 米，赋存于伊逊河东侧的侵蚀基座阶地及次级沟谷中。组成矿物以石英（75%）、长石（20%~24%），其次为岩屑及铁镁质矿物（1%）。粒径 0.25~0.5 毫米，主要化学成分二氧化硅 87.66%，氧化钾及氧化钠 3.83%，氧化钙和氧化镁 0.61%，三氧化二铁 0.58%，三氧化二铝 6.19%，含泥量 0.63%。

保有储量 2102 万吨，其中 C 级 149 万吨，D 级 1953 万吨。1985 年开采量 2.8 万吨，损失量 0.2 万吨。除供围场凤凰岭玻璃厂做玻璃原料外，并销往外地。

（五）耐火纯杆岩及白云岩

耐火纯杆岩主要产于平泉县罗匠沟，属超基性岩岩浆矿床，可烧制镁橄榄石砖和耐火混凝土，氧化镁 39%左右，氧化钙<0.5%，耐火度<1770℃。估算远景储量 5000 万吨，地质工作程度较低。白云岩主要分布在平泉水泉乡下杖子、胡杖子及兴隆潘家店等地，蓟县系雾迷山地层中，有矿点 4 处，远景储量约 8000 万吨，未进行地质评价工作。

四、化工矿产

承德市化工矿产主要有硫铁矿，伴生硫及磷矿 3 种。

（一）硫铁矿

1. 地质概况

承德市有硫铁矿产地 2 处，即兴隆高板河铅、锌、黄铁矿床及兴隆黄土梁黄铁矿床。矿体呈层状、似层状产于长城系高于庄组的下段，白云岩及页岩层中，属沉积型铅锌黄铁矿矿床。矿石为致密块状、条带状、肾状及鲕状。高板河矿矿区共有 10 个矿体，分布在安子岭及高板河矿段，其中 6 号、7 号和 5 号、8 号矿体为主要开采对象。安子岭矿段 6 号、7 号矿体长 2500 米，平均厚 5. 3 米，斜深 400~700 米；高板河矿段 4 号、5 号、8 号矿体呈透镜状、似层状，规模较小。黄土梁矿区只有一层，矿长 650 米，平均厚度 8. 46 米，最厚 20. 2 米。

高板河矿段（4 号、5 号、8 矿体）4 号矿体含硫 19. 01%，5 号矿体为 34%，8 号矿体为 30. 66%；安子岭矿段含硫为 18. 91%，锌 0. 81%，铅 0. 29%。黄土梁矿区黄铁矿含硫 18. 47%。

2. 资源及利用情况

高板河矿床进行了详细的勘探工作，保有储量 2119. 2 万吨，其中 B 级 173. 6 万吨，B+C 级 1290. 1 万吨，D 级 829. 1 万吨，按含硫 35%折算标矿储量为 1145. 0 万吨。

安子岭矿段保有储量 1914. 6 万吨，其中 B 级 173. 6 万吨，B+C 级 1290. 1 万吨，D 级 624. 5 万吨；高板河矿段（4 号、5 号、8 号矿体）保有储量 D 级 204. 6 万吨。

全区伴生锌金属量 496400 吨，伴生铅金属量 11900 吨。另外含有镉、锗、铊。铊金属量（D 级）625. 04 吨。伴生矿产尚未利用。黄土梁矿区保有储量 494. 9 万吨（折合标矿 206. 9 万吨），其中 C 级 36. 5 万吨，D 级 457. 9 万吨，现由当地进行小规模群采。

高板河与黄土梁黄铁矿均以井下开采为主，工程地质条件简单，水文地质条件复杂，属于溶隙、裂隙充水为主的直接进水矿床，应避开水库进行开采。

现在该矿由兴隆县硫铁矿进行开采，1985 年产矿石 1. 87 万吨，安子岭 7 号矿体由安子岭乡进行开采，产矿石 1. 5 万吨，并有部分为当地乡村开采。由于开采技术条件差，设备简陋，以出售富矿块为主，喷狂均为利用，铅、锌没有综合回收，资源浪费很大。应筹措资金建设选矿厂，其经济效益必然倍增。

（二）伴生硫

伴生硫矿赋存于兴隆莫古峪矽卡岩型以钼为主的锌铜铁硫多金属矿床中，与钼伴生，规模中型，保有储量 67. 3 万吨，硫 6. 3 万吨，其中矿石储量（C 级）27. 5 万吨，硫 2. 3 万吨，（D 级）矿石 39. 8 万吨，硫 2. 3 万吨。由于埋藏较浅，矿体形态变化大，尚未进行开采。

（三）磷矿

1. 地质概况

磷矿有两种类型：一是早前寒武系变质矿床，如丰宁招兵沟磷矿；二是岩浆型磷灰石矿床，如大乌苏沟磷矿。

早前寒武系变质矿床产于太古界单塔子群白庙子组片麻岩中，有两个主矿层，8 个矿体，呈层状、似层状产出。矿体长 1040～2250 米，矿石类型为片麻状磷灰石，斑状钛磁铁磷灰石，细粒钛磁铁磷灰石三种，Ⅰ层矿品位五氧化二磷 4.4%，五氧化二钒 0.205%，二氧化钛 7.96%，全铁（TFe）23.31%；Ⅱ层矿品位五氧化二磷 4.23%，五氧化二钒 0.097%，二氧化钛 5.22%，全铁（TFe）14.22%。水文地质条件中等，坑道系流水量小于 100 米/小时。

岩浆型矿床产于苏长岩中，矿石为苏长辉石磷灰石类型，有两个矿体呈透镜状及似层状，长 1170～1200 米，厚 40.28～92.74 米，平均品位五氧化二磷 4.51%，全铁 17.64%，五氧化二钒 0.099%，二氧化钛 5.38%，钴 0.07%。开采条件简单，适于露天开采。

2. 资源及利用情况

承德市磷矿产地 2 处，其中大型 1 处、中型 1 处。保有储量 14253.8 万吨，折合 30%的标矿 4098.4 万吨。

招兵沟保有储量 8891.0 万吨，B+C 级 5067 万吨，D 级 3824 万吨；大乌苏沟保有储量 3562.8 万吨，折合标矿 536.6 万吨，皆为 D 级。

招兵沟矿区设计生产能力 15 万吨/年，年产磷精矿 1.69 万吨，铁精粉 1078 万吨，服务年限 25 年。1978 年建成投产，由于市场形势的变化，1980 年停产，设备调离，大乌苏沟至今尚未开采。

承德市磷矿虽然规模大，但是品位低，必须综合开采利用。据测算这种类型的磷矿的品位五氧化二磷在 8%以上才能取得较好的经济效益，就招兵沟而言，1 层矿含铁品位 23.31%，有的地段含铁 30%以上，可以作为铁矿开采利用。

磷矿是河北省及华北地区较缺乏的矿种，在可能的条件下，进行综合利用的可行性研究，对解决承德市磷肥资源方面，将有非常重要的现实意义。

五、建材原料及其他非金属矿产

承德市非金属类矿产资源潜力巨大，开发前景广阔。以水泥灰岩为例，预测 2020 年达到 2000 万吨，水泥灰岩资源优势显著《承德市矿产资源总体规划（2011～2015 年）》。随着社会经济和科技技术的发展，建材及其他非金属矿产资源的应用范围逐步扩大，需求量日益增长。承德市已发现和开采利用的有水泥灰岩、水泥用粘土、砖用粘土、沸石、膨润土、珍珠岩、长石、硅石、高岭土、玻璃石英砂、石榴子石、燧石、大理岩、花岗岩、板岩、冰洲石及玛瑙等。另外，滑石、蛭石、云母、石墨、叶腊石、岩棉玄武岩、铸石辉绿岩、玻璃用凝灰岩及陶瓷用透灰岩等亦有发现，并具有较大的开发远景。前 17 种列入《河北省矿产资源储量表》的仅平泉双洞子石灰岩 1 处，经过地质工作尚未列入《河北省矿产资源储量表》的 5 种，即水泥灰岩 3 处，水泥粘土 1 处，沸石 2 处，高岭土、膨润土各 1 处，合计 8 处。除膨润土外，16 种矿产群采点 179 处，根据开采情况及地质条件估算了远景储量，其他 9 种矿产未进行评价。

（一）水泥灰岩

主要分布在兴隆县北部及宽城、平泉县境内。

1. 地质概况

承德市水泥灰岩成层状产于中奥陶统马家沟组中，属浅海相沉积矿床。矿层长 200～300 米，厚 50～70 米，含氧化钙 49.52%～52.42%，氧化镁 0.4%～1.92%，大部分分属 1 级品。开采条件简单，适于露采，剥采比0.21～0.51：1。

2. 资源及利用情况

已列入《河北省矿产资源储量表》的产地 1 处，未列入《河北省矿产资源储量表》的储量 3 处，总储量 8655.8 万吨（见表 8-1-1）。除兴隆洞庙河正在筹建外，其他 3 处均已建厂开采。初勘，详查产地各 1 处，初查产地 2 处。另外还有群采较集中的采区 3 个，远景储量约 9000 万吨。

平泉双洞子保有储量 1802.8 万吨，其中 C 级 1768.7 万吨（占 98.1%），D 级 34.1 万吨；洞庙河保有储量 5016 万吨，其中 B 级 1392 万吨，B+C 级 2744 万吨（占 54.7%），D 级 2272 万吨；宽城罗家沟保有储量 D 级 1207 万吨，兴隆北营房 D 级 630 万吨。

平泉松树台远景储量 5000 万吨，大吉口 2000 万吨，黑山口 2000 万吨。可作为地质勘测工作的后备产地。现由当地作为石灰的原料进行开采。

1985 年有水泥厂 10 座，其中地直企业 1 个，县办的 5 个，乡办的 4 个。产水泥 18.59 万吨，熟料 5.42 万吨，需石灰岩矿石 23.24 万吨；乡办石灰厂 6 个，产白灰 3.24 万吨，需石灰石 4.86 万吨。损失率按 5%计算，其消耗矿石储量 30 万吨。

当前承德市以小水泥厂为主，水泥质量较差，生产效率也较低，应选择适宜的产地建设骨干矿山，洞庙河水泥厂建成后可缓和承德市对水泥的需求，同时应在平泉、宽城一带选择有远景的地带进行水泥灰岩的地质勘查工作。

（二）水泥及砖用粘土

用于水泥的辅料及烧制建筑用砖的主要原料为黄和土黄土状亚粘土，分布在河流二级阶地上，属第四系更新带河流冲击、淤泥而成，呈层状产出。其规模因地而异，一般含二氧化硅60%～68%，三氧化二铝12%～15%，三氧化二铁3%～5%，氧化钠和氧化钾3%～4%，铝氧率2%～3%。

对于水泥粘土的地质工作，一般在评价水泥灰岩矿床时，一并进行，就地取材。制砖用粘土也无须进行地质评价，据初步调查资料统计，以滦平、隆化、丰宁、围场四县分布的面积广，估算可采储量8000万吨以上，已进行评价的产地1处，即上窝铺—北营房地段，储量300万吨。砖用粘土储量约20800万吨。

全区每年用土约120万吨，其中水泥用土6万吨。由于黄土的开采涉及耕地问题，应尽量采用煤矸石，粉煤灰、炉渣粉砂岩及页岩来代替。

（三）沸石

沸石是承德市的优势矿产资源之一，分布在围场、隆化、平泉、滦平等县。矿体呈层状、似层状赋存于上侏罗系张家口组中上部的火山碎屑沉积型矿床，矿石呈块状、角砾状，主要由斜发沸石、蒙脱石及火山灰等组成。粉红色、淡绿色、棕色、灰白色均有，以淡绿岩较佳，吸铵值100～170毫安当量/100克，化学成分：二氧化硅63%～71%，三氧化二铝11%～15%，三氧化二铁0.8%～2.5%，氧化钙0.7%～3.5%，氧化钾和氧化钠1.5%～9.0%，阴性分子水2.55%～5.77%，阳性分子水3.61%～9.48%。开采条件简单，皆可露采。

由于沸石的价格较低，其经济效益与交通条件和剥采比大小有密切的关系。已有2处产地进行了地质评价和详细普查工作，即围场鹿圈和隆化伊逊河沟矿区1300万吨。在京通铁路沿线南起滦平东营子、金沟屯、隆化上金堂、张三营、东大坝，经四合永、银镇、北至朝阳地，锦承铁路沿线平泉县魏杖子乡王家营一带以及围场县道坝子等地，计有采矿点57处，估算可采储量18.3亿吨。

1985年全区有独立的沸石矿山企业9个，其中县营矿1个，乡办矿8个，全年矿石5.0万吨，各群采点产量约100万吨，销往华北各地用做水泥的辅料。

（四）膨润土

膨润土广泛应用于铸造、石油、化工、冶金、陶瓷和水泥工业，至今只有一处产地（即隆化伊逊河沟）进行了详查工作，围场鹿圈沸石矿层中也有伴生。矿体呈层状、似层状或透镜状，属于上侏罗系张家口组熔结凝灰岩及沸石凝灰岩之上部，颜色为灰白、粉红色等，主要成分为蒙脱石、高岭石等，蒙脱石含量大于70%，膨胀系数12.5%~20.3%，属钙质膨润土，物化性能均符合工业要求，已探明储量1400万吨，经承钢做球团应用试验证明其质量优于宣化膨润土。现由乡镇进行开采加工成粉，供承钢及华北油田使用。

（五）珍珠岩（松脂岩）

承德市珍珠岩有三种类型。第一种呈层状、似层状或条带状，产于白垩系花吉营组中下部流纹岩中的珍珠岩矿床，如隆化郭家屯乡三道沟门矿区。矿体与流纹岩互层，长300~800米，厚1~20米，矿石呈块状，玻璃光泽，贝壳状断口，为典型的珍珠状构造。主要成分为火山玻璃，开采条件简单，可进行露天开采，可采长度500米，平均厚度15米，储量约500万吨，远景储量200万吨。

第二种产于上侏罗系张家口组顶部熔结凝灰岩中，并与沸石、膨润土伴生的珍珠岩床，如围场鹿圈、海带沟矿区。矿体呈透镜状、似层状，长100~300米，厚1~5米，最厚10米，可采储量500万吨。在隆化县东大坝一带也有分布，储量约300万吨。宽城县化皮乡珍珠岩系产于中侏罗系髫髻山组熔结凝灰岩中，与高岭土伴生，矿体呈透镜状，有4处产地，储量500万吨。

第三种是呈脉状充填于中侏罗系安山凝灰岩中的珍珠岩、松脂岩矿床，如平泉县珍珠矿床。矿体呈脉状、条带状赋存于流纹岩脉中，长50~2100米，厚0.3~1.5米，矿石呈淡黄、黄褐色，全玻璃结构。如松脂状含二氧化硅69%~72.43%，三氧化二铁0.97%~1.24%，膨胀倍数8~12，属Ⅰ、Ⅱ极品，储量100万吨。

上述三种类型珍珠岩，松脂岩均由乡镇矿山进行开采，1985年产量0.85万吨。

（六）高岭土

高岭土是多矿物组成的含水铝硅酸盐混合体，基本组分为高岭石、蒙脱石及水云母，是陶瓷工业的主要原料。承德市高岭土有两种类型：一种是赋存于中侏罗系髫髻山组上部与珍珠岩伴生的火山岩型矿床，如宽城县化皮溜子矿区，矿体呈透镜状、扁豆状或团状，长150~200米，断续分布，厚1~2米，矿石呈块状，含三氧化二铝16.58%~21.68%，二氧化硅65.85%~74.35%，三氧化二铁0.85%，氧化钙0.85%，氧化镁0.49%，烧失量8.07。经洗选后精矿白度为78度，属Ⅰ级土，供唐山陶瓷厂制作高档陶瓷器具，已探明储量92.8万吨，由于无计划的开采，至今保有可采储量约50万吨。另一种是产于正长岩中的风化蚀变型矿床，如兴隆安子岭乡沟门子矿区，矿体规模较小，矿体呈块状或土状，含三氧化二铝25%，三氧化二铁1%以下，储量约5万吨，现由乡村开采，销往唐山。

高岭土作为陶瓷、造纸原料，市场需求量较大，是承德市甚至是河北省较为短缺的矿种，应合理开发利用。

（七）长石和硅石

长石和硅石共生，是陶瓷及玻璃的主要原料，承德市有伟晶岩型与石英脉型两种类型，皆赋存于太古界变质岩系中，呈脉状产出，各县均有分布，以丰宁、滦平、隆化、平泉较多，但比较分散。由“双七”长石矿进行开采。矿脉长30~500米，断续长2000米，厚1~5米，最厚10米，矿脉膨大部分有分带现象，均属简单伟晶岩，可采部分为块状带，长石与石英成块状共生，块度0.5平方米。长石的化学成分二氧化硅63.07%~65.48%，三氧化二铝18.13%~22.43%，三氧化二铁0.33%~0.53%，氧化钾和氧化钠9.24%~15.52%，氧化钙0.6%~2.87%，氧化镁0.02%。分为钾长石（二氧化硅>65%，氧化钾>13%，氧化钠2.1%）和钠长石（二氧化硅>63%，氧化钠>7.8%）两种。可采储量30万吨，远景储量200万吨。1985年产700万吨。硅石含二氧化硅96%，氧化钙0.09%，氧化镁0.02%，含铁微量，储量约10万吨，全区长石远景储量约600万吨，年产约2万吨。

石英脉型硅石矿也产于太古界片麻岩系之中，地质条件与长石伟晶岩相同。规模较大者如滦平县磴厂杨树下硅石矿，平泉鹰窝沟硅石矿，长3000~4000米，厚15~20米，矿石呈块状，乳白色半透明，含二氧化硅97.86%~98.24%。含铁甚微，一般均小于0.05%~0.1%。在丰宁四岔口，隆化韩麻营等地均有产出。全区硅石的远景储量约3300万吨，年产约2.5万吨。

（八）玻璃石英砂

玻璃石英砂是主要的玻璃原料，也可做铸造型砂。承德市已发现有2处，分布在伊逊河及滦平河谷阶地上，为风成矿床。隆化唐三营沙陀子石英砂位于伊逊河中游西岸的河谷侵蚀阶地上，长300米，宽50米，厚2~5米，石英含量80%左右，长石含量20%左右，二氧化硅含量86.32%，储量119.02万吨。滦平县金沟屯的石英砂也属这类型，规模较大，含二氧化硅92%，三氧化二铁<0.98%，储量约1000万吨，未进行地质工作，目前尚未利用。

（九）石榴子石及燧石

石榴子石及燧石属研磨材料矿产。承德市已发现石榴子石产地2处，燧石1处，曾经开采销往日本。

石榴子石矿有岩浆岩型及变质岩型两种矿床，滦平哈叭沁石榴子石产于榴闪岩中，北部由 7 个矿体组成，最长 140 米，宽 10 米，南部由 4 个矿体组成，长 340 米，宽 10~30 米，近东西向展布。矿石呈暗绿色，粒状结构，块状结构，主要矿物为石榴子石、角闪石及少量辉石，石榴子石为棕红色、棕褐色粒状集合体，属钙铁榴石，矿石中石榴子石含量 70%，摩氏硬度 6.94 度，是较好的研磨材料。矿石储量 246 万吨，按含矿率 70%计算石榴子石储量为 172 万吨。

滦平县王营石榴子石矿，产于太古界片麻岩系中，矿石为石榴子石片麻岩，矿体呈透镜状，长 100~300 米，厚 5~10 米，相间平行排列，石榴子石为棕褐色的铁榴石，含量 18%~30%，估算较富地段的储量 54 万吨，远景储量 100 万吨。尚未开采利用。

（十）大理石、花岗岩及板岩

大理石、花岗岩就岩石而言，承德市各县均有分布。作为建筑石材及装饰石材而言，能够被开采利用的产地，目前还很少有。

大理石品种较多，属于碳酸盐质的建筑装饰石材，有云花玉、燕山白、艾叶青、芝麻花、东北黑、紫豆瓣、黄豆瓣等，归属类型有蛇纹石化大理石、白云质大理岩、透辉石大理岩、结晶灰岩及竹叶状灰岩类，主要分布在兴隆、宽城、平泉及滦平县境内，丰宁、围场也有零星分布。地质工作程度很低，仅有滦平五道营乡范家沟等地 5 个点进行过初步检查，计算远景储量 200 万立方米。其他地区储量不详，初步估算有 24 处产地，储量为 18 亿吨，约 6 亿立方米，荒料率按 20%计算有可采储量 1.2 亿立方米。

花岗石承德市各县均有分布，以丰宁、滦平、平泉、隆化较多，主要品种有蟒皮花、玫瑰、雪花白、燕北青等主要产地，如隆化疙瘩营、滦平周营子、丰宁朱家窝铺及四道河、平泉大窝铺、隆化八达营白云山及大坝汤泉沟、兴隆麻地及红梅寺等，远景储量 10 亿吨。有的曾作为建筑石材开采，有的作为板材加工，由于开采技术条件的限制，至今尚未形成批量生产能力。已建的大理石加工厂，不得不由外地购料。

板岩也是一种建筑石材，主要用做屋瓦别具一格。围场尚被当地用来盖屋顶，既经济又美观。围场大唤起板岩系灰色凝灰质粉砂岩及砂页岩，厚 0.5~2 厘米，致密坚硬，节理不发育，抗压强度较大。

南双洞板岩为黑色角页岩，系长城系串岭沟组页岩，遭受热力变质后形成，最薄 0.5~1 厘米，但节理较发育，荒料率较低。这种矿产缺乏必要的地质工作，其远景储量约 400 万吨。

（十一）冰洲石及玛瑙

冰洲石属光学矿物原料，即透明无瑕的方解石，化学成分为碳酸钙，以其独有的双折射较大的特性，而被制成光化学仪器的重要部件——镜片。承德市是全国重要的冰洲石产地之一，有两种类型：一种是产于碳酸盐地层中的冰洲石矿，矿体多呈块状赋存于溶洞填充的方解石集合体中，或方解石脉的膨大部位，质好块大。如平泉大吉口老虎洞、党坝、兴隆县大杖子杨树沟一带均有产出。另一种是产于中生界安山岩中的冰洲石矿床，多赋存于方解石脉中，质次块小，有些矿点分布在围场北部半截塔一带。以往地质部门曾对党坝、大吉口一带进行过调查和评价，发现一些矿点，由于群采缺乏必要的知识和开采的技术方法，很多矿体遭到破坏。据初步预测尚有 4 处矿点可以获得 150 吨的荒料。

玛瑙属宝石类矿产，主要成分为二氧化硅，用于制作宝石装饰件，研磨器皿或研磨材料。呈脉状赋存于火山碎屑岩中的玛瑙块度大，但颜色为黑色居多，用做研磨材料。充填于火山岩气孔中的玛瑙呈圆球状，颜色种类较多，但是块度较小，可做工艺装饰品原料。据初步统计，分布在丰宁四岔口、花吉营、围场半截塔、城子一带的采矿点较多，远景储量约 800 吨。平泉东部范杖子一带以脉状玛瑙为主，远景储量约 1200 吨，但是浅部已被群采破坏，深部则由于缺乏必须设备和开采技术。

（十二）其他非金属矿产

除上述 17 种建材及非金属矿产外承德市尚发现有石墨、滑石、云母、蛭石、叶腊石、岩棉玄武岩、铸石辉绿岩、玻璃用凝灰岩及陶瓷用透辉岩等。

石墨赋存于太古界单塔子群凤凰咀片麻岩中，呈似透层、透镜状分布在滦平红旗、丰宁门营及隆化孤山等地。隆化韩麻营乡孤山石墨有储量 9.69 万吨，现已开采，年产量 500 吨，供承钢使用，含固定碳 9.48%～12%。滦平红旗梁底下石墨矿。矿体长 500～3500 米，厚 4～40 米，含固定碳 3%～4%，品位较低，其中有 300 米地段，厚 2～6 米，固定碳 4.12%，最高 7.85%，矿石储量约 50 万吨，可以露采。

滑石产于滦平小营西沟，矿体呈层状产于片麻岩中，长 670 米，厚 20～50 米，其中夹有角闪石岩透镜体。矿石为浅绿色，灰白色滑石片岩，滑石含量 60%～70%，化学成分：氧化镁 20.12%～24.65%，氧化钙 2%左右，三氧化二铁 8%～11%，二氧化硅 50%～56%，白度 36.6%～43.6%，属Ⅲ极品。矿石储量约 200 万吨，尚未开采。

云母产在隆化南店子及牛羊沟，属伟晶岩型矿床，南店子伟晶岩脉长 25

米，厚1.7米。白云母富集在脉体的两侧，厚0.2~0.6米，粗造率145千克/立方米，6号矿（10~20平方厘米）占72%，5号矿（20~40平方厘米）占9.2%，含铁斑点>25%，属二类乙级矿，储量约30吨，曾经土法开采，矿体遭到破坏而停。牛羊沟伟晶岩脉长120米，厚25米，矿脉长40米，厚2米，粗造率30千克/立方米（4平方厘米以上的），剥分结果：8号矿（4~6平方厘米）72%。6号矿（10~20平方厘米）7%，5号矿（20~40平方厘米）2%。云母储量310吨。根据科学技术的发展，云母粉也有广泛的用途。

蛭石只在平泉及滦平县境内发现几处矿点，尚无开采价值。叶腊产在围场县邢家营、老局子一带，产于二迭系板岩及千板岩中的构造带中，为叶腊石片岩。长300米，厚2~5米。矿石呈棕黄色，可做耐火材料或水泥的辅料。玄武岩在围场县分布面积最大，是制造新型建筑材料——岩棉的主要矿物原料，尤其以橄榄玄武岩质量最佳，有很大的开发潜力。铸石辉绿岩主要分布在平泉双洞子一带，产在青白口系下马岭组页岩之中。玻璃用凝灰岩即碱质凝灰岩，在隆化伊逊河沟与沸石、膨润土共生，可以综合开采利用。丰宁红石砾铂矿区的透辉岩可做陶瓷的原料，均有待进行必要的地质评价和应用实验研究。

综上所述，承德建材原料及非金属矿产资源的潜力很大，开发前景十分广阔。

六、承德市矿产资源的基本特点

（一）矿产资源丰度

矿产资源的丰度，表现在矿产种类及探明储量和保有储量的多少，不仅取决于各种矿产的成矿地质条件，而且在一定时期与地质工作程度和开采强度有极为密切的关系。承德市黑色金属、有色金属、贵金属矿产及化工原料矿产等均具有较好的有利成矿条件，以往地质工作程度较高，探明了几处大、中型的矿床，但为数不多，建材及非金属矿产蕴藏着较大的资源潜力，地质工作程度较差。归纳起来有如下特点：

已探明并保有储量较多的矿产有铜、锌、钼、铂、钯、银、硫铁矿及萤石8种，与全省相比，其中铂、钯、银及萤石均占首位，钼占78.1%，硫铁矿占53.4%，铜占50.2%，锌占46.4%。按承德市已列入《河北省矿产资源储量表》中的矿产比较，保有工业储量较多的矿种为耐火粘土及水泥灰岩均占首位，其他如铅矿储量占68.5%，锌占68.4%，硫铁矿占60.9%，铁矿占3.8%，金占42.2%。就经济效益而言，铁、金、萤石及硫铁矿是承德市的优势矿产资源。

探明一定的储量，保证程度较差的矿产有建材及非金属矿产，其中沸石珍珠岩、水泥灰岩、大理岩及花岗岩等虽然具有较好的成矿条件，矿点很多，但由于地质工作程度低，资源底数不清，工业利用技术落后，尚未充分利用。

探明储量少，保证程度低的矿产主要有金、银、铜、铅、锌、锰、铍等，其中金、银、铜、铅、锌等具有一定的成矿条件，已知矿点较多，已探明了一些储量，但规模小，矿石贫，除金之外尚难以开采利用。

矿产资源探明储量较多，但尚难利用的矿产有铂、钯、磷、钛、钒等，由于品位低或选矿技术不过关，目前尚未利用。

（二）贫矿为主、富矿少

已探明的有色及贵金属矿产如铁、铜、锌、铅、铂、钯、磷及部分萤石，皆属贫矿，铁为20%~40%，磷为4%~6%，硫铁矿为8%~18%，铂为1克/吨，钯为0.19克/吨，都需经过选矿才能利用，由于采选成本和综合利用的经济效益缺乏可行性研究，已探明铂、钯、磷等大型矿床尚未开采利用。

（三）伴生、共生矿为主，单一矿种少

承德市铁矿主要分布在兴隆、宽城一带，就近有煤、耐火粘土及熔剂灰岩产地配套，为发展承德小钢铁基地提供了较丰富的资源。兴隆硫铁矿储量较大，并伴生铅锌，是建设硫系列产品基地的有利条件；平泉县萤石矿比较集中，为氟系列产品基本建设，提供了较为富集的资源。兴隆硫铁矿储量较大，并伴生铅锌，是建设硫系列产品基地的有利条件；平泉县萤石矿比较集中，为氟系列产品基地建设，提供了较为富集的资源。

第二节　承德市矿产资源开发利用

承德矿产资源丰富，是河北省矿产资源大市之一。矿产资源现状总的特点是矿产种类多，矿床数量多，但小型矿床多，大中型矿床少；单一矿床少，共生、伴生矿床较多；富矿少贫矿多；矿产分布不均衡，各县域在矿种分布、矿床规模上也有较大差别，从资源勘查与开发角度各具优势。铁、金、银、铅、锌、钼、铜、煤、水泥用灰岩、萤石、饰面用花岗岩、铸型用砂是承德市开发的主要矿种和优势矿产（《承德市矿产资源总体规划》，2011~2015年）。

一、矿产资源勘查、开发现状及形势

（一）矿产资源调查评价及勘查

承德市地域辽阔，地质条件复杂，成矿条件优越，在漫长的地质历史发展过程中，成矿作用频繁，形成了多种类型的矿产。承德市矿产资源丰富，是河北省矿产资源大市之一，部分矿种的资源储量在河北省乃至全国占有重要地位。截至2010年底，已发现各类矿产98种，查明资源储量的矿产55种。

截至2010年底，全市设置探矿权275处，其中能源矿产3处、金属矿产265处、非金属矿产7处；完成勘查工作86处，其中普查52处，详查18处。铁、金、银、铜、钼、铅锌多金属等矿产的勘查程度相对较高，勘查深度因矿种而异，金属矿一般为200～400米，非金属矿一般为100～200米。地质勘查资金投入不断增加，初步形成了中央和地方财政以及国有企事业单位、民营企业等多元化投资格局。

（二）矿产资源开发利用现状

1. 矿业经济与布局

截至2010年底，承德市拥有各类矿山企业1179个，从业人员逾10万人，矿业采选业及黑色金属压延业实现财政收入41亿元，占全市财政总收入114亿元的36%。已初步形成了能源（煤炭、地热水）、黑色、有色和贵金属（铁、钒、钛、铜、钼、铅、锌、金、银）、化工（硫、磷、萤石、白云岩）及建材（水泥灰岩、饰面花岗岩、饰面正长岩、石料）等矿产为主的矿业开发格局。通过矿业秩序治理整顿、矿产资源整合等方式，矿山企业布局日趋合理，有效利用资源、集约化、规模化、集团化矿业开发的格局正在形成。

2. 资源利用现状

截至2010年底，承德市列入《河北省矿产资源储量表》的35种矿产和192处矿产地中，有28种矿产、178处矿产地已开发利用；未列入的有21种矿产，产地940处。全市已开发利用的49种矿产中，铁矿300处、金矿139处、煤矿65处，占矿产地总数的43%；全市已评价矿泉水10处、地热泉10处，其中地热资源较丰富，具有一定开发潜力。

承德市是我国最大的钒钛磁铁矿资源基地之一，具有得天独厚、储量丰富、分布集中的钒钛磁铁矿资源。全市共有钒钛冶金生产企业4家，其他钒钛产品深加工重点企业8家，系列钒产品产能3.4万吨，2011年产量为1.68万吨，钒产品产量占国内总产量的35%。2011年，承德市钒钛产业实现工业增加值 368.1 亿元，占全市 GDP 的 33.44%，占规模以上工业增加值 77.07%，财政贡献率占全市财产收入的 42%。“十二五”以来，进一步把承德钒钛资源产业化开发与综合利用提升到国家战略层面的高度，并将承德钒钛资源综合利用产业基地作为河北省钢铁工业结构调整的重大项目，纳入国家发改委《“十二五”重点产业生产力布局和调整规划》，使承德钒钛资源综合利用产业基地建设迎来了历史性的发展机遇。形成了以双滦区、隆化县、滦平县为核心区，以河北钢铁股份有限公司承德分公司、万利通集团、建龙特殊钢有限公司、钛通公司等为骨干企业，产业特色明显、产业关联度大、技术水平高的钒钛新材料产业集群。

3. *矿山企业布局*

在矿山规模结构上，承德市大中型矿床少，小型和小小型矿山占有比例大。截至 2010 年底，全市有大型矿山 12 个、中型矿山 42 个、小型矿山 497 个、小小型矿山 628 个，其中小型及以下矿山占矿山总数的 95.42%；大中型矿山企业具备较为完善的矿山采选技术支撑体系，矿产资源开发利用程度和效率较高，小型矿山企业则技术装备落后、产品单一，多为原矿石或初加工产品，缺乏深加工及高附加值的矿产品（《承德市矿产资源总体规划》，2011~2015 年）。

（三）矿山地质环境保护与恢复治理

截至 2010 年底，全市共有废弃矿山 160 处、废矸石堆 943 处，累计排放废石、矸石 2474 万吨，因矿产资源开采累计占用、破坏土地 7550 公顷，其中采矿塌陷区破坏土地 82 公顷、露天采坑占用土地 3661 公顷、尾矿堆放占用土地 2947 公顷、固体废料堆放占用土地 860 公顷。近年来，随着矿山地质环境保护与恢复治理工作力度不断加大，全市矿山土地复垦及矿山废弃物、尾矿的综合利用水平得到大幅提升，累计恢复治理矿山地质环境面积 2385 公顷，矿山土地复垦率 31.59%。2010 年，全市矿山企业植树 1815.4 万株，植树面积 310 公顷，种草 52 公顷；利用矿山煤矸石 12.4 万吨，占当年综合利用率的 30.83%；处理废石 502.62 万吨，占当年综合利用率的 20.66%；处理尾矿 2043.29 万吨，当年综合利用率达 25.14%（《承德市矿产资源总体规划》，2011~2015 年）。

（四）首轮矿产资源总体规划实施情况

首轮矿产资源总体规划实施以来，全市对矿产资源管理更加科学与规范，矿产资源勘查工作得到明显加强，整顿和规范矿产资源开发秩序成效显著，矿产资源的开发利用渐趋合理，矿山地质环境保护取得较大进展，矿产资源对全市经济持续快速增长的保障作用日益增强。

地质调查及找矿勘查工作呈现良好的发展态势。截至2010年，地质勘查资金投入总额累计达3.28亿元，矿产勘查投资额度大幅提升。承德大庙—黑山一带钒钛磁铁矿深部及外围勘查取得突破性进展，新增储量1.2亿吨，隆化县大乌苏南沟深部盲矿体（M24）磁异常验证成效显著，已累计探明资源量2.58亿吨，该区推算资源量可达5亿吨以上。

矿业权市场化配置稳步推进。根据国家政策规定，积极探索公益性地质工作与商业性矿产资源勘查分制运行机制，发挥公益性地质工作对商业性勘查的引导作用，通过招标、拍卖、挂牌进行矿业权市场化运作。截至2010年，共组织实施探矿权挂牌出让活动12批次，成交探矿权价款总额逾亿元。

矿业经济持续快速增长。全市矿山采选业增速连续攀升，年均增长达36.87%，矿业已成为推动承德市经济快速发展的支柱产业。截至2010年，铁矿石、煤炭受市场影响，年产量均突破了规划目标，全市铁矿石（含超贫磁铁矿）原矿量年产高达1.89亿吨，铁精粉产量达3560万吨，增速居全省第一；煤炭产量“十一五”规划目标为年递减3.8%，实际原煤产量2000年为265.1万吨，2010年为246.6万吨，年均产量略有下降；其他矿种金、银、钼精矿的产量均稳中有升，化工及建材类矿产产量略有波动，基本符合规划预期目标。在首轮矿产资源开发利用与保护规划的调控总量、调整结构引导下，全市已初步形成了较为合理的矿业开发格局。例如，黑山—大庙式钒钛磁铁矿，滦平县周台子铁矿、宽城县豆子沟和北大岭铁矿，宽城县峪耳崖金矿，丰宁县银矿、钼矿，营子区和承德县水泥灰岩，承德县甲山石材开发以及宽城、滦平、平泉、隆化等县境内超贫磁铁矿等矿业基地的形成，为矿产资源综合利用、规模开发以及后续加工业的生产和布局奠定了基础，资源效益和经济效益日益凸显。

矿山规模结构不断优化，矿产资源综合利用水平逐步提高。近年来，全市大力开展矿业秩序整顿，强力推进矿产资源整合，有效调整和优化矿山布局。截至2010年，全市大、中型矿山比例由2000年的0.07%提高到2010年的4.58%；小煤矿、小金矿等小矿山也得到有效整合与治理，煤矿比2000年减少67%，金矿比2000年减少13%。

矿山“三率”指标考核体系逐步健全，其中大中型矿山资源利用率明显改善。铁矿露天开采大中型矿山回采率达到90%，地下开采回采率达到80%，选矿回收率85.13%；金矿开采回采率85%、选矿回收率84%；煤矿矿井回采率达68.8%，建材等非金属类矿山采矿回采率也明显提高；主要共伴生矿产得到有效利用，有色金属及贵金属矿产资源综合利用率达到30%。

矿山地质环境保护与恢复治理工作成效显著。截至2010年，全市矿山地质环境保护和恢复治理工作累计投入资金超过1.2亿元，完成“绿色矿山”建设650个，恢复治理面积2385公顷，矿山土地复垦率31.59%，矿山废渣综合利用率7.54%；滦平县周台子铁矿、丰宁银矿、宽城北大岭铁矿等一批“花园式”矿山企业典型示范工程得到大力推广。

（五）矿产资源保障程度分析

承德市是矿产资源储量大市，也是矿产资源生产和消耗大市。矿产资源为实现全市国民经济跨越式发展和矿业经济可持续发展提供了坚实基础。资源储量能够保障或基本保障需求的矿产，以2010年全市各类矿业开采量为基数，按照现有矿山生产能力，对主要开采的矿产资源储量进行总体测算表明，铁、钒、钛、金、银、铅、锌、钼等金属矿产，查明资源储量保证程度高；非金属矿产中水泥灰岩、沸石、萤石、硫铁矿及饰面石材、建筑石料等矿产资源保证程度高；而煤、铜等矿产资源，现有大中型矿山资源储量不足，面临不同程度的资源危机；因资源储量严重不足而不能保证需求的矿产有锰、铬、磷、高岭土等。

铁矿：铁矿资源储量4.93亿吨，其中，上表矿产地资源储量2.25亿吨，未列入《河北省矿产资源储量表》矿产地资源储量1.94亿吨。2010年，生产铁精粉3560万吨，查明资源储量完全可以满足承德市境内钢铁企业对铁资源的需求。

金矿：金矿资源储量49.60吨，年产量为3.5吨，占河北省总产量的29.2%。规划期间，随着骨干矿山深部勘查后续资源储量的增加，金矿查明资源储量保证程度高，金产量年均递增可达5%。

铜矿：铜矿资源储量140588.98吨，2010年铜选矿产品含铜量为2045.4吨，按现有矿山生产能力推算，查明铜矿资源储量保证程度低，应加大找矿力度，增加铜资源储量。

煤矿：煤炭资源储量9978.8万吨，资源比较短缺。2010年原煤产量246.6万吨，基本保持0.93%的递减率，预计到2015年煤炭产量自给率不足50%。

非金属类矿产：非金属类矿产资源潜力巨大，开发前景广阔。以水泥灰岩为例，截至2010年，全市水泥灰岩资源储量6.66亿吨，预测2015年水泥灰岩需求量为1500万吨，2020年达到2000万吨，水泥灰岩资源优势显著。

（六）存在的问题

找矿难度增大，个别矿种储量不足。承德市找矿方向已由浅部逐步转向深部勘查，加大了找矿成本与难度，同时由于地质勘查资金投入不足、深部探矿技术应用难度大等原因，使得新增矿产地较少，有些矿产如煤、铜等保有资源储量逐年下降，供需矛盾日益凸显。

部分矿山企业资源利用率低。资源利用开发方式多以初级加工为主，深加工矿产品少、附加值低，单位产值资源消耗量大；部分矿山企业选冶设备和工艺落后，矿产资源回收率低下，资源利用效率不高。

铁矿开发面临问题较为突出。一是鞍山式磁铁矿资源利用率较高，但资源储量不足。二是优势矿产节约集约综合开发利用程度低，大庙式钒钛磁铁矿中五氧化二钒（V_2O_5）从钒渣冶炼回收产能和二氧化钛（TiO_2）从尾矿中回收产能较低。三是超贫铁矿开发，因选矿比过大，排放大量尾矿，对矿山周边环境造成了不利影响。

矿山地质环境保护任务繁重。随着矿山开发强度不断增大，采矿活动形成的矿业废渣、煤矸石、尾矿等大量产生，使矿区及其周边的水、土、自然环境以及防洪安全承受更大压力，部分矿山企业对“谁开发谁保护，谁污染谁治理，谁破坏谁恢复”的原则认识不到位、抓落实不够，需进一步加大行政监管力度。

二、矿产资源开发利用的指导思想、基本原则规划目标

（一）指导思想

围绕承德“建设国际旅游城市”的总体战略，立足“科学发展、富民强市”的主题，着力落实“加快发展、加速转型”两大任务，以提高矿产资源特别是钒钛资源保障能力为目标，进一步加强矿产资源勘查，大力实施矿产资源整合，着力调整和优化矿业结构和布局，加强矿山地质环境保护与恢复治理，不断提高矿产资源的综合开发利用水平，努力实现矿产资源利用方式和管理方式的根本转变，充分发挥承德市矿产资源优势，统筹矿产资源开发利用经济效益、资源效益、环境效益和社会效益的协调统一，促进全市矿业经济健康、协调和可持续发展。

（二）基本原则

坚持矿产资源勘查开发与经济社会发展实际需要相结合。发挥矿产资源优势，着力打造国家钒钛资源利用产业基地，促进地方各具特色的矿产资源开发基地和矿业园区的建设和发展，带动全市矿业经济整体发展水平，将资

源优势转化为经济优势。

坚持开源与节流并举，开发与保护并重。加强矿产资源调查评价与矿产勘查，提高矿产资源保障供给能力。把节约与集约利用资源摆在首位，依靠科技进步，提高矿产资源综合利用水平。依法治矿，严格禁止采富弃贫、乱采滥挖等破坏、浪费矿产资源的行为，实现矿产资源的可持续利用。

坚持经济效益与环境效益相统一。统筹考虑矿业开发的经济效益、社会效益与环境效益，注重矿山地质环境保护和地质灾害防治，坚持“谁开发谁保护，谁污染谁治理，谁破坏谁恢复，谁治理谁受益”的原则，监督矿山企业切实履行矿山地质环境保护与恢复治理义务，发展绿色矿业，促进经济发展与环境保护相协调。

坚持科技兴矿原则。增加科技投入，优化矿业结构和产品结构，培育优势产品，拓展新领域，大力开发高附加值系列产品，注意人才引进和职工专业技术培训，提高行业队伍整体素质。

坚持市场配置与宏观调控相结合。充分发挥市场配置矿产资源的基础性作用，大力培育和规范矿业权市场，形成公益性地质调查与商业性矿产资源勘查相协调的局面。加强政府宏观调控，引导矿产资源勘查开发的方向和重点，促进矿产资源的优化配置和勘查开发的合理布局。建立和完善矿产资源勘查开发管理新机制，促进矿产资源利用方式和管理方式的转变。

（三）规划目标

1. 总体目标

加大主要矿产资源勘查力度。实现资源危机矿山深部及外围找矿重大突破，特别是加大大庙—黑山一带钒钛磁铁矿整装勘查力度，为打造中国北方最大钒钛制品基地提供资源保障。

提高矿产资源综合利用水平。节约集约并举，大力研发矿产品深加工技术，提高资源利用效率，实现矿产资源开发方式从粗放型向集约型、生态型转变，矿产资源开发利用逐步趋于合理。

加强矿山地质环境保护工作。矿山地质环境破坏得到有效治理，矿山地质环境状况得到极大改善，形成矿产资源开发和环境协调发展的良好局面。

加强矿产资源宏观调控能力。适应市场经济规则的矿业开发运行机制和管理制度基本完善，矿产资源管理能力和服务水平进一步提高。

2. 2020 年目标

全市矿产资源管理能力与综合服务水平显著提高，矿业经济总量进一步扩大，对区域经济社会发展的保障程度进一步提高，健全和完善与经济社会发展相适应的地质勘查机制，加大重要成矿远景区的综合评价力度，查明一批战略性矿产资源基地，矿产资源开发利用布局、结构与方式更趋合理，矿产资源综合利用水平显著提升，矿山地质环境保护与恢复治理取得新进展。

提高矿产资源利用效率，按照合理开发、有效保护原则，探索建立开发利用钒钛磁铁矿、钒矿、钛矿、磷矿资源长效机制，加强对钒钛磁铁矿中伴生矿产和尾矿再利用的研究。优化矿山布局和矿业结构，完善矿山准入和矿产资源开发利用方案管理制度，以实现多资源协同利用为重点，倡导矿产资源节约集约利用，提高产品附加值。强化矿产资源统一规范管理，严厉治理乱采滥挖、采厚弃薄、采易弃难等违规违法行为。强化资源型企业整合，加快矿山采选和钢铁企业并购重组步伐，加强矿产资源高效开发和节约利用技术研究。

三、矿产资源调查评价与勘查

全面提高基础性地质调查工作程度，突出钒、钛特色矿产和金、银、铁、钼、多金属等重要矿产，以“攻深找盲”和已有矿山深部及周边找矿为重点，加快危机矿山外围和深部接替资源的勘查。按照全市矿产资源开发利用总体布局，结合承德市矿产资源分布特点、成矿地质条件和成矿规律，开展矿产资源调查评价与地质勘查。

（一）基础地质工作

充分发挥基础性、公益性地质调查的引导作用，为社会提供基础地质找矿信息。加强与地质科研院所和高等院校的联系与合作，充分发挥地质科研院所和高等院校在地质科技领域的先导作用，运用新理论、新方法、新技术，突出重要经济区域、重要矿种和重要成矿区带的地质调查，大力开展基础地质研究和基础性地质调查工作明确找矿重点和方向。矿产勘查适时引入大型企业，促进资源整装勘查，实现地质找矿重大突破。

（二）矿产资源调查评价

1. 基础地质调查

在丰宁、围场、隆化、平泉及承德县境内，采用多幅联测的方式安排1：50000区域地质调查10个测区，面积约1万平方千米，预期提交10~19处可供勘查的找矿靶区。开展1：25000高精度航空磁测勘查，面积覆盖全市，根据航磁结果选择有成矿远景的10~30处异常进行查证，结合地质、重力、化探、遥感等资料进行综合研究，为寻找隐伏矿、深部矿和大型矿产资源提供指导。

2. 区域化探查成果研究

开展 1：50000 区域化探查成果二次开发项目 6 个，丰宁县大河西—邓栅子地区金银多金属成矿规律研究、丰宁县南辛营—红旗地区多金属成矿规律研究、围场县新拨—五十家子地区多金属成矿规律研究、围场县老窝铺—下伙房—黄土坎—四合永地区多金属成矿规律研究、围场县棋盘山—扣花营地区多金属成矿规律研究、兴隆县大营子—半壁山地区金多金属成矿规律研究。

3. 主要地质矿产综合研究

以铁、钒、钛、金、银、铜、铅、锌、钼、煤等矿种为主要找矿对象，全面评估找矿潜力，开展资源总量预测评价，初步查明重点成矿区带 500 米以浅矿产资源潜力和空间分布。加强对大庙—黑山一带“攻深找盲”勘查及成矿理论研究，加强区域地质物化探、遥感等综合方法找矿研究，为寻找有色金属、贵金属、大庙式钒钛磁铁矿资源提供技术支撑。

4. 重点调查评价区

积极开展国家级重点评价区金厂峪—汤道河一带金铁矿承德范围内的调查评价工作；加快开展王家窝铺—老伙房铅锌银资源、红石砬—大庙金铁资源等 2 个省级重点调查评价区的调查评价；依据承德市矿产资源分布特点和成矿地质条件，安排调查评价项目 10 个，包括 1：50000 水系沉积物测量，寿王坟、小寺沟外围铜钼普查以及油页岩、煤矿普查评价等。

（三）矿产资源勘查方向与布局

1. 禁止、限制和鼓励勘查的矿种

禁止勘查矿种为砂金和泥炭；限制勘查矿种为超贫磁铁矿；鼓励勘查矿种主要有铁（不含超贫磁铁矿）、岩金、银、铜、铅、锌、地热、煤、油页岩等。上述勘查方向应在今后的探矿权设置及审批时严格执行。

2. 重要矿产资源勘查区域布局

（1）铁矿。

开展大庙—黑山—头沟一带钒钛磁铁矿的整装勘查，预计增加资源储量 10 亿吨；在冀东沉积变质型铁矿成矿区内，对兴隆县跑马村—宽城豆子沟—北大岭勘查区，兴隆县沙坡峪—开庄勘查区，滦平县周台子—孙营勘查区，丰宁县胡麻营—石人沟勘查区等进行勘查评价，预计新增资源储量 2 亿吨。

（2）金矿。

在峪耳崖—汤道河及花市—挂兰峪金矿资源集中区，开展深部及外围普查、详查，预计新增资源储量 10 吨；在红石砬—大庙—五道河一带金矿勘查区，围场县朝阳湾—内蒙古红花沟一带（承德段）金矿勘查，隆化—承德县东山一带金矿勘查区，丰宁县黑山嘴—胡麻营一带金矿勘查区，丰宁县大西沟金矿勘查区，平泉县下营房一带金矿勘查区等 6 处进行勘查评价，预计新增资源储量 10 吨。

（3）多金属矿。

以斑岩型、矽卡岩型和热液型铜、铅、锌、钼矿为找矿方向。钼矿找矿方向为黄旗—乌龙沟深断裂带两侧勘查区，平房—桑园勘查区，兴隆县楠木沟西厂沟钼矿勘查区；铜矿找矿方向为寿王坟—三岔口—平泉下营坊勘查区，刘巴店—下营房成矿带；铅、锌矿找矿方向着重丰宁、隆化和兴隆县域，包括：丰宁县王家窝铺—老伙房勘查区，隆化县郭家屯、韩家店、碱房勘查区，兴隆县高板河勘查区。预计新增资源储量铜 10 万吨，铅、锌各 20 万吨，钼 15 万吨。

（4）水泥灰岩。

兴隆县李家营—北马圈水泥灰岩勘查区，宽城县龙须门一带、平泉县广兴店一带水泥灰岩勘查区。预计新增资源储量 2 亿吨。

（5）地热。

在承德市大石庙—闫营子—偏桥子、隆化县七家—茅荆坝、围场县山湾子乡热水汤地热田、隆化县郭家屯镇三道营汤泉—漠河沟汤泉、滦平县金山岭太子泉等处开展地热勘查。

（6）建筑用石料。

在围场、隆化、滦平、平泉等普查区开展勘查评价工作，预计新增建筑用玄武岩、石灰岩等建筑石料 5 亿吨。

（7）油页岩。

在围场、丰宁、隆化、滦平等普查区开展勘查评价工作，预计新增油页岩资源储量 2 亿吨。

（四）矿产资源勘查规划分区

根据矿产资源的供需形势和国家产业政策，结合矿产资源的保证程度、成矿地质条件及矿山地质环境承载能力等，划定重点、禁止、限制和鼓励勘查规划区，以指导探矿权的合理设置，有效促进矿产资源勘查布局的优化和调整。

1. 重点勘查区

将成矿条件有利、找矿前景良好的区域划为重点勘查区，包括大中型矿山的深部和外围等具有资源潜力的区域。重点勘查区作为国家、省级地质勘查专项资金或地质勘查基金和商业性勘查投入的重点区域，优先安排国家、省级地质勘查基金项目和危机矿山接替资源勘查项目。对国家和省级地质勘查基金全额投资的勘查成果，除国家另有规定外，一律通过市场竞争方式有偿出让矿业权；对地质勘查基金与社会资本或其他资金合作投资的勘查成果，地质勘查基金按照合同约定转让其权益，合作的其他投资方可优先取得矿业权。在引入社会资金的勘查项目原则上采取招标、拍卖、挂牌等市场方式公开竞争。承德市范围划定国家级和省级重点勘查区 5 个。

2. 禁止勘查区

全市境内国家级或省级风景名胜区，文物古迹所在地，重要工业区、大型水利工程设施、城镇市政工程设施可视范围 300 米以内，机场、国防工程设施等圈定的地区禁止矿产资源勘查。在禁止勘查区范围内，除公益性地质工作外，不再新设探矿权，重点地段拟投勘查工程须避让，已有的矿产资源勘查活动要逐步退出。

3. 限制勘查区

限制勘查区主要包括：国家规定实行保护性开采的特定矿种，具有地方特色且资源储量有限、需要储备和保护的矿产地；虽有可靠的资源基础，但现阶段开发技术条件不成熟的矿产地；重要饮用水水源保护区的二级保护区、准保护区；现有技术条件下开发对环境具有破坏性影响的矿产分布区域。

全市限制勘查区主要为水源地二级保护区。对限制勘查区内的现有的探矿权进行严格审查，未达到勘查规划准入条件的，限期提出整改，到期仍不符合要求的，依法注销其勘查许可证。限制勘查区内原则上不再新设探矿权，但对于不动用山地工程的勘查活动，经主管部门批准，可以进入开展地质调查，确实需要新设探矿权的，应进行严格的规划审查和论证。

4. 鼓励勘查区

全市划定鼓励勘查区 12 个：承德大庙—黑山一带铁矿勘查区（范围包括：隆化县韩麻营镇、双滦区大庙镇、承德县高寺台镇部分区域）、宽城县峪耳崖—汤道河一带金矿勘查区、丰宁—平泉岩浆型铁矿成矿带、丰宁南辛营—杨营沉积变质铁矿成矿带、周台子—马山沉积变质铁矿成矿带、宽城豆子沟—汤头沟沉积变质铁矿成矿带、兴隆县跑马村—半壁山沉积变质铁矿成矿带、宽城孤山子—柏树沟超贫（钒钛）铁矿成矿带、兴隆县寿王坟—马架沟接触交代含铜磁铁矿成矿带、乌龙沟—上黄旗多金属成矿带、丰宁—烟筒山多金属成矿带、寿王坟—小寺沟铜钼成矿带。

在鼓励勘查区内，对探矿权的投放时序和数量将给予政策倾斜，并优先安排勘查程度较高的项目。大力支持大庙式钒钛磁铁矿寻找接续资源，加强以黑山东大洼为中心及周边200平方千米范围的整装勘查力度。

（五）勘查规划区块及探矿权设置和配置

承德市共划分勘查区块301处，面积3745平方千米。其中，煤炭资源勘查规划区块5处，铁矿资源勘查规划区块149处，有色金属、贵金属资源勘查规划区块126处，非金属资源勘查区块21处。

探矿权设置。严格实行按勘查规划区块审查探矿权，一个勘查规划区块只设置一个探矿权，一个探矿权可以包含多个成矿地质条件相似、连续的勘查规划区块。2011～2015年计划投放煤矿探矿权2～3个，铁矿探矿权120～160个，有色金属、贵金属探矿权50～80个。探矿权投放时序和数量原则上在不突破规划调控指标的前提下，分年度安排，找矿潜力大的重点勘查区、对经济社会发展影响大的鼓励勘查矿种和鼓励勘查区的项目优先设置探矿权。对新增加的勘查规划区块实行动态管理，按相关程序确定。

探矿权市场配置和管理。依法规范探矿权的出让与转让，为矿产资源勘查创造良好的投资与公平竞争环境。加大监管力度，对圈而不探、以采代探、擅自施工开拓工程以及未完成最低勘查投入等法定义务的矿业权人，责令其整改，逾期不改或整改不力的实行强制退出。

四、矿产资源开发利用与保护

实行重要和优势矿产保护与限制性开采，调控矿产资源开采总量，提高矿产资源持续供给能力。优化矿产资源开发利用布局和结构，促进区域资源优化配置。加强矿产资源节约与综合利用，推动矿业走节约、环保、安全的可持续发展之路。

（一）主要矿种开发总量调控

1. 禁止、限制和鼓励开采矿种

禁止开采矿种：砂金、泥炭。限制开采矿种：超贫磁铁矿。鼓励开采矿种：铁矿（不包括超贫磁铁矿）、钒钛、岩金、银矿、铂钯矿、有色多金属、地热、建筑石材。

禁止开采的矿种不再新设采矿权，已有采矿权期满后立即关闭。限制开采的矿种按年度严格控制采矿权投放总数，并实施严格的规划审查与规划论证制度，达到准入条件后方可投放采矿权。对现有开采超贫磁铁矿的矿山要重新摸底和整顿，实施规模准入、环保准入、安全准入管理制度，要制定科学合理的矿山地质环境恢复治理方案，对达不到相应标准的矿山企业要限期整改直至关停。

对鼓励开采的矿种在符合矿山准入条件的前提下，优先设置采矿权。对金、银贵金属和铜、铅、锌等有色金属矿产，除继续保持基本稳定的开发规模外，鼓励矿山企业采用先进的采选工艺技术，提高采矿回采率、选矿回收率及伴生有益元素的综合利用率，逐步提高矿产资源开发利用的科技水平，使资源效益和经济效益得到大幅度提升。对建材及其他非金属矿山继续发挥其资源优势，加大矿山建设规模，提高矿产品深加工能力。

2. *主要矿种开发总量调控指标*

坚持矿产资源开采总量与经济社会发展相适应、与全市资源条件相适应、与生态环境承载能力相适应的原则，拟定主要矿种开发总量的调控指标。

（1）铁矿。

大庙式钒钛磁铁矿：属承德市传统优势矿产，伴生的钒、钛有益组分赋含其中。

超贫磁铁矿：在有效保障矿山地质环境的前提下，逐步探索开采深部原生矿的经济可行方案，提高矿石产量及选厂的处理量，维持铁精粉产量的稳定。规划到 2015 年保持年矿石处理量 3 亿吨左右，精粉产量 2400 万吨的水平。

（2）金、银矿产。

宽城峪耳崖金矿、宽城铧尖金矿、丰宁银矿、承德县姑子沟银矿以及滦平县北李营金矿等为承德市骨干矿山企业。2010 年黄金产量共计 3.5 吨、银金属 14 吨。规划到 2015 年，黄金产量逐年稳步增长至年产 4 吨、银金属产量增至 20 吨的产能水平。

（3）多金属矿产。

铜、钼、铅、锌等多金属矿产生产总值在全市矿业经济中占有相当比重。特别是钼矿，经对现有生产矿山的调查研究，全市钼矿资源潜力巨大、经济价值总量可观，规划到 2015 年，钼精粉年产量达到 1 万吨水平。全市含镁白云岩矿产资源丰富，规划期间应加强镁金属开发应用研究，力争到 2015 年实现规模开发利用。

（4）水泥用灰岩。

承德市水泥灰岩资源潜力大，开发利用前景广阔，可适度增加开采量以保障全市甚至周边地区水泥生产的需要。规划 2011~2015 年逐步递增至年产 1500 万吨水平，2020 年增至 2000 万吨水平。

（二）矿产资源开发布局及区块划分

1. *矿产资源开发利用区域布局*

依据承德市矿产资源分布特点及矿业开发利用现状，着力调整、优化矿产资源开发利用布局，构建双滦钒钛产业聚集区、隆化钛产业聚集区、滦平钒铁工业区、宽城龙城产业园、双桥区天大钒业、营子区承德建龙集团、承德县天福钛业7个钒钛制品基地及新型材料产业园区，打造矿业新的经济增长极。钒、钛制品发展目标：至2015年，全市年产系列钒产品4.5万吨、钛制品9万吨、全钒液流储能电池1000兆瓦时、含钒优质钢材产能2000万吨，销售收入达到1500亿元。各县、区根据区域矿业发展的现状、资源潜力以及资源环境承载能力，构建1~3个与本地经济开发布局相协调的矿业经济区。

2. *矿产资源开采规划区*

（1）重点开采区。

钒钛磁铁矿：承德大庙—黑山一带钒钛磁铁矿开采区，承德县头沟一带钒钛磁铁矿开采区。

鞍山式磁铁矿：宽城县豆子沟—北大岭铁矿开采区，兴隆县孤山子—烂石沟铁矿开采区，滦平县张百湾—周台子铁矿开采区。

金矿：宽城县峪耳崖金矿、铧尖金矿，平泉县下营坊—郭杖子金矿，承德县两家金矿，滦平县北李营—西沟一带金矿，丰宁县上黄旗—大西沟金矿，丰宁县凤山兰营—王营一带金矿，隆化县大两间房杨树沟金矿，兴隆县沙坡峪—挂兰峪一带金矿，围场县朝阳湾—杨家湾一带金矿开采区。

银矿：承德县姑子沟—烟筒山一带银矿开采区，丰宁县营房—牛圈一带银矿开采区，围场县满汉土—小扣花营一带银多金属开采区。

铜矿：营子区寿王坟铜铁矿开采区，平泉县小寺沟铜钼矿开采区，隆化县唐三营西杨树沟铜矿开采区。

钼矿：丰宁县撒岱沟门、波罗诺、凤山一带钼矿开采区，兴隆县蘑菇峪一带和楠木沟西厂沟钼矿开采区，承德县岗子一带钼矿开采区，隆化县郭家屯杨骡子沟钼矿开采区及平泉县柴家沟钼矿开采区。

铅锌矿：兴隆县安子岭一带铅锌矿开采区，隆化碱房—北岔沟门一带铅锌矿开采区。

煤矿：营子区汪庄—涝洼滩一带煤矿开采区，兴隆县平安堡一带煤矿开采区，承德县暖儿河一带煤矿开采区，平泉县杨树岭—松树台一带煤矿开采区。

水泥和熔剂灰岩：承德县武厂—石洞子一带水泥灰岩开采区，鹰手营子—汪庄一带熔剂灰岩开采区，兴隆苗家营—北马圈子水泥灰岩开采区，宽城县龙须门水泥灰岩开采区，平泉县广兴店水泥灰岩开采区，平泉县大黑山—小寺沟一带熔剂灰岩开采区。

萤石：丰宁县万盛永、围场县广发永、平泉县杨树岭、隆化县碱房等地及周边开采区。

膨润土：隆化韩麻营—伊逊河沟膨润土开采区。

硅砂矿：围场边墙山—乌苏汰一带硅砂矿开采区。

建筑石材：承德县甲山、鞍匠一带饰面花岗岩及正长岩石材开采区，兴隆县黄酒馆—南双洞建筑石料开采区，隆化县北大坝一带花岗岩建筑石材开采区，围场县棋盘山一带玄武岩开采区。

地下热水：丰宁县洪汤寺、围场县山湾子、隆化县七家、隆化县茅荆坝、隆化县三道营、隆化县唐三营、隆化县漠河沟、承德县头沟地下热水开采区，承德市双桥区周边地下热水开采区。

重点开采区在确定矿业权设置方案和采矿权投放时序和数量时优先考虑。

（2）限制开采区。

限制开采区主要包括：超贫磁铁矿、未综合利用的多金属矿以及对占用资源储量少、剥采比大、经济效益差、环境破坏严重的建材类小型和小小型矿山。全市划分限制开采区 3 处。

限制开采区内对生产矿山未达到该区开采规划准入条件的，责令限期整改，到期仍达不到要求的，依法注销采矿许可证，对新设立矿山须经严格的规划审查和规划论证，符合条件的方可准入。

超贫磁铁矿开采要具备科学合理的矿山地质环境恢复治理方案，且符合最低开采规模要求，并经有关专家评审和国土资源部门审查通过后，方可准入。

未综合利用的多金属矿区要系统开展资源综合评价，对能够综合利用而未综合开发利用的，实行限期淘汰政策；对暂时难以有效综合利用的，应具有较为科学合理的保存或处置方案，经有关专家论证，并由国土资源部门认定后予以储备，待条件成熟时方可准入。

对占用资源储量少、剥采比大、经济效益差、环境破坏严重的建材类小型和小小型矿山要通过矿产资源整合、矿山企业联合、限期整改淘汰等措施，限制其开采和准入。

（3）禁止开采区。

凡列入禁止勘查区范围的矿产资源一律禁止开采。铁路、高速公路两侧可视范围1000米、不可视范围300米以内，禁止采矿；国道、省道和重要旅游线路两侧可视范围300米以内，禁止露天采矿。全市划分禁止开采区17处，禁止开采区内不再新设采矿权，已有矿山要逐渐退出，及时复垦破坏的土地。

（4）鼓励开采区。

全市共设立4个重点鼓励开采区：围场县小扣花营—满汉土银铅锌矿、营子区寿王坟铜矿开采区、丰宁县八道沟铂钯矿开采区、承德市双桥区周边地下热水开采区。加大鼓励开采区内资源整合力度，积极引导和支持企业依靠科技进步提高资源利用效率，对于鼓励开采区内的采矿权设置，在采矿权投放上给予相应的政策倾斜。

（三）开采规划区块及采矿权设置

1. 开采规划区块划分

全市共划分铁矿开采规划区块198处，总面积572平方千米；金矿开采规划区块116处，总面积156平方千米；有色金属、贵金属开采规划区块23处，总面积20平方千米；煤炭开采规划区块30处，面积45平方千米。

2. 采矿权设置

采矿权设置必须符合矿产资源总体规划，按开采规划区块审查采矿权，采矿权投放时序和数量原则上不突破规划调控指标，分年度有计划地安排。2011~2015年计划投放煤矿采矿权1~3个、铁矿采矿权60~100个、多金属采矿权10~20个、贵金属采矿权10~30个。采矿权取得实行公开、公平、公正的市场化运作方式。对探矿权转采矿权新增加的开采区块，采矿权投放必须符合矿业权准入的资源储量规模标准。对鼓励开采区内的采矿权申请，在采矿权投放审批时予以优先。

（四）开发利用结构调整

1. 矿山企业开发利用发展方向

积极引导小型及以下矿山整改联合，逐步减少小型和小小型矿山的比例，促进大、中、小型矿山协调发展。推进新技术、新工艺、新设备的应用，推行清洁生产和循环经济模式，推广先进的采选冶及深加工技术，淘汰落后设备、技术和工艺，提高资源开发利用整体水平。实现单一产品向配套产品、低附加值产品向高附加值产品、高耗能产品向低耗能产品、资源高消耗产品向低消耗产品的转化，淘汰落后生产能力，推进矿业高新技术产业化。

2. 矿山最低开采规模与矿山最低服务年限

限定最低开采规模。矿山开采规模必须与矿区（床）的矿产资源储量规模相适应，新建的矿山开采规模必须达到相应的最低开采规模指标。对于已取得采矿权但其开采规模与其所占有的储量规模不相适应的矿山企业，要限期进行整合或改造，规定期限仍不能达标的责令其关停。为保证矿山开采的可持续性，保障矿业经济的稳定发展，对矿山的最低服务年限给予限定。

3. 规模结构调整

深化矿产资源整合，对小型及以下矿山，通过收购、联合、参股或其他方式进行整合，实现采矿权的合并、规模结构优化和生产要素重组，促进矿山合理布局、集约经营、规模生产，提升矿产资源总体利用水平。到2011年底全市组建50个铁矿矿业集团，使铁矿矿山总数减少到176个；到2015年力争全市组建9个特大矿业集团，大中型矿山企业由现在的5%提高到10%以上。

4. 主要矿种开发利用目标

黑色金属矿产：稳步提升铁精粉的生产能力，提高铁矿产品的附加值。保护性开发钒钛磁铁矿资源，除实行规模准入规定外，对伴生的钒、钛、磷等组份必须实现综合回收利用。

有色金属矿产：规划在2015年之前除维持铜、铅、锌矿产品产量的基本稳定外，合理调控钼矿资源的勘查与开发，争取钼矿产能的大幅度提高。

铂钯矿产：位于丰宁县波罗诺乡八道沟的铂钯矿床，是河北省唯一一处大型铂钯贵金属矿产地，勘查工作程度高，储量规模大，地理条件优越。作为重点鼓励开采矿种支持引资合作开发，争取在2015年之前投产见效。

能源矿产：加强在承德县暖儿河、鹰手营子矿区涝洼滩、平泉县杨树岭及围场县朝阳湾—克勒沟一带的煤矿勘查，提高资源储量及开采利用保障程度。“十二五”期间实现煤矿勘查及深部找矿有较大突破，煤炭生产保持在200万吨水平以上。

积极鼓励承德市地热及浅层地温能资源勘查，采用航卫片解译、地面地质调查、地球化学调查、地球物理勘查、地热钻探、地热井产能测试等技术手段，加快勘查工作进度，力争提交可供开发利用的地热资源矿产地2~5处，为建设国际旅游城市和提高承德城市品位提供良好的水资源条件。

建筑石材、石料：鼓励各种建筑石材、石料的勘查与开发，充分发挥承德市石材、石料资源优势和特色，实现非金属矿产开发新的经济增长点。至2015年，稳定承德县甲山—鞍匠一带花岗岩石材矿的生产，在隆化、围场、兴隆等县增加10处以上建筑石材、石料矿山，形成一批新的开采、加工基地，实现年产石材荒料50万立方米、石料3000万~4000万吨能力。

（五）矿产资源的节约与综合利用

1. 节约与综合利用的方向

切实执行矿山企业“三率”考核指标，提高伴生矿产综合利用、尾矿和固体废弃物综合利用、低品位和难选冶矿石的开发利用，加强对矿山企业综合利用水平的监督管理，支持鼓励采用新技术、新工艺、新方法，推动和发展循环经济，提高全市矿产资源节约与综合利用的整体水平。

2. 开发利用效率指标

至2015年，全市主要开发矿产的“三率”预期指标为：铁矿和超贫磁铁矿的回采率分别达到85%和95%，贫化率分别低于10%和5%，选矿回收率分别达到88%和50%；贵金属和有色金属的共生、伴生矿综合利用率达到43%，矿山尾矿、废石、废渣综合利用率达到15%以上，使资源效益、经济效益和社会效益得到全面提升。

3. 建立资源节约与综合利用激励与约束机制

加强矿产资源综合利用研究，大力支持矿山企业自主研发和引进新技术、新工艺，推广双滦建龙矿业、黑山选钛厂综合回收钛、磷等矿产的典型经验，对开发共生、伴生矿产综合回收利用的，给予项目审批优先、税费减免等政策倾斜。加强“三率”指标管理和监督检查，达不到要求的不得颁发和延续采矿许可证，新建矿山不得采用国家限制和淘汰的采选技术、工艺和设备。发展循环矿业经济，加强矿山尾矿、废石、废渣的再利用研究和二次开发利用，推广煤矸石制水泥、制砖等新工艺、新技术，加强矿山采选及其后续冶炼加工业废水、废气、余热的再利用和循环利用，推进矿业“三废”资源化进程。推进矿产资源补偿费征收与储量消耗挂钩，减少资源浪费。鼓励矿山企业建立资源节约管理制度，加强资源储量消耗定额管理，调动矿山企业节能降耗、综合利用和清洁生产的积极性，促进矿产资源的合理开发和有效保护。

五、矿山地质环境保护与恢复治理

落实矿山地质环境保护相关政策和规定，强化矿山地质环境保护分区、分类治理，大力推进矿山地质环境保护与整治工程和矿区土地复垦工程，促进矿产资源开发与矿山地质环境保护相协调。重点矿区的地质环境有明显改善，矿山地质灾害和环境污染防治取得明显效果，为经济社会可持续发展提供矿山地质环境保证。承德与京、津毗邻，潮白河、滦河水系为密云水库和潘家口水库直接供水源区，围绕京津都市圈区域生态屏障建设，加强上游补给区矿山地质环境综合整治，确保京、津城市供水安全和生态平衡。

(一) 矿山地质环境影响分区

根据矿山地质环境问题的严重程度，主要是采、选矿活动对矿区地质环境破坏的程度和规模分布，对承德矿山地质环境影响现状进行评估和分区：

1. 矿山地质环境影响严重区（Ⅰ）

采煤集中区：主要分布在鹰手营子矿区汪庄、北马圈及兴隆县平安堡一带，宽城县塌山煤矿、缸窑沟煤矿一带，平泉县杨树岭煤矿、松树台煤矿一带。上述区域因采煤造成塌陷、地裂缝等地质灾害，局部坡面失稳，存在安全隐患；因采煤造成环境污染，且分布在公路、铁路两侧。

超贫磁铁矿开采集中区：主要分布在滦平县红旗小营一带、隆化县韩麻营—中关一带、丰宁县胡麻营—石人沟一带、承德县头沟—上苍子一带。主要是超贫磁铁矿的开发利用对环境造成的负面影响大，特别是大量废渣及尾矿的排放，污染环境。

硅砂矿开采区：主要分布在围场县城附近伊逊河东侧区域的硅砂矿，对环境造成了一定的负面影响。

2. 矿山地质环境环境较严重区（Ⅱ）

大庙式铁矿和鞍山式铁矿采选业较集中区域，主要分布在双滦区大庙一带和兴隆县挂兰峪—兰旗营一带；丰宁县黑山咀—大营子一带的金矿区。

3. 矿山地质环境影响一般区（Ⅲ）

除上述区域以外的矿山为地质环境影响一般区。

(二) 矿山地质环境保护与恢复治理主要任务

加强对矿山地质环境保护的监督管理，把矿山地质灾害防治工作，作为矿山企业年度检查的重要内容之一。加强矿区地质灾害监测与防治，露天采矿区要跟踪监测边坡稳定性，严防滑坡、崩塌和泥石流，确保人员财产安全，地下开采区要防治地面塌陷。对交通要道、城镇周边、重要旅游线路和基础设施沿线的沙土、建筑石料开采要严加管理，避免其对山体和地形地貌景观造成严重破坏。注重现场监督，督导矿业权人切实履行“矿山地质环境保护与恢复治理方案”中的各项义务，做好矿山地质灾害防治、地貌重塑、土体再造、植被恢复、土地复垦等工作。

加强矿山地质环境调查与监测。通过矿山地质环境调研，落实保护与整治任务，建立市、县、乡镇和矿区三级矿山地质环境监测网络和信息系统，建立和完善矿山地质环境数据库，切实落实矿山地质环境监测、预警预报制度，有效加强全市矿山地质环境监测、数据分析处理和快速反应机制。

加强矿山地质环境保护与恢复治理的科研工作。采用先进的生产工艺、技术和设备，提高矿产资源二次开发利用，达到矿山废石、废渣、尾矿资源化，避免或减少环境污染；研究土地损毁机理及土地复垦和生态重建的技术、方法；研究预防或减少矿山地质灾害发生的技术、方法以及矿山地质灾害监测、预警与治理的新技术和新方法。

在对矿山地质环境全面调查的基础上，建立和完善矿山地质环境保护与治理恢复责任机制。坚持开发与保护并重，预防为主、防治结合，开采矿产资源造成矿山地质环境破坏的，由采矿权人负责恢复治理，恢复治理费用列入生产成本。健全完善矿山地质环境恢复治理保证金的缴存标准和缴存办法，采矿权人应按照矿山地质环境保护与恢复治理方案的要求切实履行矿山地质环境恢复与治理责任，拒不治理的通过招标进行治理，费用由矿山环境恢复治理保证金列支。经验收不合格的，责令其限期履行矿山地质环境恢复治理义务。

（三）矿山地质环境保护与治理分区

1. 矿山地质环境重点保护区

本规划把已设置的国家或省级自然保护区、地质公园、风景名胜区、水源地保护区、国家级和省级主干铁路、高速公路等列为矿山地质环境重点保护区。

重点保护区除公益性基础调查评价项目以外，禁止一切矿产资源勘查、开采活动。具体保护范围以主管部门批准备案为准。

2. 矿山地质环境重点预防区

主要指矿产资源开发易引发地质灾害、水土资源破坏与环境污染，严重威胁或危害人居环境、生态系统和经济发展的区域。全市重点预防区划分为承德大庙铁矿、鹰手营子煤矿、八卦岭和峪耳崖金铁矿等16个区域。对重点区域矿山地质环境实施动态监测，实行预防为主、保护优先的方针，主要目标是预防矿区内地质灾害、水土流失与环境污染。

3. 矿山地质环境重点治理区

根据承德市矿山地质环境影响评估结果，全市划分36个重点治理区。主要针对矿产资源开发历史较长对环境造成严重破坏，矿山地质环境问题对生态环境、工农业生产和人民群众生活造成较大影响的区域。矿山地质环境重点治理区主要包括：煤、铁、有色金属及贵金属矿山中采矿相对集中区；萤石、石材、石料以及超贫磁铁矿等开采的矿山。

对重点治理区，按照分类指导、区别对待的原则，采取多种方式，拓宽矿山地质环境保护与恢复治理的资金渠道，积极引导和吸收各种资金投入到矿山地质环境恢复与治理之中。

4. 矿山地质环境一般治理区

除重点预防区和重点治理区以外的其他区域，包括分布零散的小矿山及地热资源开采区。一般治理区开采矿产资源必须制定矿山地质环境保护与恢复治理方案，并对可能诱发的矿山地质环境问题提出科学合理的预防、处置方案。采矿权人要严格执行矿山地质环境保护与恢复治理方案，减少矿山地质环境的负面影响。

（四）矿山地质环境保护与恢复治理政策

1. 新建（改、扩建）矿山地质环境保护

新建矿山必须符合矿山地质环境保护准入条件，严把矿山选址和环境保护审批关，不准在禁止开采区及地质环境破坏难以恢复、次生地质灾害不可预防的区域内新建矿山项目，限制开采区内新建矿山必须经严格审查批准。在申请采矿权时，必须提交经专家论证并经行政主管部门审批的《矿山地质环境保护与恢复治理方案》；矿山建设主体工程与矿山地质环境保护工程、水土保持设施、地质灾害防治工程须做到“三同时”，即同时设计、同时施工、同时验收与使用；新建矿山须按照有关规定足额缴纳矿山地质环境恢复治理保证金，行政主管部门按照“谁主管谁收费、谁监督谁落实”的原则，监督矿山企业做好矿山地质环境保护工作。严格落实土地复垦方案审查制度，新建（改、扩建）矿山项目无土地复垦方案不予受理采矿权申请。

2. 生产矿山地质环境保护与恢复治理

矿山企业必须严格履行矿山地质环境保护与恢复治理义务，严格落实“矿山地质环境保护与恢复治理方案”的具体规定。行政主管部门要加大对生产矿山的监管力度，按照“谁破坏谁治理”的原则，督促和引导矿山企业加大矿山地质环境保护与恢复治理的技术研究投入，建立土地复垦监管和监测制度，对破坏矿山地质环境的行为依法予以处罚，情节严重的，依法实行限产或关闭。

3. 闭坑矿山地质环境恢复治理

矿山闭坑、停采后，要及时采取矿山地质环境治理与复垦还绿措施。采矿权人履行了“矿山地质环境保护与恢复治理方案”中规定的措施，经验收合格确认后，方可批准闭坑。闭坑矿山的土地，凡是可以复垦的，要限期复垦，若用于种植的则需在其表面覆盖泥土，不能种植作物的，绿化环境；对于可以复垦但尚未复垦的土地，必须制定限期复垦绿化方案。对历史遗留已闭坑矿山，要通过国家扶持和采取优惠政策，吸引社会资金逐步解决。

4. 勘查矿产资源地质环境恢复治理

以槽探、坑探方式勘查矿产资源，探矿权人在矿产资源勘查活动结束后未申请采矿权的，应当采取相应的恢复治理措施，对其勘查矿产资源遗留的钻孔、探井、探槽、巷道进行回填、封闭，对形成的危岩、危坡等进行恢复治理，消除安全隐患。

（五）矿区土地复垦

严格实行土地复垦方案制度，建立矿区土地复垦方案审查、监管和监测制度，最大限度地减少破坏土地面积及降低破坏程度。新建矿山项目没有土地复垦方案的不予受理采矿权申请，没有完成土地复垦任务或没有缴纳土地复垦费的矿山企业不予年检。

积极开展矿区土地复垦工程，因矿产资源开发占用和破坏土地或引发的地质灾害问题要进行综合整治。建立矿区土地复垦费征收使用管理制度，建立多渠道矿区土地复垦投资体制，为历史遗留矿区土地复垦提供财力保证。

六、矿产资源开发利用重大工程

（一）矿产资源调查评价与勘查工程

集中开展以煤、铁、金、银及有色金属为重点的地质勘查工作。对成矿条件较好或已见矿的地区，进一步开展地质勘查；加强危机矿山接替资源的地质找矿工作，缓解大中型矿山的资源危机状况。

1. 王家窝铺—老伙房一带区域矿产资源调查评价工程

开展丰宁县王家窝铺—老伙房一带铅锌银矿资源调查评价，工作区面积3279平方千米，总投资0.5亿元，预计新发现找矿靶区2~3处。

2. 峪耳崖金矿区深部及外围、铧尖—牛心山—汤道河一带金矿地质勘查工程

在宽城县峪耳崖金矿区深部和外围及铧尖—牛心山—汤道河一带实施金矿资源普查、详查，工作区面积295平方千米，总投资0.39亿元，预计新增金矿资源储量21吨。

3. 大庙—黑山—韩麻营一带钒钛磁铁矿地质勘查工程

在大庙—黑山—韩麻营一带进行深部找矿勘查工作。大庙矿区深部先进行普查，黑山矿区和大乌苏沟一带开展详查。工作区面积157平方千米，总投入1.8亿元，预计新增钒钛磁铁矿资源储量5亿~10亿吨。

（二）矿产资源综合利用工程

结合承德市矿产资源赋存特点及矿产资源综合利用现状，以钒、钛、磷等矿产以及铁矿尾矿的综合利用为重点，实施矿产资源综合利用工程。

1. 承德钒钛磁铁矿综合利用工程

充分发挥承德钒钛磁铁矿的资源特色，重点在双滦工业园区，以钒钛资源综合利用为核心，研发钒钛系列产品的优化升级，建成独具特色的国家级钒钛制品基地。总投资 11.72 亿元，年实现利税 3.5 亿元。

2. 低品位铁磷矿中铁尾矿综合利用工程

丰宁县三赢公司铁矿尾矿综合利用工程，利用选铁尾矿选铁、磷。总投资 1.57 亿元，可实现年产铁精粉 40 万吨，磷精矿 5 万吨，每年减排尾矿 45 万吨，实现利润 4000 万元。

平泉县红山工业园区，平泉县百泉矿业有限公司和平泉县永辉矿业有限公司利用超贫磁铁矿尾矿选磷、钛。总投资 2.6 亿元，年产磷精矿 10 万吨，钛精矿 10 万吨。

隆化县新村矿业铁选厂尾矿综合利用工程，利用尾矿回收钛、磷等有益伴生组分。

双滦区建龙公司尾矿利用工程，利用尾矿回收钛、铁有益组分。

（三）矿山地质环境保护与恢复治理工程

1. 矿山地质环境保护与恢复治理动态监测体系建设工程

对全市矿产资源集中地区、重点矿区、采矿点密集区和与矿山地质环境有关的特殊保护区地质环境实施动态监测。监测内容包括矿山现存及潜在的矿山地质环境问题，矿区地质灾害、隐患、危害对象，矿山地质环境保护和治理恢复的效果。通过实施该工程，为矿山地质环境发展趋势、矿山地质灾害防治、矿山地质环境综合治理和实施矿山地质环境监督管理提供基础资料和准确依据。

2. 承德市鹰手营子矿区矿山环境恢复治理工程

鹰手营子矿区内的两个国有矿山，位列全国 40 个资源危机矿山之中，由于开采历史较长，带来的矿山地质环境问题非常严重，积极申请国家支持，加强地质环境恢复治理。

3. 承德市老爷庙井田土地复垦工程

该工程是对兴隆矿务局营子煤矿一、二号井等采煤塌陷地进行复垦治理，增加有效农用地面积，改善周边环境，提高土地利用率。占用破坏土地面积 18.66 平方千米，计划复垦土地面积 12.13 平方千米，其中恢复耕地 2.6 平方千米。

七、矿产资源规划实施的保障措施

（一）完善机制，加强矿产资源规划制度建设

各级人民政府应当采取措施，严格执行规划，维护本行政区域内矿产资源勘查与开发利用的正常秩序。将矿产资源勘查开发布局与结构调整、开发利用总量调控、节约与综合利用、矿产资源储备、矿山地质环境保护与恢复治理等规划指标纳入管理目标体系进行考核，并将规划执行情况作为考核领导业绩的重要依据。

按照统筹发展的要求，设置各类保护区要对压覆或围圈矿产资源的情况进行严格论证，已划定保护区内的重要矿产资源开发经严格论证后，报原审批机关调整相关规划，确保资源、环境和经济社会发展和谐共进。

严格规划审查和许可证制度，矿产资源调查评价、勘查、开采、保护和矿山地质环境恢复治理以及土地复垦项目，矿业权的审批、出让、变更和延续等必须符合规划。对不符合规划的，不得批准立项，不得审批颁发勘查或采矿许可证，不得批准用地。新申请开展勘查开采活动，必须纳入规划，严格论证，统筹安排。

完善矿产资源规划审查制度，将矿业权规划会审关口前移，确定矿业权的规划预审程序、内容和权责范围。建立健全规划年度实施计划制度，将矿产资源管理目标任务，按年度分解落实。

（二）抓好落实，为规划实施创造条件

统筹协调、统一部署，建立矿产资源勘查、开发、保护联合投资机制。政府对规划的重大工程实行资金扶持政策，为项目运行创造条件。矿产资源补偿费、矿业权价款和地方预算中可列出地质工作专项资金，支持公益性基础地质调查评价工作。引导商业性矿产资源勘查投资方向，支持并规范商业性矿产资源勘查活动。

加大矿产开采、选矿、冶炼工艺技术方法的科研投入，推进资源利用方式和管理方式的根本转变，大力推广节约资源、保护环境的资源开发利用，大力支持矿业领域循环经济发展模式和项目，提升矿业发展科技化水平。

全面落实《河北省矿山生态环境恢复治理保证金管理办法》《承德市矿山生态环境恢复治理保证金实施意见》，采矿权人必须依法履行矿山地质环境恢复治理义务，按照规定及时缴纳矿山地质环境恢复治理保证金。切实推行土地复垦费征收使用管理制度，土地复垦费足额列入企业生产成本。

加强规划实施的动态监测、评估制度建设，定期开展规划执行情况评估，

评估报告报规划审批机关备案，并作为规划调整和修编的依据。

（三）加强管理，提高政府对矿产资源调控能力

建立和完善矿产资源管理全过程的监督管理制度，规范矿业领域的经济行为，提高管理部门对矿产资源勘查、开发、资源储量及探明矿产地储备的管理和调控能力。发展和规范矿业领域中介机构，充分发挥专业人员的技术优势，促进矿业经济健康发展。推进矿业权市场化进程，营造公平、公正、公开的市场环境，发挥市场配置资源的基础作用，维护矿产资源的国家所有权权益。控制矿业权投放总量，依据规划适时、适度投放矿业权，增强政府对资源的宏观调控能力。

（四）加强执法监察，规范矿产资源开发秩序

扩大整顿和规范矿产资源开发秩序成果，坚持疏堵结合的方针，加大对违法勘查、开采行为的查处力度，依法取缔非法矿山。基层国土资源部门切实履行好监督管理职责，加大重点矿区和重点地段的执法监察和巡查力度，对环境破坏严重的各类矿山企业严格监督管理，规范其勘查、开采活动，促进绿色矿山建设。严格实行矿产资源勘查和开发利用年检制度，开展矿产资源勘查开发动态监管和遥感监测，市、县（区）要建立健全矿山储量动态监测制度，及时发现和有效查处各类矿产资源违法行为，促进矿业秩序的根本好转。

将规划执行情况列为国土资源执法监察的重要内容，定期公布各地各部门规划执行情况。对违反规划审批颁发勘查许可证、采矿许可证的，上级国土资源主管部门应当及时予以纠正，并依法追究直接责任人和有关领导的责任。对违反矿产资源规划勘查、开采矿产资源的，国土资源主管部门应当予以纠正，造成矿产资源破坏的，要依法查处，构成犯罪的，要依法追究刑事责任。

（五）实施科技创新，提高国土资源科学化管理水平

落实国土资源部《关于增强自主创新能力，实施科技兴地战略的决定》，加大科技投入，实施科技创新。研发和应用重要矿产资源找矿理论和勘查技术，提高矿产资源发现能力；研发和应用矿产资源开发和综合利用技术，提高资源综合利用水平；研发和应用矿山地质灾害防治和土地复垦技术，提高矿山地质环境保护与恢复治理能力。建设矿产资源公共服务科技平台，加大矿产资源科技知识普及和推广力度，提高先进技术的推广应用和转化能力，把科技创新贯穿于矿产资源调查、规划、管理、保护与合理利用的全过程，提高国土资源科学化管理水平。

（六）健全制度，完善规划管理体系

加强市、县规划管理队伍建设，有计划地开展规划管理人员的专业技能培训，提高规划管理人员整体素质。建立矿产资源规划管理信息系统、勘查及开采规划分区查询系统和矿业权规划区块查询系统，为规划审查和及时发现、查处违反规划行为服务。及时准确地掌握矿产资源储量增减、资源利用现状、矿山地质环境等动态变化及规划实施情况信息，以规划管理信息化带动规划管理科学化和社会服务化。

严格矿产资源规划调整和修编的程序，因形势变化需要进行指标调整的，应对规划调整和修编的必要性、合理性和合法性等进行评估和论证。凡涉及勘查开发方向、规模、布局等原则性修改的，必须报原审批机关批准。

第九章
承德市能源资源环境

能源资源是指在目前社会经济技术条件下能够为人类提供大量能量的物质和自然过程，包括煤炭、石油、天然气、风、河流、海流、潮汐、草木燃料及太阳辐射等。

煤炭是我国一次能源的主体，开发历史悠久，开采古迹可上溯至宋朝。1985 年承德市地方煤矿产煤 166 万吨，为 20 世纪 50 年代的 80 倍。地方国营生产能力在全省地方煤矿中排第三位，在河北省 13 个产煤地市中实际原煤产量排第六位。每年除满足本地、市需要外还有 1/3 煤炭供应外地。21 世纪初开始作为京津冀环境保护屏障的承德市，开始对煤炭行业化解过剩产能。承德市油页岩储量较多，因品位低，一直未被利用。

2015 年承德市综合能源消费量 963. 1 万吨标准煤，能源消费量合计 1615. 10 万吨标准煤。

第一节　煤炭

承德市煤炭资源分布较广，但探明储量不多，水文地质简单，但结构复杂，煤层稳定性差，煤种较好，但高灰分煤较多；开采历史长，但工艺较落后。现已形成年产 87 万吨原煤的生产能力。实际产量在全省地方煤矿行业居中游，各项技术经济指标居中上游。

一、煤炭资源概况

（一）煤田地质

承德市的煤系地层主要有上古生代的石炭二叠纪煤系、中生代早中晚侏罗纪煤系及白垩纪煤系。

石炭二叠纪煤系，平均总厚度 85~450 米，面积约 45.32 平方千米（不含统配矿）。含可采和局部可采煤层 1~10 层，平均可采煤层总厚 1~32.14 米，含煤系数 9.19%，面积较大，煤系相对比较稳定，煤层厚、埋藏浅、对比性强，大部分为倾斜和急倾斜煤层，是承德市的富煤区，占全区煤炭总储量的 71%左右，主要分布在承德市营子矿区，兴隆县、宽城、平泉等地。

中生代早中晚侏罗纪煤系，厚度 20~150 米，含 1~5 层煤层，分层厚度在 0.4~4 米，煤层不稳定，分叉尖灭现象较普通，多呈鸡窝或马尾状。构造复杂，夹矸多，对比困难，主要分布在滦平、承德、平泉、隆化、丰宁、围场等县。

白垩纪煤系有煤 18 层，总厚 17.13 米，其中可采煤层 9 层，结构简单，有分叉尖灭现象，主要分布在丰宁县。

承德市煤种较多，从无烟煤到褐煤，其中，以气煤、肥煤为主。石炭二叠纪煤多以气煤、肥煤为主，局部地区有焦煤、贫煤、无烟煤和少量弱粘结煤，灰分 17.8%~32.33%，含硫比较高，含量为 1.4%~3.75%，发热量均在 6000 大卡以上。侏罗纪煤系中以气煤稍多，其他无烟煤、肥煤、长焰煤、褐煤，煤种复杂，局部地区灰分较高，一般灰分 16%~32%，含硫低，大部分地区在 1%以下，只有庙梁和朝阳湾大于 1%，发热量中偏高。

（二）煤产地分布

承德市有一个煤田（兴隆石炭二叠纪煤田）19 个煤产地，分布在承德地市的 8 个县和鹰手营子矿区。煤质好、储量较多的煤产地大部分在东南部，北部几处煤产地，储量少，质量次。属石炭二叠纪的煤产地有缸窑沟、松树台、鹰手营子、狮子庙、大小裂山。属侏罗纪的煤产地有庙梁、塌山、涝洼、围场沟、丫头沟、金厂梁、苔山、下坝、朝阳湾、水泉沟、小苇子沟。属白垩纪的只有青石砬煤产地。

（三）煤产地的勘探情况

承德市煤炭资源比较丰富，煤矿开发和地质调查历史较长。煤产地普遍存在的问题是地质工作精度低，在现有生产矿井 5149.6 万吨保有储量中，普查报告提交的储量 3283.7 万吨，精查地质报告提交的储量仅 1752.7 万吨，占 34%。

承德市煤层赋存复杂，各种构造较多，地质勘探工作程度较低，给煤矿生产带来很多困难。

二、煤炭储量

（一）总储量、分区储量及利用情况

煤炭资源储量 9978.8 万吨，资源比较短缺。2010 年原煤产量 246.6 万吨，基本保持 0.93%递减率（《承德市矿产资源总体规划》，2011~2015 年）。保有储量 6856.5 万吨，其中围场县 127.1 万吨，滦平县 110.2 万吨，兴隆县 219.2 万吨，宽城县 252.8 万吨，平泉县 1461.8 万吨，隆化县 314.6 万吨，丰宁县 240.4 万吨，承德县境内 1415.2 万吨，三区 2715.2 万吨。在保有储量中已利用储量 5146.6 万吨，尚未利用储量 1709.9 万吨，其中可供新建井的储量 57.64 万吨，主要是丰宁县的青石砬和平泉县的狮子庙。由此可见，承德市虽有一定煤炭资源，但探明储量不够多，保有储量利用比例高。

承德市已探明的储量以炼焦煤为主。在 6856.5 万吨保有储量中，炼焦用煤共 5338.9 万吨，占 78%，非炼焦用煤 1517.6 万吨，占 22%，在炼焦用煤中气煤较多，共 3227 万吨，占 10.9%，由于高灰、中高硫煤比重大，均作动力用煤。

（二）煤炭储量预测

承德市煤炭地质队由于缺少普查力量和资金，对全区煤炭储量进行预测资料不足。比较可靠的是杨树岭煤矿西部井田，有地质储量约 2000 万吨。预测远景区庙梁盆地东至宽城化皮溜子，西至兴隆车河堡、五凤楼，面积 50 多平方千米，这些地区现有一些小窑开采，储量约 12000 万吨。根据河北省煤田地质勘探公司的推测，承德市煤炭资源有三个区域：①宽城盆地，西起化皮溜子，东至宽城县城，北到缸窑沟，面积 33 平方千米，在地层上部九龙山组下有煤系存在，这一点已被宽城东的普查钻孔所证实，预计储量为 15000 万吨。②青石砬子勘探区，丰宁县青石砬一带煤系地层，面积 78.8 平方千米，据推测有 38460 万吨储量。③丰宁县石人沟一带，煤系地层面积 76 平方千米，预测地质储量 266000 万吨。

承德市（县）以上煤矿矿井 12 对，1997 年末，列入《河北省矿产资源储量表》保有储量 9009 万吨，其中可采储量 3276 万吨；累计探明煤炭储量均为 12000 万吨（李锡九，1999）。

三、承德市煤炭消费现状及趋势

2015 年承德市规模以上工业综合能源消费量 9630925 吨标准煤，能源消费合计 16151028 吨标准煤，回收利用 2196230 吨标准煤（见表 9-1-1）。按

能源类型划分消费量，原煤消耗7138673吨，包括无烟煤1558091吨，炼焦烟煤215739吨，一般烟煤5227601吨，褐煤137242吨；洗精煤2316929吨；其他洗煤3979吨；煤制品11914吨；焦炭4500022吨；其他焦炭产品50860吨；焦炉煤气66033万立方米；高炉煤气1539901万立方米；转炉煤气99836万立方米；天然气282万立方米；液化天然气13吨；汽油4826吨；柴油83130吨；液化石油气290吨；润滑油15吨；热力29103576百万千焦；电力1233270万千瓦时；煤矸石用于燃料27557吨；生物质废料用于燃料179吨；余热余压11080901百万千焦；其他燃料548吨标准煤（《承德市统计年鉴》，2016年）。

表9-1-1 承德市2015年规模以上工业能源消费量

指标名称		消费量
综合能源（吨标准煤）		9630925
能源消费合计（吨标准煤）		16151028
回收利用（吨标准煤）		2196230
原煤	合计	7138673
	无烟煤（吨）	1558091
	炼焦烟煤（吨）	215739
	一般烟煤（吨）	5227601
	褐煤（吨）	137242
洗精煤（吨）		2316929
其他洗煤（吨）		3979
煤制品（吨）		11914
焦炭（吨）		4500022
其他焦炭产品（吨）		50860
焦炉煤气（万立方米）		66033
高炉煤气（万立方米）		1539901
转炉煤气（万立方米）		99836

续表

指标名称	消费量
天然气（万立方米）	282
液化天然气（吨）	13
汽油（吨）	4826
柴油（吨）	83130
液化石油气（吨）	290
润滑油（吨）	15
热力（百万千焦）	29103576
电力（万千瓦时）	1233270
煤矸石用于燃料（吨）	27557
生物质废料用于燃料（吨）	179
余热余压（百万千焦）	11080901
其他燃料（吨标准煤）	548

注：数据来源于 2016 年《承德统计年鉴》。

第二节　油页岩

油页岩是一种含油矿石，可以从中提炼石油，制作高温气体燃料以及化工原料等。承德市油页岩储量丰富，居全省第一位。

一、油页岩的地质勘探及储量情况

承德市油页岩主要分布在围场断裂以南的内蒙地轴的侏罗系地层。由于受燕山运动的影响，产生了小范围的坳陷，形成内陆盆地。低级生物遗体堆积在没有气体的深水湖泊中，经腐泥阶段而后又经多种地质作用形成含油的焦沥青页岩、油页岩。

20 世纪 50 年代末，为满足国家发展的需要，地质部门大力寻找油页岩矿床，为开发人造石油基地提供资源。承德市各县也进行了一些地质勘探工作，在提交的几份地质报告中共探明油页岩储量 24473. 3 万吨。其中一级品（含油 7%以上）1705. 1 万吨，占总储量的 7%；二级品（含油 5%~7%）8695. 1 万吨，占总储量的 35. 5%；三级品（含油 4%~5%）14073. 1 万吨，占总储量的 57. 5%。

此外，在凤山油页岩中发现油气田，气量每小时 2. 4 立方米；在滦平盆地品味极低的油页岩中发现液体原油。从地表看，这些地区没有良好的储油层，没有适宜的储油构造，故工业性天然气和油流存在的可能性不大。深部如何，有待于地质勘探。

二、油页岩的分布和利用情况

承德市油页岩出露比较广泛，除宽城、兴隆两县其他地区均发现油页岩矿床，但储量大，品位较高的油页岩分布在围场、丰宁两县，其中围场县 10100. 2 万吨，丰宁 14373. 1 万吨，埋藏深度 100~400 米。主要矿区有围场县的清泉、姜家营，丰宁县的四岔口、大阁、凤山等。油页岩各矿区储量见表 9-2-1。

表 9-2-1　承德市油页岩分布矿区储量

	面积（平方千米）	探明储量（万吨）			
		合计	一级品	二级品	三级品
围场县	70. 8	10100. 2	196. 2	1762. 0	8142. 0
清泉	70. 0	10037. 5	181. 0	1714. 5	8142. 0
姜家营	0. 8	62. 5	15. 2	47. 5	
丰宁县	269	14373. 1	1508. 9	6933. 1	6931. 1
四岔口	34	3339. 2		4833. 7	3505. 5
大阁	215	3373. 4	1508. 9	1424. 2	440. 3
凤山	20	2660. 5		675. 2	1985. 3
合计	339. 8	24473. 3	1705. 1	8695. 1	14073. 1

开发利用情况，因油页岩品位偏低，一直未正式开发利用，也没有进行综合利用试验。1958 年承德市专署在丰宁大阁成立丰宁石油筹建处，拟对油页岩进行开发，结果仅开凿了 60 米井筒就关停了。同年，丰宁县石油一厂用

土法分馏过焦油，出油率2.7%，焦油回收率仅33%。因设备简陋，回收率太低，于1959年关停。1985年围场县清泉乡用油页岩和其他燃料一起做成蜂窝煤，试烧后效果很好，后因成本高、销路差而停止。

三、油页岩利用前景预测

石油是高质量能源，在我国能源结构中占20.9%。现在，因燃烧造成空气污染带来全球性危害越来越引起人们的重视，解决这一问题的办法之一就是开发石油能源，这就给油页岩的开发利用带来了希望。用现在的手段从油页岩中分馏焦油虽然不经济，但从当前飞速发展的科学技术和人们对能源的重视程度来看，将来对油页岩的开发利用是肯定的。

第三节　新能源和可再生能源

能源是发展国民经济和提高人民生活水平的重要物质基础，是经济建设的首要资源。新能源和可再生能源包括生物质能、太阳能、地热能、风能和水能资源。

承德清洁能源资源极其丰富，太阳能资源仅次于新疆、西藏，地热资源堪比“西藏羊八井”，坝上及接坝地区有数千平方千米适宜建设大型风电场，滦河、潮河等四大水系水能资源占河北省水能资源可开发量的1/3，极高的森林覆盖率使秸秆、薪柴等可利用的生物质能资源总量巨大。京津冀协同发展和水源涵养功能区的定位，既为承德新能源发展划定了“底线”和“红线”，又提供了难得的机遇和平台。借助这一机遇，承德面向京津，坚持选择有实力、有业绩的大企业集团来开发新能源。北京中能和信光伏电站、大唐国际风电、丰宁抽水蓄能电站、承德环能垃圾发电等一系列项目先后落地（河北新闻网，2015年5月5日）。

作为全国新能源示范市，承德市风能、太阳能、水能等清洁能源项目全面开花，清洁能源产业链条不断延伸，不仅促进了区域经济的绿色发展，由此带来的绿色环保的生活方式也让人们从中受益（《经济日报》，2016年12月6日）。

一、风能

（一）风能简介

风能（Wind energy）是因空气流做功而提供给人类的一种可利用的能量，

属于可再生能源。空气流具有的动能称为风能，空气流速越高，动能越大，人们可以用风车把风的动能转化为旋转的动作去推动发电机，以产生电力，方法是透过传动轴，将转子（由以空气动力推动的扇叶组成）的旋转动力传送至发电机。截至 2008 年，全世界以风力产生的电力约有 9410 万千瓦，供应的电力已超过全世界用量的 1%。风能虽然对大多数国家而言还不是主要的能源，但在 1999~2005 年已经增长了四倍以上。

（二）风能优缺点

1. 优点

风能为洁净的能量来源。风能设施日趋进步，大量生产降低成本，在适当地点，风力发电成本已低于其他发电机。风能设施多为不立体化设施，可保护陆地和生态。风力发电是可再生能源，很环保，很洁净。风力发电节能环保。

2. 缺点

风力发电在生态上的问题是可能干扰鸟类，如美国堪萨斯州的松鸡在风车出现之后已渐渐消失。目前的解决方案是离岸发电，离岸发电价格较高但效率也高。

在一些地区、风力发电的经济性不足。许多地区的风力有间歇性，如中国台湾等地在电力需求较高的夏季及白日风力较少，必须等待压缩空气等储能技术发展。

风力发电需要大量土地兴建风力发电场，才可以生产比较多的能源。进行风力发电时，风力发电机会发出庞大的噪声，所以应在空旷的地方兴建。现在的风力发电还未成熟，还有相当大的发展空间。

3. 限制及弊端

风能利用存在一些限制及弊端，风速不稳定，产生的能量大小不稳定；风能利用受地理位置限制严重；风能的转换效率低；风能是新型能源，相应的使用设备也不是很成熟。在地势比较开阔，障碍物较少的地方或地势较高的地方适合用风力发电。

（三）经济前景

利用风来产生电力所需的成本已经降低许多，不含其他外在的成本，在许多适当地点使用风力发电的成本可低于燃油的内燃机发电。风力发电年增率在 2002 年时约 25%，现在则是以 38%的比例快速成长。2003 年美国的风力发电成长就超过了所有发电机的平均成长率。自 2004 年起，风力发电在所有新式能源中已是最便宜的了。在 2005 年风力能源的成本已降到 1990 年的1/5，而且随着大瓦数发电机的使用，下降趋势还会持续。

（四）风能储量分布与利用

据估计，到达地球的太阳能中虽然只有大约2%转化为风能，但其总量仍是十分可观的。全球的风能约为1300亿千瓦，比地球上可开发利用的水能总量还要大10倍。

人类利用风能的历史可以追溯到公元前。古埃及、中国、古巴比伦是世界上最早利用风能的国家之一。公元前利用风力提水、灌溉、磨面、舂米，用风帆推动船舶前进。由于石油短缺，现代化帆船在近代得到了极大的重视。到了宋代更是中国应用风车的全盛时代，当时流行的垂直轴风车，一直沿用至今。在国外，公元前2世纪，古波斯人就利用垂直轴风车碾米。10世纪伊斯兰人用风车提水，11世纪风车在中东已获得广泛的应用。13世纪风车传至欧洲，14世纪已成为欧洲不可缺少的原动机。在荷兰风车先用于莱茵河三角洲湖地和低湿地的汲水，以后又用于榨油和锯木。只是由于蒸汽机的出现，才使欧洲风车数目急剧下降。

数千年来，风能技术发展缓慢，也没有引起人们足够的重视。但自1973年世界石油危机以来，在常规能源告急和全球生态环境恶化的双重压力下，风能作为新能源的一部分才重新有了长足的发展。风能作为一种无污染和可再生的新能源有着巨大的发展潜力，特别是对沿海岛屿、交通不便的边远山区、地广人稀的草原牧场以及远离电网和近期内电网还难以达到的农村、边疆，作为解决生产和生活能源的一种可靠途径，有着十分重要的意义。即使在发达国家，风能作为一种高效清洁的新能源也日益受到重视。

承德市位于燕山山地与内蒙古高原的交接地带，季风强盛，有许多山脉，地形复杂，改变了海陆影响所引起的气压分布和大气环流，增加了季风的复杂性。冬季风来自西伯利亚和蒙古等中高纬度的内陆，那里空气十分严寒干燥冷空气积累到一定程度，在有利高空环流引导下，就会爆发南下，俗称寒潮，在此频频南下的强冷空气控制和影响下，形成寒冷干燥的西北风。每年冬季总有多次大幅度降温的强冷空气南下。特别是北部坝上地区冬春季节多大风，日数在40~100天/年，有利于风力发电。

（五）承德市风力发电

地处燕山山脉和内蒙古高原连接地带的承德，发展清洁能源产业具有得天独厚的资源优势。其中，风能资源主要分布在围场、丰宁的坝上和接坝地区，面积3029平方千米，绝大部分地区风速在5米/秒以上，适合建设大型风电场。

御道口牧场羊百顺风电场不仅是当地的美丽景观，更是输送清洁能源的绿色基地。这个装机容量 4.95 万千瓦的风电场，年发电量约为 1.2 亿千瓦时，与燃煤火电相比，每年可节约标准煤 4.17 万吨，减少粉尘 7000 吨、二氧化碳 11.5 万吨、二氧化硫 650 吨（《经济日报》，2016 年 12 月 6 日）。

华能承德风力发电有限公司成立于2009 年5 月 13 日，隶属于华能新能源产业控股有限公司管理，主要负责河北省承德市围场县御道口牧场风电项目开发建设。围场御道口牧场风电场位于承德市围场国营御道口牧场的西部和西北部，东西长约 41 千米，南北宽 32 千米，海拔高度在 1239~1706 米，项目总面积为 390 平方千米，南接河北省建投公司的特许权项目，东接贯穿牧场—机械林场的公路，西接河北内蒙边界。依据河北电力勘测设计院对该地区可研，风电场计划布置 167 台 1500 千瓦风机，总装机容量为 250 兆瓦，分两期开发。

二、太阳能

太阳能（Solar energy），是指太阳的热辐射能，主要利用途径为太阳能发电或者为热水器提供能源。自地球上生命诞生以来，就主要靠太阳提供的热辐射能生存，而自古人类也懂得以阳光晒干物件，并作为制作食物的方法，如制盐和晒咸鱼等。在化石燃料日趋减少的情况下，太阳能已成为人类使用能源的重要组成部分，并不断得到发展。太阳能的利用有光热转换和光电转换两种方式，太阳能发电是一种新兴的可再生能源。广义上的太阳能也包括地球上的风能、化学能、水能等。

（一）太阳能资源

太阳能是由太阳内部氢原子发生氢氦聚变释放出巨大核能而产生的，地球轨道上的平均太阳辐射强度为 1369 瓦/平方米。地球赤道周长为 40076 千米，从而可计算出，地球获得的能量可达 173000 亿千瓦。在海平面上的标准峰值强度为 1 千瓦/平方米，地球表面某一点 24 小时的年平均辐射强度为 0.20 千瓦/平方米，相当于 102000 亿千瓦的能量。

尽管太阳辐射到地球大气层的能量仅为其总辐射能量的二十二亿分之一，但已高达 173000 亿千瓦，也就是说太阳每秒钟照射到地球上的能量相当于 500 万吨煤，每秒照射到地球的能量则为 1.465×10^{14} 焦。地球上的风能、水能、海洋温差能、波浪能和生物质能都来源于太阳；即使是地球上的化石燃料（如煤、石油、天然气等）从根本上说也是远古以来储存下来的太阳能，所以广义的太阳能所包括的范围非常大，狭义的太阳能则限于太阳辐射能的光热、光电和光化学的直接转换。

（二）太阳能基本特点

1. 优点

（1）普遍：太阳光普照大地，没有地域的限制，无论陆地或海洋，高山或岛屿，处处皆有，可直接开发和利用，便于采集，且无须开采和运输。

（2）无害：开发利用太阳能不会污染环境，它是最清洁能源之一，在环境污染越来越严重的今天，这一点是极其宝贵的。

（3）巨大：每年到达地球表面上的太阳辐射能约相当于 130 万亿吨煤，其总量属现今世界上可以开发的最大能源。

（4）长久：根据太阳产生的核能速率估算，氢的储量足够维持上百亿年，而地球的寿命也为几十亿年，从这个意义上讲，可以说太阳的能量是用之不竭的。

2. 缺点

（1）分散性：到达地球表面的太阳辐射的总量尽管很大，但是能流密度很低。平均来说，北回归线附近，夏季在天气较为晴朗的情况下，正午时太阳辐射的辐照度最大，在垂直于太阳光方向 1 平方米面积上接收到的太阳能平均有 1000 瓦左右；若按全年日夜平均，则只有 200 瓦左右。而在冬季大致只有一半，阴天一般只有 1/5 左右，这样的能流密度是很低的。因此，在利用太阳能时，想要得到一定的转换功率，往往需要面积相当大的一套收集和转换设备，造价较高。

（2）不稳定性：由于受到昼夜、季节、地理纬度和海拔高度等自然条件的限制以及晴、阴、云、雨等随机因素的影响，所以，到达某一地面的太阳辐照度既是间断的，又是极不稳定的，这给太阳能的大规模应用增加了难度。为了使太阳能成为连续、稳定的能源，从而最终成为能够与常规能源相竞争的替代能源，就必须很好地解决蓄能问题，即把晴朗白天的太阳辐射能尽量储存起来，以供夜间或阴雨天使用，但蓄能也是太阳能利用中较为薄弱的环节之一。

（3）效率低和成本高：太阳能利用的发展水平，有些方面在理论上是可行的，技术上也是成熟的。但有的太阳能利用装置，因为效率偏低，成本较高，现在的实验室利用效率也不超过 30%。总体来说，经济性还不能与常规能源相竞争。在今后相当一段时期内，太阳能利用的进一步发展，主要受到经济性的制约。

（4）太阳能板污染：现阶段，太阳能板是有一定寿命的，一般最多 3 ~ 5

年就需要换一次太阳能板，而换下来的太阳能板则很难被大自然分解，从而造成相当大的污染。

（三）太阳能应用领域

太阳能的利用目前还不是很普及，利用太阳能发电还存在成本高、转换效率低的问题，但是太阳能电池在为人造卫星提供能源方面得到了应用。

建设太空太阳能发电站的设想早在1968年就有人提出，但直到最近人类才开始真正将之付诸行动。日本可谓此项目的先驱者之一，该项目预计耗资210亿美元，发电量能达到10亿瓦特，能供29.4万个家庭使用。在太空建太阳能发电站，无论气候如何，均可利用太阳能发电，这与在地球上建立太阳能发电站的情况不同。

太阳能既是一次能源，又是可再生能源。它资源丰富，既可免费使用，又无须运输，对环境无任何污染。可为人类创造一种新的生活形态，使社会及人类进入一个节约能源减少污染的时代。

1. 光热利用

它的基本原理是将太阳辐射能收集起来，通过与物质的相互作用转换成热能加以利用。目前使用最多的太阳能收集装置，主要有平板型集热器、真空管集热器、陶瓷太阳能集热器和聚焦集热器（槽式、碟式和塔式）4种。通常根据所能达到的温度和用途的不同，而把太阳能光热利用分为低温利用（<200℃）、中温利用（200~800℃）和高温利用（>800℃）。目前低温利用主要有太阳能热水器、太阳能干燥器、太阳能蒸馏器、太阳能采暖（太阳房）、太阳能温室、太阳能空调制冷系统等，中温利用主要有太阳灶、太阳能热发电聚光集热装置等，高温利用主要有高温太阳炉等。

2. 发电利用

清洁新能源太阳能的大规模利用是用来发电的。利用太阳能发电的方式有多种。已实用的主要有以下两种：

（1）光—热—电转换。即利用太阳辐射所产生的热能发电。一般是用太阳能集热器将所吸收的热能转换为蒸汽，然后由蒸汽驱动汽轮机带动发电机发电。前一过程为光—热转换，后一过程为热—电转换。

（2）光—电转换。其基本原理是利用光生伏特效应将太阳辐射能直接转换为电能，它的基本装置是太阳能电池。

3. 光化利用

这是一种利用太阳辐射能直接分解水制氢的光—化学转换方式。它包括光合作用、光电化学作用、光敏化学作用及光分解反应。光化转换就是因吸收光辐射导致化学反应而转换为化学能的过程。其基本形式有植物的光合作用和利用物质化学变化储存太阳能的光化反应。

植物靠叶绿素把光能转化成化学能，实现自身的生长与繁衍，若能揭示光化转换的奥秘，便可实现人造叶绿素发电。太阳能光化转换正在积极探索研究中。

4. 燃油利用

欧盟从 2011 年 6 月开始，利用太阳光线提供的高温能量，以水和二氧化碳作为原材料，致力于“太阳能”燃油的研制生产。截至目前，研发团队已在世界上首次成功实现实验室规模的可再生燃油全过程生产，其产品完全符合欧盟的飞机和汽车燃油标准，无须对飞机和汽车发动机进行任何调整改动。

（四）承德市太阳能利用发展前景

承德市年平均日照时数 2705. 6～2987. 5 小时（邢书印等，2014），2015 年日照时数 2403. 4 小时（《承德市统计年鉴》，2016），蕴藏着丰富的太阳能资源，太阳能利用前景广阔。目前，承德市太阳能产业已有大幅度发展，比较成熟的太阳能产品有两项：太阳能光伏发电系统和太阳能热水系统，已有科学规范的 EPC“一站式”服务。

承德市拓亿商贸有限公司坐落于双桥区牛圈子沟路南 2 号，公司成立于 2016 年，注册资本 500 万元，主要营业范围为新能源业务咨询、技术服务，光伏发电设备安装、销售，太阳能热水器等业务。公司主营业务为光伏发电系统设计、安装。拥有十几种大、中、小型分布式并网及离网光伏发电系统。公司主营光伏发电系统，绿色环保，具有无噪声、无污染等特点，使用寿命 25 年以上，可降低常规能源的损耗和环境污染，创造健康、绿色的生活环境。

中电投集团全资承建的承德县三沟镇 100 兆瓦光伏发电项目是中国北方山地占地面积最大的光伏发电项目，项目总投资 11. 2 亿元，占荒坡约 3000 亩，年平均发电量 14500 万千瓦时。该项目一期 20 兆瓦工程已于 2013 年 12 月 31 日并网发电，日发电量 10 万伏左右。二期 80 兆瓦工程完成 50%，2014 年 8 月完工。项目建成后，每年可为国家节约标准煤 4 万吨，减少排放二氧化碳 10. 66 万吨，具有非常可观的节能、环保、社会和经济效益（北极星太阳能光伏网讯，2014 年 4 月 29 日）。

三、生物质能源

（一）生物质能源概况

承德市生物质能源主要由农作物秸秆、薪柴和人畜粪便构成。据初步测算，全区生物质能源折合标准煤 657784.2 吨（按可开发量计算），其中秸秆 294366 吨，占 44.8%；薪柴 355403.4 吨，占 54%；人畜粪便 8014.8 千克，占 1.2%。农村人均占有秸秆 270 千克，薪柴 280 千克，折合标准煤 0.288 吨，是全省人均占有量的 77%（见表 9-3-1）。

表 9-3-1 承德市生物质资源

	理论蕴藏量（吨实物量）	理论蕴藏量（吨标准煤）	可开发量（吨实物量）	可开发量（吨标准煤）	人均占有	
					可开发量（吨实物量）	可开发量（吨标准煤）
秸秆	2917333	1534497.7	605697	294366	0.27	0.13
粪便	1195208.9	662418.6	16029.5	8014.8	0.007	0.004
薪柴	1543957.9	881600	622420.5	355403.4	0.28	0.158
总计	5656499.8	3078561.3	1244147	657784.2	0.557	0.292

（二）利用现状与开发前景

目前，承德市广大农村基本上是靠薪柴和秸秆解决炊事用能。从全区范围看，薪柴和秸秆仍然处于严重的匮乏状态。承德人均秸秆和薪柴 550 千克（实物量），以 5 口之家计，每年 2750 千克。其中秸秆一项，尚需供工业原料、饲料、肥料之用，从合理的观点看，可供燃料使用的秸秆约占 50%，也就是说，每户可燃用的秸秆和薪柴约 1375 千克，按目前农村炉灶水平计算，每户每年需 2920 千克，即可供合理使用的秸秆和薪柴量尚缺一半还多。因此，广大农村始终存在“四料”相争的矛盾。寻求出路的办法，一是挤掉还田秸秆，二是超量砍伐木材，其结果必然是使土壤有机质含量降低，制备日渐稀疏，水土流失加剧，造成恶性循环。

另外，目前不少农村对秸秆和薪柴的利用仍采用古老的落后的直接燃烧方式，虚耗浪费现象严重。一方面资源严重匮乏，另一方面浪费惊人，这就是承德生物质能源的利用现状。

为了解决农村生物质能源的缺乏和燃烧过程中的虚耗浪费现象，当前最现实和见实效的方法就是积极营造薪炭林和大力推广节柴灶。在这方面都有成功的经验，只要加强组织管理和技术指导，定能收到良效。

使用沼气，是利用生物质能源更为合理的办法，发展潜力很大，应总结已有经验，从追求实效出发，积极推广。

四、地热资源

（一）地热资源概况

地热资源是指储存在地球内部的可再生热能，一般集中分布在构造板块边缘一带，起源于地球的熔融岩浆和放射性物质的衰变。地壳平均地温梯度为2.5℃/100米，超出平均值较多的地区谓之地热异常区。

地热资源是一种十分宝贵的综合性矿产资源，其功能多，用途广，不仅是一种洁净的能源资源，可供发电、采暖等利用，而且还是一种可供提取溴、碘、硼砂、钾盐、铵盐等工业原料的热卤水资源和天然肥水资源，同时还是宝贵的医疗热矿水和饮用矿泉水资源以及生活供水水源。多年实践表明，地热资源的综合开发利用，其社会、经济和环境效益均很显著，在发展国民经济中已显示出越来越重要的作用。

冀北山地区地下热水区（张国斌，2006）包括坝上高原，地处板缘地体拼贴带及燕山断褶带的北部。水温大于60℃的热水温泉大多分布在尚义—赤城断裂以北，由西而东分布有赤城城关汤泉68℃；东万口乡塘子营热水泉68.5℃；隆化县汤池子北汤泉79℃；大庙乡小庙汤泉71.5℃；二道河乡开汤泉78.5℃；围场山湾子热水泉82℃等。古北口—平泉断裂以南的兴—平复向斜内（地处燕山断褶带北部）所分布热泉，水温均低于60℃，以温水或温热水为主。例如承德头沟乡汤沟泉40.8℃；青龙白家店乡汤丈子温泉39.4℃；抚宁县温泉寺温泉38℃；卢龙县崔庄温泉50℃等。其中，包括承德市已出露的热泉5处。

（二）承德市地热资源的利用案例

承德市地热资源用途广泛。承德市对于地热资源的利用仅仅处于试验性阶段，以隆化县茅荆坝地热资源的开发利用状况作为案例加以说明（吴迪等，2012）。

承德市隆化县茅荆坝乡地热资源十分丰富，地热资源类型属低温地热资源，是地热资源开发较理想的地段。

茅荆坝地热田受断裂构造控制，属隐伏基岩裂隙、松散岩孔隙型热储。地热田分布在两家—锦山断裂带上，呈带状分布。深部热水沿断裂带循环上涌到地层浅部，受其影响，其砂、砾石层中孔隙水温度升高，构成第二热储。隐伏基岩裂隙、松散岩孔隙型热储顶板埋深4~6米，底板埋深达2000~3000米，厚度可达2000米以上。基岩热储岩性为斜长角闪片麻岩、黑云角闪斜长片麻岩的碎裂岩，受断裂构造影响呈碎裂角砾岩状。钻孔中见到的破碎带均为碎裂岩，裂隙发育，局部裂隙充填方解石脉，时有硅化构造。从物探反映出的低阻特征来看，该主干断裂为张扭性断裂，局部压扭性，破碎带宽度40~75 米，产状近乎直立，稍向东倾。该断裂沿茅沟河东岸呈南北向展布，贯穿茅荆坝地热异常区，向南 3 千米处为 7 家地热区，有地热成因相似的水温80℃左右的热水井。

本区域热田地下热水的补给来源主要接受大气降水，沿深断裂下渗运移，在地壳深部热源体处获得热能后再沿断裂带上升，以涌出地表和潜流的形式排泄。

茅荆坝地热田开发历史悠久，当地居民很早就利用热水屠宰牲畜、洗浴。现在利用的有 5 口地热井，通过对其中 3 口地热井进行实测可知，1 号地热井的出水量为 6 立方米/小时，地热水温度 90℃；2 号地热井的出水量为 8 立方米/小时，地热水温度 65℃；3 号地热井的出水量为 25 立方米/小时，地热水温度 65℃。另外两口地热井井口已经封住，位于蔬菜大棚内，无法进行实测，通过对使用这两口井的用户探访得知，这两口井日用水量总共约为 50 立方米，地热水温度为 65℃。热水主要用于洗浴、健身、取暖。其利用方式为热水从热水井开采后通过保温管道一路输送到宾馆客房和洗浴中心，而后客人根据自己对温度的适宜情况，用冷热水管调试再行洗浴。另一套输水管道直通游泳池，盛夏季节将热水打入游泳池中，再注入冷水，使水温降至 32℃左右，供喜好游泳的客人健身游泳，尾水顺排污管道排入茅沟河。用于洗浴、游泳的热水主要集中在春季、夏季和秋季，且用水不均匀，夏季旅游旺季用水量较大，按允许开采量 40. 7 立方米/小时开采基本满足用水要求，洗浴人数最高达百余人。

第十章
承德市旅游资源环境

承德市历史悠久，自周秦以来一直是多民族集居之地。各民族在不同的历史时期创造了具有不同特点的灿烂文化，给我们留下了宝贵的文化遗产。尤其在清代，康熙、乾隆、嘉庆诸帝出塞北巡，设置木兰狩猎场和兴建避暑山庄，承德市便成为清朝前期的第二政治中心。由于特定的历史条件，使这里具有众多的名胜古迹。

承德市地形复杂，幅员辽阔，特色的地理环境使这里具有优美的自然风光。旅游资源丰富，如避暑山庄、外八庙、磬锤峰国家森林公园、蛤蟆石、僧冠峰、罗汉山、热河城隍庙、魁星楼、双塔山森林公园、白云古洞、塞罕坝国家森林公园、木兰围场、金山岭长城、辽河源国家森林公园、蟠龙湖旅游风景区等。

第一节　承德市自然景观旅游资源

一、山岳型

承德市北部为内蒙古高原的南缘，南部为燕山山脉。山高林密，景色壮美；动植物种类繁多，逗人游兴；兼有历史古迹，使得优美的自然景色具有深厚的文化底蕴，更具观赏和考证价值。

（一）雾灵山

1. 地理位置

雾灵山国家级自然保护区位于河北省北部承德市兴隆县境内，地理坐标东经 117°17′~117°35′，北纬 40°29′~40°38′。它地处北京、天津、承德、唐山四个城市之间，距北京 140 千米，距天津 180 千米，距唐山 148 千米，距承德135千米。该区境内山地属燕山山脉，处于燕山山脉的中段，其主峰歪桃峰海拔2118米，坐落在核心区的中央。被誉为“京东第一峰”。雾灵山位于兴隆县城北，距县城30多千米，有公路可达山顶，交通便捷。

2. 地理环境

雾灵山国家级自然保护区植被属于我国“泛北极植物区中国—日本森林植物亚区”，是中国名山，华北地区植物资源丰富的地区之一，有“天然植物园”“绿色宝库”和“天然物种基因库”之称，是理想的科学研究、教学实习、科普教育基地。保护区内景色优美，负离子含量高，气候宜人，空气清香甘甜，是一个绝佳的森林旅游胜地、天然氧吧。雄、奇、秀、美是对雾灵山国家级自然保护区旅游资源的高度概括。现已开发4个以生态旅游为主的景区和100多个景点，即仙人塔景区、五龙头景区、龙潭景区和清凉界景区。随着管理和建设力度日趋加大，游、购、娱、吃、住、行六大功能基本配套，并具备一定规模。每年都吸引了众多的游人来这里旅游度假、参观考察。著名风景有“雾灵云海”“清凉界”“字石”“龙潭崖瀑布”“龙潭崖南山”“仙人塔”“莲花池”等十余处景点，素誉“河北黄山”。

（1）地质。

雾灵山地区在距今18.5亿~8.5亿年前的远古时代为古燕辽海；在距今8.5亿~5.7亿年前隆起为陆地；在距今5.7亿~4.5亿年前的古生代又下降为海，称之为为华北浅陆表海；从4.5亿年以后，本地区又隆起成为陆地，并接受了长期陆相沉积；在中生代晚期（距今1.4亿~0.65亿年前），本区发生岩浆侵入，地质上称之为燕山期岩浆侵入，伴随着中生代的造山运动（称为燕山运动）和新生代的造山运动（称为喜马拉雅运动），地壳隆起，断层活动剧烈，岩浆大规模侵入，形成巨大岩基，雾灵山为活动规模最大者，构成了燕山山脉的主体。其走向与燕山山脉一致，由东北至西南，并有大规模侵入体穿插，在各大山脊的西至西南方向广泛发育了第四纪冰期中冰冻风化而成的古石海（乱石窑）。岩石成分，岩浆岩类以花岗岩、正长岩、玄武岩为多；沉积岩类以石灰岩、页岩、砂岩为多；变质岩类以片麻岩为多。

（2）地貌。

中生代的燕山地壳运动和新生代的地壳运动，加速了山地的相对升高。自震旦纪以来即处于上升之中，使前震旦纪花岗岩和片麻岩大面积裸露地表，形成了雾灵山独特的地貌特征。雾灵山层峦叠嶂，主峰海拔2118.2米，最低海拔450米（连易寨），高差达1668.2米。大部分山峰在1600米以上。主峰一带明显突出，其外围呈中低山峦，地貌十分复杂，即有陡峭山脊山峰，又有平坦的山顶台地（莲花池），还有山间小盆地（鱼鳞沟、老虎沟）、深沟峡谷（北双洞以西）、缓坡宽谷（三岔口、龙爪沟、干木沟、东西孤石）、山麓阶台（东梅寺、陈家庄、大沟、花园）等。主山脊呈南北走向，只有冰冷沟呈东西走向。低山谷呈东西走向居多。地形北高南低并呈西北向东南倾斜之势。坡度多在25°~40°。

（3）气候。

雾灵山属暖温带湿润大陆季风区，具有雨热同季、冬长夏短、四季分明、昼夜温差大的特征。地形地貌的复杂性，决定了气候的垂直地带性，气候类型多样，“山下飘桃花，山上飞雪花”，“山下阴雨连绵，山上阳光明媚”，素有“一山有三季十里不同天”之称。年平均气温7.6℃，最冷月在1月，平均气温-15.6℃，绝对低温为-25~-28℃；最热月在7月，平均气温17.6℃，绝对高温一般为36~39℃。日均气温稳定，超过10℃的日期在5~10月。≥10℃的积温为3000~3400℃。年均日照2870小时。雾灵山山体高大，森林茂密，成为南北气候交汇带，夏秋季节季云雾弥漫，雨量充沛，年均降水量763毫米，局部可达900毫米。年均蒸发量1444毫米，平均相对湿度60%。无霜期120~140天，初霜始于10月上旬，晚霜终于4月中旬。一般“十一”长假后即封山。

（4）土壤。

雾灵山土壤分为典型褐土、淋溶褐土、棕色森林土、次生草甸土四种类型，母质多为坡积母质。较肥沃。

（5）水文。

雾灵山为燕山山脉的高峰之一，地势高耸，为许多河流的发源地之一。本区地层岩石透水性较差，降水以主峰为中心呈辐射状流出，且地下水溢出点分布比较广泛，几乎沟沟有水，水流常年不断。区内森林满山，遍地清泉，溪流遍布，流水潺潺，水资源十分丰富。一条绵亘高耸的分水岭自东向西经主峰后折向西南，把全区分成南北两部分。分水岭北面的水系又分为两支，东部的降水经流水沟、桩木沟、花园沟、大石头沟、字石沟、杵榆沟、南峪沟汇入安达木河，经潮河入北京密云水库；西部的降水经三岔口、北火道、北松树峪沟、鱼鳞沟、蒌子沟、北花峪沟、水头子沟，汇清水河流入密云水库。它们均属海河水系，集水区面积7752.6公顷。南面的降水经冰冷沟、煤岭沟、八道河，娘娘洼、干木沟、五叉沟、仙塔沟、塔西沟、拦马墙沟汇入柳河，经滦河入河北省的潘家口水库，属滦河水系，集水区面积6557.6公顷。雾灵山是北京、天津两大直辖市的重要生态屏障。雾灵山地处潮白河和滦河上游，是这两大水系的重要补水区，潮白河入密云水库，是北京市的重要水源，滦河入潘家口水库和大黑汀水库，是天津、唐山等地的重要水源。据测定，仅森林枯落物层每年至少涵养净化水 139.697 万吨，其中入密云水库 83.523 万吨（密云水库为北京市提供 70%的饮用水），入潘家口水库 56.174 万吨。这里森林的水源涵养作用对北京、天津、承德、唐山四个城市的用水具有重要的影响。

（6）生物。

雾灵山国家级自然保护区有高等植物 168 科 665 属 1870 种，有国家一类保护植物人参等，列入中国植物红皮书《中国珍稀濒危保护植物》的物种 10 个；有野生动物 55 科 112 属 173 种。其中有国家一类保护动物金雕、金钱豹，国家二类保护动物秃鹫、猕猴、斑羚等 18 种，其他级别重点保护动物 121 种。

雾灵山国家级自然保护区以森林景观为主体，苍山奇峰为骨架，清溪碧潭为脉络，文物古迹点缀其间，构成了一幅静态景观与动态景观相协调、自然景观与人文景观浑然一体、风格独特的生动画卷。这里山峦重叠，山清水秀，恬静瑰丽，曲流溪涧，晶莹碧透，烟雾浩渺，吐珠溅玉，奇峰怪石，如塑似画。置身其中，峡谷壁立，石径萦回，沟壑幽深。春天，万物复苏，鸟语花香，花红柳绿，蜂蝶缠绕，杜鹃花、丁香花、忍冬花等竞相开放，姹紫嫣红，即使是绿色，也显出浓淡不同的色彩和层次，依照山的海拔高度的不同，花一层层地开，树一层层地绿，到处一片生机盎然，让人感到亲近大自然的无限美好。夏日，山外骄阳似火，山内则树木葱郁，金莲花如金铺地，银莲花似玉漫坡，凉风送爽，飞瀑流泉，潭幽溪清。天然林遮阳蔽日，人工林木质芳香，强烈的阳光，经过层层叠叠枝叶的过滤，洒在大地上也只剩下几个温柔的光点。来此避暑纳凉，会让人心旷神怡、流连忘返。秋天，山下一片翠绿，山上的桦树、落叶松已变得金黄，山腰的山杨、五角枫、栎树，一层层地变黄、变红、变紫。放眼望去，片片红叶，串串硕果，点点簇簇地镶嵌在峰岭层叠之间，似碧波上飘浮的片片红帆，又似蓝天上飘荡的朵朵霞云。来此观光，不仅可以看到层林尽染的多彩之秋，而且还可以采摘山珍野果，大饱口福。冬天，崇山峻岭，银装素裹，玉树冰花，茫茫林海一派北国风光，苍松翠柏雪中刚劲挺拔，幽韵清冷，更显出雾灵山凛然飘逸的冷峻神态。更有郁郁林海、苍苍群山等景观，美不胜收。

3. 历史沿革

雾灵山自然保护区的保护对象为“温带森林生态系统和猕猴分布北限”。

温带森林生态系统是指雾灵山位于蒙古、东北、华北三大植物区系交汇处，各种植物成分兼而有之，生态系统复杂多样，成为温带生物多样性的保留地和生物资源宝库。猕猴分布北部界限是指雾灵山以北没有野生灵长类生存，虽然日本的北海道和新疆的石河子也有猕猴，但都是人工放养的。

雾灵山不仅是猕猴分布北限，还是南北动物的走廊和许多南方动物的分布北限，如勺鸡、果子狸等，同时，还是许多北方代表动物的分布南限，如花尾榛、攀雀等。雾灵山国家级自然保护区管理局追求人与自然和谐发展，坚持和落实科学发展观，先后投资6000多万元，对景区内公路、游览步道、景区各类标志牌等设施进行了彻底改造，极大地丰富了景区科学文化内涵，凸显独特的生态品位，继承和弘扬了悠久的燕山文化。保护区推出以天然氧吧、消夏避暑、科学考察为主体的健康生态游活动，让游人在山水环抱之中返璞归真，尽情享受大自然的恩赐，领略人与自然和谐相处的真谛。让雾灵山成为人们回归自然、生态旅游的绝佳旅游胜地。

自然保护区是国家政府选定的具有一定代表性的生态系统，并对其进行自然保护、科学研究、综合利用的特定区域。保护区分国家级和省级等。雾灵山是国家级自然保护区。我国共有林业类型国家级自然保护区94个，河北省有1个，雾灵山是河北省唯一的林业类型国家级自然保护区，也是距首都北京最近、最具发展潜力的国家级自然保护区。

4. 景区文化

(1) 历史文化。

雾灵山历史上曾称伏凌山、孟广硎山、五龙山，明代始称雾灵山。自夏殷代以来就有人烟居住。雾灵山地处我国古代山戎、东胡、拓跋、契丹等北方少数民族与幽燕汉族交往之地。雾灵山因其特点和所谓的灵性，历史上就有许多文人骚客来此游览后，被它的险峻所折服，从而吟颂雾灵山。北魏地理学家郦道元、唐朝进士祖咏都曾到过雾灵山，赞美过它的雄浑和壮美。郦道元在《水经注》中称“伏凌山（雾灵山）甚高峻，严障寒深。阴崖积雪，凝冰夏结，故世人因以名山也”。古人另称雾灵山“其山陡峻，峰峦拱列”。顾炎武在《昌平山水记》中也称雾灵山“其山高峻，有云雾蒙其上，四时不绝”，这也可能就是称为雾灵山的原因吧。还称雾灵山“上多奇花，又名万花台，山之左右峰峦拱列，深松茂柏”。

雾灵山曾是一座佛山，据记载，雾灵山在宋代就建有寺院，修建了诸多庙宇，“有僧道万余人”，元代曾有僧道来此做佛事，《昌平山水记》记载“文宗（元）命西僧于雾灵山作佛事一月，而其绝顶可瞰塞内”。现存的寺庙遗址有：红梅寺、钟古院、云峰寺等，在当时被称为下院、中院和上院。相传过去在红梅寺“有名和尚三千六，无名和尚赛牛毛”，这就说明在当时雾灵山一带僧道甚多，香火旺盛。据《长安客话》记载，“雾灵山有云峰寺，相传宝志公锡于此”。

到明代，雾灵山为边关重地。明洪武年间，中丞刘基（字伯温）巡视边陲重镇曹家路时，曾登临雾灵山，行至半山劳累烦热，歇于一巨石下，忽觉一阵凉风袭来，疲劳顿觉消失，随赐“雾灵山清凉界”。200 年后的明崇祯八年，后人在此石上刻字铭古，成为京东特有石质巨碑，人称“大字石”，上刻有“雾灵山清凉界”六个大字，每字约 4 平方米，豪放洒脱，苍劲有力，另外还有许多不同型号的小字，内容大多是守关将士的名字和诗句。

雾灵山山体高大，崖悬壁险，具有一定的军事防御价值，又处于边关，所以雾灵山上就建有许多长城，大多是明长城，现存近百千米。有黑谷关、龙门关等关口。除长城外，在高山险峰上建有许多烽火台，可以看到破壁残垣。

清顺治二年（1645 年），雾灵山被划为清东陵的“后龙风水禁地”，封禁长达 270 年。清东陵陵区占地 2500 平方千米，分后龙和前圈两部分。其中陵寝后龙，是风水来龙之地，它从陵后的长城开始，向北经过清东陵的少祖山雾灵山。整个后龙地带山峦起伏，群峰叠翠，奇峰秀岭，纵横交错，风景异常美丽。清王朝为了保护清东陵，这包括后龙区的保护，后龙的边界标志主要是木桩和界石，其中木桩分为红、白、青三种，红桩为内界，白桩为外界，青桩在白桩 10 里之外，每青桩上写“后龙风水重地”，规定“凡木桩以内，军民人等不准越入设窑烧炭，各宜禀遵。如敢故违，严拿从重治罪”。定雾灵山为官山，清王朝为了加强雾灵山的保护，专设墙子路和曹家路二兵营重兵守护后龙一带安全。通过清王朝的严密防护措施，在清东陵的 200 多年的历史中，没有发生过重大火灾，这无疑对雾灵山森林资源的保护起到了重要作用。

雾灵山随着长时间的封禁，宋元时期所修的庙宇，也开始荒废败落。这段时期人文历史遗迹较少。清圣祖康熙帝在《晓发古北口望雾灵山》一诗中写道“流吹凌晨发，长旗出塞分，远峰犹见月，古木半笼出，地迥疏人迹，山回簇马群，观风当夏景，涧草自含薰”。从诗中可以看到，当时看到的只是山景树木，人迹稀少。

雾灵山在清王朝长时间的封禁下，雾灵山的居民被迫迁出，这就给森林的生长创造了条件，森林、野兽在无忧无虑的生长着。雾灵山形成了“森林满山，树木遮天，野兽无数、遍地涌泉”的壮丽景观。

随着清王朝的衰败，作为皇家风水禁地的雾灵山也随之开禁开垦。清末宣统二年（1910年）因朝廷财政困乏，遂将东陵范围内的“风水地”允许清兵开垦。由于开荒种地，时常引起山火，一着就是几个月，不下大雨火不灭，原始森林遭到了破坏。到后来，直系和奉系军阀混战，雾灵山又遭到了战火的洗劫，破坏十分严重。

抗日战争时期，雾灵山是八路军抗日根据地。1938年2月9日，毛泽东同志指示八路军前方总部：“以雾灵山为中心开辟游击区，创建敌后根据地”，八路军第四纵队便从平西斋堂出发东进，开进雾灵山，以雾灵山为中心开展游击战争，创建了八个抗日联合政府。

日军采取“囚笼政策”，制造无人区，把山上的老百姓赶下山，进入“人圈”，不断放火烧山，试图割断中国的军民联系。日寇以“铁壁合围”“梳篦清剿”的惨无人道的手段欲达到“民匪隔离”的目的，但是雾灵山区的人民的抗日烈火始终没有被扑灭，坚持抗战。

1948年，雾灵山经历了37年血与火的洗礼，终于回到了人民的怀抱，给雾灵山的发展注入了活力。

20世纪50年代后，党和政府非常重视雾灵山，为了建设雾灵山，发展雾灵山，保护好这块绿色宝地，1950年始建森林经营机构，成立雾灵山森林经营所，全面开展封山育林，荒山造林。为了更好地建设和经营雾灵山这宝贵的森林，1962年雾灵山被设为林业部直属实验林场，并将主峰周围8000亩划为自然保护区。随着国家形势和政策的变化，雾灵山的建制也经历了不同的变化。改革开放后，党和政府越来越重视环境建设，意识到林业的重要地位，1984年被列为省级保护区，1988年被列为国家级保护区，雾灵山的发展进入了新的时期，1995年雾灵山加入中国人与生物圈网络组织。

（2）绿色文化。

雾灵山自建立保护区以来，就注重绿色文化的挖掘和建设。经过多年的保护和建设，森林资源不断增加，形成了以生态为主的自然文化。雾灵山那分布明显的植被带谱，丰富的生物群落，雄奇秀丽的自然山水，壮观俊秀的奇峰怪岭都源自这森林、这绿色、这自然。

（3）生态文化。

雾灵山是京津地区的重要生态屏障，在保持水土、涵养水源、挡风阻沙，调节气候，净化空气等方面发挥着重要生态作用。

京津地区挡风阻沙的生态屏障：雾灵山高大起伏的山峦和茂密的森林，

阻挡着来自内蒙古和坝上地区的风沙，大大地改善了京津地区的生态环境，减少和避免了沙尘的危害，有效地控制了沙化南侵，护卫了京津。

京津地区的重要水源地：为了保护京津“两盆水”，雾灵山人不懈地封山育林、植树造林，森林覆盖率达到93%，茂密的森林，涵养了大量优质水资源，据专家测算；雾灵山每年可为密云水库涵养8.5亿立方米的水、为潘家口水库涵养5.5亿立方米的水。

京津地区的气候调节源：雾灵山茂密的森林，调节了当地的气候，吸附净化了周围的空气。据测算，雾灵山每年向周边地区释放水汽99.8万吨，吸附灰尘84.6万吨，吸收二氧化碳1398万吨，二氧化硫10.8万吨，释放氧气278万吨，是京津地区周围的大气净化极强区，同时对华北地区的大气也起着一定的净化作用。

全国的生态科普教育基地：雾灵山动植物资源丰富、生态环境良好，是天然博物馆和生态大课堂，是全国的生态科普教育基地。

5. 景区结构

雾灵山自然保护区共区划出三个区域：核心区、缓冲区、实验区。核心区面积4136.8公顷，占总面积的28.9%。属天然林区，主要植被有阔叶林、针叶林、针阔混交林、草甸，是保护植物分布较集中的区域，是被保护动物的重要栖息地。缓冲区面积2545.4公顷，占总面积的17.8%。以天然阔叶林为主，分布少量人工林。实验区面积7628.0公顷，占总面积的53.3%。以天然阔叶林为主，大部分人工油松、落叶松林分布在该区。

6. 特色产品

（1）板栗。

板栗已有二三千年的栽培历史，辽宁省栽培栗树始于明末清初。板栗果称栗子，可生食、糖炒、烘食，还可制罐头，磨粉制糕，调羹烹菜。板栗含有糖、蛋白质、脂肪和多种维生素，营养和经济价值很高。果实个大，色泽白，口感好，不裂瓣，易加工，综合价值高，其果肉含水量为40%左右，含蛋白质5.7%~10.7%，脂肪5%~7.4%，淀粉50%左右，并含有维生素A、维生素B_1、维生素B_2、维生素C和磷、钾、镁、铁、锌、硼等多种矿物质

（2）山核桃。

山核桃属胡桃科山核桃属植物，约有20个品种，其中4个品种原产中国，原产北美的有11个品种，被称为长寿果的碧根果就是其中一种。山核桃属核桃科山核桃属，为落叶乔木，树皮光滑，幼树时青褐色，老树皮白色，裸芽、新梢、叶背面及外果皮外表均密被锈黄色腺鳞。幼年期生长缓慢，3年

生以后生长加快，一般6~7年开始结果，20年以后进入盛果期，结果大小年十分明显，主要原因是营养不足，结果大年枝梢生长细弱，次年抽发新梢不能形成雌花而变为小年。山核桃种仁味美可食，含蛋白质7.23%，含油率48%~53%,多达69%，每一百千克坚果可榨取高级食用油及工业用油27~30千克。果壳可制活性炭，总苞可提取单宁，木材可制作家具及军工用。山核桃具有耐阴，对土壤酸碱度适应强的特点，是荒山坡营造经济林的良好树种，还具有开花期迟，收获期早，结果生育期不受霜冷之害，壳果体积小，耐储运可远销，山核桃寿命长，一经种植，可多年收获。

（3）山野菜。

雨量充沛，山野菜资源十分丰富，现已被人们采集食用的几十种山野菜长期生长繁衍在深山幽谷、茫茫草原等自然环境中，有很强的生命力，且具有未受污染的优越性。人们采摘入菜，具有质地新鲜、风味独特、营养丰富的特点。山野菜具有很高的营养价值，含有大量人体需要的脂肪、蛋白质和维生素A、维生素B_1、维生素B_2、维生素C、维生素D、维生素E等多种矿物质和微量元素。山野菜是在自然环境下生长发育的，不受人工栽培条件的影响和干扰，特别是没有农药、化肥、工业三废和城市污水、致病微生物等病菌的污染，没有公害，是天然的有机食品。中医药学家认为医食同源、药食同根。山野菜亦菜亦药，具有很高的医疗价值，对高血压、冠心病、糖尿病、癌症有很好的疗效，能预防多种疾病。这是普通栽培蔬菜无法比拟的。

（二）辽河源国家森林公园

辽河源国家森林公园位于河北省平泉县城西北部60千米处的大窝铺林场腹地，东、北、西分别与辽宁省凌源市、内蒙古宁城县、河北省承德县接壤。距承德市区80千米，总面积230平方千米，因其为中国辽河的发源地而得名。

公园分三大景区，即辽河源森林浴场区、马盂山草原花海区和辽代古墓区，景点65处，以高山、森林、草原、花海、怪石、清泉、古树、古墓八全齐美而取胜。（新浪网，2014年5月23日）

1. 辽河源头

1990年辽宁省营口市艺术家考察团30余人从营口入海口沿辽河逆流而上，寻源至此，刻下了“辽河源头”四个大字。（河北旅游资讯网，2014年5月23日）

辽河源头水量丰沛，水质清澈，富含钙、镁、钾、钠、磷等多种无机盐，可以补充铜、氟、碘、铁、钼、硒、锌等人体必需微量元素，对增强人体组织机能，促进人体健康具有明显的作用。每年向老哈河及辽河中下游地区提供多达1.2亿立方米净水，哺育着亿万辽河儿女。

2. 九龙蟠杨

九龙蟠杨，属小叶杨，又称“千年古杨”，主干直径约5米，冠幅750多平方米。九条侧干犹如九条苍龙，或平伸，或上扬，或俯探，盘旋曲绕、婀娜多姿。从东向西遥望，树形恰似一张中国版图，实属罕见，具有“天下奇杨”之称，历经风雨，依然枝叶繁茂。

3. 王爷马场

景区内海拔1600米，连绵近万亩的亚高山草甸，是辽国创立者耶律阿保机和辽历代帝王著名的游牧场所，史称王爷马场，《辽史》又称白马甸。辽景宗、辽道宗以及萧太后，都曾来这里飞骑逐猎。

这里土壤有机质含量高，植被种类繁多，是华北地区罕见的亚高山草甸。春夏时节，这里繁花似锦、碧草连天，白里透红的石洋景、粉红色的胭脂花、黄色的金莲花、蓝色的鸽子花，以及各种不知名的野花次第开放、争奇斗艳，清风拂面，波澜起伏、芳香沁人心脾。

4. 森林浴场

辽河源景区森林覆盖率达82%以上，植被垂直分布明显，随着海拔高度的递增，自山脚至山顶依次为阔叶林、针阔混交林、针叶林、亚高山草甸。辽河源森林浴场空气清新、无菌、无毒、无灰尘，是“天然大氧吧”“天然净化器”。每年可吸收二氧化硫0.68万吨，二氧化碳2.39万吨，释放氧气1.81万吨。据资料考证，负氧离子含量为每立方厘米20000多个。每天分泌大量杀菌素，具有杀菌、免疫的作用。（河北旅游资讯网，2014年5月23日）

5. 辽代古墓

《辽史》卷九十七载：“窦景庸，中京人，中书令振之子。清宁中，第进士，授秘书省校书郎，累迁少府少监。咸雍六年，授枢密直学士。大安初，迁南院枢密副使，监修国史，知枢密院事，赐同德功臣，封陈国公。九年死，谥曰肃宪”。

墓地原有石像生三十六件，石虎五只，石羊四只，石人两尊。精雕细镂、形神兼备，经千年风雨侵蚀，保存完好，体现了辽代艺术之精湛。清澈的辽河源头之水缓缓流经墓前，墓地前有并蒂山相照，后有五峰毗连，北侧山巅三尖柱石矗立，号称“三炷香”，竟成天然供奉。墓地青山峻岭掩映，碧水丛林环绕，可谓山发脉绵远，水朝拜含情，呈典型的风水宝地之势（河北旅游资讯网，2014年）。

（三）塞罕坝国家森林公园

塞罕坝全称是塞罕达巴罕色钦，蒙语的意思是“有河源的美丽的高岭”。塞罕坝国家森林公园是中国北方最大的森林公园，位于河北省承德市坝上地区，在清朝属著名的皇家猎苑之一——木兰围场的一部分。森林公园总面积41万亩，其中森林景观106万亩，草原景观20万亩，森林覆盖率75.2%。

1. 人文资源

木兰围场曾是清代皇帝举行木兰秋狝之所，清帝行围狩猎，“肄武绥藩”。岁举秋狝大典，从十几围或二十围进行围猎活动。自康熙二十年（1681年）至嘉庆二十五年（1820年）的140年中，康熙、乾隆、嘉庆三帝举行秋狝大典达105次之多。围场坝上有康熙痛击噶尔丹叛军的乌兰布通古战场——红山和将军泡子，据说是康熙点将练兵的练兵台。围场境内的清代碑刻七通、庙宫、石庙和一些重要围址等已被公布为省级文物重点保护单位。

塞罕坝满、蒙、汉三族人民聚居在一起，民族文化相互交融，特别是汉族、蒙古族文化特色比较突出。游人到此，可以品尝各种满蒙风味的饮食、小吃，参与满蒙民族的赛马摔跤、敖包会等系列活动，开展民族风情旅游，这也是塞罕坝国家森林公园不同于其他森林公园的特色之一（新浪网，2008年8月4日）。

2. 公园景观

坝上天高气爽，芳草如茵，群羊如云，骏马奔腾，坝缘山峰如簇，碧水潺潺；接坝区域森林茂密，山珍遍野，野味无穷；上坝后，即有怡人的消暑之感。凉风拂面掠过，顷刻间钻进衣襟。环顾四野，在茂密的绿草甸子上，点缀着繁星般的野花。大片大片的白桦林，浓妆玉肌，层层叠叠的枝叶间，漏下斑斑点点的日影。美丽的闪电河如玉带环绕，静静地流过您的身边。牛群、马群、羊群群栖觅食，放牧人粗犷的歌声和清脆的长鞭声，融合着悦耳动听的鸟声，更给朴实的草原增添了无限的生机。

木兰围场坝上草原夏季无暑，清新宜人。斑斓的野花，始于坝缘，有的灿若金星，有的纤若红簪，四季花色各异，早晚浓淡分明。夜幕之时，明月篝火，是诉说情话的好去处；你可以到篝火旁同南来北往的游客尽情地攀谈、跳舞、唱歌；还可以独自坐在草原上，享受独处的妙趣。清晨起床，你可以踏着软软的天然草毡，聆听百鸟清脆的歌声；也可以去看看草原的日出。一轮红日冉冉升起，绿叶上晶莹透明的露珠，立刻变成了闪烁的珍珠；各种植物转眼一片嫩绿；马群、牛群、羊群也在广阔的草原上开始蠕动，真是一片“天苍苍、野茫茫，风吹草低见牛羊”的草原胜景。

全园规划6大类型景观，被誉为“水的源头，云的故乡，花的世界，林的海洋，休闲度假的天堂”，属国家一级旅游资源。

3. 景点介绍

（1）塞罕塔。

塞罕塔位于海拔1800米的东坝梁顶，建于1992年7月。塔高25米，火箭式塔体直插云天。游客扶梯登塔，螺旋而上，难辨东南西北。史志记载康熙皇帝围猎至此，顿感心旷神怡，脱口赞道“真仙境也”。塔下就是康熙亲封“塞罕灵验佛”（天津网，2012年9月5日）。

（2）七星湖。

七星湖是塞罕坝国家森林公园新开发的重点旅游风景点，位于塞罕坝机械林场北3000米处，环抱于青山绿树之中，原是七个小湖，远远望去，排列如天上北斗，七星湖因此而得名。水域深，水面广，野生鲫鱼游于其中。

（3）康熙点将台。

康熙点将台，又名亮兵台。位于森林公园阴河景区，为一孤立巨岩，形如卧虎，顶部是狭长平台，周围地势平坦开阔。传说康熙大帝在乌兰布通之战胜利结束后，曾登临此台检阅得胜凯旋的清军将士，因此得名点将台。如今，点将台四周方圆十几千米均为落叶松人工林。登台四顾，绿海波涌，凉风习习。颇能领略当年康熙大帝点将阅兵的恢宏气势，只不过300年前的清军将士如今换成了整齐划一的落叶松（河北省塞罕坝机械林场，2010年11月8日）。

（4）塞北佛石庙。

塞北佛石庙坐落于北曼甸管理区石庙子景区，周围是一望无际的万顷林海。一条清澈透底的山泉喷珠吐玉，缓缓流向远方。

石庙由13块削磨见方的石头砌成，坐北朝南，高1.96米，面宽1.21米，进深1米。庙顶由一块石头凿成瓦状模样，小巧古朴，别具一格。庙内一尊坐佛像，身披红色袈裟，两小童侍立左右，均是满族官服装束。庙门两旁，镂刻着一副对联，字迹清晰，笔力遒健，上联是“清得道千秋不朽”，下联是“塞北佛万古流芳”，圆拱门上横批是“英灵千古”。在庙前有一座石碑，因年久风蚀雨剥，字迹已无法辨认了。塞北佛石庙的建立还要从康熙设立木兰围场的良苦用心说起。康熙作为清王朝入关后的第二个皇帝，他胸怀大志、深谋远虑，文治武功、卓有建树，一生中智除鳌拜、平定三藩之乱、收复宝岛台湾、签订《中俄尼布楚条约》、亲征噶尔丹。为了“肄武绥藩”，设立木兰围场，通过木兰秋狝，团结、怀柔蒙古各部并对其流离民众给予优抚，使蒙古王公感激涕零，称之“仁德高峻，养育群生，宏施利益者谓之佛。臣等蒙圣上大佛洪恩，特加拯救，是即臣等得遇活佛也”。由此，蒙古族人尊康熙为活佛（塞罕坝国家森林公园，2014 年 5 月 25 日）。

（5）滦河源头。

界河是河北省与内蒙古自治区的分界河，蒙语河名为“吐力根河”，意为弯曲狭窄。河道蜿蜒曲折，水流潺潺，清澈见底，像一条银色的玉带，飘落在塞外森林草原之中。“引滦入津”工程完工后，时任水利部长钱正英女士曾到此考察，认定这里是滦河发源的主要河流之一，因此得名“滦河源头”。

（6）泰丰湖。

泰丰湖，水面面积 300 亩。传说乾隆皇帝当年打猎来到这里，当时他骑马站在东面的山上向这里一望，见这明净的湖面弯弯曲曲好像一个玉如意，于是把这里命名为如意湖又名泰逢湖。这里的北边就是当年康熙皇帝平定噶尔丹叛乱的十二座联营，所以乾隆皇帝到木兰围场打猎时曾经多次在这如意湖旁安过营寨。影视剧《新月格格》就曾在此拍摄外景。

（7）金莲映日。

康乾三十六景之第二十四景，原在承德避暑山庄如意洲上，康乾时代盛极一时，然而随着时间的推移，此景已消失。塞罕坝独特的地理环境为金莲花提供了良好的生长环境，使金莲映日奇观得以重现（塞罕坝国家森林公园，2014 年 5 月 25 日）。

4. 风味小吃

（1）金莲花茶。

清乾隆时期有一副对联：“塞外黄花如金钉钉地，京中白塔如银钻钻天。”这里写的黄花就是金莲花。金莲花几乎为塞罕坝所独有。

（2）白蘑。

塞罕坝上的白蘑品种繁多，有大如蒲扇的“天合板”，有小如榆钱的龙耳蘑，有菌香浓郁的鸡爪蘑，有清雅味纯的小草蘑，有状如伞盖的常态蘑，也有形如团丸的异形蘑。坝上白蘑既可做卤，也可做馅；既可调汤，又可配菜，为塞外一绝。

（3）蕨菜。

蕨菜雅名如意菜，与坝上白蘑齐名，都是塞罕坝菜谱里的上品。每年端午节前后，在蕨菜的幼芽还如同一个晶莹嫩绿的碧玉如意的时候将其采回，用热水及时烫过，或腌渍，或晒干，可长期保存，凉拌、煮汤或炒食均有不同的美味。

（4）银丝面猫耳面。

这两种面食分别用塞罕坝特产的荞面和莜麦面做成，前者以银为色、以丝为形，低糖食品，富含多种维生素，用当地的水煮面，会有滑、脆、润、爽的口感，为清宫御用食品之一。猫耳面是用和好的莜麦面在秫秸盖顶上搓制成的，形状酷似猫的耳朵，因而得名。猫耳面黏而不腻、油滑利口，是塞罕坝人最为偏爱的面食。此外，荞麦和莜麦还可以烙成饼、蒸成窝子、搓成鱼子、制成炒面，或与其他麦类合成混合面食。

5. 景区特产

（1）板栗。

河北板栗以颗粒饱满、香甜、皮薄、适于糖炒等特点著称于世，是河北省出口农副产品中具有较大优势的土特产品之一。其产量、出口量和质量，均居全国第一位。

（2）糕点。

东陵糕点的造型、品种、味道别具特色。从选料到配方，要求甚严，制作工艺比较复杂。

（四）白云古洞风景区

白云古洞风景区是国家 AAA 级景区，山岳型自然风景旅游区。据史料和残留碑文推断，开辟于明代中期，16 世纪中叶，距今已有 400 余年。总面积 10 平方千米，核心区面积 4 平方千米，是一处集峡谷、洞穴、古迹、奇峰、怪石、植被和佛寺、道观、尼庵等人工建筑于一体的综合景观，其中以“三寺”“六山”“九景”“十二洞”最为著名。

1. 地理位置

白云古洞景区位于河北省承德市丰宁县窄岭乡黑山嘴村潮河西岸，距离丰宁县城南 45 千米处的莲花山中，承丰公路从景区东侧穿过。该风景区距承德市区 130 千米，是由若干峰、洞、谷和寺庙组成的风景区总称。

2. 地理环境

（1）地貌。

风景区四周有危峰峭壁环立，一道山堑来往出入，自然形成山门。峡谷中洞中生洞，洞洞相连，内有奇峰、怪石、幽洞、深涧等众多自然景观和佛寺、道观、尼庵等人工建筑，其中以“三寺”“六山”“九景”“十二洞”最为著名。此外，还有奇峰异石，如卧狮山、佛掌石、三山斗扣、增禄岩，山泉飞瀑有十个瀑潭和天井、人井、地井，人文景观除寺庙外还有修真道、长寿桥、云梯、云池、栈道、打坐堂等。

（2）生物。

白云古洞景区内古木枝藤，隐天蔽日；泉水溪流，叮咚有声；俊鸟唱和，婉转成韵；奇花异草，争奇斗妍，特别是端午前后，杜鹃花、杏花、樱桃花等相继开放，与苍松翠柏相映成趣，别有洞天。还有榆、桃、李、枣等多种乔灌木，柴胡、黄芪、苍术等多种药材，植物种类多达 110 种。林间栖息着狼、狐、兔、獾等多种野生动物。

这里盛产金莲花、百合、榛子、杏、蘑菇及各种中药材；另外，当地还产一种面酱，做法考究，风味独特，在承德市很有名。

3. 人文景观

人文景观除寺庙以外还有修真道、长寿桥、云梯、云池、栈道、打坐堂等。在约 4 平方千米的景区内奇峰林立，洞穴密布，峡谷幽邃，曲径千折，古木参天；还有云池碧水，条条深涧，繁花灌木，自然风光集奇、险、幽、美于一体，形神兼备；人文景观主要有傍山而建的僧刹宝华寺、道寺青云观、尼庙隐仙庵。

景区每年五一举办春游古洞专题活动，景区所在村镇定期举办传统庙会。

4. 景区特色

白云古洞风景名胜区周围峰峦陡峭，除一道天然山门外，再无路可出入。峡谷中比较集中的有三大洞穴群：白云古洞群、八宝洞群、哈哈洞群。其中白云洞最大，面积有 600 余平方米，内有僧寺，洞外有舍利塔林和碑文。位置最高的是哈哈洞景区，居高临下，远眺山外潮河如带，田园农舍相接，层峦叠嶂，气象万千。

5. 主要景点

（1）“三寺”是指宝华寺、青云观、隐仙庵。相传，明天启年间，有一人进山打猎，见山景空灵，纤尘不染，遂感悟，绝尘缘，在白云古洞修建宝华寺出家为僧，成为开山祖师，传三代。明清两代，这里僧道共居一山，和睦相处，烟火特盛，香客如云。

（2）“六山”是笔架山、边墙山、虎头山、卧狮山、望吼山、鸡冠山。这六山皆因其状而得名，各有典故，形象逼真，栩栩如生。“九景”是连荫寨、一线天、仙人桥、风动石、小月牙天、大月牙天、仙人掌、百丈谷、三井。这九景或奇、或险、或幽、或静，各具特色，都有一段动人的传说。

（3）“十二洞”是白云古洞、哈哈洞、二仙洞、子午洞、白骨洞、修真洞、蛇仙洞、虎仙洞、鹤仙洞、穿心洞、无底洞。这些洞或阔、或深、或诡，各有神韵。仙人桥是山腰的透体洞，景观殊异。二仙洞两洞相通，赐福洞穿透谷底，无底洞深不可测，小西天极险难攀。九个崖洞石屋，犹如繁星撒落在山头、山腰、山底，把媚人的风光点缀得更野更奇，无底洞其深莫测。相传，古时有一大胆的和尚提一筐蜡烛进洞探底，至蜡尽返，终未能穷其底，遂以无底名之。其余各洞也各有来历。

6. 洞穴简介

白云古洞是三大天然洞群的总称。由白云古洞、白骨洞、仙鹤洞、无底洞、小西天等洞穴组成了白云古洞群；由八宝洞、赐福洞、二仙洞、神峰洞、打坐堂等洞穴组成了八宝洞群；由哈哈洞、子午洞、修身洞等洞穴组成了哈哈洞群。三大洞群的 13 个崖洞石屋，似天神在山头、山腰、山底开凿的 13 个神奇迷宫，充满了险峻与奥妙。哈哈洞位置最高，从对面山上看，洞口像哈哈大笑的两只眼睛；二仙洞两洞相通，手体相连；赐福洞为洞中一奇，深不可测，好似穿透了谷底；小西天洞口上书“别有天”，极难攀登，不亚于唐僧西天取经需闯过的一道难关；悬崖绝壁上悬有一洞，常有仙鹤飞进飞出，故名仙鹤洞……真可谓洞中有洞，景中套景，一洞更比一洞奇。

更令人称奇的是，这三大洞穴群分别由僧、道、尼占据，洞内分别修建有佛寺、道观和尼庵，一山之上供奉有佛教、道教甚至儒家的神像，如此一块风水宝地，便成了僧、道、尼俱全的名山。环抱风景区的群山，无峰不胜，千姿百态的峰峦怪石，皆因形象逼真而得名，出神入化，妙不可言。边墙山直上直下，似神工刀削斧劈；笔架山活像一个庞大的笔架放在那里；卧狮山恰似一头猛狮；狮吼山像一头扬威的狮子，雄踞在那里看护山门；五象山似五个亲兄弟鼻尾相连，排列整齐，与边墙遥遥相对，将古洞环抱；莲花山如观音座下莲花盛开。还有的像伞，像扇，像虎头，像二仙盘道，像猕猴拜天，造型逼真，惟妙惟肖。这里除山奇特外，其谷、其石和清溪、澈泉、幽潭、飞瀑，又各别有一番情趣。同时，这里还有许许多多美丽而伤感的传说故事，也会拨动游客的心弦。

二、水体型

水体型旅游资源系指以水色为主，供人游乐、观赏或洗浴的湖泊（包括水库）、泉群（包括温泉）、大海等构成的旅游资源。承德市有水库和泉群两种类型。

（一）塞外蟠龙湖旅游风景区

塞外蟠龙湖是镶嵌在燕山深处，长城脚下的一颗明珠。它集人文景观于一体，古老的万里长城独一无二的水下长城，吸引着国外游客。风光秀美的十里长廊，恰似桂林山水、漓江风光。青翠松柏倒映湖中，湖光山色交相辉映，形成了一幅美丽的江南画卷。神秘莫测的蟠龙洞、幽幽仙境的仙居沟，栩栩如生的蛤蟆石、云缠雾绕的“小蓬莱岛”，让人们产生无限遐想。

1. 地理位置

塞外蟠龙湖旅游风景区（潘家口水库）位于承德市宽城满族自治县西部，距宽城县城 25 千米，距承德市区 135 千米。是一个由 10 万亩水域，150 平方千米的生态山场和明代长城景观组成的风景区。是因国家重点“引滦入津”水利枢纽工程——潘家口水库的建成蓄水而形成的人工湖。因空中鸟瞰湖面恰似一条巨龙蜿蜒游动而得名。

2. 景区特色

来到景区，自湖边入口登船，缓缓前行，好一派江南水乡风光。小蓬莱岛有如仙境，若隐若现；蛤蟆石、乌龟岛时起时伏；一线天、蟠龙洞、十里画廊鬼斧神工，如在画中游。山一重，水一重，柳暗又花明。闻名天下的潘家口水上长城和喜峰口水下长城雄伟而壮观。古老的滦河水拥关漫隘，紫塞青峰倒映水中，湖光山色交相辉映。

喜峰口水下长城是景区的经典之作，在长城人文景观中可谓独具特色。这里有历代诗文碑林，有喜峰口来历的动人传说，有姜文执导并主演的电影《鬼子来了》的外景基地。原汁原味的长城风貌，使这里成为一个开放式的长城博物馆。这里的长城使您每到一处都能触摸到千年历史，遥想当年金戈铁马，鼙鼓沧桑，低吟一首《饮马长城窟行》；目光搜寻着城墙的道道弹痕，耳畔响起抗日炮火的轰鸣，一曲雄壮的《大刀进行曲》引您穿越时空，领略当年长城抗战大刀队勇士们的风采，民族精神，中华之魂令人振奋不已。

塞外蟠龙湖是镶嵌在燕山深处、长城脚下的一颗明珠。塞外蟠龙湖是承秦朝阳旅游线上的一段“黄金水道”，它集人文景观与自然景观于一体，古老而独一无二的水下长城，吸引着国内外游客。

3. 景点简介

（1）水下长城。

喜峰口长城位于横城子村的对岸。长城主体部门已淹没水下，但仍有局部关城之顶出露水面，淹没水下的部分墙体隐约可见。长城沿关城东西两侧出水往山脊延伸，残垣高约 5 米，西侧长城有四座比较完整的敌楼雄峙山脊之上，每座敌楼高 7~8 米，墙体一直往西与潘家口长城相连，一路敌楼相望，烽墩相连，湖中倒影雄奇壮观，是全国独具特色的古长城人文景观。

（2）万塔黄崖。

坐落在宽城县城西南 9000 米宽城镇三异景村的黄崖寺塔群，又称“万塔黄崖”，是经清康熙皇帝口封的。万塔黄崖主峰海拔 685 米，岩体呈黄褐色。山势险峻，层峦叠嶂，满山遍布苍松翠柏。从下面观看立陡悬崖，凌霄辟立，怪石突兀高耸，整个山形，犹如一把巨型太师椅，靠背为主峰，左右两侧峰如扶手，端庄稳坐，沐雨临风。从侧面注目，百尺峭岩，如同刀劈斧剁，凌砺逼人；如若攀缘至山顶如天仙欲飞，不敢俯瞰天下，真有腾云驾雾的感觉。

（3）十里画廊。

风光秀美的十里画廊，恰似桂林山水，漓江风光，青山翠柏，倒映湖中，湖光山色，交相辉映，形成一幅美丽的江南画卷。

（4）仙居沟。

这组风景带以自然生成的洞窟，奇形怪异的石林景观为主，山高水深，悬壁围拢。奇峰怪石，棒槌林立，天桥天井，织女洞和牛郎洞隔湖相望。《二次曝光》中的“光影穿越”镜头，在仙居沟景区拍摄。

（5）象鼻石。

山脊之上，活脱脱一头小象，那象鼻在汲水，全神贯注的样子，憨态可掬，此景观称为“象鼻石”，此石高约 50 米，长约 30 米的小丘岩顶部，系裸露岩石，自然风化而成。小象头部与山体相连，前部呈圆弧状下垂，极似象鼻插入山体。

（6）蟠龙洞。

蟠龙洞位于蟠龙山东山腰，总长 236 米，在这里不仅能体验远古时代的洞穴生活，还能欣赏到根据“蟠龙”的神话故事而修建的景观，可以一解这里众多名称用“蟠龙”冠名之谜。此洞是石乳洞，洞深 30 米，宽 15 米，高 8 米，洞口高 12 米。此洞的神奇之处在于洞顶部，乳岩地貌，自然形成了一圈又一圈、一层又一层的条圆分明的花纹，像一条长龙盘在一起，其头部在中心，其他龙角、龙须、龙爪依稀可辨。冀东军分区后方抗战医院——盘龙洞。

（7）影视城。

影视城位于喜峰口处，八一电影制片厂的影视外景，由姜文执导并主演的《鬼子来了》影片在这里拍摄。此处共有房舍 70 余间，现保存完好，并作为爱国主义、素质教育基地，供中小学生和游人参观。

（8）飞龙游乐中心。

飞龙游乐中心枣空中索道，位于蟠龙湖风景区内，历时 4 个月建成，全长 620 米，总投资 60 万元，索道依山傍水，升降起伏，乘索道可一睹水下长城的雄姿，尽览湖光山色的美丽。

4. 地方交通

从承德市区出发，沿承秦出海公路到承德县城下板城镇，向东行下板城至小寺沟的乡级公路，到上谷乡大良杖子再取道上宽公路，到宽城县城后改行宽邦公路到罗台即到。另外，可从长途汽车站乘车到宽城，而后再从那里乘车到潘家口水库。

5. 特色小吃

（1）全鱼宴。

全鱼宴主要名贵鱼菜有二龙戏珠、鲤鱼三献、家常熬鲫鱼、梅花鲤鱼、油浸鲤鱼、鲤鱼甩籽、蝴蝶海参油占鱼、松鼠鲤鱼、芙蓉荷花鲤鱼、湖水煮鱼、清蒸银边鱼、葡萄鱼、葱花鲤鱼、金狮鲤鱼、普酥鱼、番茄鱼片、鸳鸯鱼卷、荷包鲤鱼、煎焖白鱼、拌生虾、拌生鱼片等。有 12 道、14 道、20 道、24 道菜一桌的，甚至有上百道菜一桌的。全鱼宴 38 道菜一桌的菜谱为：

冷菜：拌生鱼、五香熏白鱼、炸板鱼、干炸秀丽白虾、酥鲫鱼。

溜炒浆煮：珍珠鲤鱼、凤腿鲤鱼、酱汁鱼、滑溜鱼、火锅鲤鱼、松鼠鱼、蛋白鱼条、二龙戏珠、鲤鱼跳龙门、鲤鱼三献、木须湖米、葱油鱼、蕃匣鱼片、吉利鱼饼、醋板鱼、油浸鲤鱼、抓鲤鱼、红焖鱼、五柳鱼、红焖鲤鱼、荷包鲫鱼、孔雀开屏、浇汁鱼、瓦块鱼、芙蓉虾仁、红烧鲫鱼、红炖鲤鱼、红炖鲤鱼、糖醋鱼卷、农常熬鲫鱼、鲤鱼甩籽。

汤菜：鲫鱼汤、川狗鱼丸子。

（2）水豆腐。

水豆腐看起来格外白嫩细腻；吃起来格外滑溜香甜，如果和着肉类煮，更是妙不可言。在浸豆前一定要把壳脱去并筛尽，这是豆腐特别滑腻的原因；一定要把豆浆熬开，否则有生豆味；在熬浆和放石膏前要反复冲浆，把豆泡彻底清除，这是豆腐特别嫩的原因。另外，上浆后榨水要恰到好处。

（二）泉群

1. 围场山湾子热水汤温泉

位于围场县山湾子乡，属高温泉。温度为 75～83℃，涌水量为 25 吨/小时。该泉为高温热水，透明，有硫黄气味，pH 值在 8 以上，氟离子 13. 1 克/升，可溶酸含量 44 毫克/升，硬化度 0. 27 克/升。宜于疗养，现建有浴室。

2. 隆化七家温泉

位于隆化县七家满族蒙古族乡的赤承公路边上。属高温泉，泉温 70℃以上，水量充足。距著名的茅荆坝林区 10 千米，环境幽美，设有浴室。

第二节　人文景观旅游资源

人文景观即文化景观，是人们在日常生活中，为了满足一些物质和精神等方面的需要，在自然景观的基础上，叠加了文化特质而构成的景观。人文景观最主要的体现是聚落，还包括服饰、建筑、音乐等。建筑方面的特色反映为城堡、宫殿，以及各类宗教建筑景观，具有历史性。

承德市人文景观旅游资源包括：革命烈士纪念地、历史名胜古迹、城市公园和城市景观、地方戏曲、歌舞杂技、土特产品和工艺美术品六类。

一、革命烈士纪念地

（一）董存瑞烈士陵园

董存瑞烈士陵园位于河北省隆化县城西北苔山脚下伊逊河的东岸，是为纪念全国著名战斗英雄董存瑞烈士，于 1954 年在清康熙皇帝波洛河屯行宫旧址上修建的。经过几次大规模扩建，现占地 9. 16 万平方米，是全国以烈士名字命名的陵园中占地面积最大的。园内有纪念牌楼、烈士纪念碑、董存瑞烈士手托炸药包的花岗石雕像塑像、烈士墓、纪念馆、碑林等 13 项主体建筑。2017 年 1 月，国家发改委发布了《全国红色旅游经典景区名录》，董存瑞烈士陵园入选。纪念碑体为汉白玉，刻有朱德同志亲笔题写的“舍身为国永垂不朽”八个大字。园内植有青松、翠柏、花卉、风景幽雅，气氛庄严肃穆。

（二）热河革命烈士纪念馆

热河革命烈士纪念馆位于河北省承德市双桥区翠桥路西 9 号，坐西朝东，地势高敞，占地面积 8 万平方米。馆区内松柏苍翠，建筑古朴，与历史文化名城格调相合，相映生辉。自 1995 年以来先后被民政部，河北省委、省政府，承德市委、市政府命名为爱国主义教育基地。

二、历史名胜古迹

（一）承德避暑山庄和承德外八庙

1. *承德避暑山庄*

承德避暑山庄是世界文化遗产，国家 AAAAA 级旅游景区，全国重点文物保护单位，中国四大名园之一。

承德避暑山庄又名“承德离宫”或“热河行宫”，位于河北省承德市中心北部，武烈河西岸一带狭长的谷地上，是清代皇帝夏天避暑和处理政务的场所。

避暑山庄始建于1703年，历经清康熙、雍正、乾隆三朝，耗时89年建成。避暑山庄以朴素淡雅的山村野趣为格调，取自然山水之本色，吸收江南塞北之风光，成为中国现存占地最大的古代帝王宫苑。

避暑山庄分宫殿区、湖泊区、平原区、山峦区四大部分，整个山庄东南多水，西北多山，是中国自然地貌的缩影，是中国园林史上一个辉煌的里程碑，是中国古典园林艺术的杰作，是中国古典园林之最高范例。

1961年3月4日，避暑山庄被公布为第一批全国重点文物保护单位，与同时公布的颐和园、拙政园、留园并称为中国四大名园，1994年12月被列入《世界遗产名录》。

2. 承德外八庙

承德避暑山庄周围的喇嘛教寺庙群是依照西藏、新疆、蒙古喇嘛教寺庙的形式修建的，共12座，以供边疆少数民族的贵族朝觐皇帝时礼佛之用。庙宇按照建筑风格分为藏式、汉式和汉藏结合式三种，它们融和了汉、藏等民族建筑艺的精华，气势宏伟，极具皇家风范。这些风格各异的寺庙是当时清政府利用宗教作为笼络手段来团结蒙古、新疆、西藏等地区少数民族而修建的。它们多利用向阳山坡层层修建，主要殿堂耸立突出、雄伟壮观。

在清代有8座寺庙由清政府理藩院管理，于北京喇嘛印务处注册，并在北京设有常驻喇嘛的“办事处”，又都在古北口外，故统称“外八庙”（即口外八庙之意）。久而久之，“外八庙”便成为这12座寺庙的代称。这12座寺庙在避暑山庄以北的山丘地带有8座，自西而东依次是：罗汉堂（大部分已毁）、广安寺（大部分已毁）、殊象寺、普陀宗乘之庙、须弥福寿之庙、普宁寺、普佑寺（大部分已毁）、广缘寺。避暑山庄以东的武烈河东岸有4座，自北而南依次是：安远庙、普乐寺、溥仁寺、溥善寺（已毁）。其中的普陀宗乘之庙、须弥福寿之庙、普宁寺、普乐寺根据《国务院关于公布第一批全国重点文物保护单位的通知》于1961年3月4日被列为首批全国重点文物保护单位。

（二）古建筑工程

1. 金山岭长城

金山岭长城位于河北省承德市滦平县境内，与北京市密云区相邻，距北京市区130千米。系明朝爱国将领戚继光担任蓟镇总兵官时期（1567~1586

年）主持修筑，金山岭长城长50千米，气势磅礴，建筑奇特，是万里长城的精华地段，素有“万里长城，金山独秀”之美誉。障墙、文字砖和挡马石是金山岭长城的三绝，素有“摄影爱好者的天堂”的美誉。

金山岭长城是全国重点文物保护单位、国家级风景名胜区、国家AAAA级旅游景区，并列入《世界文化遗产名录》。1992年11月15日，亚洲“飞人”柯受良驾驶摩托车成功飞越了金山岭长城。

2. 燕秦长城

燕秦长城位于围场县北部，东西走向长达200千米，向西进入丰宁。这段长城是燕秦时期为了防止我国北部东胡和匈奴奴隶主贵族的侵扰和掠夺而修筑的一道军事防御设施。目前尚存“边墙”“长壕”“御道”等遗迹和遗址。此外，还有潘家口长城等。

（三）北京、承德、围场沿途行宫

清朝皇帝每年秋季从北京启程去木兰围场举行“秋狝大典”，沿途建有供清帝小憩、食宿的行宫，以及承德县钓鱼台行宫和黄土坎行宫，嘉庆时期建有2处，计12处。除嘉庆时期所建东、西庙宫外，康、乾时期行宫均已不存或仅有遗址。它们是：巴克什营、两间房、常山峪、王家营、中关、什巴尔台、波罗河屯、张三营、济尔哈朗图、阿穆呼朗图行宫。

1. 敦仁镇远神祠

俗称东庙宫，位于围场县庙宫村。嘉庆十六年（1811年）建。山门题额“敕建敦仁镇远神祠”，原有前后殿和宫房前殿为“崇镇周法”，内置“敦仁镇远神”，后殿为皇帝寝宫，名“缵功致祷”，又曰“上兰别墅”。嘉庆岁幸木兰，常在此拈香小憩。今尚存山门、宫墙、古松及部分建筑。

2. 协义昭灵神祠

俗称西庙宫，位于隆化县西庙宫满族乡。嘉庆二十二年（1817年）行为木兰，始令修建，次年竣工，神祠规制一律仿东庙宫，门额“敕建协义昭灵神祠”，为嘉庆自西哨口入围途中拈香祭祀之所，今尚存山门和宫墙。

（四）古寺古塔

1. 平泉清真寺

位于平泉镇南门里西侧，始建于顺治四年（1647年），重建于乾隆初年。寺院为二进院落，由山门、二门、配房、回廊、沐浴室及大殿组成，规模之大为关外所少有。此寺在“文革”中遭到破坏，现已焕然一新。该寺为平泉县重点文物保护单位。

2. 滦平穹览寺

在滦平县，建于康熙四十二年（1703 年）。寺内有康熙御笔的石碑碑文和乾隆亲题的“性澄觉海”鎏金匾额。此鎏金匾额现借藏于承德避暑山庄博物馆，寺中经卷、凌娟、宝石、金银、器皿盔甲、弓箭、植物果实等物，也大部分保存于承德避暑山庄博物馆。

3. 星龛岩寺

俗称岩子庙，位于滦平县小营满族乡，距县西北 26.5 千米，该寺原有大殿及摩崖石窟造像。寺之匾额“星龛岩”三个鎏金大字为康熙御笔，每字直径 50 厘米，重 5 千克。鎏金匾于 1928 年被直系军阀第九军盗走，庙宇建筑及摩崖造在“文革”中被毁。

4. 云台山福寿寺

俗称老公山东沟庙，位于滦平县金沟屯，建于乾隆二十二年（1757 年）。这是一组规模较大的建筑群。山顶上有“天仙大殿”，北坡山坳有巡山庙，五圣祠，山脚下东沟门处有观音堂及药王庵。庙中石碑碑文为清代名臣刑部尚书兼翰林院学士刘统勋撰写（该碑现在县文管所保存）。

5. 元代白塔

位于围场县半截塔镇街东，为河北省唯一的元代古塔。因塔身只存其半，故俗称半截塔。对在塔前发现的一些元代陶瓷器、砖瓦等遗物进行分析，此塔为元代寺院中建筑之一。清初时寺院已不存，后在旧塔二层上加筑塔顶，1930 年曾重修。1982 年被公布为省级重点文物保护单位。1985 年经省拨款，进行维修。

（五）古碑碣及摩崖石刻

此类旅游资源承德计 11 处。其中《入崖口有作》诗碑位于围场庙宫对面山顶，建于乾隆十六年（1751 年）。《木兰记》碑位于围场庙宫与《入崖口有作》诗碑相对的西山脚下，建于嘉庆十二年（1807 年）。《古长城说》碑，位于围场县新拨满族蒙古族乡岱尹上村达颜达巴汉（岱尹梁）北麓西山脚下，建于乾隆十七年（1752 年）。此外，还有《永安莽喀》诗碑、《永安湃围殪虎》诗碑、《于木兰作》诗碑、《虎神枪记》碑、“殪虎摩崖”石刻、雾灵山“清凉界”石刻“十八盘”石刻群、白塔元代石碑。

（六）古城遗址

会州城遗址，位于平泉县西南 10.4 千米的南五十家子蒙古族乡会州城村。经考证，这座城经历辽、金、元、明四个朝代，已有千年的历史、城墙的最高地段背墙仅剩约 4 米，其余只剩残基或夷为耕地。近年在城内出土文物有：惠州只印，神山县印、鸡腿瓶、石狮子、大缸、铜镜等。这座古城为河北省重点文物保护单位。

另还有位于围场县新拨满族蒙古族的岱尹城遗址，隆化县城北、尹逊河东岸的北安州城遗址。

（七）古墓群

1. *石羊石虎古墓群*

位于平泉县城北偏西约 26 千米的柳溪满族乡石虎村，墓地上保存着三组石雕，其中有石虎 4 只，石人 2 尊。这些石雕体态硕大，形象逼真，艺术水平较高，此墓群为河北省重点文物保护单位。

2. *大长公主墓*

位于平泉县城北，偏西约 38 千米的蒙和乌苏蒙古族乡头道营子村八王沟西山坡。大长公主是辽景宗长女。该墓为大型多室砖墓，全长 21.69 米，有墓门、前室、左右室及主室构成。整个墓葬内圈有柏木板构成。此墓屡经盗掘，现墓内仅存墓志和石棺。此墓为河北省重点文物保护单位。

3. *夏商周宋辽古墓群*

在隆化境内发现自夏商周至辽古墓群多处，并出土了一些很有价值的墓葬品。这些古墓群中有：①夏商时期少府石棺和三道营土坑竖穴墓群；②荒地战国墓；③太平庄周营子战国墓群；④隆化镇东馒头山汉墓；⑤下甸子北魏砖室墓；⑥八达营辽墓。

三、工艺美术品和土特产品

（一）剪纸布画

承德市已经成名的丰宁藤氏布糊画、崔晓立凿铜、雕塑、李钟奎的木雕、张冬阁民俗装饰画，泥人、根雕、竹编、核桃雕，以及享誉全国的摄影、绘画、书法等门类都有大量的重量级艺术家及其作品问世。扶持文学艺术家的创作和市场化是承德文化产业发展的重要途径。

剪纸是承德地域传统家庭文化和民族艺术的遗产，其遍布承德市各县（区），尤以丰宁剪纸最为著名。1992 年被文化部命名为“中国剪纸之乡”；2005 年列入中国首批非物质文化遗产名录；出版了《王老太太剪纸》专集；河北省组织了部分艺术家到国外展出表演；又命名了一批工艺美术艺术家称号。但是没有当作产业来运营，滞后了艺术的发扬光大，与张家口蔚县剪纸产业相比有很大差距。

2010 年河北省承德市的“承德清音会”，入选第三批国家级非物质文化遗产名录，属传统音乐项目类别。

（二）方言

1953 年，国家有关工作人员曾先后两次来到滦平县金沟屯镇金沟屯村进行普通话标准音采集。在最终制定的结果中，金沟屯当时采集所发出的音与普通话最为接近。

（三）饮食

南沙饼、荞面饸饹、碗坨鲜花玫瑰饼、平泉羊汤、平泉改刀肉、茶糖、驴打滚、拨御面、银丝杂面、鲜花玫瑰饼、口蘑、二仙居碗坨、羊汤、御土荷叶鸡、汽锅野味八仙、南沙饼、荞面河漏。

（四）地域文化

承德市是亿年以前侏罗纪生物发祥地，有特定的地域文化、深厚的文化底蕴。早在原始社会末期的新石器时代，我们的祖先即劳动、生息在这块土地上。殷周时期，这里是山戌、东胡少数民族活动的区域，是燕侯的势力范围。承德作为化名城，近代史上 200 年的陪都，汇集过各民族王公大臣的朝王之所。现存有中国三大古建筑群之一的避暑山庄和外八庙。集中皇家文化、建筑文化、佛教文化和中原儒文化，是一块被国人和业内人士看好的收藏宝地。

红山文化遗址“红山文化”是热河地域新石器时期的历史文化，至今已经 5000 多年。在新石器后期氏族社会转化时，即游牧民族从蒙古高原沿河流进入平原区过渡农耕生活时，都曾经在热河地带经过，这里是人类进化、发展的转折区域。这一时期的文化被称为燕山文化，与燕赵文化成为现河北的历史主体文化。

（五）承德市土特产品

1. 承德市土特产品分类

承德市土特产品一般可分为四类：①干果类土特产品，承德市地处山区丘陵，有较多的干果类土特产品，如杏仁、板栗、欧李等，这些土特产品都含有很高的钙、铁、维生素等众多人体必需的营养。②坝上蘑菇，围场坝上海拔 2000 多米，早晚温差大，属地多产蘑菇，品种繁多，蘑菇营养丰富，含有较多的蛋白质、脂肪、碳水化合物及有利于消化的粗纤维，又易于采集与栽培，物美价廉，既可入高级宴会，又是家庭的习俗菜肴，其中被人视为上品的有：白蘑、口蘑、榛蘑、肉蘑、草蘑、咆蘑、松蘑、平蘑等。同时全球著名快餐店“肯德基”薯条用的土豆为坝上提供。③清朝宫廷类产品，如蕨菜又称吉祥菜、长寿菜，是野生植物，承德的蕨菜在清朝被视为贡品，当地的群众非常喜食以蕨菜烹制的菜肴。④特产工艺品也是承德一大特色，承德市在4万平方千米的土地上居住着350万人，其中有44个少数民族，占人口的46%，各民族文化习俗交融，产生出很多民族工艺大师，有丰富多彩的民族工艺品，其中有“华夏一绝”的滕氏布糊画、核桃工艺品、丰宁剪纸、丝织挂锦、根雕、瓷雕、字画等具有民族特色的旅游工艺美术品。有着不同风格的民族艺术人才，承德市有省级以上工艺美术大师6人，工艺美术家30余人，他们的作品在国内外有着重大影响，被海内外所收藏。在1997年中国香港回归时，中央政府赠与香港特别行政区的纪念品中就有核桃制作的珍品。早在公元1778年，乾隆皇帝曾用核桃制品作为“驱邪呈祥”“保佑平安”之物，并将精品摆放在帝王神龛之上。承德的工艺品是集艺术性、实用性、收藏性于一体的高档民族手工艺产品。

2. *承德地方购物*

承德市是历史悠久的文化名城，有丰富多彩的民间艺术，盛产具地方特色的旅游工艺美术品或土特产品。誉称“华夏一绝”的滕氏布糊画、丰宁剪纸、丝织挂锦、根雕、字画等，既是其中知名精品，又是上佳馈赠礼品。

（1）承德木雕。

在承德市区的山野、路边、宅旁，生长着一种“昼开夜合”树。因为这种树的叶子白天舒展开，夜间闭合上，所以叫这个名字。承德雕刻艺人用这种名贵的木材制成的浮雕和圆雕艺术品，不仅有很久的历史，而且在全国是独一无二的。“昼开夜合”木料色泽洁白，淡雅细腻，柔韧富有弹性，非常适宜精雕细刻，一向有“假象牙”之称。这种艺术木雕善于表现人物、花鸟，所以多以人物、花鸟、山水为雕刻的对象。艺人们以热河泉、六合塔、水心榭、烟雨楼、金山亭等承德风光雕制的四扁屏，深受中外客人的赞誉。大型挂屏《重阳雅集》，《画眉登枝》，是参照承德市避暑山庄皇家博物馆珍藏的牙雕、鸡翅木雕仿制的，典雅庄重，古色古香。圆雕多以花卉、动物为题材，如玉兰、海棠、荷莲、云雁、松鼠等。木雕艺人设计雕刻的《葫芦蝈蝈》，刻工极为精细。蝈蝈的触须细如发丝，长约5厘米，与象牙雕没有差别，可以达到以假乱真的程度。

（2）滕氏布糊画。

这是著名民间艺术家滕腾先生发明的新画种，“滕氏布画”继承发扬了中国画特色和中国传统艺术风格，创作技法集绘画、雕塑、刺绣、表糊、剪纸等工艺之大成，用料讲究、色彩绚丽、操作细腻、画面逼真、取材广泛，无论人物风景、花鸟鱼虫均可入画，并能有章有节，有情有态，能远能近，可虚可幻，凹凸结合，格调多变，有油画透视之效果，但又不失国画之特点。有工笔之观感，又具有布糊画之风格。

代表作有《长白山传奇》《九龙壁》《天下第一庙》《吉祥如意》等为主题的布糊画作品。滕氏布糊画作品入选联合国第四届世界妇女大会，已有13幅作品被中国香港、中国台湾、日本、新加坡等国家和地区爱好者收藏，多次在国内外获大奖，被誉为“华夏一绝”。

（3）丰宁剪纸。

承德民间剪纸历史悠久，风格细腻独特，取材十分广泛，构图多变，想象丰富，巧妙运用寓意、象征、夸张、变形等艺术手法，充满了浓厚的乡土气息。承德剪纸在内容上除了继承传统的花鸟、花篮花瓶外，又创作了以避暑山庄、外八庙为内容的名胜古迹剪纸，反映了承德十大自然景观的风土人情剪纸和以中国著名古典小说如《红楼梦》《西厢记》等为主题的系列剪纸。承德剪在国内外享誉盛名，一些剪纸精品被国家、省级博物馆收藏。剪纸艺术家石俊凤曾多次应邀前往美国、德国、加拿大、法国、瑞士、比利时、挪威等国家做现场表演剪纸艺术，受到各国人民的好评。

（4）避暑山庄丝织挂锦。

挂锦采用传统的“中堂画”表现形式，色彩典雅清新，画面气势磅礴、宏伟，在淡黄色或浅灰色的缎面上，采用散点透视，运用工笔写实手法，充分利用有限的面积，把一组组体现着我国园林玲珑精巧、典雅秀丽风格的古代建筑错落有致地表现出来。苍翠的古松、清澈的湖水、低拂的重柳、雪白的梨花、高耸入云的磬锤峰和雄伟的六合塔……跃然于织锦上，整个挂锦似一幅浓淡相宜的中国画。

第三节　承德市旅游发展规划

《承德市旅游业“十三五”发展规划》将承德的“旅游城市”定位为“避暑山庄”“中国夏都”“皇家避暑胜地”“和合承德”。

承德的旅游形象始终在摸索中，尚未确立独特的旅游城市特质和鲜明的整体品牌形象。针对国内外市场的旅游营销体系构建不够完整，不能针对不同旅游消费者设计有效的整体营销宣传策略，没有形成持续性的旅游整体形象宣传，国际知名度不够，加上市场竞争的加剧和新兴旅游热点地区的崛起，承德市的旅游竞争力被弱化。参照《承德市建设国际旅游城市基本标准体系》

标准，承德与国际旅游城市存在较大差距。

一、2011~2015 年旅游业发展回顾

2011~2015 年承德旅游取得一些成绩，承德市共接待中外游客 1.26 亿人次，实现旅游收入 1130 亿元，其中接待国外入境游客 160 万人次，创汇 5.26 亿美元，旅游业保持了年均 19.8%的增长速度，承德成为河北省旅游业发展最具活力和增长速度最快的城市之一。

目前，承德市旅游业增加值占到全市 GDP 的 12%，全市旅游直接从业人员 8 万人，间接从业人员 32 万人，旅游业已成为承德市的支柱和主导产业。

二、承德市旅游业发展不足

承德旅游业存在诸多不足。除了承德旅游品牌老化之外，还有旅游产品同质单一，与“全域、全时”要求不匹配；旅游产业联动不足，旅游大产业格局尚未形成；旅游服务供给薄弱，与国际旅游城市标准尚有差距；生态优势凸显不足，青山绿水尚未实现价值转化；旅游投融资渠道有限，项目开发建设相对缓慢；旅游管理体制机制僵化，改革创新力度有待提升等问题。

承德市旅游行政管理分属多个地区、多个部门和多个企业负责，各地区和部门之间并没有形成旅游资源统筹发展机制和发展利益共享体制，全市旅游业发展没有形成合力，难以适应市场经济条件下旅游业快速发展的需要。

三、承德“十三五”旅游业的发展规划

充分对接河北省旅游“十三五”发展规划及承德市国民经济“十三五”发展规划，围绕国际旅游城市建设的总体目标，以创建“国家全域旅游示范市”为统领，按照“从山庄时代到全域旅游新纪元”思路，全面实施“一核、两带、五大板块、六个旅游度假区”发展战略，将旅游业确定为全市第一绿色主导产业，使其成为承德市“十三五”期间乃至未来全市经济社会发展的融合点、核心点和引爆点，通过国际旅游城市的落地实施，为全市转型升级、绿色崛起做出更大贡献。

去山庄中心化不仅能缓解承德中心城区的旅游承载压力，从整体上来看，更能做到承德旅游行业的均衡化发展。

（一）一核

1. 发展定为构成和思路

发展定位为“国际旅游城市核心区”，主要构成为双桥区、高新区、双滦区。发展思路为站在京津冀协同发展、共创国际旅游城市群的战略新高度，以建设承德国际旅游城市核心区为目标，以世界级的旅游资源避暑山庄及外八庙为中心，向外辐射带动承德核心城区建设。大力推动城镇向“国际化、休闲化、多功能”转变，全面提升城市建设、旅游休闲和集散接待水平，打造符合国际旅游城市标准与品质的旅游目的地。

2. 发展的具体建议

将承德国际旅游城市核心区作为承德全域打造国际旅游城市的先行区、试验区、示范区，应重点从以下八个方面着手建设、全面提升。

（1）核心旅游产品国际化，形成国际性的吸引力。以避暑山庄为核心吸引物，以中国传统皇家文化体验为引领，打造一批国际化的旅游项目。

（2）城市旅游形象国际化，形成国际性的感召力。在世界范围征集承德市旅游形象及宣传口号，树立承德国际旅游城市形象。

（3）城市价值观念国际化，形成国际性的亲和力。加强对市民的国际化旅游城市观念灌输，用和合承德去怀柔世界，强化城市的国际性亲和力。

（4）城市游客构成国际化，形成国际性的聚集力。加大境外市场营销力度，大幅度提升境外游客比重，从而提升承德国际旅游凝聚力。

（5）旅游服务能力国际化，形成国际性的接待力。对城市公共服务设施进行全面提升，优化旅游交通体系、培育地方特色美食、提高住宿接待水平、加强旅游购物管理、丰富娱乐休闲活动，满足游客朝觐、休闲、度假、商务、文博、会议、购物等多方面的需求。

（6）旅游运作模式国际化，形成国际性的适应力。开放旅游市场，在政府扶持下引进国际上有影响力的大企业、大集团进驻，旅游开发与经营政策高度开放，促使城市具有国际性的适应力。

（7）旅游活动品牌国际化，形成国际性的影响力。深度策划“中国承德国际旅游文化节”，集中发力，全市共创，向全域化、国际化、高端化发展，未来联合国外的皇家旅游城市共同举办，发展成为全世界人民共同的皇家旅游盛典。

（8）旅游经济效能国际化，形成国际性的主导力。以旅游业为主导产业，带动其他产业全面转型升级，优化城市产业结构，旅游外汇收入占当地外汇总收入的50%以上，创建期末旅游业的GDP贡献率超过25%。

（二）两带

1. 京承皇家御道旅游带

（1）规划结构。

北京—滦平县—双桥区—隆化县—围场满族蒙古族自治县—丰宁满族自治县—北京怀柔区旅游带。

（2）重点思路。

这条旅游带涵盖承德市“四县一区”和北京市部分县（区），有效串联金山岭长城、避暑山庄及周围寺庙、隆化热河皇家温泉旅游区、塞罕坝森林公园、御道口风景区、京北第一草原等重点旅游景区，沿线规划了狩猎、温泉、冰雪、房车营地、休闲度假区、首旅寒舍、柳塘人家等一大批旅游新项目，形成低空飞行、马术马业、健康养生、森林温泉、百万亩花海等一大批旅游新业态。力争经过几年的开发建设，将“京承皇家御道”打造成京津冀旅游一体化的旅游经济走廊典范带，成为国内著名、国际知名的黄金旅游线路。对“皇家御道自驾体验线”进行深入开发，沿途完善接待设施、指示标识、制定权威的官方路书，完善沿途的旅游厕所和自驾车营地，加大营销推广力度。

2. 燕山环京津国际休闲旅游带

（1）主要构成。

天津市—兴隆县—鹰手营子区—承德县—宽城满族自治县—平泉县。

（2）重点思路。

依托燕山山水核心风光区，将兴隆、宽城、平泉精华资源进行整合，有效串联兴隆山、雾灵山、六里坪、蟠龙湖、辽河源等重点旅游景区，开发为环京津山水生态旅游精品带。

全力打造兴隆山 AAAAA 级景区，推动雾灵山、六里坪、塞外蟠龙湖等核心景区加快建设、提档升级。依托兴隆、宽城、承德县等塞外山水资源，推出塞外山水之旅、长城徒步之旅、漂流体验之旅、诗画创作之旅等一批精品旅游线路，大力开发休闲度假、健康养老、写生创作、自驾旅游、徒步探险等新业态旅游产品，规划实施秦皇岛、唐山、天津、北京至承德燕山山水体验自驾黄金线。

（三）五大板块

1. 皇家文化旅游板块

（1）主要构成：双滦区、高新区、承德县中部。

（2）发展定位：皇家文化休闲区。

（3）发展思路。

皇家文化旅游板块是承德皇家文化从世界遗产观光到城市休闲度假提升

的着力点，在未来五年里按照城市文化旅游综合体发展模式，加快完善能够满足现代旅游业发展需求的项目，补足短板，建设成国际著名的全季节文化旅游名城和文化休闲体验名城，成为环京津冀首选国际文化旅游精品区。

（4）具体建议。

依托避暑山庄的影响力，整合双滦区、高新区及城郊皇家文化旅游资源，逐步塑造和完善承德历史文化名城的城市形象。结合双滦区文创产业发展，打造以文化演艺、时尚娱乐、创意休闲等复合发展的“21 世纪避暑山庄”，为承德市建设国际旅游城市提供新的功能支撑。依托高新区，形成滦河、武烈河滨水休闲组团，打造“皇家夜妆”夜生活旅游产品。依托承德县，衔接承德城市发展部分功能，发展国家级山地农业园、农业旅游休闲带等“皇庄”主题农业体验项目。

2. 森林草原旅游板块

（1）主要构成：围场满族蒙古族自治县、丰宁满族自治县坝上地区。

（2）发展定位：国际生态旅游度假区。

（3）发展思路。

要在未来五年全面升级，按照全域旅游发展思路，以申报木兰围场世界自然文化双遗产为引领，结合该板块的农业、森林、皇家狩猎文化和草原文化等开发一系列震撼世界的全季节旅游项目。

（4）具体建议。

围绕草原文化和狩猎文化，以御道口度假区、丰宁坝上草原、马文化小镇等为支撑，开发全季旅游产品，尤其是运动文化和农业文化升级的旅游产品，丰富马文化产品。两县申报国家级低空飞行运动基地，建设世界级狩猎文化体验地、世界最大最美的皇家猎苑、铃薯花田体验区、飞行草原、中国著名的全季节体验草原。

3. 长城生态旅游板块

（1）主要构成：滦平、宽城。

（2）发展定位：变文物观光长城为国际旅居长城。

（3）发展思路。

依托区域内的山地自然风貌特色，深入挖掘金山岭长城的品牌价值，联动喜峰口长城，改变单一的长城游览功能，丰富产品内容，升级为国际休闲旅居综合体，将军事防御长城发展为世界旅游和平的窗口。

（4）具体建议。建议在“十三五”期间，调整该板块内的发展结构，从大广高速至花楼沟村结合美丽乡村规划为长城文化旅游体验带，汇集景观水面将金山岭、喜峰口长城联合开发。全面启动金山岭 AAAAA 景区的创建工作，开发全季节旅游体验产品和度假产品。

4. 燕山山水旅游板块

（1）主要构成：兴隆、宽城、营子矿区、承德县西部及南部。

（2）发展定位：燕山国家地质公园。

（3）重点思路：依托燕山生态资源，发展生态度假、养生、大健康休闲项目。

（4）具体建议。

围绕兴隆山、六里坪、蟠龙湖等重点景区建设，推动柳河十八湾滨水生态游、营子矿区防核工业体验旅游，总体保障开发 5~8 个大型旅游项目，带动周边景区以及全域旅游发展。

5. 冰雪温泉旅游板块

（1）主要构成：隆化七家镇、茅荆坝、郭家屯，承德县头沟温泉。

（2）发展定位：国家康养旅游示范基地，国际冰雪运动度假区。

（3）重点思路。

隆化温泉和森林等养生资源丰富，且皇家历史文化深厚，可以参照国家旅游局发布的《国家康养旅游示范基地标准》，整合区域内各项资源创建国家康养旅游示范基地。承德市冬季气候适宜开展冰雪运动，应与皇家温泉联合发展，形成皇家健康养生旅游产品序列。

（4）具体建议。

以七家温泉、茅荆坝景区为主要支撑点，在现有的功能化温泉洗浴产品基础上，充分整合郭家屯、头沟温泉等周边资源产品，协同发展，形成高品质的皇家御汤康养基地。以滦平县金山岭国际滑雪旅游度假区为引领，全域开发冰雪旅游产品，与皇家温泉共同打造承德冬季旅游板块。在具体实施过程中，要解决土地供给瓶颈问题，吸引大型的企业投资，以大项目撬动市场。

随着大众旅游的快速深入发展，市场需求日益多元化，逐渐呈现出从单纯观光向观光、休闲、度假及专项旅游复合化转变的特征。根据发展全域旅游对资源整合及统筹建设的内在需要，承德“十三五”期间的旅游发展将重点围绕以下六个旅游度假区展开。

（四）六个旅游度假区

1. 御道口旅游度假区

（1）发展目标。

国家级旅游度假区发展思路：以围场草原森林为核心，突出皇家文化和满蒙风情，激活“木兰秋狝”历史风采，通过文化的转型升级，精心开发狩猎旅游，再现木兰秋狝大型盛典，落地72围围名广场、木兰围场文化门区，建设大清皇家狩猎实景表演场、移动式满族蒙古族风情园、大型原创民族风情歌舞演出场所、挑战极限越野沙地自驾互动体验区，从而将木兰围场打造成具有国际品牌的世界著名的旅游度假区、全球第一皇家狩猎场。

（2）项目支撑。

“木兰秋狝”大典、御道口狩猎旅游区（承德成浩投资有限公司坝上高端文化旅游）、72围围名广场、庙宫旅游区、木兰围场民族文化产业园、塞罕坝森林欢乐谷、红松洼自然保护区、木兰围场野生动物园、小滦河旅游景区等。

2. 兴隆山旅游度假区

（1）发展目标：国家级旅游度假区。

（2）发展思路。

以申办2017年河北省旅游发展大会为契机，依托兴隆大美燕山山水景观，全力打造国家级旅游度假区，做精燕山山水观光产品，做火漂流运动娱乐产品，做足休闲度假配套设施，助推“燕山明珠，生态兴隆”的快速崛起。

（3）项目支撑。

雾灵山、兴隆山、六里坪、兴隆溶洞、青龙潭、九龙潭、青松岭、奇石谷等景区。

3. 热河皇家温泉旅游度假区

（1）发展目标：省级旅游度假区。

（2）发展思路。

以热河皇家温泉旅游区为核心，以区内良好的山地森林环境为大背景，凸显皇家御汤的文化特色，做长养生产业链，将单一的温泉疗养向山水养生、森林养眼、宗教养心、修炼养气、文化养神、运动养性、物产养形、气候养颜、教育养成、生活养情等多层次国家康养基地提升。

（3）项目支撑。

隆化七家温泉和茅荆坝温泉一带，整合打造热河皇家温泉旅游度假区。

4. 金山岭旅游度假区

（1）发展目标：省级旅游度假区。

（2）发展思路。

长城作为一个线状的历史文物并不稀缺，金山岭在整个长城体系中的独特性不强，应当深入挖掘其自然景观与人文特色，利用其毗邻北京及开发空间充裕两方面的优势，变单一的文物观光长城为国际旅居长城，通过不同主题与功能的项目建设丰富的产品内容。

（3）项目支撑。

金山岭体育产业休闲基地、燕山国际家园、长城艺术孵化聚落、创意文化民宿、田园养老社区等。

5. 蟠龙湖旅游度假区

（1）发展目标：省级旅游度假区。

（2）发展思路。

整合区域蟠龙湖生态、喜峰口红色、王厂沟、柏木塘、椴树洼、瀑河口民俗旅游资源，对柳河十八湾承德县大营子和兴隆县大杖子进行一体化联动开发，集水域观光、红色教育、民俗体验、高端民宿、湿地休闲、房车营地、水上游乐、养生养老、地质奇观、皇家粮庄庄园、山水运动、水路自驾等功能于一体的生态旅游度假区。

（3）项目支撑。

蟠龙湖百里画廊、喜峰口抗日战争纪念园、蓝旗地满族民俗村、千鹤谷湿地森林公园、首旅寒舍民宿项目、航空小镇、皇庄休闲农业园、红色党支部、自驾车营地、山地运动基地、国际养生小镇、水下长城、塞北小黄山、龙虎寺、石佛寺、蟠龙水路、柳河漂流、天奇溶洞。

6. 京北第一草原旅游度假区

（1）发展目标：省级旅游度假区。

（2）发展思路。

发挥其作为“离北京最近的草原”的区位优势，变观光游乐草原为休闲度假草原，摆脱与内蒙古草原的同质化竞争，尤其是围绕马业做出特色及完整的产业链条，以保护生态为基调，大力发展自驾车营地接待实施，并形成若干个国际顶级的帐篷酒店群。

（3）项目支撑。

大汗行宫、茶盐古道、马文化小镇、丰宁坝上野奢帐篷度假酒店群、神仙谷满文化园、滦河源公园、千松坝森林公园、柳树沟。

第二篇　承德市生态恢复与居民福祉耦合关系研究

第十一章
生态恢复概述

第一节　生态恢复

生态恢复是指对生态系统停止人为干扰，以减轻负荷压力，依靠生态系统的自我调节能力与自组织能力使其向有序的方向进行演化，或者利用生态系统的这种自我恢复能力，辅以人工措施，使遭到破坏的生态系统逐步恢复或使生态系统向良性循环方向发展；主要指致力于那些在自然突变和人类活动影响下受到破坏的自然生态系统的恢复与重建工作。

一、生态恢复研究

（一）生态恢复原则和方法

生态恢复是研究生态整合性的恢复和管理过程的科学，已成为世界各国的研究热点，恢复已被用作一个概括性的术语，它包括了重建、改建、改造、再植等含义，一般泛指改良和重建退化的生态系统，使其重新有益于利用，并恢复其生物学潜力。生态恢复的原则包括自然法则、社会经济技术原则和美学原则。

生态恢复指通过人工方法，按照自然规律，恢复天然的生态系统。生态恢复的含义远远超出以稳定水土流失地域为目的种树，也不仅仅是种植多样的当地植物，生态恢复是试图重新创造、引导或加速自然演化过程。人类没有能力去恢复出真的天然系统，但是我们可以帮助自然，把一个地区需要的基本植物和动物放到一起，提供基本的条件，然后让它自然演化，最后实现恢复。因此生态恢复的目标不是要种植尽可能多的物种，而是创造良好的条件，促进一个群落发展成为由当地物种组成的完整生态系统。或者说目标是为当地的各种动物提供相应的栖息环境。生态恢复的方法有物种框架方法和最大多样性方法。学术上用得比较多的是生态恢复和生态修复，生态恢复的称谓主要应用在欧美国家，在我国也有应用。而生态修复的叫法主要应用在日本和我国（中国城市低碳经济网，2012 年 10 月 22 日）。

（二）生态恢复研究目标和研究内容

生态恢复研究的目标是通过人工设计和恢复措施，在受干扰破坏的生态系统的基础上，恢复和重新建立一个具有自我恢复能力的健康的生态系统（包括自然生态系统、人工生态系统和半自然半人工生态系统）；同时，重建和恢复的生态系统在合理的人为调控下，既能为自然服务，长期维持在良性状态，又能为人类社会、经济服务，长期提供资源的可持续利用，即服务于包括人在内的整个自然界和人类社会。

生态恢复主要研究生态系统退化的原因、退化生态恢复与重建的技术与方法、生态学过程与机理，主要目的是通过改良和重建退化自然生态系统，恢复其生物学潜力。它主要致力于那些在自然灾变和人类活动压力下受到破坏的自然生态系统的恢复与重建，是最终检验生态学理论的判决性试验。其研究内容主要涉及两个方面：一是对生态系统退化与恢复的生态学过程，包括各类退化生态系统的成因和驱动力、退化过程、特点等的研究；二是通过生态工程技术对各种退化生态系统恢复与重建模式的试验示范研究，恢复受损生态系统到接近于它受干扰前的自然状态，也就是重建该系统干扰前的结构与功能有关的物理、化学和生物学特征。

（三）生态恢复国内外研究现状

Harper（1987）认为，生态恢复就是关于组装并试验群落和生态系统如何工作的过程。Diamond（1987）认为，生态恢复就是再造一个自然群落，或再造一个自我维持并保持后代具有持续性的群落，他比较侧重于植被的恢复。Jordan（1995）认为，使生态系统回复到先前或历史上（自然的或非自然的）状态即为生态恢复。Cairns（1995）认为，生态恢复是使受损生态系统的结构和功能恢复到受干扰前状态的过程。Egan（1996）认为，生态恢复是重建某区域历史上有的植物和动物群落，而且保持生态系统和人类的传统文化功能的持续性的过程（中国城市低碳经济网，2012 年 10 月 22 日）。

另外，焦居仁（2003）认为，生态恢复指停止人为干扰，解除生态系统所承受的超负荷压力，依靠生态系统自身规律演替，通过其休养生息的漫长过程，使生态系统向自然状态演化。焦居仁认为恢复原有生态的功能和演变规律，完全可以依靠大自然本身的推进过程，在其界定的定义中，生态恢复仅依靠生态系统本身的自组织和自调控能力。

关于生态修复，日本学者多认为，生态修复是指外界力量受损生态系统得到恢复、重建和改进（不一定是与原来的相同）。这与欧美学者“生态恢复”的概念内涵类似。焦居仁（2003）认为，为了加速被破坏生态系统的恢复，还可以辅助人工措施，为生态系统健康运转服务，而加快恢复则被称为生态修复。该概念强调生态修复应该以生态系统本身的自组织和自调控能力为主，而以外界人工调控能力为辅。

美国自然资源委员会（The US Natural Resource Council，1995）把生态恢复定义为：使一个生态系统恢复到较接近于受干扰前状态的过程。国际恢复生态学（Society for Ecological Restoration，1995）先后提出三个定义：生态恢复是修复被人类损害的原生生态系统的多样性及动态的过程（1994）；生态恢复是维持生态系统健康及更新的过程（1995）；生态恢复是帮助研究生态整合性的恢复和管理过程的科学，生态系统整合性包括生物多样性、生态过程和结构、区域及历史情况、可持续的社会时间等广泛的范围（1995）。

上述界定的共同点是生态修复既可以依靠生态系统本身的自组织和自调控能力，也可以依靠外界人工调控能力，但均未强调生态系统本身的自组织、自调控能力和外界人工调控能力对生态系统恢复作用的主次地位。

（四）生态恢复提出的背景

人生活在一定的生态环境之中，生态环境是人类社会经济可持续发展的基础，良好的生态是人类生存和生活的必要条件之一。工业革命以来，随着人口的增加和工业化的发展，资源环境的开发利用达到空前的强度，在推动全球社会经济进步的同时，也导致生态系统遭受不同程度的破坏，带来了诸如森林减少、湿地萎缩、生物多样性丧失等一系列严重的生态系统退化问题，对生物圈的演化产生了重大影响，严重制约了人类社会经济的可持续发展，甚至危及人类自身的安全，生态问题从未像现在这样突出地呈现在人们面前，考验着人类的智慧。生态环境退化问题已经成为维持人类生存和社会经济可持续发展的严重威胁，如何整治日趋恶化的生态环境，防止自然生态环境的退化，有效处理和解决全球生态系统退化问题，恢复和重建已经受损的生态系统原有结构和功能，改善生态环境、提高区域生产力、实现可持续发展，已经成为全人类面临的共同课题。加强生态恢复理论研究，在适当的地区进行生态恢复的实践实验，对探索适合区域生态恢复的途径，走区域生态可持续发展道路具有重大意义。在此背景下，生态恢复研究得到关注，成为当前生态学研究的热点和前沿问题之一。

20 世纪 60 年代以来，全球变化、生物多样性丧失、资源枯竭以及生态破坏和环境污染等已严重威胁人类社会的生存和发展。因此，如何保护现有的自然生态系统，整治与恢复退化的生态系统，重建可持续的人工生态系统，成为当今人类面临的重要任务（中国城市低碳经济网，2012 年 10 月 22 日）。

二、生态恢复实施

（一）生态恢复的途径

退化生态系统恢复的指标是多方面的，但最主要的是土壤肥力的恢复和物种多样性的恢复。遵循两个模式途径：

1. 生态系统受害不超负荷

当生态系统受害是不超负荷，并且是可逆的情况下，压力和干扰被移去后，恢复可在自然过程中发生。如在中国科学院海北高寒草甸生态系统开放试验站，对退化草场进行围栏封育，几年之后草场就得到了恢复。

2. 生态系统的受害超负荷

生态系统的受害是超负荷的，并发生不可逆变化，只依靠自然过程并不能使系统恢复到初始状态，必须依靠人的帮助，必要时还须用非常特殊的方法，至少要使受害状态得到控制。例如在沙化和盐碱化非常严重的地区，依靠自然演替恢复到原始状态是不可能的。

我们可以引进适合当地气候的草种、灌木等，进行人工种植，增加地面的植被覆盖，在此基础上再进行更进一步的改良（中国城市低碳经济网，2012 年 10 月 22 日）。

（二）生态恢复实施方法

生态恢复的方法有物种框架方法和最大多样性方法。

1. 物种框架方法

物种框架方法是指建立一个或一群物种，作为恢复生态系统的基本框架。这些物种通常是植物群落中的演替早期阶段（或称先锋）物种或演替中期阶段物种。这个方法的优点是只涉及一个（或少数几个）物种的种植，生态系统的演替和维持依赖于当地的种源（或称“基因池”）来增加物种和生命，并实现生物多样性。因此这种方法最好是在距离现存天然生态系统不远的地方使用，如保护区的局部退化地区恢复，或在现存天然斑块之间建立联系和通道时采用。应用物种框架方法的物种选择标准：

抗逆性强：这些物种能够适应退化环境的恶劣条件。

能够吸引野生动物：这些物种的叶、花或种子能够吸引多种无脊椎动物

（传粉者、分解者）和脊椎动物（消费者、传播者）。

再生能力强：这些物种具有“强大”的繁殖能力，能够帮助生态系统通过动物（特别是鸟类）的传播，扩展到更大的区域。

能够提供快速和稳定的野生动物食物：这些物种能够在生长早期（2~5年）为野生动物提供花或果实作为食物，而且这种食物资源是比较稳定的和经常性的（中国城市低碳经济网，2012年10月22日）。

2. 最大多样性方法

最大多样性方法是尽可能地按照该生态系统退化以前的物种组成及多样性水平种植物种进行恢复，需要大量种植演替成熟阶段的物种，先锋物种被忽略。这种方法适合于小区域高强度人工管理的地区，如城市地区和农业区的人口聚集区。这种方法要求高强度的人工管理和维护，因为很多演替成熟阶段的物种生长慢，而且经常需要补植大量植物，因此需要的人工比较多。

采用最大多样性方法，一般生长快的物种会形成树冠层，生长慢的耐荫物种则会等待树冠层出现缺口，有大量光线透射时，迅速生长达到树冠层。

因此可以配种10%左右的先锋树种，这些树种会很快生长，为怕光直射的物种遮挡过强的阳光，等到成熟阶段的物种开始成长，需要阳光的时候，选择性地砍掉一些先锋树，砍掉的这些树需要保留在原地，为地表提供另一种覆盖。留出来的空间，下层的树木会很快补充上去，过大的空地还可以补种一些成熟阶段的物种。

最大多样性方法是尽可能地按照该生态系统退化以前的物种组成及多样性水平种植多样物种进行恢复。

第二节 承德市生态恢复工程

承德市地处农牧交错带，生态环境脆弱，其生态环境状况不仅影响本区域，也制约着京津冀地区的经济社会发展。作为京津的水源地和环境保护屏障，有生态水源林、防风固沙林等。从20世纪70年代就开始了系列的生态恢复工程，包括三北防护林建设、京津风沙源治理工程，涉及“退耕还林”“稻改旱”企业关停并转等。

一、三北防护林建设

三北防护林工程是指在中国三北地区（西北、华北和东北）建设的大型人工林业生态工程。中国政府为改善生态环境，于1979年决定把这项工程列为国家经济建设的重要项目。工程规划期限为70年，分七期工程进行，目前正式启动第五期工程建设。

1979年，先后将张家口、承德两市的20个县（市）列入一期工程（河北省三北防护林体系建设工程三十年总结，2006）。

三北防护林建设工程实施以来，以“为京津阻沙源、保水源，为河北增资源、拓财源”为宗旨，坚持建设生态经济型防护林体系的指导思想，根据项目区社会对林业的主导需求，因地制宜，因害设防，实施功能化布局，建设实施了十大骨干工程，环卫京津的生态防护体系框架初步形成。承德市实施的工程包括：

沿坝防护用材兼用林项目，即在沿坝头一线（坝上高原与坝下接合部）坝两侧各10千米的范围内完成防护用材兼用林，防护林带构成了防风阻沙的两道绿色屏障。

燕山山地丘陵区综合治理项目，注重依靠大自然自身修复能力，封、飞、造结合，大力营造多林种、多树种结合的高效稳定的生态防护林体系，有效地保持了水土、净化了水源。

青滦河系水源涵养林项目，在滦河、青龙河等主要河流两岸建成水源涵养林。

通道绿化项目，完成境内交通干线绿化，两侧营造护路林。

浅山丘陵区水保经济林项目，在浅山丘陵区及部分平原区发展以苹果、梨、葡萄、板栗、杏扁、核桃、柿子等为主的水保经济林带，干鲜果品生产基地初步形成。

在坝上及平原地区营造牧场和农田林网，与原有林网相结合，农田牧场防护林体系逐步趋于完善。

生态景观林建设。在城镇村庄、生态旅游区、自然保护区周边、交通干线两侧等重点部位，完成以优化社会发展环境、改善人居环境，营造为人们提供旅游观光、休闲游憩、保健疗养为目标的生态景观林，促进了人与自然和谐和社会经济协调发展。

二、京津风沙源治理工程

京津风沙源治理工程是为固土防沙，减少京津沙尘天气而出台的一项针对京津周边地区土地沙化的治理措施。一期工程于2002年启动至今，二期工程正在筹划当中。

(一) 工程实施的背景

京津风沙源治理工程是党中央、国务院为改善和优化京津及周边地区生态环境状况，减轻风沙危害，紧急启动实施的一项具有重大战略意义的生态建设工程。近年来，京津乃至华北地区多次遭受风沙危害，特别是2000年春季，我国北方地区连续12次发生较大的浮尘、扬沙和沙尘暴天气，其中有多次影响首都。其频率之高、范围之广、强度之大，为50年来所罕见，引起党中央、国务院高度重视，备受社会关注。国务院领导在听取了国家林业局对京津及周边地区防沙治沙工作思路的汇报后，亲临河北、内蒙古视察治沙工作，指示“防沙止漠刻不容缓，生态屏障势在必建”，并决定实施京津风沙源治理工程。

(二) 工程实施范围

工程区西起内蒙古的达茂旗，东至内蒙古的阿鲁科尔沁旗，南起山西的代县，北至内蒙古的东乌珠穆沁旗，涉及北京、天津、河北、山西及内蒙古等五省（区、市）的75个县（旗）。工程区总人口1958万人，总面积45.8万平方千米，沙化土地面积10.12万平方千米。一期工程区分为四个治理区，即北部干旱草原沙化治理区、浑善达克沙地治理区、农牧交错地带沙化土地治理区和燕山丘陵山地水源保护区，治理总任务为222292万亩，初步匡算投资558亿元。

(三) 工程树种选择

1. 泓森槐

泓森槐有一定的抗旱、抗烟尘、耐盐碱作用。适生范围广，是改良土壤、水土保持、防护林、“四旁”绿化的优良多功能树种。可作为行道树、住宅区绿化树种、水土保持树种、荒山造林先锋树种等（知网空间，2016年3月16日）。

泓森槐生长迅速，木材坚硬，纹理细致，耐水湿，抗腐朽，易燃，热值高，是重要的速生用材树种和能源树种。可作为矿柱及建筑用材，也是制作家具，木地板的优质原料。

现在全国造林树种单一，土壤地力衰退严重，而营造泓森槐混交林可大大改良土壤，根瘤菌能固氮，落叶可肥土。用榆树、杨树、柳树等混交，长势都会更好。泓森槐根系发达，根瘤固氮提高土壤肥力，故其耐瘠薄、耐旱性优于杨柳科品种，在贫瘠的土壤中，也能较正常生长。

2. 速生杨

通常指杨柳科，杨属一类的泛称，又分为五个派：胡杨派、白杨派、青杨派、黑杨派、大叶杨派。乔木，树干通常端直，树皮光滑或纵裂，常为灰白色。数量为 100 多种，广泛分布于欧、亚、北美。杨树性较耐寒、喜光、速生；沿河两岸、山坡和平原都能生长（百度百科，2016 年 3 月 16 日）。

杨木工业化利用主要包括：大径级杨木主要用于生产胶合板、单板层积材；小径级杨木用于生产纤维板、刨花板、造纸和火柴。

速生杨在北方种植广泛，但由于品种单一，病虫害较多，材质差，目前已经不提倡种植。

3. 速生桉

速生桉是指巨叶桉与尾叶桉、巨叶桉与赤桉、柳叶桉与隆缘桉以及尾叶桉与细叶桉等的杂交种，品系较多，以系列代号命名。各品系特点不同，长得快的一年高达 10 米；抗寒的比原种多抗 2 度低温；还有抗病的。种苗繁殖主要有组织培养和插条两种方式，需要定期选优株做种源。立地条件好的，种 5 年可采伐，亩产量有 8 立方米木，经济回报（经济成熟）率超过 20%/年。木材主要做胶合板材，次级木材用于造高级铜版纸或复印纸。

（四）工程建设原则

一是坚持预防为主，保护优先的原则；二是坚持统筹规划，综合治理，因地制宜，分类指导的原则；三是坚持生态优先，生态、经济和社会效益相结合的原则；四是坚持政策引导与农民群众自愿相结合的原则；五是坚持国家、集体、个人一起上的原则。

（五）治理措施及目标任务

工程采取以林草植被建设为主的综合治理措施。具体有：

林业措施包括退耕还林，匹配荒山、荒地、荒沙造林。造林方式有人工造林，飞播造林，封山育林。

农业措施包括人工种草，飞播牧草，围栏封育，基本草场建设，草种基地，禁牧，建暖棚，购买饲料机械等。

水利措施包括水源工程，节水灌溉，小流域综合治理；生态移民。

到 2010 年，通过对现有植被的保护，封沙育林，飞播造林、人工造林、退耕还林、草地治理等生物措施和小流域综合治理等工程措施，使工程区可治理的沙化土地得到基本治理，生态环境明显好转，风沙天气和沙尘暴天气明显减少，从总体上遏制沙化土地的扩展趋势，使北京周围生态环境得到明显改善。

三、承德市生态建设规划

建设水源涵养功能区，构筑京津“绿色屏障”（《承德日报》，2015 年 10 月 21 日）。习近平总书记在京津冀协同发展战略中对承德市的核心定位是“京津冀水源涵养功能区，并同步解决贫困问题”。承德市是京津两市重要水源地和生态屏障，生态是发展的第一资源和永恒竞争力，承德市规划林业用地 4152.6 万亩，占国土面积的 70%。提出以“一带、两域、三系”为重点，实施造林绿化攻坚工程。

“一带”：东起围场红松洼自然保护区、塞罕坝、御道口、后沟牧场，西至丰宁千松坝、小坝子、大滩，在沿冀蒙边界建设长 298 千米防风固沙“绿色长廊”。

“两域”：以滦河、潮河流域为重点，对潮河 120 万亩、滦河 300 万亩的干旱阳坡，采取引针入灌、宜林荒山荒滩造林等方式，建设滦河、潮河流域水源涵养林区。

“三系”：以河流、公路、城市村庄为重心，因地施策，打造绿化带、景观带、致富带，创建国家森林城市；丰宁、滦平、兴隆三县基本达到北京郊县的生态保护和修复水平，建成京津冀区域第一道绿色生态屏障。到 2020 年，林地增加到 3560 万亩，森林覆盖率达到并稳定在 60%以上，林木蓄积超过 1 亿立方米；经济林基地建设总规模达到 1150 万亩，产业产值达到 1000 亿元。在未来 5 年时间里重点做好“绿、富、投、优、管”。

围绕“绿”字，加快国土绿化攻坚步伐。根据全市划定的坝上防风固沙林区、北部水源涵养林区、中部水保经济林区和南部经济林区的功能分区，以“一带、两域、三系”为重点，整合京津风沙源治理、巩固退耕还林成果、京津冀水源林等项目资金，强力推进京津冀生态功能区国土绿化进程。

围绕“富”字，打造绿色增收富民产业。按照造林绿化、发展经济林作为全市实现小康的主要基础产业的总体思路，加快土地流转、租赁、承包和水电路基础设施配套建设，用特色鲜明、科技含量高、经营规模大、综合效益好的林果示范园区带动全市经济林产业的大发展。对已形成的山杏、果品、木材、沙棘等产业的龙头企业，优先安排贴息项目，重点扶持，促进企业改造扩能、提档升级，推进产业化经营。

围绕“投”字，为生态建设提供资金支撑。按照“严管林、慎用钱、质为先”的总体要求，精心编报丰宁百万亩防护林、再造三个塞罕坝、滦河流域水源林、潮河流域水源林、退耕还林（还湿）和京津风沙源治理工程六大造林绿化项目。坚持推行领导办绿化点制度，划分责任区，落实植树任务。

围绕“优”字，着力提升森林综合效能。实施“抚育提质工程”和人工纯林混交改造工程，对油松、云杉、樟子松等纯林分，宜挖则挖，强化抚育管理，着力提升林分质量、经济效益和景观效益。鼓励食用菌、宏森木业等龙头企业与国有林场、集体林权所有人合作，通过订单等方式，抓好林业“三剩物”的综合利用。推广木兰近自然经营模式，着力改善林分结构，为碳汇交易做贡献。

围绕“管”字，构筑京津冀生态安全屏障。狠抓基础设施和专业队伍建设，重点抓好关键区域和重要时段防火，确保不发生重大森林火灾、不发生重大人身伤亡事故、不发生危害北京的森林火灾、森林火灾受害率不超过0.3%（《承德日报》，2015年10月21日）。

第十二章
区域生态恢复与居民福祉耦合关系研究方法

研究承德市生态环境现状与环境变迁，采用了不同的科学方法。地表植被覆盖变化趋势研究，对 NDVI 指数与 Hurst 指数分析。生态环境容量采用生态足迹分析方法。耕地动态数量变化用 Morlet 小波、墨西哥帽小波（Mexican hat）分析、Mann-Kendall 检验分析与 EMD 分解方法。气温降水变化用墨西哥帽小波（Mexican hat）分析与 Mann-Kendall 检验。土地压力评估用土地压力定量评估模型。

第一节 生态足迹与生态环境容量

一、生态足迹

生态足迹（Ecological footprint，又译生态占用）是由加拿大环境经济学家 William 和 Wackernagel 于 20 世纪 90 年代提出的一种基于生物物理量的度量评价可持续发展程度的概念和方法。

图 12-1-1 人类文明的“生态脚印”

它的设计思路是人类要维持生存，必须消费各种产品、资源和服务，人类的每一项最终消费的量都可以追溯到提供生产该消费所需的原始物质和能量的生态生产性土地的面积。所以，人类系统的所有消费，理论上都可以折算成相应的生态生产性土地的面积，即人类的生态足迹。生态足迹的定义为，任何已知人口（某个个人、一个城市或一个国家或全人类）的生态足迹，是生产这些人口所消费的所有资源和吸纳这些人口所产生的所有废弃物，所需要的生态生产性土地的总面积（The biologically productive and mutually exclusive areas necessary to continuously provide for people's resource supplies and the absorption of their waster，Mathis Wackernagel，William E. Ress，1996）。它既代表既定技术条件和消费水平下特定人口对环境的影响规模，又代表既定技术条件和消费水平下特定人口持续生存下去而对环境提出的需求。

生态生产性土地（Ecologically productive land）是生态足迹分析法为各类自然资本提供的统一度量基础。

生态生产也称生物生产，是生态系统中的生物从外界环境中吸收维持生命过程所必需的物质和能量，并转化为新物质，从而实现物质和能量的积累。生态生产是自然资本产生自然收入的原因。自然资本产生自然收入的能力有生态生产力（Ecological productivity）衡量。生态生产力越大，说明某种自然资本的生命支持能力越强。由于自然资本总是与一定的地球表面相联系，因此生态足迹分析用生态生产性土地的概念来代表自然资本。

生态生产性土地：具有生态生产能力的土地或水体（Mathis Wackernagel，Lewan L.，1997）。

这种替换的一个好处是极大地简化了对自然资本的统计，并且各类土地之间总比各种繁杂的自然资本项目之间容易建立等价关系，从而便于计算自然资本的总量。

事实上，目前主流的生态足迹分析法的所有指标都是基于生态生产性土地这一概念而定义的，换言之就是将分析中设计的指标代换成相应的生态生产性土地面积。

生态生产性土地根据生产力大小差异分成六大类：化石能源地、可耕地、牧草地、林地、建成地、水域。

（1）化石能源地。

化石能源：用于吸收化石能源燃烧排放的温室气体的森林。用能源土地转化因子的办法，来估计化石能源用地。

确定能源土地转化因子的方法有（Gernot Stoglehner，2003）：计算提供化石能源替代物甲醇和乙醇所占用的土地面积来获得化石能源用地。计算吸收燃烧化石能源排放二氧化碳所需要的森林面积。计算以化石能源枯竭的速率重建资源资产替代的形式所需要的土地面积。

图 12-1-2 化石能源地（吸收化石能源燃烧释放的温室气体的森林）

（2）可耕地。

生产力最大，能积聚的生物量最多，目前世界可利用可耕地 13.5 亿公顷，几乎都已经处于耕种状态，其中 100 万公顷因土质严重恶化而遭废耕。世界人均可得耕地面积已不足 0.25 公顷。

图 12-1-3 可耕地、牧草地景观

（3）牧草地。

全球大约有 33.5 亿公顷，人均 0.6 公顷。绝大多数牧草地生产力远不如耕地，且有植物能量转化到动物能量过程中存在着 1/10 定律，使得实际上可为人所用的生物量减少了。

（4）林地。

林地可产出木材产品的人造林或天然林。全球现有森林约 34.4 亿公顷，人均 0.6 公顷。大多数森林生态生产力不高（除少数偏远地区、难以进入的密林地区外），牧草地的扩充已经成为森林面积减少的主要原因之一。

（5）建成地。

建成地指的是各类人居设施及道路所占用的土地。世界人均拥有量接近 0.03 公顷，多位于地球最肥沃的土地（耕地）上，造成全球生态能力无法挽回的损失。

图 12-1-4 林地景观

图 12-1-5 建成地、水域地景观

（6）水域。

地球海洋面积 366 亿公顷，相当于人均 6 公顷。海洋里 95%的生态生产量来源于海岸带（人均 6 公顷中的 0.5 公顷）。人类喜欢吃的鱼在生物链中排位较高，人类实际从海洋中获取的食物是比较有限的。这 0.5 公顷大约每年能提供鱼类 18 千克，其中仅有 12 千克落实在人们的饭桌上。所能保证的仅是人类卡路里摄入量的 1.5%。盐湖生态生产量更低。河流和淡水湖泊的生态产品的获取比海洋要容易，但水域所占比重太小，全球水资源除去冰川外不到总量的 1%，对人类所能获取的生态产品总量贡献不大。

二、生态环境容量

（一）生态容量

传统生态容量（Ecological capacity，又称生态承载力）是在不损害区域生产力的前提下，一个区域有限的资源能够供养的最大人口数。现实世界中，贸易、技术进步、地区之间迥异的消费模式等因素，不断地向传统生态容量概念提出挑战。人类对环境可持续性的影响，不仅取决于人口本身的规模，也取决于人类对环境的影响规模和环境本身的生态承载能力。

Hardin 定义的生态容量为，在不损害有关生态系统的生产力和功能完整的前提下，一个地区能够拥有的生态生产性土地总面积。即一定自然、社会、经济技术条件下某地区所能提供的生态生产性土地的极大值。

（二）生态赤字

生态赤字与生态盈余，将一个地区或国家的资源、能源消费、废弃物排放所占用的生态足迹同自己所拥有的生态容量相比较，就会产生生态赤字（Ecological deficit，生态足迹大于生态容量）和生态盈余（Ecological remainder，生态足迹小于生态容量）。

生态赤字表明一个国家或地区的资源、能源消费、废弃物排放所占用的生态足迹大于生态容量。该地区人类负荷超过了其生态容量，要满足人口在现有生活水平下的需求，要么从其他地区进口欠缺资源以平衡生态足迹；要么通过消耗自然资本来弥补收入供给流量的不足。以上两种都说明，地区发展模式处于相对不可持续状态。

生态盈余表明该地区生态容量足以支持人类负荷，地区内自然资本的收入大于人口消费的需求流量，地区内自然资本总量有可能得到增加，地区生态容量有望扩大，消费模式具有相对可持续性，可持续程度用生态盈余来衡量。

三、生态足迹和生态容量计算方法

（一）生态足迹计算方法

生态占用分析基于两个基本的事实：①人类能够追踪所消费的自然资源并找到其生产区，也能够追踪人类活动所产生的废弃物并找到其消纳区。当然，由于全球化和贸易的发展，追踪资源生产区和废弃物消纳区的具体区位还需要大量的科学研究。②大多数资源流量和废物流量能够被转化为生产或消纳这些流量的、具有生物生产力的陆地或水域面积。简单地说，就是资源消费量可以转化为生产资源的生态系统的面积，如粮食消费量可以转化为生产粮食的耕地面积；人类活动所产生的废弃物表达为消纳这些废弃物所需要的生态系统的面积，如二氧化碳固定量可以表达为吸收二氧化碳的森林、草地或农田的面积。

1. 生态足迹一般计算步骤

（1）追踪资源消耗和污染消纳。

生态生产性土地面积=资源消费量/单位生态生产力。

$$A_j = \sum_{i=1}^{n} \frac{C_i}{EP_i} = \sum_{i=1}^{n} \frac{P_i + I_i + E_i}{EP_i}$$

式中，j=0，1，2，3，4，5分别代表化石能源地、可耕地、牧草地、森林、水域、建成地；A_j为生态生产性土地面积，ha；EP_i为单位生态生产力，t/ha；C_i为资源消费量，t；E_i为资源出口量，t；I_i为资源进口量，t。

计算中，考虑到贸易因素，本地实际资源消费量=资源生产量+资源进口量-资源出口量。

（2）产量调整。

同类生态生产性土地的生产力，存在地区差异，生态生产性面积不能直接对比，需要调整。生态生产性土地面积×产量调整因子。

$$A_j = \sum_{i=1}^{n} \frac{C_i \times yF_i}{EP_i} = \sum_{i=1}^{n} \frac{P_i + I_i + E_i}{EP_i} \times yF_i$$

式中，$yF_i = \frac{EP}{EP}$，j=0，1，2，3，4，5分别代表化石能源地、可耕地、牧草地、森林、水域、建成地；A_j为调整后的生态生产性土地面积，gha；yF_i为产量调整因子；$\overline{EP}$为全球平均单位生态生产力，t/ha。即产量调整因子yF_i=核算区单位面积生态生产力/全球平均生态生产力。产量调整面积=生态生产性土地面积×产量调整因子。

整理后可得：$A_j = \frac{C}{EP}$

（3）等量化处理。

六类土地的生态生产力不同，为了将它们汇总为区域的生态生产力和生态足迹，要乘以一个等价因子eF，某类生态生产性土地的等价因子eF等于全球该类生态生产性土地平均生态生产力比全球所有各类生态生产性土地平均生态生产力。

2. 建成地的生态足迹

归结为对耕地的消费，建成地的生态足迹=建成地面积×本地可耕地平均产量调整因子。

$$A_j = \frac{A_B \times EP}{EP} \times yF = A_B \times yF$$

式中，A_j 为建成地生态足迹，j=5；EP 为当地可耕地平均生态生产力，t/ha；A_B 为建成地面积，ha；yF 为本地可耕地平均产量调整因子。

本地可耕地平均产量调整因子=本地可耕地平均生态生产力/全球可耕地平均生态生产力。计算公式如下：

$$yF = \frac{EP}{\overline{EP}} = \frac{\dfrac{\sum A_i \times eP_i}{\sum A_i}}{\dfrac{\sum A_i \times \overline{eP_i}}{\sum A_i}} = \frac{\sum A_i \times eP_i}{\sum A_i \times eP_i}$$

式中，yF 为本地可耕地平均产量调整因子；EP 为当地可耕地平均生态生产力，t/ha；$\overline{EP}$ 为全球平均单位生态生产力，t/ha；A_i 为当地各耕地产品大面积，ha；eP_i 为当地各耕地产品的单位生产量，t/ha；$\overline{eP_i}$ 为全球相应耕地产品的平均单位生产量，t/ha。

3. 化石能源地的生态足迹

指消费化石能源，转化为吸收其燃烧后释放出来的温室气体所需要的森林面积。

森林对温室气体的吸收能力用热量表示，

需要将化石能源的消费量，按其燃烧效率转化为热量。

化石能源地生态足迹=（能源消费量×能源燃烧释放的热量折算系数）/全球森林对该种能源燃烧排放的温室气体的平均吸收能力。

$$A_j = \sum \frac{C_i \times H_i}{\overline{EP_i}}$$

式中，A_j 为化石能源地生态足迹，ha；C_i 为第 i 种能源的消费量，t；H_i 为第 i 种能源燃烧释放的热量折算系数，GJ；$\overline{EP_i}$ 为全球森林对第 i 种能源燃烧排放的温室气体的平均吸收能力，GJ/ha。

4. 电力的生态足迹

火力发电：归入化石能源地

化石能源生态足迹 $A_j = \sum \frac{C_i \times H_i}{\overline{EP_i}} = \sum \frac{C_{ei} \times E_{wi} \times H_i}{\overline{EP_i}}$

式中，C_{ei} 为产生于 i 种化石能源的电力消费量，kW · h；E_{wi} 为单位发电量消耗的第 i 种能源量，t。

水力发电：水库蓄水要淹没土地，水电站占用土地。

生态足迹=建成地面积×可耕地平均产量调整因子。

$$A_j = A_B \times yF = \frac{C_e}{2.778 \times 10^{-7} \times 10^9 \times 1000} \times yF$$

式中，A_B 为建成地面积，ha；C_e 为产生于水电发电的电力消费量，kW·h。

核能发电：核废料填埋要占用土地 $A_j = \frac{A_B \times EP}{EP} \times yF = A_B \times yF$。

可再生资源发电：占地面积很小，生态足迹视为 0，发电量可视为用电量的减少。

垃圾发电：没有足迹，发电量可视为用电量的减少。

（二）生态容量的土地面积法

生态容量计算公式如下：

$$A_{Ca} = \sum \frac{P_i}{EP_i} \times \overline{yF_i} \times eF_i = \sum \frac{A_i \times EP_i}{EP_i} \times \overline{yF_i} \times eF_i = \sum A_i \times \overline{yF_i} \times eF_i$$

式中，A_{Ca} 为生态容量，gha；P_i 为生态生产性土地的资源生产量，t；EP_i 为生态生产性土地的单位产量，t/ha；A_i 为生态生产性土地的面积，ha；$\overline{yF_i}$ 为第 i 类生态生产性土地的平均产量调整因子；eF_i 为第 i 类生态生产性土地的等量化因子。

计算中产量因子采用 Wackernagel 等对中国生态足迹计算时的取值，耕地、建筑用地均为 1.66，草地为 0.19，林地为 0.91。

采用 William 和 Wackernagel 提出来的森林和化石能源用地为 1.1，耕地和建筑用地为 2.8，草地为 0.5，水域为 0.2。

四、国内外生态足迹研究进展

国内生态足迹研究开始于 20 世纪 90 年代后期，研究重点从区域生态足迹计算扩展到利用生态足迹分析来评价趋于可持续发展能力，生态足迹计算方法的修正和理论的完善。

国外生态足迹研究无论是深度还是广度都更深入，主要有：

（一）校园生态足迹分析

在研究中作者（Jason Venetoulis，2001）根据 Redlands 分校的教学科研和师生生活对学校所在区域的环境影响，用四类足迹表示：水足迹（Hydro print）、固废足迹（Waste print）、能源足迹（Energy print）、交通足迹（Transport print）。

1. 水足迹

将学校用水单独作为一类消费进行计算，计算式如下：

$$A=\frac{C_o}{yF}=\frac{C_o}{R_a+R_e}=\frac{C_o}{R_a+C_a/Area}$$

A 为区域内用水的生态生产性土地面积，ha；C_o 为区域内用水消费量（包括教学、实验、生活用水和学校绿地灌溉用水）立方米；yF 为产量因子；R_a 为区域降水量，mm；R_e 为区域内蓄水量换算得到的等量降水量，mm；C_a 为区域内蓄水量立方米；Area 为区域面积，ha。

2. 固体废弃物足迹

对于固体废弃物笔者统计了纸张、塑料、玻璃、合金、磁性金属等几方面的消费，在计算中，考虑了这些废弃物的可回收问题，使用的是美国平均回收率 39%。在这几种消费中，纸张被归结为森林用地；塑料、玻璃、合金、磁性金属被归结为化石能源地，可回收部分可视为相应生态生产性土地的减少（如纸张回收=对森林产品消耗的减少）。

3. 能源足迹

统计了取暖天然气、家用天然气、电力三个方面的能源消费。天然气消费归结为化石能源地；电力根据发电的来源划分，火电归结为化石能源地，水电归结为建成地。此外，还考虑了风力发电和太阳能发电等可再生能源的发电量，风力发电、太阳能的生态足迹很小，可忽略不计，其发电量视为用电总量的减少。

4. 交通足迹

交通足迹主要是交通能源消耗量，包括学校区域以及假期师生离校和返校所消耗的交通用油。交通能源消耗量归结为化石能源地。通过四方面的足迹，评估出学校活动对校区的环境影响。

（二）旅游业生态足迹

在研究中学者（Stefan Gossling，Carina Borgstrom Hansson，2002）以塞舌尔群岛旅游业为例，利用生态足迹分析评价该岛旅游业的可持续性。学者根据该岛旅游业特点，对岛内的各种人类活动产生的资源消费进行分析，最后将其归入六类生态生产型土地中，得出旅游业对塞舌尔群岛的生态影响。

能源消耗包括航空运输、岛内旅游和游客住所消费的能源；设施占地包括岛上各种旅游设施和基础辅助设施，有机场、停车场、公路、住宿设施、码头、高尔夫球场等；生活消费包括食物和纺织物归结为耕地、草地、森林、水域四类土地。

此外还有人做了日常生活生态足迹计算。这些都是生态足迹分析在区域可持续发展中的应用。

第二节　能值概念及其分析指标

一、能值概念

（一）能值

能值是由美国生态学家在能量生态学的基础上提出来的。能值是某种流动或贮存的能量中包含的另一种流动或贮存的能量的数量，称为该种能量的能值。太阳能值常被作为衡量能量大小的数量单位，通常用焦耳表示。人类和自然界所创造的任何资源、产品或劳务等都包含了能量，这些能量的能值均可以用其所包含的太阳能量的数量来表示。因此，能值是客观的、可量化的。

能值理论将生态系统或生态经济系统中的物流、能流、价值流、信息流转换成同一标准的能值，即太阳能值，并对其进行分析评价，可以量化系统的结构、功能、特性及其生态经济效益。能值理论使不同形态、不同性质的能量的对比与分析成为可能，解释了自然界事物存在质的差异的原因。同时，能值理论也解决了自然环境与经济社会之间的对接问题，架起了生态学与经济学研究的桥梁。

生态系统或生态经济系统中存在不同的能量，将不同能量转换成太阳能值，可以真实地反映其在系统中的作用、价值、等级和地位。不论是可再生资源还是不可再生资源，不论是自然资源还是人力资源，都可以通过能值来评价其价值。不同物流、能流、价值流、信息流这些看似不可比较的能量均可以转换为同一标准的能值来对其进行比较研究。能值分析把生态系统或生态经济系统中本难以比较的不同形式和类型的能量转换成太阳能值，通过定量研究来进行比较分析，对其在生态系统或生态经济系统中的地位和作用作出评价，建立起能够反映系统本身状况、动态和生态经济效益的综合指标体系，定量分析系统的结构功能特征和生态经济价值与效益。

（二）能值转换率

能值转换率用来表示一种能量的形成需要多少另一种能量的支撑。那么太阳能值转换率就是形成一单位能量需要多少太阳能的支撑，也可以用来衡量能质的大小。能量的太阳能值转换率越高，则能值越高，能量就会处于比较高的等级。从太阳能值转换率，可以反映物质质量的高低，即产品品质的不同。太阳能值使不同类型的能量，包括生态系统能量和经济系统能量能够统一单位进行加减，太阳能值转换率又可以对其进行比较。因此，可以说太阳能值与太阳转换率把生态学与经济学联系到了一起。

能值转换率是能值计算的核心概念，是能值分析的重要参数。能值转换率是每生产一个单位的物质或能量所需要的另一种能量的含量。由于能量的比较分析可统一计算为太阳能值，太阳能值转换率则被广泛应用。太阳能值转换率就是形成一单位能量需要多少太阳能的支撑。用公式表示即为 $T=M/B$。T 为太阳能值转换率；M 为太阳能值；B 为可用转化能量。

Odum 和他的合作者们通过对自然界中能量传递过程的网络分析，以能值理论的基本假设为前提，计算了自然界中主要资源、物种和过程的太阳能值转换率数值，包括地表风、雨水径流、地球的沉积循环、地壳吸收的地震波等。直接或间接来自于太阳能的能值输入，是地球上一切活动的推动力，确定它们对生态产品和服务的贡献，为进一步的研究奠定了必要基础。

（三）指标体系构成与说明

1. 净能值产出率

净能值产出率是产出的产品或服务的能值代与从经济系统投入的能值之比。当生产出的产品或服务的能值代与从经济系统投入的能值之比大于时，则表明该生产过程有效益。净能值产出率可以反映在经济生产中能源的利用效率，也可以用来表示经济的竞争能力。发达国家净能值产出率大于，则说明发达国家在经济生产中生产份产品能值，只需份能值投入。由此我们可以推出，净能值产出率越高，越可用最少的能值生产出最多的产品，经济效益也就更好。净能值产出率=产出能值（Y）+投入能值（F）。

2. 能值投入率

能值投入率是在生产过程中，需要从经济系统中投入的能值和需要从自然系统中投入的能值的比率。从经济系统中投入的能值如电力、燃料、设备损耗、物质、劳务等，这些都是包含于经济货币体系的，有偿的，叫作“购买能值”，从自然界无偿获取的就是“免费能值”，如不可更新资源——土地和可更新资源——太阳能、风能、雨能等。

能值投入率（EIR）＝投入能值（F）/可更新资源能值使用量（R），能值投入率可以反映一定条件下的经济竞争力，也可以得出环境资源对经济生产的贡献指标。要增加经济系统的竞争力，高能质的“购买能值”能量投入与可更新的“免费能值”能量投入相匹配，即有一个恰当的能值投入率。世界范围的能值投入率为2∶1，而发达国家可达7∶1，这就表明其需要的“购买能值”较多。

3. 能值货币比率

在生态经济系统中，能值与货币之间的关系用能值货币比率来表示。一个国家或区域的能值与货币的比率，是该国或区域全年所消耗的太阳能值与该国或区域全年国民生产总值。能值货币比率高，是因为全年所消耗的太阳能值很大部分都直接来源于自然资源这些“免费能值”，而发达国家或地区的能值货币比率都比较低，因为发达国家的货币循环迅速，国民生产总值数额巨大。能值货币比率＝总太阳能能值（SEJ）/国民生产总值（GNP）。

4. 能值密度

一个国家或地区单位面积能值使用量就是能值密度。一个国家或地区的经济越繁荣，则能值密度越高。能值密度（ED）＝总能值使用量（U）/总面积（Area）。

5. 人均能值使用量

人均能值使用量体现一个国家或地区每个人的能值使用量。人均能值使用量越高，说明该国或地区的居民生活水平越高。人均能值使用量＝总能值使用量（U）/该国（地区）总人口（POP）。

6. 能值承受人口

能值承受人口指一个国家或地区可用能值与人均能值使用量的比值，它是一个相对数值。在人均能值使用量稳定的情况下，可利用能值越多，能值承受人口越多，而若人类生活质量提高，人均能值使用量增大，那么在可利用能值不变的情况下，能值承受人口就要减少。能值承受人口（CC）＝可利用能值/人均能值使用量（EPC）。

7. 不可更新资源能值使用量比

通过一个国家或地区不可更新资源能值使用量占总能值使用量的比重这一指标，可以得知该国家或地区生态系统或生态经济系统资源的利用和贮存情况。不可更新资源能值使用量比＝不可更新资源能值使用量/总能值使用量。

8. 能值收益率

驱动一个过程或系统的总能值包括本地的和购入的与购入或进口能值之间的比率，它衡量某一过程通过引入外部资源而开发和使用本地资源的能力，以及该过程对经济主体的潜在贡献。它提供了一个衡量某一过程占有本地资源的尺度，通过外部资源的投入而获得更多的能值，可以被看作是对生态经济系统潜在的额外贡献。EYR 可能的最低能值为 1，表明一个过程获得的能值与提供的用以驱动这一过程的能值量相等，故而不能有效地开发本地资源。因此，对于 EYR 为 1 或者略大于 1 的过程不能为经济提供可观的净能值。而仅仅是将已获得的资源加以转化，这样的过程只是扮演了消费的过程，或者是一种不具有经济价值的生产、交换、分配过程，不能为系统的发展创造新的机会。有研究表明，初级能量来源（原油煤及天然气等）通常表现为 EYR 值大于 5，开发它们的目的是通过以经济系统的小投入获取更大量的能值流，这些能值流是经过数千年的地质和生态过程累积而产生的；次级能源物质（水泥、钢铁之类的初级原材料）的 EYR 介于 2~5，表明对经济的中等贡献。能值获得率高说明投入等量的外来资源，开发和利用的本地资源更多，对经济系统的贡献也越大。能值收益率为：

$$EYR=(R+N+F)/F$$

R 为自然可更新资源能值；N 为自然不可更新资源能值；F 为能值投入。

9. 环境负荷率

不可更新资源和购入资源的使用与可更新资源使用的比率为：

$$ELR=(N+F)/R$$

R 为自然可更新资源能值；N 为自然不可更新资源能；F 为能值投入。

这一参数的引入是衡量由于不可更新资源的输入和使用，对环境造成的压力和胁迫作用，是考察能量传递和转移过程对环境压力的一个指标，用输入一个区域或过程总的不可更新资源量（N+F）与可更新资源输入量（R）的比率来衡量，也可看作是生产（转换行为）对生态压力的度量。对于缺乏外部投资的系统，本地可利用的可更新资源推动着生态系统的成熟，与环境的强制性输入诸多环境因素相协调，其特点是 ELR=0。而不可更新的输入则是另一种发展模式，该模式与自然生态系统的距离可以从比率中看出。这一比率越高，发展与可以自主发展的自然过程的距离就越远。从某些方面来讲，

ELR 衡量了由外力驱动的发展过程对本地自然环境动态过程所产生的扰动。从过去的研究案例中所得到的经验表明，ELR 小于或等于 2，意味着相对较低的环境影响，或者说意味着某过程可以利用很大的本地环境面积来削弱其影响；ELR 在 3 到 10 之间意味着中度的环境影响；而 ELR 大于 10，则表明在一个相对较小的本地环境中存在大量的不可更新能值并产生非常大的环境影响。典型的不发达地区，该比率低于 1∶1，发展中国家和地区环境负荷比率在 1∶1 到 4∶1 之间，发达国家和地区的经济系统该比值高于 5∶1。

10. 能值可持续性指数

能值可持续性指数（ESI）= 能值收益率（EYR）/环境负荷率（ELR）

这一指数衡量了施与本地系统的既定环境负荷条件下（ELR），本地系统对更大系统（或经济）的潜在贡献（EYR）。该指标用于衡量技术过程或经济过程的开放性及负荷随时间的变化。根据已有的研究成果，ESI 小于 1 表明消费性的生产过程，大于 1 意味着生产对社会具有净贡献而没有严重地影响环境的平衡，对于经济系统来说，ESI 小于 1 表明已经是高度发展的消费导向型经济系统，ESI 在 1 和 10 之间为发展中的经济系统，而 ESI 大于 1 表明经济系统还没有开始显著的工业化发展。

（四）主要能量的能值计算方法

（1）太阳光能值（sej）= 土地面积（m^2）×太阳光平均辐射量（J/m^2）太阳能值转换率（sej/J）

其中：太阳能值转换率为 1（sej/J）。

（2）雨水化学能（J）= 土地面积（m^2）×降雨量（mm）×（吉布斯自由能 G）$\times 10^6 g/m^3$，雨水太阳能值转换率（sej/J）

其中：G＝4.94J/g 雨水化学能值转换率＝1.54×10^4sej/J。

（3）煤炭类能值（sej）= 煤炭质量（t）×能量单位质量（J/t）×能值转换率（sej/J）

其中：煤炭能量单位质量＝3.18×10^{10}J/t；能值转换率＝4.0×10^4sej/J。

（4）原油能值（sej）= 桶数（bbl）能量/桶（J/bbl）×能值转换率

其中：原油能量/桶（J/bbl）= 6.28×10^9 J/bbl；能值转换率 = 5.4×10^4 sej/J。

（5）天然气能值＝天然气体积（m^3）×能量/体积（J/m^3）×能值转换率（sej/J）

其中：能量/体积（J/m^3）= $3.89\times 10^7 J/m^3$；能值转换率＝4.8×10^4sej/J。

（6）电能值＝用电量（kW·h）×单位电量能量（J/kW·h）×能值转换

率（sej/J）

其中：单位电量能量（J/kW·h）= 3.60J/kW·h；能值转换率 = 2.0×10^5 sej/J。

（7）土壤流失能值 = 建设占用农用地面积（m^2）×耕作层厚度×土壤密度×单位能值

其中：耕作层厚度 = 0.25m；土壤密度 = 1.310^6kg/m^3；单位能值 = 1.7×10^9 sej/g；这里所指的土壤流失是指农用地转变为建设用地而流失的土壤能。

（8）氮肥能值 = 氮肥使用量（g）×单位能值（sej/g）

其中：氮肥单位能值为 3.8×10^9sej/g。

（9）磷肥能值 = 磷肥使用量（g）×单位能值（sej/g）

其中：磷肥单位能值为 3.9×10^9sej/g。

（10）钾肥能值 = 钾肥使用量（g）×单位能值（sej/g）

其中：钾肥单位能值为 1.1×10^9sej/g。

（11）复合肥能值 = 复合肥使用量（g）×单位能值（sej/g）

其中：复合肥单位能值为 2.8×10^9sej/g。

（12）农药能值 = 农药使用量（g）×单位能值（sej/g）

其中：农药单位能值为 1.6×10^9sej/g。

（13）劳动力能值 = 劳动力人口（万人）×单位能值（sej/万人）

其中：单位能值为 10^{20}sej/万人。

二、能值分析的基本方法和步骤

能值分析的具体方法与步骤因研究对象和研究者而有所不同，但其基本方法与步骤分为以下五步，以常用的城市生态系统能值分析为例（隋春花等，1999 年）。

（一）基本资料的收集

收集所研究城市及城市所在国家的自然环境、社会资源以及经济活动的资料。包括平均降雨量、平均径流量、平均潮汐量、平均海拔以及平均风能等环境资源；土地利用情况，水土流失情况；人口资源；各种经济活动指标；进出口贸易；等等。

（二）绘制能量系统图

确定所研究城市的系统外边界和系统内组分，利用各种“能量语言符号”（H. T. Odum，1988）将系统主要能流标注，包括环境无偿投入能值、经济活动反馈能值与进出口交换能值，注意要按其太阳能值转换率的高低，从左到右顺序排列。

（三）编制能值系统分析表

第一步计算出所研究城市或地区以及整个国家当年的能值/货币比率（sej/＄）；

第二步列出研究城市的主要能源项目，包括可更新资源、不可更新资源，燃料利用，进出口能流等，其中能值小于系统总能值5%的项目可不列入（Odum，1995；隋春花等，1999）；

第三步根据能量计算公式，求出各能源的流量数，表示如能量流（J）、物质流（g）或货币流（＄）；

第四步根据各种资源相应的能值转换率，将不同能量单位转换为统一度量的能值单位（其中货币流部分，用货币÷能值/货币比率求得）。为进一步了解各能流在整个系统中的相对贡献，可将能值（sej）再转换成宏观经济价值（＄，能值除以能值-货币比率求得）来分析。

（四）建立能值指标体系

为分析自然环境对人类经济的贡献，突出整个城市系统的生态经济特征，制定科学的发展策略，可进一步建立能值指标体系（见表12-2-1）。

表12-2-1　社会—经济—自然复合城市生态系统能值指标体系（陆宏芳等，2005）

能值指标	计算表达式	代表意义
能值流量	能值=能物流量×能值转换率	
1. 可更新资源能值（R）		系统环境资源财富基础
2. 不可更新资源能值（N）		
3. 输入能值（I）		输入资源、商品财富
4. 能值总量（U）	R+N+I	拥有的总“财富”
5. 输出能值（O）		输出资源、商品财富
能值来源指标		资源利用结构
1. 能值自给率	（R+N）/U	评价自然环境支持能力
2. 购入能值比率	I/U	对外界资源的依赖程度
3. 可更新资源能值比率	R/U	判断自然环境的潜力
4. 输入能值与自有能值比	I/（R+N）	评价产业竞争力

续表

能值指标	计算表达式	代表意义
社会亚系统评价指标		
1. 人均能值量	U/P	生活水平与质量的标志
2. 能值密度	U/（area）	评价能值集约度和强度
3. 人口承载量	（R+I）/（U/P）	目前环境资源可容人口量
4. 人均燃料能值	（fuel）/P	对石化能源依赖程度
5. 人均电力能值	（electricity）/P	反映城市发达程度
经济亚系统评价指标		
1. 能值/货币比率（sej/$）	国家 U/GNP	经济现代化程度
2. 能值交换率	I/O	评价对外交流的得失利益
3. 能值—货币价值	能值量/（sej/$）	能值相当的货币量
4. 电力能值比	（electricity）/U	反映工业化水平
自然亚系统评价指标		
1. 环境负载率	（I+N）/R	自然对经济活动的容受力
2. 可更新能值比	R/U	自然环境利用潜力
3. 废弃物与可更新能值比	W/R	废弃物对环境的压力
4. 废弃物与总能值比	W/U	废弃物利用价值
5. 人口承受力	R/（U/P）	自然环境的人口承受能力
系统可持续发展能值综合评价指标		
1. 能值产出率（EYR）	U/I	反馈投入效益率
2. 能值可持续指标（EIS）	EYR/ELR	理论可持续能力
3. 能值可持续发展指标（EISD）	EYR×EER/（ELR+EWI）	实际可持续发展能力

注：R 为本地可更新资源能值；N 为不可更新资源能值；I 为输入能值；O 为输出能值；U 为能值总量；W 为废弃物能值；P 为人口量；GNP 为国民生产总值。

（五）系统的发展评价和策略分析

通过对各种能值指标进行分析，同时与世界其他城市地区进行比较讨论，制定出正确可行的城市管理措施和经济发展策略，指导整个城市生态系统的可持续发展。

第三节　数据模型分析

一、NDVI 指数

归一化差分植被指数（Normalized difference vegetation index，NDVI），也称标准差异植被指数，应用于检测植被生长状态、植被覆盖度和消除部分辐射误差等。影响因素有植物的蒸腾作用、太阳光的截取。

NDVI 指数可使植被从水和土中分离出来。表达式：

$$NDVI=\frac{NIR-R}{NIR+R}$$

NIR 和 R 分别为近红外波段和红波段处的反射率值。和植物的蒸腾作用、太阳光的截取、光合作用以及地表净初级生产力等密切相关。

NDVI 指数特点包括，首先，NDVI 能够部分消除与太阳高度角、卫星观测角、地形、云影等与大气条件有关的辐射变化的影响；其次，NDVI 结果被限定在［-1，1］之间，避免了数据过大或过小给使用带来的不便；再次，NDVI 是植被生长状态及植被覆盖度的最佳指示因子；还有，非线性变换增强了 NDVI 低值部分，抑制了高值部分，导致 NDVI 数值容易饱和，对高植被密度区敏感性降低：

$$\frac{NIR-R}{NIR+R}=\frac{NIR+R-2R}{NIR+R}=1-\frac{2R}{NIR+R}$$

取值范围$-1\leqslant NDVI\leqslant 1$，负值表示地面覆盖为云、水、雪等，对可见光高反射；0 表示有岩石或裸土等，NIR 和 R 近似相等；正值表示有植被覆盖，且随覆盖度增大而增大。NDVI 的局限性表现在，用非线性拉伸的方式增强了 NIR 和 R 的反射率的对比度。对于同一幅图像，分别求 RVI（RVI Real View

ICE，用于光谱分析技术。）和 NDVI 时会发现，RVI 值增加的速度高于 NDVI 增加速度，即 NDVI 对高植被区具有较低的灵敏度。NDVI 能反映出植物冠层的背景影响，如土壤、潮湿地面、雪、枯叶、粗糙度等，且与植被覆盖有关。

二、Hurst 指数

H. E. Hurst（赫斯特）是英国水文学家。以他的名字命名的 Hurst 指数，被广泛用于资本市场的混沌分形分析。除了埃德加·E. 彼得斯的两本专著外，近几年也发表了一些论文。

基于重标极差（R/S）分析方法基础上的赫斯特指数（H）的研究是由英国水文专家 H. E. Hurst（1900-1978）在研究尼罗河水库水流量和贮存能力的关系时，发现用有偏的随机游走（分形布朗运动）能够更好地描述水库的长期存贮能力，并在此基础上提出了用重标极差（R/S）分析方法来建立赫斯特指数（H）。作为判断时间序列数据遵从随机游走还是有偏的随机游走过程的指标。

洪水过程是时间系列曲线，具有正的长时间相关效应。即干旱愈久，就可能出现持续的干旱；大洪水年过后仍然会有较大洪水。这种特性可以用赫斯特指数来表示。

赫斯特指数的思路是：设 $X_i = X_1, X_2, \cdots, X_n$ 为一时间序列的 n 个连续值，取对数并进行一次差分后的数据划分为长度为 H 的相邻的子区间 A，即 $A \times H = n$。则：

每个子区间的均值为：

$$X_m = (X_1 + \cdots + X_h) / H \tag{12-1}$$

标准差为：

$$S_h = \sqrt{\sum_{i=1}^{h} (x_1 - x_2)^2 / h} \tag{12-2}$$

均值的累积横距（XKA）为：

$$X_{r,A} = \sum_{i=1}^{h} (x_{i,A} - x_m) \tag{12-3}$$

组内极差为：

$$R_h = \max(X_{r,A}) - \text{mix}(X_{r,A}) \tag{12-4}$$

赫斯特指数（H）为：

$$R_n/S_n = (1/A) \times \sum_{h=1}^{A} R_n/S_n \tag{12-5}$$

Hurst 推出的关系为：

$$R_n/S_n = c \times n^H \tag{12-6}$$

其中 c 为常数，n 为观察值的个数，H 为赫斯特指数。

赫斯特指数有三种形式：①如果 $H=0.5$，表明时间序列可以用随机游走来描述；②如果 $0.5<H<1$，表明时间序列存在长期记忆性；③如果 $0\leqslant H<0.5$，表明粉红噪声（反持续性）即均值回复过程。也就是说，只要 $H\neq 0.5$，就可以用有偏的布朗运动（分形布朗运动）来描述该时间序列数据。

另一个和赫斯特指数有关的指标是 V 统计量，它被定义为：$V_n=(R_n/S_n)/\sqrt{n}$，如果确定时间序列为长期记忆过程（即计算得出的赫斯特指数为 $0.5<H\leqslant 1$），则说明赫斯特指数的结果依赖于数据排列的顺序，打乱数据的顺序并以此重新计算赫斯特指数必然小于没有打乱的数据计算的赫斯特指数。而且，如果 V 统计量呈趋势向上（有正斜率），则表明 $0.5<H\leqslant 1$，反之亦然。

三、小波分析

小波分析（Wavelet Analysis）是由 Y. Meyer，S. Mallat 与 I. Daubeehies 等科学家提出并迅速发展起来的一种新的数学方法，通常是指由 Hilbert 空间中的满足某种特性的一列向量组成的集合，是在傅立叶（Fourier）变换的基础上引入了窗口函数，小波变换基于平移和伸缩的不变性，允许把一个时间序列分解为时间和频率的贡献，其优势在于它能进行多分辨率分析，并在时域和频域都有良好的局部化的性质，从而解决了傅立叶变化不能解决的许多问题，被称为“数学显微镜”。小波分析原理主要包括小波变化的形式、母小波的选择以及小波方差分析。小波变换就是通过“小波”（Wavelet）与待分析函数“相乘”（内积），以达到分解原函数的目的。小波变换的含义是：把某一被称为基本小波（母小波，Motherwavelet）的函数 $\psi(t)$ 作位移 τ 后，再在不同尺度 a 下与待分析函数 f（t）作内积，形如：

$$C(a,\ \tau)=\frac{1}{\sqrt{a}}\int_{-\infty}^{+\infty}f(t)\psi\left(\frac{t-\tau}{a}\right)dt \qquad a>0 \tag{12-7}$$

式（12-7）中，a 为尺度因子，τ 为平移因子，C 为小波系数。这里 ψ（t）为一平方可积函数，即 $\psi(t)\in L^2(R)$。经过基本小波与待分析函数作内积之后，可分解得到不同尺度下的小波系数。

典型的母小波：

Morlet 小波：$\psi(x)=e^{icx}e^{-t^2/2}$

帽 Mexican 子小波：$h(x)=(1-t^2)e^{-t^2/2}$，以它为小波母函数，随频率参数 a 和时间参数 b 的不同取步伐。

多尺度分析：

任何信号或者时间序列都可以用理想的低通滤波器和高通滤波器分解为高频部分 d_1 和低频部分 a_1，其中低频部分 a_1 可以用低通滤波器和高通滤波器进一步分解为 a_2 低频部分和高频部分 d_2，同样 a_2 可以分解为低频部分 a_3 和高频部分 d_3，如此重复，可以获得任意尺度上时间序列的概貌（低频部分）和细节成分（高频部分）。多分辨率分析（MRA）就是利用小波变化来获得信号或时间序列在不同水平上的低频部分和高频部分，从而分析信号的变化特征。

若 {Vn} 是 $L^2(R)$ 中的一个闭子空间序列，它满足：

（1）$V_j\subset V_{J+1}$，　　$j\in z$；

（2）$\bigcup_{j=z}V_j=L^2(R)$，$\bigcup_{j=z}V_j\leqslant 0)$；

（3）存在一个向量函数 φ（t），使得 $\{2^{j/2}\varphi(2^jt-k),\ k\in z\}$ 是 V_j 的规范正交基，若设 W_j 是 V_j 在 V_{j+1} 上的正交补空间，即 $V_{j+1}=V_j+W_j$ 并且存在一个函数向量 ψ（t），使 $\{2^{j/2}\psi(2^{j/2}t-n)\}$ 是 W_j 上的规范正交集，则有 $\psi_{j,k}(t)=2^{j/2}\psi(2^jt-k)$，$k\in z$，因此，对于任意函数或信号 f（t）（$f(t)\in L^2(R)$），有如下小波级数展开：

$$f(t)=\sum_{k\in z}a_k^j\varphi_{j,\ k}(t)+\sum_{j\leqslant J}\sum_{k\in z}d_k^j\psi_{j,\ k}(t)$$

上式中第一项表示尺度 J 上的“近似”，第二项表示在各个尺度 j 上的“细节”，a_k^j，d_k^j 分别表示小波变换在尺度 J 上的近似项系数和尺度 j 上的各细节项系数。

周期性分析：

任何一个时间序列或信号都由长期趋势、各种周期性成分以及随机成分组成，水文和气候因子时间序列也不例外。对时间序列进行周期性分析，得到其存在的各种准周期性成分。通过小波变换系数和小波方差可以了解时间序列存在的周期性成分。小波方差公式为：

$$Var(a)=\sum(w_f)^2(a,\ b)$$

其中，Var（a）是在 a 尺度下的小波方差，（w_f）（a，b）为小波变换系数。

四、经验模态分解（EMD）

经验模态分解（Empirical Mode Decomposition，EMD）方法是 1998 年 Huang 等提出的，1999 年又作了一些改进。其具体处理方法是：找出原始数据序列 X（t）所有的极大值点并将其用三次样条函数拟合成原始数据序列的上包络线；找出 X（t）所有的极小值点并将其用三次样条函数拟合成原始数据序列的下包络线；上下包络线的均值为原始数据序列的平均包络线 m_1（t）；将原始数据序列 X（t）减去该平均包络后即可得到一个去掉低频的新数据序列 h_1（t）：

$$X(t)-m_1(t)=h_1(t) \tag{12-8}$$

一般来讲，h_1（t）仍然不是一个平稳数据序列，为此需要对它重复上述处理过程。重复进行上述过程 k 次，直到得到的平均包络趋于零为止，这样就得到了第一个 IMF 分量 C_1（t）：

$$h_{1(k-1)}(t)-m_{1k}(t)=h_{1k}(t) \tag{12-9}$$

$$C_1(t)=h_{1k}(t) \tag{12-10}$$

第一个 IMF 分量代表原始数据序列中最高频的组分。将原始数据序列 X（t）减去第一个 IMF 分量 C_1（t），可以得到一个去掉高频组分的差值数据序列 r_1（t）。对 r_1（t）进行上述平稳化处理可以得到第二个 IMF 分量C_2（t）。如此重复下去直到最后一个差值数据序列 r_n（t）不可再被分解为止。此时 r_n（t）代表原始数据序列的均值或趋势。

$$r_1(t)-C_2(t)=r_2(t),\ \cdots,\ r_{n-1}(t)-C_n(t)=r_n(t) \quad (12-11)$$

最后，原始数据即可由这些 IMF 分量以及一个均值或趋势项表示：

$$X(t)=\sum_{j=1}^{n}C_j(t)+r_n(t) \quad (12-12)$$

由于每一个 IMF 分量是代表一组特征尺度的数据序列，因此 EMD 分解过程实际上是将原始数据序列分解为各种不同特征波动的叠加。需要说明的是，每一个 IMF 分量既可以是线性的，也可以是非线性的。

五、Mann-Kendall 检验

Mann-Kendall 检验法是世界气象组织推荐并被广泛用于实际研究的非参数检验方法，是时间序列趋势分析方法之一。此方法由 Mann 和 Kendall 提出，近年来 Mann-Kendall 方法被众多学者应用于分析径流、气温、降水和水质等要素时间序列的变化趋势。Mann-Kendall 检验方法不要求被分析样本遵从一定分布，同时也不受其他异常值的干扰，适用于气象、水文等非正态分布数据，计算十分简便。Mann-Kendall 趋势分析常用于气象、水文等，进行趋势的显著性检验。

Mann-Kendall 非参数秩次检验在数据趋势检测中极为有用，其特点表现为：①无须对数据系列进行特定的分布检验，对于极端值也可参与趋势检验；②允许系列有缺失值；③主要分析相对数量级而不是数字本身，这使得微量值或低于检测范围的值也可以参与分析；④在时间序列分析中，无须指定是否是线性趋势。两变量间的互相关系数就是 Mann-Kendall 互相关系数，也称 Mann-Kendall 统计数。

在 Mann-Kendall 检验中，原假设 H_0 为时间序列数据（X_1，X_2，…，X_n），是 n 个独立的、随机变量同分布的样本；备择假设 H_1 是双边检验，对于所有的 $K_{i,j}$，且 $k\neq j$，X_k 和 X_j 的分布是不相同的，检验的统计变量 S 计算如下式：

$$S=\sum_{k=1}^{n-i}\sum_{j=k+1}^{n}G(x_j-x_k)$$

其中，

$$G(x_j-x_k)=\begin{bmatrix}+1 & S>0\\ 0 & S=0\\ -1 & S<0\end{bmatrix}$$

S 为正态分布，均值和方差分别如下：

均值：$E(S)=0$

方差：$\sigma^2=Var(s)=\frac{n(n-1)(2n+5)}{18}$

当 n>10 时，标准的正态统计变量通过下式计算：

$$Z=\begin{bmatrix}\frac{S-1}{\sqrt{Var(S)}} & S>0\\ 0 & S=0\\ \frac{S+1}{\sqrt{Var(S)}} & S<0\end{bmatrix}$$

这样，在双边的趋势检验中，在给定的 α 置信水平上，如果 $|Z|\geq Z_1-\alpha/2$，则原假设是不可接受的，即在 α 置信水平上，时间序列数据存在显著的上升或下降趋势。当统计变量 Z>0 时，是上升趋势；当 Z<0 时，是下降趋势。Z 的绝对值≥1.64 时，表示通过了显著性水平 α=0.05 的显著性检验。

当 Mann-Kendall 检验进一步用于检验序列突变时，检验统计量与上述 Z 有所不同，通过构造一秩序列：

$$S_k=\sum_{i=1}^{k}\sum_{j}^{i-1}a_{ij}(k=2,3,4,\cdots,n)$$

式中，$a_{ij}=\begin{cases}1 & x_i>x_j\\ 0 & x_i\leq x_j\end{cases}\quad 1\leq j\leq i$

定义统计变量：$UF_k=\frac{|S_k-E(S_k)|}{\sqrt{var(S_k)}}\quad(k=1,2,3,\cdots,n)$

式中：

$$E(S_k)=\frac{k(k+1)}{4}$$

$$var(s)=\frac{k(k-1)(2k+5)}{72}$$

UF_k为标准正态分布，是按时间序列 X 顺序 x_1，x_2，x_3，…，x_n计算出来的统计量序列，给定显著性水平 α，若$|UF_k|\geqslant U_\alpha$，则表明序列存在显著的趋势变化。将时间序列 x 按逆序排列，再按照上式计算，同时使：

$$\begin{cases} UB_k=-UF_k \\ k=m+1\_\ k \end{cases} \quad (k=1,2,3,\cdots,n)$$

UB_k一般取显著性水平 α=0.05，则临界值 $U_{0.05}=\pm1.64$。将 UF_k和 UB_k两个统计量序列曲线和±1.64 两条直线（临界限上线 LU、下线 LD）绘在同一张图上。分析绘出的 UF_k 和 UB_k 曲线图，若 UF_k和 UB_k的值大于 0，则表明序列呈上升趋势；若小于 0 则表明呈下降趋势。当 UF_k和 UB_k的值超过临界值时，上升或下降趋势显著。超过临界值的范围确定为出现突变的时间区域。如果 UF_k和两条曲线出现交点，且交点在临界值之间，则交点对应的时刻便为突变开始的时间。

第十三章
承德市生态恢复与居民福祉耦合关系调研

第一节　环京津生态服务区少数民族居民福祉调研

一、调研问题的提出

为增进环京津生态服务区和水源地少数民族居民生活福祉，逐渐营造美满祥和的生活环境、稳定安全的社会环境以及宽松开放的政治环境，探讨科学、合理、有效的生态补偿方法，建立跨区域生态补偿长效机制，解决区域间发展失衡和构建和谐社会，项目组经过详细周密计划，制定了调查方案，于 2013 年 5 月至 2013 年 7 月，在河北省丰宁满族自治县的潮河源头流域、围场满族蒙古族自治县的滦河源头流域、宽城满族自治县的潘家口水库周围及滦河支流武烈河上游的隆化县茅荆坝乡做了实地调研。

二、调研的意义及背景

滦河和潮河均发源于承德少数民族聚居地。地处上游地区的少数民族居民，为了维护京津的生态环境，遏制沙尘暴的危害，为京津地区提供洁净用水，自 20 世纪 90 年代末，就响应各级政府的号召，在京津的上风上水方向开展了大规模的“退耕还林（草）工程”（“京津风沙源治理工程”），限制了本区域工矿业的发展。退耕之后，依靠耕地生存的农民部分甚至全部失去了生活支撑。为此尽管国家给予了一定的补贴，退耕后农民的生活水平在一定程度上得以维持，但由

图 13-1-1　与调研区居民交谈

于未建立长效机制，在只“补血”而未建立“造血”机能的条件下，退耕补助到期之后，贫困问题必将再次凸显出来，退耕成果也有可能受到影响。目前上游地区提供的生态服务没有科学有效的计算方法，上游地区为保护生态环境付出巨大的代价，自身经济发展受到制约，上游地区尤其是潮白河、滦河源头地区经济欠发达，已经成为在京津等特大城市周边贫苦程度最严重的地区，加剧了地区间、民族间的贫富差距，不利于生态文明建设和社会经济的可持续发展，更不符合和谐社会的建设要求。从目前京津空气污染程度即可看出，对于京津环境问题，单纯治理京津本身只是治标之法，而非治本之策。建立跨区域协调的生态补偿长效机制是实现区域经济协调发展的必要条件，是解决区域间发展失衡和构建和谐社会的根本路径。因此，我们把环京津生态服务区少数民族居民福祉情况作为切入点，做了调查，为获得科学、合理、有效的生态补偿方法，增进该少数民族居民福祉，调动其生态建设和环境保护的积极性，为京津提供更多更洁净的水源，发挥更好的生态环境屏障功能，为构建新型环京津区域关系和区域可持续发展提供科学依据和决策支持。

三、调研地的选择

根据调查组实际情况，潮河流域选择自源头丰宁满族自治县黄旗镇哈拉海湾村至天桥镇为调查范围，途经丰宁满族自治县的黄旗镇、土城镇、大阁镇、胡麻营乡、黑山嘴镇、天桥镇以及滦平县的虎什哈。

滦河流域选择位于围场满族蒙古族自治县的滦河源头、滦河上游生态保护区和宽城满族自治县的潘家口水库西北的独石沟乡以及滦河支流武烈河源头隆化县茅荆坝乡。

茅荆坝乡位于隆化县东北部，与内蒙古自治区交界处。属阴山山脉七老图岭余脉，距县城 62 千米，全乡总面积 305 平方千米，耕地面积 15983 亩，总人口 9712 人，该乡地处大坝梁下，北部与围场满族蒙古族自治县交界的敖包山海拔 1852 米，是全县最高峰。

四、调查研究方法及说明

立足于少数民族农民生存现状，采用问卷调查、与农户座谈、实地观测等方法对潮河、滦河流域调研区域耕地、林地、工矿用地和退耕还林状况，以及当地少数民族农民收入水平状况作深入细致的了解，掌握第一手资料，以便对流域生态系统服务功能和居民生活福祉有一个真实的了解，为建立跨区域生态补偿长效机制，解决区域间发展失衡和构建和谐社会，探讨科学、合理、有效的生态补偿方法提供依据。由于人力、物力、精力等限制，调查采用“详略结合、选点深入”的方法进行。潮河源头流域选点细致调查，滦河源头流域和滦河中段潘家口水库周围以观察法为主调查。

五、调研结论

（一）丰宁满族自治县的潮河流域调研

1. 实地考察地点情况

考察点一：丰宁满族自治县黄旗镇哈拉海湾村。

过黄旗镇哈拉海湾村顺潮河河道向源头方向行驶，由于2013年春季干旱，河流源头已经干涸。源头西岸南天沟门村北河流两侧主要为灌木林。目测林区树木平均高度1~1.5米，主要灌木种类有绣线菊、毛榛、山刺玫、沙棘等；零星分布的乔木树种主要有山杨、白桦、榆树等。

石天门村做了潮河水取样调查，水温15℃；pH值6.5~6.6。土壤类型显示为褐土，分布区地势较高、气候干燥，有机质矿质化较为强烈，所以表土层有机质积累不多。在哈拉海湾村西北方向1千米左右到土窑子村，做问卷调查。

考察点二：土城镇缸房营子村。

在土城镇缸房营子村南路右侧林区做了植被样方，乔木样方10米×10米，乔木种类有白桦、鸡皮桦，乔木盖度0.6~0.7。灌木样方5米×5米，灌木种类有绣线菊、毛榛、六道木。草本样方1米×1米，草本种类有芍药、茜草、龙须菜、歪头菜、荆芥、老鹳草、唐松草、铃兰、地榆、篷子菜、穿山薯竽、繁缕、禾本科等。草本盖度0.1。目测林区树木平均高度2.5~3米。

选择取土地点取土样，土壤类型为褐土。多分布在山地阳坡，由于植被遭到破坏，水土流失严重，土壤发育层次不明显，土层薄，且多含砾石。其理化性质以半阳坡棕壤性土剖面为例（见表13-1-1）。

表13-1-1 半阳坡棕壤性土理化性质

深度（cm）	质地	pH值	碳酸钙（%）	有机质（%）	全N（%）	全P（%）	全K（%）	速P（ppm）	速K（ppm）	代换量（me/100g±）
0~15	轻壤	7.6	0.975	0.959	0.024	0.050	1.85	7.1	86	9.7
15~25	轻壤	7.6	0.875	0.841	0.045	0.048	2.034	7.6	72	12.13
25~50	轻壤	7.5	/	0.553	0.031	0.041	2.266	/	/	/
50~90	轻壤	8.0	4.75	0.537	0.040	0.040	2.034	11.7	86	16.9

在缸房营子村做问卷调查，潮河支流千佛寺漫水桥桥下采水样做水质化验，水温 17℃，pH 值 6.9。

考察点三：丰宁满族自治县城南胡麻营镇北侧大西沟村

丰宁满族自治县胡麻营乡南湾村桥头采水样做水质化验，水温 17℃，pH 值 6.5。在县城东南长阁采水样做水质化验，水温 19℃，pH 值 6.4。

实地考察结论为，潮河流域自然地理条件包括气温、降水、土壤等因素可以满足山地林木的生长。但潮河源头春季干涸，气候干旱，缺少地表水和地下水，黄旗乡植被覆盖度低，农民生活水平较低。潮河支流土城镇往西植被覆盖度好于黄旗乡，在土城镇政府在管理上做了很多工作，如禁止牛羊进入林区，违者教育罚款等，经过一段时间的制度实施，农民开始自觉遵守规章制度，为区域水土保持和生态保护做出了贡献。

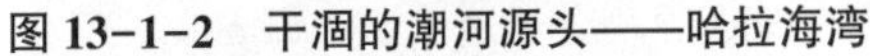

图 13-1-2　干涸的潮河源头——哈拉海湾

图 13-1-3　当地居民

2. 潮河流域农户问卷调查、与农户座谈结论

调查组和当地教师一起组织学生对潮河流域村庄做了问卷调查，并与当地居民交谈。问卷调查农户包括张百万村、窟窿山村、三间房村、小坝子村，四间房村、冒哈气村、三道梁村、榆树沟村等。结合前期考察过程中的问卷调查，得到以下结论：

第一，朝河源头居民普遍用水困难，春旱现象严重，没有水浇耕地，农作物靠天吃饭，产量没有保证，生活水平较低。

第二，居民拥护退耕还林政策，同意把一部分低产田退耕还林，得到退耕还林的补偿款，因为在春旱严重年份耕种收入较低。可见，退耕还林具有可行性，低产坡地退耕护岸林可以增加水源涵养林面积，只是农民需要具有长效机制的失地补偿，应该尽快建立科学合理的生态补偿机制，让京津及其生态服务区、水源地居民各取所得，促进少数居民和京津区域间协调发展。

第三，多数农户青壮年劳动力外出打工，农忙时回家务农，土地流转状况整体稳定，除了少数农户退耕还林部分土地外，多数农民家庭土地数量没有太大变化，以粗放经营、靠天吃饭的旱地低产田为主。平时都是老人和儿童在家留守，老人和孩子有时会感到孤独，幸福指数不高。

第四，适龄儿童多集中在乡镇一级的学校上学，虽然不用交学费但要负担住宿费和伙食费，给本来就不富裕的农村家庭增加了经济负担，当地居民还是怀念过去在本村就近上学制度。

（二）围场满族蒙古族自治县域滦河上游生态保护区调研结论

滦河上游省级自然保护区，位于围场满族蒙古族自治县境内。地理坐标为北纬 41°47′~42°06′，东经 116°51′~117°45′。海拔高度 750~1998 米，相对高差 1200 米。地处阴山、大兴安岭和燕山余脉交汇处。2002 年 6 月 25 日由河北省人民政府办公厅批准建立。滦河上游省级自然保护区是由河北省孟滦国有林场管理局所管辖的其中 6 个国有林场组成。保护区总面积为 53629. 4 公顷，其中有林地面积 38251. 7 公顷，森林覆盖率为 71. 3%，是中国北方主要河流滦河的水源涵养地。区内小滦河、伊玛图河、伊逊河均为滦河水系的主要河流。资源价值体现在多个方面。

图 13-1-4　潮河源头民居

图 13-1-5　滦河上游省级自然保护区

1. 造水价值

滦河上游自然保护区茂密的森林及不同类型的植物群落，拦蓄天然降水，起着“无坝水库”的作用。水养林、林涵水，山水相依，净化环境，改善气候，防止土壤侵蚀，保护动植物资源，维护生态平衡，同时，缓解浑善达克沙地沙尘暴对京津的侵袭，净化滦河水系的水质，是京津生态安全重要的绿色屏障。该区域无人为对水质的污染，既是一块净土又是一泓净水，每年可为潘家口水库涵养并输入净化水 38 亿吨。

2. 环保价值

这一地区森林植被的主体功能是京津生态安全的绿色屏障和重要水源地。保护好这一地区的生态环境，是保证区域社会经济可持续发展的重要举措。如果这里的森林植被不采取保护措施，其生态环境会遭到破坏，不仅影响当地，也影响京津经济社会的发展。

图 13-1-6　滦河源头

图 13-1-7　独石沟乡路况

（三）宽城满族自治县独石沟乡调研结论

独石沟乡地处宽城满族自治县西南部，中游，喜峰口长城北侧。全乡总面积 84.7 平方千米，辖燕子峪、贾家安、西安峪、车场沟、兰旗地、小河口 6 个行政村，1383 人，皆分布在环库区 4 万亩水面周围的大小山梁上。

独石沟乡曾是鱼虾跳跃、两岸稻花飘香、林木蓊郁、风景秀丽的塞北“小江南”。1975 年以后，为了供天津用水修潘家口水库，将当时堪称宽城最大、最富裕的燕子峪等村庄后靠，人口大量外迁。独石沟乡距县城虽只有 23 千米，可是途经水库，交通不便。从县城要绕到唐山市迁西洒河桥镇再回折到独石沟，或者绕承秦线到兴隆柳河口再折回到独石沟，成为宽城县域内交通最不便的地方。当地居民对交通不便带来的影响反映强烈，迫切需要得到政府帮助修建道路。

地方经济要发展，必须解决交通问题。比如种蔬菜以及其他特色农产品，产品无污染、受欢迎，但是这些产品如何走向市场，如何获得利益最大化，因为受交通因素的影响而不能实现。由于交通不便、物流成本增加，以及信息的不畅通，比别的地方难形成产业集群或者支柱产业，培育出来的龙头企业也比较少。区域协调发展，首先要支持欠发达地区的发展，其中最重要的就是要通过交通发展来缩小欠发达地区与发达地区之间的时间和距离，尽量打通物流等各种渠道。

图 13-1-8　调研小分队

图 13-1-9　武烈河支流河水清澈

（四）隆化县茅荆坝乡调研结论

茅荆坝乡有著名的茅荆坝森林公园，公园位于内蒙古、河北省两省区喀喇沁旗、宁城县、隆化县、围场县四旗县交界处。茅荆坝是赤峰地区通往承德、北京的咽喉要道，古道险隘，在经济、交通、军事上都占有十分重要的地位。茅荆坝坝口，呈马列鞍形地貌，坚硬的花岗岩形成较高的山峰，相对较软的片麻岩，则易被侵蚀，形成隘口。地势海拔 1300 ~ 1700 米。这一带自然景观具有鲜明的从华北、东北向蒙古高原过渡的特点。在自然地理上处于半湿润森林带向半湿润平地干旱森林草原带过渡地区。同时又是辽河、滦河两大水系的分水岭。

茅荆坝森林公园属大陆性季风型燕北山地气候，冬季寒冷，夏季凉爽。森林公园始建于 1998 年，2002 年 11 月被河北省旅游局批准为 AA 级国家旅游景区；2004 年 12 月晋升为国家森林公园；2007 年被河北省林业局命名为 AAA 级森林公园。公园内资源丰富，既有乔灌木百余种，又有藤本、菊科、禾本等草本植物数百种。既有狼、豹、野猪、狍子等走兽，又有鹰、山鸡等多种飞禽。

距茅荆坝森林公园 1 千米，位于承赤公路旁的小庙子村，有天然磁化温泉一处，日出水量 500 立方米，水温高达 97℃，经有关部门检测，该汤泉对各类风湿关节炎、妇科常见病、皮肤病等均有独特疗效。1999 年，在此兴建了投资 800 万元、占地 60 亩的“温泉度假服务中心”。它是目前承德市唯一一处地热资源丰富、开发规模大、档次高的集洗浴、游泳、休闲度假、垂钓游玩于一体的旅游度假服务中心，距承德只有 60 千米，交通便利，是理想的旅游度假景区。

隆化县茅荆坝乡植被茂盛、水土保持良好、土地利用较为合理。这进一步说明环京津少数民族聚居的生态服务区因为自然条件与此相似，通过科学管理和生态保护，也应该能够做到山清水秀，为京津提供更好的生态服务，提供更洁净的水源。同时改善自己的生活环境，提高生活水平，做到与京津协调发展，双方取得共赢。

六、对策建议

（一）潮河流域

（1）丰宁满族自治县的潮河流域在生态建设方面，应该进一步加强生态保护和建设的力度。本区域自然地理条件包括气温、降水、土壤等因素可以满足山地林木的生长，武烈河流域茅荆坝森林公园的生态建设成就验证了这一结论，应该学习其生态建设经验，加大投资力度，种树、养林、护林相结合，增加下渗，提高地下水位，进而使干涸的河流得到恢复，也解决当地居民生活、生产用水问题，同时提高环京津环保屏障的功能，为其提供更多更洁净的水源。

（2）丰宁满族自治县的潮河流域少数民族居民生活方面，应借鉴发达地区土地流转的经验，把分散经营的土地适当统一规模经营，吸引一部分外出务工人员发展当地农村经济，在增加居民经济收入的同时，增加生产性投资，改善生产条件，提高生产效率，取得更好的经济效益。利用当地资源在乡镇发展无污染手工业，为农村中老年留守人员提供就业机会，增加家庭收入，让老有所为、老有所养，以提高少数民族居民生活质量、生活水平和幸福指数。

（3）丰宁满族自治县的潮河流域少数民族教育发展方面，要从大局着眼，增加教育投资，增加农村校舍，引进高素质教师，提高教学质量。让每个村都有自己的老师和学校，让孩子就近上学，在学知识的同时也能享受到家庭的温暖，父母的爱是孩子成长不可缺少的部分。孩子是祖国的未来，时刻谨记少年强则中国强。

（二）滦河流域

（1）围场满族蒙古族自治县的滦河上游生态保护区，可缓解浑善达克沙地沙尘暴对京津的侵袭，净化滦河水系的水质，每年可为潘家口水库涵养并输入净化水 38 亿吨。这一地区森林植被的主体功能是京津生态安全的绿色屏障。如果这里的森林植被不采取保护措施，其生态环境会遭到破坏，不仅影响当地，也影响京津经济社会的发展。隆化县茅荆坝乡与此相似。所以，保护好这一地区的生态环境，是保证区域社会经济可持续发展的重要举措。森林植被的保护，主要靠当地居民来完成，他们在自己的土地上为京津的生态安全做贡献，这种生态服务是有价值的，应该在经济上得到合理补偿。这样才能调动当地居民保护森林的积极性，使区域生态建设得到可持续发展。

（2）宽城满族自治县潘家口水库周围，特别是独石沟乡的发展，首先要解决交通不便的问题。一是可以采用引外资建设公路的方法。在国内用这种方法成功的案例很多，如安阳县政府引资英国美德恩投资金融公司，修建了安姚公路安阳县段。安阳县从英国引入资金 2 亿元，投资建设安姚公路安阳县段，全长 31.258 千米，新建二级公路标准，总投资近 3 亿元，是安阳市建设的一条东西向重要经济快速通道。广佛高速公路是广东省第一条高速公路，是国家主干高等级公路系统的一部分。广佛高速公路于 1984 年立项，在当时资金严重不足时，广东省直接利用外资，于 1989 年 8 月建成通车，并投入商业运作，它的建成通车开创了利用外资建设高速公路的先河，这些案例都可以借鉴。二是潘家口水库是引滦河水入天津的水源地，水是有价值的，天津用水应该交合理价格的水费，给为保护水源做出贡献的水库周围少数民族居民。

七、综合分析

增进少数民族居民福祉，保护京津生态环境并为其提供洁净水源，促进环京津生态服务区少数民族居住地与京津区域间协调发展，首先应加强区域间产业协调，其次是建立生态补偿机制。

（1）加强区域产业协调，主要表现为产业的集聚和扩散转移。根据区域发展规律，产业集聚到一定程度的必然趋势就是产业转移，但就现阶段经济发展现状看来，主要还是京津向环京津区域进行产业转移，环京津区域承接京津两地的溢出产业；产业转移的具体表现是三地间的产业合作，产业合作是推动环京津区域与京津产业协调发展的重要途径。

三地产业合作的基础条件是，一方面京津与环京津区域都有特色产业而且互补性强，由于三地的区域发展条件不同，优势产业因此也有所差别，形成了不同的产业特色。北京作为全国的行政中心，聚集了大量的知识技术型人才，科研能力处在全国领先地位，此外，经济实力强，有充足的财力投入到高科技新兴产业中，在此基础上，北京的IT业、金融、保险等现代服务业发展迅速。天津作为老牌工业城市，传统产业基础雄厚，同时天津也拥有较多的科研机构，科技实力虽不及北京，但在全国位于比较先进的行列，所以天津的制造业规模大、技术含量高，是天津的突出优势产业。承德市的旅游业、服务业、特色农业等发展较好，但相对于京津两市的工业及第三产业的规模来说，比较优势产业是农产品生产加工业和运输业。由此可以看出，承德同京津在产业上的互补性较强，京津二地的现代服务业和高新技术产业发达，那么承德可以发挥自己在第一产业上的优势，在承接京津外溢产业的同时，发展生态农业、特色农业。另一方面是政府政策的积极推动和交通网络设施不断完善，环京津区域交通设施网络建设不断完善，作为区域产业合作的前提条件，为加强环京津区域同京津的产业互动提供支撑网。

（2）促进环京津生态服务区少数民族与京津区域间协调发展，应加承德三北防护林、自然保护区和京津风沙源治理公益林的资金投入，加强政策扶持。承德市是京津水源地和重要的水源涵养生态功能保护区，同时存在水土流失严重、土地沙化、草地退化等生态问题，生态环境十分脆弱。长期以来，调整区域经济产业结构，严格控制流域生产经营项目，大力实施生态保护和建设措施等，为京津地区阻沙源、保水源，发挥区位生态屏障功能作用作出了不懈的努力和巨大牺牲。环京津生态服务区多在贫困地区，保护经费筹措困难，迫切需要建立以中央财政为主的生态补偿机制，加大对生态补偿和生态环境保护的支持力度。一是国家设立的自然保护区专项资金应增加一定比例。二是尽快谋划编制京津风沙源工程二期规划并抓紧实施，保障剩余的建设和保护任务顺利进行。三是进一步提高三北防护林工程和京津风沙源治理工程国家补助投资标准，以满足工程建设的实际需要。四是将京津风沙源治理工程区新增的生态林纳入国家生态效益补偿范围，并把全部生态公益林补助标准提高。五是长期实施京冀津冀生态合作项目，促进京津周围生态环境质量的改善。

生态服务功能是有价值的，承德作为京津的水源地和生态保护屏障，为京津提供了水源和生态服务，应该尽快建立跨区域生态补偿长效机制，解决区域间发展失衡问题，构建和谐社会，增进居民福祉。

第二节　河北坝上生态系统退化应对措施研究

一、调研问题的提出

冀北坝上是京津水源地和环境保护屏障，位于农牧交错带，属于生态脆弱地区，生态环境不仅关系到本地区发展，也关系到京津地区的生态安全。冀北坝上林地、草地退化的原因是什么？经济建设、生态建设遇到了何种瓶颈？生态系统退化情况如何应对？如何保持区域生态、经济和社会可持续发展？这些问题亟待解决。

二、调研的意义及背景

据报道，近年来承德坝上林地、草地生态系统出现不同程度退化，防护林出现大量的濒死木、枯死木以及残次林和大片林间空地，有的林区树木间距超过 200 米，新补植的林木还没开始生长，成熟林木已经被采伐，连鸟类都难以栖息，防护林的生态功能和防护效益明显下降。根据围场县林业局的统计（郭云龙，2013），围场坝上总计有杨树防护林 3.6 万亩，现已有 2.5 万亩出现不同程度的枯梢、死亡现象，占总面积的 70%。同时有 0.5 万亩为过熟林，亟须改造。

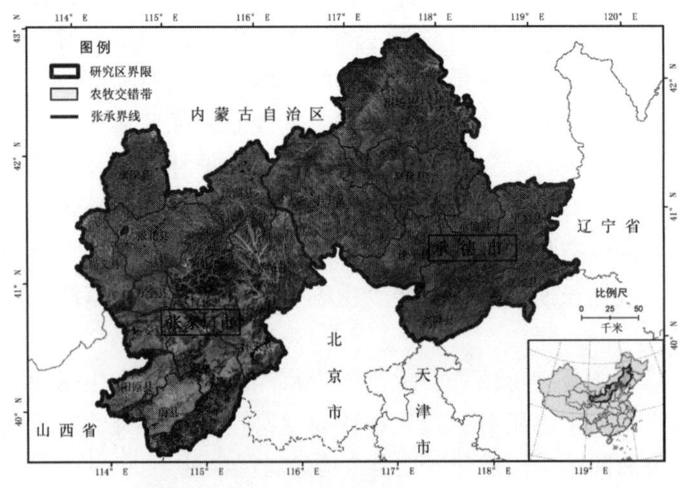

图 13-2-1　冀北地区植被分布示意图

承德坝上草地生态系统特别是草原风电电机分布区凸显鼠害、降水减少。一台风机影响范围可达50平方米，受大规模风机运转影响，对飞行鸟类特别是老鹰会产生何种驱赶和惊扰效应？鼠类活动为什么猖獗？生物链是否中断？风机气流会导致什么样的小气候变化，对区域降水有什么影响？为了了解这些情况，项目组经过详细周密计划，制定了调查方案，于2014年6月29日至2014年7月3日，在河北省张北县、围场满族蒙古族自治县做了实地调研。

三、调研地的选择

调查组根据实际情况，选择张北县和围场满族蒙古族自治县作为调研地点。张北是三北防护林工程重点县和畜牧业基地。森林覆盖率由解放初的21.5‰增加到21.3%，为改善气候，净化首都北京作出了贡献。河北省张家口市2012年调查数据显示，坝上地区三北防护林区杨树防护林152.9万亩，其中，杨树衰死和濒临衰死的50.7万亩，占现有林木的33%，生长不良的73.2万亩，占现有林木的47.9%。其中，坝上成过熟林主要为坝上四县（尚义、康保、张北、沽源）1967年底开始建设的农田牧场防护林带和1978～1999年的三北防护林，已经进入过成熟期，并出现了大面积死亡。

围场满族蒙古族自治县位于河北省承德市北部，地理坐标为东经116°32′～118°14′，北纬41°35′～42°40′，东、西、北三面与内蒙古接壤，西南和南面分别与丰宁满族自治县、隆化县相连。距承德市区138千米，距省会石家庄643千米，距首都北京384千米。县境东西长138千米，南北宽118千米，总面积9219平方千米。

围场满族蒙古族自治县地处内蒙古高原和冀北山地的过渡带，为阴山山脉、大兴安岭山脉的尾部与燕山山脉的结合部，地势西北高东南低，海拔高度700～1900米。围场属寒温带至温带、半湿润至半干旱、大陆性季风型、高原山地气候。

近年来，围场县坝上乡镇的杨树防护林相继出现了不同程度的枯梢、死亡，防护性能明显下降，有的根本不能发挥防护作用。

四、调查研究方法及说明

立足于研究区现状，采用实地观测、相关管理部门咨询的方法了解调研区域林地、草地状况，掌握第一手资料。由于人力、物力、精力等限制，调查采用“详略结合、选点深入”的方法进行。调研路线如下：

第一天（6月29日）：承德市—滦平—丰宁—赤城县—沽源县—张北县。晚上讨论第二天行程。

第二天（6月30日）：张北—沽源；早7：00出发，上午考察内容为调查张北县杨树死亡情况以及咨询张北县水务局、林业局相关信息；下午向北在沽源路上定点做草本植物样方。

第三天（7月1日）：沽源—丰宁—多伦，沿途观察草地、林地生长状况。

第四天（7月2日）：多伦—围场县，沿途观察草地、林地生长状况，风电场调研。

第五天（7月3日）：围场—承德市，沿途观察草地、林地生长状况。

五、调研结论

（一）张北县调研

考察点一：张北县西郊森林公园。

2014年6月30日上午8点13分到达张北县西郊森林公园。地理位置：41.14N，114.69E，海拔1400米；天气晴，气温23℃，相对湿度65%。

做乔木50米×50米样方。活立木58棵，平均树高=（11+12+10）÷3=11米，平均胸径=（18+19+18）÷3=18.33厘米。死亡树木89棵、死亡残留树根18棵。样方乔木共58+89+18=165棵，死亡率64.85%。

死亡树木观察：死亡树木表皮下均有虫咬痕迹（见图13-2-3）。劈开树干可见虫咬洞穴交织，并可看到虫便物质。调查组认为不同于树木死亡后的虫煞木，树木死亡原因应该与虫害有关。

图13-2-2　张北县西郊森林公园

10点22分张北县林业局调研：林业局工作人员介绍说张北县近年来降水量减少，十年九旱。他们对18个乡镇2个国营农场林地调查，杨树覆盖面积

65. 78 万亩，其中成熟林 55. 91 万亩，成熟林中衰老死亡 8. 75 万亩，占 13. 3%；濒临死亡 12. 5 万亩，占 19%；生长不良 30. 26 万亩，占 46%，生长良好林地 14. 27 万亩，占 21. 69%。针对这种情况张北县林业局积极应对，2014 年 3 月编写了《张北县杨树退化防护林更新改造试点作业设计说明书》准备继续采取更加科学系统的应对措施。

图 13-2-3　张北县西郊森林树木虫咬痕迹

张北县水务局介绍了其实施的水土流失小流域治理工程。小流域治理工程是京津风沙源治理工程的组成部分，从工程技术设计方案、工程建设的组织与管理及实施计划、工程投资概算、工程效益分析、拟订建设目标方案等方面都有详细的规划。

考察点二：张北县南山公园。

图 13-2-4　张北县南山公园

2014 年 6 月 30 日下午 2 点 44 分；地理位置 41. 13N，114. 77E；海拔 1442 米；天气晴，气温 29℃，相对湿度 52%。主要树种为樟子松，生长状态良好，未见死亡状况（见图 13-2-4）。在林下做草本 1 米×1 米样方。

考察点三：张北县城西北至沽源县途中。

2014 年 6 月 30 日下午 4 点 13 分；地理位置 41. 22N，114. 77E；海拔 1435 米；天气阴，有小雨，气温 26. 5℃，相对湿度 56%。

做乔木 20 米×20 米样方。活立木 13 棵，平均树高 10. 5 米，胸径 52 厘米。死亡树木 13 棵，平均树高 13. 5 米，平均胸径 21 厘米。死亡残留树根 11 棵，根据死亡树木年轮判断树龄为 19 年。样方乔木共 13+13+11＝37 棵，死亡率＝24÷37＝64. 86%。

死亡树木观察：如图 13-2-5 所示，和考察点一张北县西郊森林公园相同，所有死亡树木表皮下均有虫咬痕迹。劈开树干可见虫咬洞穴交织，并可看到虫便物质。调查组认为不同于树木死亡后的虫煞木，死亡原因应该与虫害有关。

图 13-2-5 张北县城西北至沽源县途中

考察点四：沽源县至丰宁途中。

2014 年 7 月 1 日上午 9 点 21 分；地理位置 41. 69N，115. 11E；海拔 1407 米；天气晴，气温 22℃，相对湿度 69%。

闪电河河水清澈，河漫滩草地生长状况良好，做草本 1 米×1 米样方，盖度 95%。闪电湖的湿草甸见图 13-2-6。

图 13-2-6　沽源县至丰宁途中

考察点五：丰宁县大滩北至多伦途中。

时间 2014 年 7 月 1 日下午 1 点 56 分；地理位置 41.63N，116.06E；海拔 1537 米；天气晴，气温 22℃，相对湿度 69%。

路途中可见路边山坡有冲沟发育，部分农田采用现代化喷灌技术。应用现代化技术和管理的土地，植被覆盖度明显好于天然草地（见图 13-2-7），有利于保持水土，防风固沙。

图 13-2-7　丰宁县大滩北至多伦途中

考察点六：多伦至围场县途中。

路边种植沙棘，沙棘（拉丁学名：Hippophae rhamnoides Linn.）是一种落叶性灌木，其特性是耐旱、抗风沙，可以在盐碱化土地上生存，因此被广泛用于水土保持。中国西北部大量种植沙棘，用于沙漠绿化。沙棘果实中维生素 C 含量高，素有维生素 C 之王的美称。沙棘是植物和其果实的统称。植物沙棘为胡颓子科沙棘属，是一种落叶性灌木。国内分布于华北、西北、西南等地。沙棘为药食同源植物。沙棘的根、茎、叶、花、果，特别是沙棘果实含有丰富的营养物质和生物活性物质，可以广泛应用于食品、医药、轻工、航天、农牧渔业等国民经济的许多领域。沙棘果实入药具有止咳化痰、健胃消食、活血散瘀之功效。现代医学研究，可降低胆固醇，缓解心绞痛发作，还有防治冠状动脉粥样硬化性心脏病的作用。与生长周期有关，路边沙棘有死亡现象（见图 13-2-8），需要定期补植。

图 13-2-8　多伦至围场县途中

考察点七：多伦县城东。

2014 年 7 月 2 日上午 8 点 14 分，在路南小片杨树林做乔木 20 米×20 米样方。种植密度较大，株距 1 米多双棵种植，行距 2 米。活立木 74 棵，平均高度 8 米，平均胸径 8 厘米。死亡 11 棵，死亡率 12.94%。本考察点树龄较低，可见枯死树木掉皮及虫咬痕迹，偶见树皮被牛啃食，死亡情况（见图 13-2-9）。

图 13-2-9　多伦县城东

（二）围场县调研

考察点八：御道口风电场。

2014 年 7 月 2 日上午 9 点 45 分到达御道口风电场。御道口 220kV 开闭站输变电工程、御道口开闭站—华润御道口风电场 220kV 输变电工程位于承德市围场满族蒙古族自治县境内，建设内容包括新建御道口 220kV 开闭站及 220kV 送电线路，线路总长 72.51 千米，包括木兰至汇枫 220kV 线路 π 接入御道口 220kV 开闭站，全长 50.51 千米（其中双回架设 50 千米、单回架设 0.51 千米）。

御道口开闭站—华润御道口风电厂 220kV 送电线路 22 千米（单回线路架设）。工程总占地 9.79 公顷，共动用土石方 11.92 万立方米，总投资 22218.7 万元，其中静态投资 21562.62 万元，2008 年开工，工期 12 个月。

图 13-2-10　华润御道口风电场

项目位于滦河流域、小滦河水系，项目区土壤侵蚀现状为风力、水力交错侵蚀，土壤侵蚀强度以轻度为主，为国家级水土流失重点预防保护区。

项目实施过程中明确了水土流失防治责任范围、防治目标和防治措施布局，进行了水土保持措施，水土保持措施与主体工程统一安排实施。施工中注意了保护表土层，施工场地有临时防护措施，土建工程结束后及时平整土地，恢复植被（见图 13-2-11）。

图 13-2-11　华润御道口风电场植被景观

整体上植被恢复良好，建立了防护林带，在道路周围植被有一定程度破坏，风机下方直径 50 米范围内植被生长状况较差。

考察点九：京津风沙源治理工程—帐篷山草地治理项目区。

2014 年 7 月 2 日下午 2 点 24 分到达考察地点。地理位置 42.3497N，117.0596E；海拔 1424 米；天气多云，气温 24℃，相对湿度 70%。

植被覆盖度 50%~70%，平坦地区植被覆盖度较高，坡地可见鳞块状沙地出露。天然剖面可见鼠洞，说明存在草原鼠害。土壤类型为沙质棕钙土，生物量低，土壤腐殖质积累作用弱；土壤有机质含量不多，可见草根层。

水分条件较差，土层浅薄，矿质养分含量低（见图 13-2-12）；加之春季风大和侵蚀严重，需进行水利建设、营造防风林带，并采取种植绿肥、增施有机肥及矿质肥料等改良措施，才能更好地发挥保护生态环境的效益。

图 13-2-12　帐篷山草地治理项目区

考察点十：速丰林生产基地。

2014 年 7 月 3 日上午 9 点 48 分到达考察地点。地理位置 42.0962N，117.0817E；海拔 1488 米；天气多云，气温 25℃，相对湿度 70%。

本基地为人工落叶松林，株距 =（7+2.4+3.5）÷3 = 4.2 米；行距 =（6+3.4+4.3）÷3 = 4.6 米。平均胸径 =（25+26+28）÷3 = 26 厘米。树高 16~17 米，根据树木年轮判断平均树龄 30 年（见图 13-2-13）。

图 13-2-13 速丰林生产基地

考察点十一：围场县城子乡 12 号村南。

2014 年 7 月 3 日上午 11 点 24 分到达考察地点。地理位置 41.9458N，117.2316E；海拔 1039 米；天气多云，气温 28℃，相对湿度 67%。

建群种为杨树和榆树，榆树占 30%（见图 13-2-14）。杨树平均高度 =（10+17+22）÷3 = 16.33 米，平均胸径 =（15+27+31）÷3 = 24.33 厘米，盖度 17%；榆树平均高度 =（6+5+10）÷3 = 7.00 米，平均胸径 =（11+9+11）÷3 = 10.33 厘米，盖度 13%。

图 13-2-14 围场县城子乡 12 号村南

在乔木林的附近，沙棘生长旺盛，盖度 100%，高度 2 米左右。沙棘挂果率高，生长状态良好（见图 13-2-15）。

图 13-2-15　围场县城子乡 12 号村南的沙棘林

六、结论及对策建议

（1）张北县林地死亡率较高，林地死亡原因应该和虫害有关，应加强对杨树病虫害的防治和研究工作。杨树为速生树种，一般寿命为 30~40 年，遇病虫害会缩短生命期，防护林区应考虑引种寿命更长的植物引种或多植物种类种植。如张北县、沽源、丰宁、多伦草地生长状态良好，是否可以考虑草地周围种植沙棘方格，草本灌木间作种植，提高生态环境保护效应的同时创造一定经济效益。

沙棘喜光，耐寒，耐酷热，耐风沙及干旱气候。对土壤适应性强，在粟钙土、灰钙土、棕钙土、草甸土、黑护土上都有分布，在砾石土、轻度盐碱土、沙土甚至在砒砂岩和半石半土地区也可以生长但不喜过于黏重的土壤。沙棘对降水有一定的要求，一般应在年降水量 400 毫米以上，如果降水量不足 400 毫米，但属河漫滩地、丘陵沟谷等地也可生长，但不喜积水。沙棘对温度要求不是很严格，极端最低温度可达-50℃，极端最高温度可达 50℃，年日照时数 1500~3300 小时。沙棘极耐干旱，极耐贫瘠，极耐冷热，为植物之最。一般每亩荒地只需栽种 120~150 棵，4~5 年即可郁闭成林。并且沙棘的苗木较小，一般株高在 30~50 厘米，地径 5~8 毫米，栽种沙棘的劳动强度不大，一个普通劳力一天可以栽沙棘 3000~4000 平方米。这对研究区来讲，能够有效解决地广人少的问题，便于进行大规模种植，快速恢复植被。可以综合利用沙棘果进行深加工，形成产业链，在生态保护的同时增进居民福祉。

（2）风电场项目实施过程中明确了水土流失防治责任范围、防治目标和防治措施布局，进行了水土保持措施，水土保持措施与主体工程统一安排实施。施工中注意保护表土层，施工场地有临时防护措施，土建工程结束后及时平整土地，恢复植被。整体上植被恢复良好，建立了防护林带，但在道路周围植被有一定程度破坏，风机下方直径 50 米范围内植被生长状况较差，需要进一步考虑保护生态保护措施。

（3）围场县人工落叶松林长势良好，落叶松是喜光的强阳性树种，适应性强，对土壤水分条件和土壤养分条件的适应范围很广，干旱瘠薄的山地阳坡或在常年积水的水湿地或低洼地也能生长，落叶松耐低温寒冷，一般在最低温度达-50℃的条件下也能正常生长。围场县境内在环境适宜的地方建议增加种植松林树种。

第三节　潘家口水库移民及留守渔民生活福祉调研

一、调研问题的提出

为增进环京津生态服务区和水源地居民生活福祉，逐渐营造美满祥和的生活环境、稳定安全的社会环境、宽松开放的政治环境，探讨科学、合理、有效的生态补偿方法，建立跨区域生态补偿长效机制，解决区域间发展失衡和构建和谐社会，项目组经过详细周密计划，制定了调查方案，于 2015 年 6 月对潘家口水库库区移民和留守渔民生活福祉调查做了实地调研。

二、调研的意义及背景

潘家口水库位于中国河北省承德市宽城满族自治县与唐山市迁西县交界处。潘家口水库是经国务院批准的“引滦入津”的主体工程区，是华北地区的水库之一，它由一座拦河大坝和两座副坝组成，最大面积达 72 平方千米，最深处 80 米，水库总容量 29.3 亿立方米，库区水面 70 平方千米。水库两侧山峰陡峭，怪石如林，十分险峻。

在水库修建过程中，当地居民响应国家号召，部分迁出库区移民他乡，部分就地移民到库区周围的山上。我们针对这些移民和库区留守渔民的生活福祉做了调查。

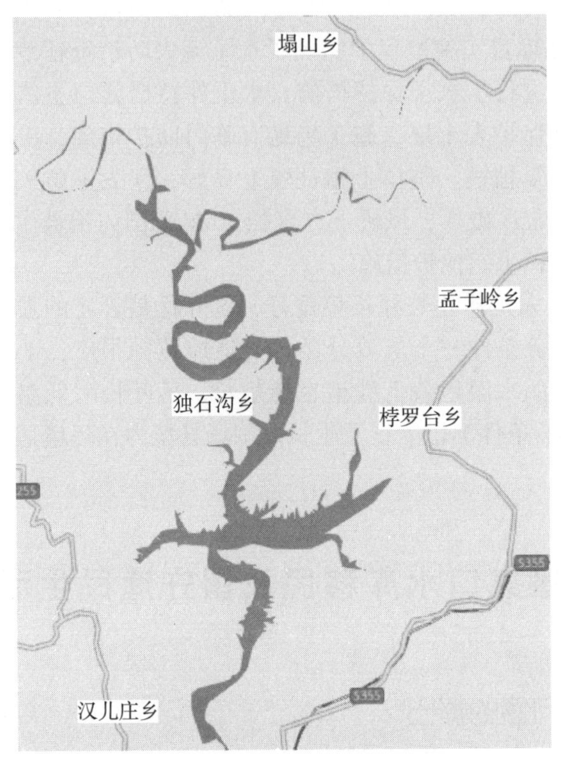

图 13-3-1　潘家口水库示意图

三、调研地的选择

根据项目组实际情况确定调查范围为宽城满族自治县西部独石沟乡、梓罗台乡、塌山乡所辖地域的结合部库区周围。

四、调查研究方法及说明

立足于库区留守渔民生存现状，采用政府访谈、问卷调查、与居民座谈、实地观测等方法，对潘家口水库调研区域植被覆盖状况，以及库区留守渔民和移民收入水平状况作深入细致的了解，掌握第一手资料，以便对水库修建和居民生活福祉有一个真实的了解，为建立跨区域生态补偿长效机制，解决区域间发展失衡和构建和谐社会，探讨科学、合理、有效的生态补偿方法提供依据。由于人力、物力、精力等限制，调查采用“详略结合、选点深入”的方法进行。

五、调研结论

（一）独石沟乡

独石沟乡概况。1961 年建燕子峪公社，1978 年更名独石沟公社，1984 年改乡。全乡总面积 79.3 平方千米（1189.5 亩），其中耕地面积 0.22 平方千米（330 亩），林地面积 47.4 平方千米（71100 亩）（其中果园面积 1.3 平方千米），水域面积 1.57 平方千米。独石沟乡现有 422 户，人口 1421 人，辖六个行政村（贾家安、西安岭、兰旗地、燕子峪、小河口、车厂沟），含 22 个自然村，32 个居民组，分布在环库区 26.67 平方千米水面周围的大小山梁上，贾家安、西安岭、兰旗地全部为水库蓄水后的上靠村，零星建筑大多散落在大范围山坡上，背靠大山，临水而居，活动空间十分有限，部分农户已成为与世隔绝的“世外桃源”。

全乡现有两所小学位于燕子峪和车厂沟。乡政府驻地建有卫生院 1 所，车厂沟村设有 80 平方米卫生室。在车厂沟村设有一处占地面积 3.33 平方米的农贸市场。由于交通不便，每逢集日（农历逢二、逢七日）由移民办出船，解决村民赶集购物。

全乡对外交通主要通过独西公路，通往迁西县漆棵岭。乡域各行政村连村道路依据山区地形自然形成，多数为石渣路面，全乡内外交通不便。乡域大部分村庄生活用水为集中自来水供应，少部分村庄生活用水为自备井加压泵取水，水量基本满足村民生活需求。乡域尚无集中污水处理设施，生活污水随意倾倒自然渗入地下或蒸发；村庄雨水沿路面自然排入山区沟壑。

图 13-3-2　独石沟乡燕子峪小学调研

图 13-3-3　独石沟乡绿洲电力共产党员服务队

电力基础设施比较完善，乡里成立了“绿洲电力共产党员服务队”，他们的服务宗旨是“心中想着百姓，用心服务百姓，一切为了百姓，把光明和诚信传递给千家万户”。他们坚守在青山绿水间，用一叶小舟承载着希望，用心服务，快乐自己。

1. 库区居民生活福祉调研乡政府工作人员访谈

潘家口水库中游，喜峰口长城北侧。受水库影响，独石沟乡冬暖夏凉，四季分明，环境优美，气候宜人。

“引滦入津”工程（Water Diversion Project from Luanhe River to Tianjin City）于 1982 年 5 月 11 日动工，1983 年 9 月 11 日建成。独石沟乡从 1978~1979 年开始落实移民搬迁。经历了三次搬迁，第一次在 1978 年，移民多数迁往宽城本地；第二次 1986~1987 年，移民去向分散；第三次在 1999 年，移民迁往唐山六县（乐亭、滦县、迁安）。

移民和留守渔民获一次性补偿还是长效补贴 1500 元/人，每人每年可得到 400 元/人补贴资金，2005 年开始增加到每人每年补贴资金 600 元/人，搬迁移民均可得到。乡年产板栗 140~150 吨，每棵成年板栗树年产板栗 25 千克。有一部分居民从事养羊业。原有的六家采石场及所有铁矿选采场都已关闭。

本乡旅游资源丰富，但旅游景点开发少，原因是投资大、见效慢、基础差。农家院有 25 家 AA 级旅游点。

居民人均年收入有的村小于 2000 元/人，有的村可到 10000 元/人。

图 13-3-4　独石沟乡留守渔民住房及生活用品

2. 居民访谈及问卷调查

独石沟乡居民家庭人口数多为 2~4 人。住房房屋结构以砖木结构、石木结构、土木房为主。户均 4 间住房（1.6 丈梁=5.3 米；宽 3 米；户均住房面积=5.3×3×4=63.6 平方米；折合人均 32~16 平方米）有院落，种植蔬菜。居民自己陈述人均年收入 1000 元/人以下。农业收入占一半以上。主要种植玉米，多为山上地，不容易收割。生活支出主要用于孩子读书。

信息闭塞，手机没有信号，没有闭路电视，多数家庭有摩托车，没有电脑，有彩电、冰箱、洗衣机。村内道路为水泥混凝土路，没有自来水。

能按时领到后期扶持直补资金，资金主要用于生活消费、子女读书、医疗费用。多数居民认为扶持直补资金发放对生活影响很大。

居民建议后期扶持项目应该突出安排水、路等基础设施建设，交通不便使生活出行困难，出门买菜尤其不便利，陆路太远需坐船到桲罗台镇，船价很贵，停留时间很短，紧采紧购紧返回，不然坐不上船回不了家。

3. 实地观测

居民问卷调查完成后，调研工作深入到居民家庭做实地考察。

（二）桲罗台乡

桲罗台乡位于宽城县城西南 18 千米，北与孟子岭乡相连，东与碾子峪镇接壤，南部以万里长城为界与迁西山水相接。

它位于国家重点水利工程潘家口水库的东岸，现存明代长城 11 千米，宽邦公路纵穿乡境。

全乡总面积 80.8 平方千米，其中耕地 2.93 平方千米，山场面积 40 平方千米，潘家口水库水面 20 平方千米。全乡辖 10 个行政村，116 个居民组，6957 口人，乡政府所在地桲罗台距县城 18 千米。

2000 年全乡社会总产值 8408 万元，工业产值 5000 万元，农民人均纯收入 878 元，乡级全部财政收入 129 万元。人口 0.72 万人（2002 年）。辖 10 个行政村，乡政府驻桲罗台村。

库区居民生活福祉调研乡政府工作人员访谈情况如下：

桲罗台乡从 1978 年开始落实移民搬迁。分别于 1981 年、1983 年、1995 年和 1999 年经历了四次搬迁。库区居民是依水库水位随涨随迁，迁出 3000 多人占原居民总数的 37.5%。移民迁出区原为稻田，新甸子公社是当时宽城最好的地方，主食为大米。移民去向包括迁安、乐亭、平泉、本镇及汤道河镇。移民可获得一次性经济补偿 15000 元/人，后续补偿 600 元/人年。留守渔民多从事网箱养殖，剩余的有一部分在附近铁矿打工，小部分外出打工。

2015 年网箱养鱼大小箱总计 9000 多箱，年渔产收入 4000 万元，鱼单价大约为 6 元/斤。2014 年由于温度偏高，网箱密度过大，鱼类死亡 20 万斤。板栗树人均 100 棵，每斤价格在 4～10 元，板栗人均年收入 500 元。

2015 年养猪专业户 1 户，有 200 多头猪。养鹿专业户 1 户，200～300 头鹿。中华峰养殖为主导产业之一，建有中华蜂保护区。有 700～800 箱中华蜂，蜂蜜质量好，不加温，单价每千克在 60～120 元，只是目前没有认证。

一个杂粮加工作坊。加工厂生产山楂系列产品，年产值 1000 万元以下，可解决 34～40 人就业。有金矿 2 家，年产黄金 15 千克，产值 420 万元左右。铁选矿年产 1.5 亿元，每吨纳税 200 元。2015 年 90%税收来自铁矿，有 2000 万元税收。建丰船队有大小船只 60～70 艘，“五一”前后以旅游服务为主，年收入 20 万元左右。农家院 50 座。

梓罗台村居民人均年收入可达 2000 元，其余村庄人均年收入不到 2000 元。本乡返迁居民较多，返迁后在水库岸边盖起简易房生活。

梓罗台乡有 2 所小学，为复式教学班有 20 多个教师，80 多个学生。特岗教师月补助 600～900 元。

图 13-3-5　梓罗台乡访谈

（三）塌山乡

对塌山乡库区居民生活福祉调研包括：乡政府工作人员访谈；居民问卷调查以及实地观察，塌山乡离潘家口水库区较远，食用菌产业与旅游业协调发展。成功案例如祥和食用菌养生度假山庄，坐落于宽城县西部的塌山乡塌山村，占地200平方米，现已完成投资2600万元，集农业观光体验、食用菌采摘、餐饮、康体、养生、休闲度假等功能于一体的农业生态旅游观光度假山庄。山庄三面群山环抱，景色优美，垂钓区环境一流，干净整洁。采摘区建造了采摘亭、观光长廊、观光台等休闲设施，为游客提供清晰、合理的观光路线。餐饮娱乐区设有休闲度假宾馆一栋，有客房、餐厅、娱乐室、停车场。标准客房15间，餐厅布局合理，美观整洁，菜品主要以本地农家特色饭菜为主，可满足100人同时就餐。

图13-3-6　塌山乡民居及食用菌养殖

第十四章 承德市生态恢复与居民福祉耦合关系研究案例

第一节 基于 SPOT NDVI 的华北地区地表绿色覆盖变化趋势研究

使用 1999 年 1 月至 2006 年 12 月的 SPOT-VEGETATION 逐旬 NDVI 数据，采用国际通用的 MVC（最大合成法）获得月 NDVI 值，用均值法求出年均 NDVI 数值。在此基础上，用一元线性回归斜率定量描述地表覆盖的动态变化，以 Hurst 指数表示其时间依存性，并在 GIS 中表征其空间格局以及进行空间统计。研究结果表明：近 8 年来华北地区地表绿色覆盖整体得到改善的区域比植被退化的区域面积要大。得到改善的区域约占总面积的 61%，基本不变的区域约占总面积的 22%，退化的区域约占总面积的 16%。各种植被类型的 Hurst 指数均为 $0.5<H<1$，即为可持续性序列，农地、林地、建设用地 NDVI 值有持续性增加的趋势，草地 NDVI 值有持续性减小的趋势，须采取相应措施以防草地退化。

一、研究意义

华北地区是我国北方人口、产业、城镇密集区，又是全国政治、经济、文化中心所在地，其中环渤海经济区在全国经济发展格局中具有十分重要的战略地位。本区是我国开发最早的地区之一，平原地区自然植被基本被人工植被所取代，山地自然植被也受到人类活动不同程度的影响。从自然综合区划角度看，华北地区位于半湿润与半干旱过渡区，生态环境相对脆弱，常受到沙尘暴、水土流失等自然灾害影响。植被是陆地生态系统的主体，在保持水土、调节大气成分以及减缓温室气体浓度上升和维持气候稳定等方面具有不可替代的作用。对本区地表绿色覆盖动态进行研究可以为生态恢复与建设提供科学依据。

区域尺度监测植被变化是当前了解区域生态环境问题的重要技术手段。卫星遥感数据覆盖面积广，实时性和动态性强，是重要的数据源。本研究以遥感与GIS为技术支撑，采用连续8年（1999~2006年）逐旬的NDVI时间序列数据，分析华北地区植被覆盖的时空变化规律，结合Hurst指数预测未来地表绿色覆盖变化趋势，并讨论其变化原因，以期为制定合理的土地利用方案，为区域经济发展决策提供帮助。

二、研究区概况

华北地区包括北京、天津两市及河北、山东、河南、山西四省，共辖624个县，总面积69.34万平方千米。华北平原居区域中部，边缘高原、山地环绕。各地区植被变化程度随人类活动的频繁状况而有所不同。华北平原因开发较早、人类活动频繁，天然植被已大部分由人工植被替代。其他区域植被也受人类活动影响有不同程度的人工化。气候类型主体属暖温带半湿润的季风气候，在西北边缘为温带半干旱气候，南部边缘为北亚热带湿润气候。年降水量由西北向东南减少，平均在500~900毫米。

三、数据来源和分析方法

（一）数据来源

本书所采用数据为1999年1月至2006年12月的SPOT-VEGETATION逐旬NDVI数据，共有288期影像。VEG-ETATION传感器是由欧洲联盟委员会赞助，于1998年3月由SPOT-4搭载升空，从1998年4月开始接收用于全球植被覆盖观测的SPOT VGT数据。该数据由瑞典的Kiruna地面站负责接收，由位于法国Toulouse的图像质量监控中心负责图像质量并提供相关参数（如定标系数），最终由比利时佛莱芒技术研究所（the Flemish Institute for Technological Research，VITO）VEGETATION影像处理中心（VEGETATION Processing Centre，CTIV）负责预处理成逐日1千米全球数据。

（二）数据处理方法

1. NDVI最大化合成法和均值法

Deering（1978）首先提出将简单的植被指数RVI，经非线性归一化处理得“归一化差值植被指数”NDVI，使其比值限定在［-1，1］范围内，即：

$$NDVI = (DN_{NIR} - D_{NR}) / (DN_{NIR} + D_{NR}) \quad (14-1)$$

归一化植被指数被定义为近红外波段（0.725~1.10μm）与可见光红波段（0.58~0.68μm）数值之差和这两个波段数值之和的比值。在本书中，采用NDVI作为表征生态系统覆盖特征的指标。

每月NDVI数据是通过国际通用的最大合成法（Maximum Value Composites，MVC）获得，它可以进一步消除云、大气、太阳高度角等的部分干扰。计算公式：

$$NDVI_i = Max(NDVI_{ij}) \quad (14-2)$$

式（14-2）中：$NDVI_i$是第i月的NDVI值，$NDVI_{ij}$是第i月第j旬的NDVI值。

每年的NDVI值，由各月$NDVI_i$求平均值获得，可以避免某些极端月份数值的影响。计算公式为：

$$NDVI_i = \frac{1}{n}\sum_{i=1}^{n} NDVI_i \quad (14-3)$$

式（14-3）中：$NDVI_i$为年均NDVI值，n为月份，$NDVI_i$是第i月的NDVI值。

2. 不同土地利用类型区典型点的选取

用ArcGIS9.2（ESRI，Inc. 1999~2006）中的Editer命令生成点图层，在不同土地利用类型区取点，分析NDVI的变化趋势。农地典型点在华北平原，林地典型点在太行山燕山山脉接壤区，草地典型点在河北坝上草原区，建设用地典型点位于北京市区。在GIS支撑下对各点用Buffer Wizard命令建立以5千米为半径的缓冲区，提取各缓冲区不同年份的NDVI值，分析其8年来NDVI的变化趋势。

3. NDVI变化趋势

采用一元线性回归分析可以分析每个栅格点的变化趋势，Stow等就用该方法来计算植被的绿度变化率（Greenness Rate of Change，GRC），GRC被定义为某时间段内的季节合成归一化植被指数（Seasonally Integrated Normalized Difference Vegetation Index，SINDVI）年际变化的最小次方线性回归方程的斜率。本书同样用该方法来模拟多年平均 NDVI 的变化趋势，计算公式为：

$$\Theta_{slope}=\frac{n\times\sum_{i=1}^{n}i\times NDVI_i-\sum_{i=1}^{n}i\sum_{i=1}^{n}NDVI_i}{n\times\sum_{i=1}^{n}i^2-\left(\sum_{i=1}^{n}i\right)^2} \tag{14-4}$$

式（14-4）中：变量 i 为 1~8 的年序号，$NDVI_i$表示第 i 年的平均 NDVI 值。某像点的趋势线是这个像点 8 年平均 NDVI 值用一元线性回归模拟出来的一个总的变化趋势。Θ_{slope}即这条趋势线的斜率。这个趋势线并不是简单的最后一年与第一年的连线。其中，$\Theta_{slope}>0$ 则说明 NDVI 值在近 8 年间的变化趋势是增加的；反之则是减少。

4. Hurst 指数

序列的自相似和长程依赖性（Self-similarity and long-range dependence）近年已成为一维非线性动力学的一个重要概念。自然界中具有长程依赖性的时间序列是普遍存在的，并在水文和地球化学、气候、地质和地震等领域广泛运用。定量描述长程依赖性的主要方法之一是估计 Hurst 指数 H。Hurst 指数可以反映序列自相似性及序列发展的相关强度。Hurst 等人曾证明，对应于不同的 Hurst 指数 H（$0<H<1$），存在以下情况：

（1）$H=0.5$，X_i，i=1，2，…，N 是相互独立、方差有限的随机序列。

（2）$0.5<H<1$ 表明该序列具有长程依赖性，即表现为持续性（Persistence）。即未来变化将与过去的变化趋势一致，过去整体增加的趋势预示将来整体趋势还是增加，反之亦然，且 H 越接近 1，持续性越强。

（3）$0<H<0.5$，表明该时间序列具有长程依赖性，且将来总体趋势与过去相反，即过去增加的趋势预示将来总体上减少，反之亦然。这种现象称为反持续性（Antipersistence）。H 值越接近于 0，反持续性越强，而其中的随机性成分越少。

四、结果分析

（一）近 8 年华北地区年平均 NDVI 变化趋势

1. 年均 NDVI 的变化

从华北地区 NDVI 的年均值（见表 14-1-1，图 14-1-1）来看，虽有波动但整体趋势是增加的。前四年均值为 114.91，后四年均值为 120.84。2004 年有一个明显的峰值，2001 年有一个低值。

表 14-1-1 年均 NDVI 值

年份	1999	2000	2001	2002	2003	2004	2005	2006
NDVI	116.10	114.27	114.06	115.23	121.63	125.62	119.74	116.37

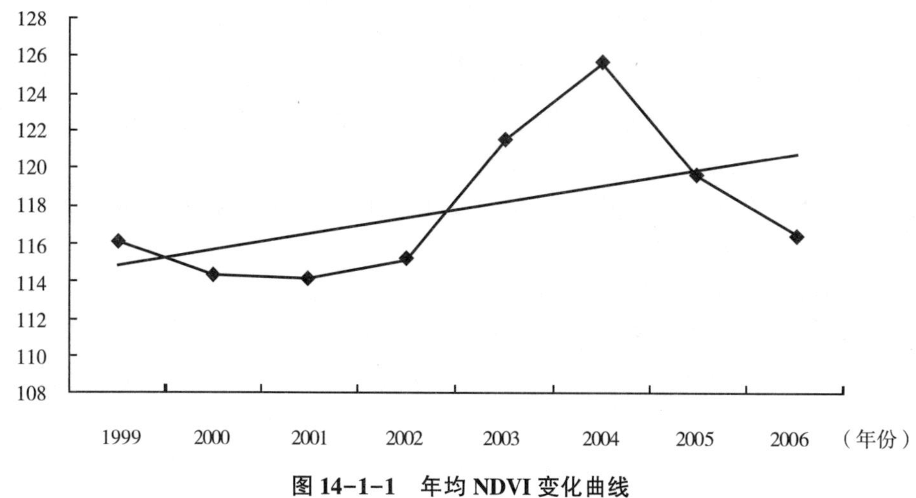

图 14-1-1 年均 NDVI 变化曲线

2. 变化趋势分析

图 14-1-2 是近 8 年来中国华北地区 NDVI 变化趋势图。从图 14-1-2 和表 14-1-2 可以看出，近 8 年来华北地区地表绿色覆盖整体得到改善的区域比退化的区域面积要大。得到改善的区域约占总面积的 61%，基本不变的区域约占总面积的 22%，退化的区域约占总面积的 16%。

表 14-1-2 1999~2006 年中国华北地区地表绿色覆盖变化趋势

NDVI 变化趋势	变化程度	面积百分比（%）
$-0.490 \leqslant \Theta_{slope} \leqslant -0.122$	严重退化	0.73
$-0.122 \leqslant \Theta_{slope} \leqslant -0.056$	中度退化	3.37
$-0.056 \leqslant \Theta_{slope} \leqslant -0.015$	轻微退化	12.41
$-0.015 \leqslant \Theta_{slope} \leqslant 0.016$	基本不变	22.19
$0.016 \leqslant \Theta_{slope} \leqslant 0.047$	轻微改善	27.07
$0.047 \leqslant \Theta_{slope} \leqslant 0.081$	中度改善	23.81
$0.081 \leqslant \Theta_{slope} \leqslant 0.391$	明显改善	10.43

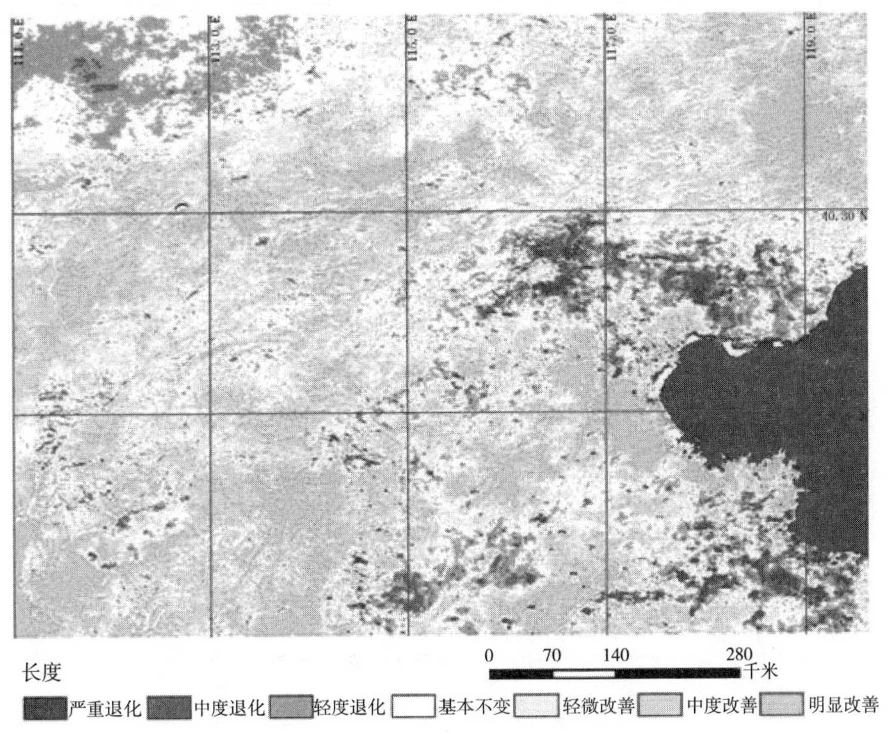

图 14-1-2　华北地区地表绿色覆盖变化

得到改善的区域主要分布在太行山脉、燕山山脉、吕梁山脉地区及河北平原的广大农业耕作区；地表绿色覆盖退化的区域主要包括京津唐城市带、环渤海沿岸带、山东省胶莱平原、山东丘陵的北部、黄河三角洲的西南部、山西省汾河谷地、河北省石家庄市、邢台市、邯郸市以及河南省的郑州、鹤壁、安阳。其中严重退化的区域包括京津唐城市带、山东省胶莱平原、山东丘陵的北部、河南省的郑州地区；其他的区域基本没有变化。

3. 不同土地利用类型区典型点 NDVI 变化规律

从图 14-1-3 和表 14-1-3 可以看出，农地典型点 NDVI 呈增加的趋势，前四年 NDVI 均值为 133.270，后四年均值为 135.915。但也出现波动，从 1999~2001 年 NDVI 值上升，2001~2002 年显著下降，2002 年有一个明显的低值。2002~2003 年又显著上升，2003~2006 年稳中有升。

表 14-1-3 1999~2006 年不同土地利用类型 NDVI 值

年份	农地	林地	草地	建设用地
1999	135. 066	174. 505	105. 592	66. 796
2000	136. 114	169. 716	103. 701	66. 049
2001	139. 163	163. 813	97. 057	66. 402
2002	122. 737	168. 319	99. 877	66. 857
2003	136. 049	172. 564	100. 065	69. 77
2004	134. 972	176. 329	105. 611	74. 67
2005	135. 957	174. 677	95. 78	73. 422
2006	136. 683	162. 521	100. 486	67. 006

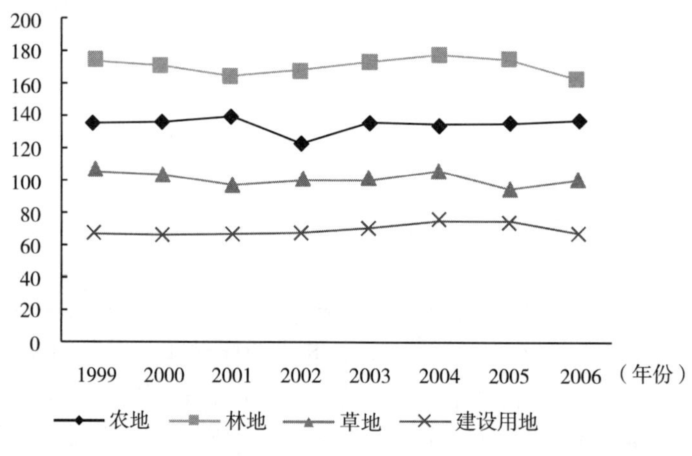

图 14-1-3 不同植被类型 NDVI 变化曲线（1999~2006 年）

林地典型点 NDVI 呈增加的趋势，前四年 NDVI 均值为 169. 088，后四年均值为 171. 523。1999~2001 年略有下降，2001~2004 年缓慢回升，2004~2006 年略有下降。表现为 2001 年有一个低值，2004 年有一个高值。

草地典型点 NDVI 值 8 年来在波动中略有下降，前四年 NDVI 均值为 101. 557，后四年均值为 100. 485。也可以看出 2001 年有一个低值，2004 年有一个高值。

建设用地所选典型点在北京市区，NDVI 值相对较低。前四年均值为

66.526，后四年均值为71.217。近8年来NDVI值在相对平稳中有上升趋势，也可以看出2004年有一个高峰值，和NDVI年均值、林地及草地的NDVI值变化趋势有相似之处。

（二）NDVI动态变化的驱动因子

地表绿色覆盖变化不仅受气候因子的影响，也受人为活动制约。在较大时空尺度上气候变化可起主导作用，而在特定地区和时段社会和经济因素也常常具有决定性作用。近8年来京津唐城市带，山东省胶莱平原、山东丘陵的北部，河南省的郑州、安阳等地区的NDVI值显著下降，显然与其快速城市化过程有关系。

太行山脉、燕山山脉、吕梁山脉地区8年来地表绿色覆盖明显改善，自然因素应是主导。本区降水相对充沛，温度上升可能有利于该区植物的生长，植物生长季节有可能延长。而人为活动如植树造林、绿化荒山、退耕还林等政策也起到积极作用。

河北平原广大农耕区近8年来NDVI值呈增加的趋势与本地区粮食产量的增加是一致的。例如，2006年河北省粮食总产量达2702.8万吨，是2000年以来总产量最高的一年。尽管粮食产量与种植类型和种植面积、集约程度等有关，但在很大程度上能够指示地表绿色覆盖状况。

草地区NDVI值下降的可能原因是区域人口增长。人口增长对于草地资源是一种持续、恒定的压力。人口数量的增加刺激了对农产品的需求，增大了对耕地的压力，进而诱发毁草开荒。建设用地NDVI值增加的趋势与旧城区改造、城市区域绿地面积增大，植物生长季延长有关。

值得注意的是，农用地2002年NDVI出现一个低值，这和政策导向有关。2001年粮食价格偏低，农业生产成本相对升高，导致部分农耕地在2002年闲置。

林地、草地NDVI值及NDVI年均值在2001年出现低值和2004年峰值可能与降水变化有关。2001年2月至6月上旬，长江以北大部地区降水异常偏少，气温普遍偏高，蒸发量大，发生了大范围持续性的干旱，其中山西、山东、河南、辽宁、河北等省的旱情尤为严重，是北方地区继1997年、1999年、2000年少雨大旱之后，又一次发生大范围严重干旱的年份。而2004年华北地区雨量较充沛，如2003年12月至2004年2月北京地区降水量为12.1毫米，比常年同期偏多26%。2004年春季为5毫米，比常年同期偏多20%；夏季降水量364毫米，是1999年以来夏季降水最多的一年；秋季降水量为100.3毫米，较同期偏多29%。

（三）用 Hurst 指数预测未来地表绿色覆盖变化趋势

1. Hurst 指数分布与未来地表绿色覆盖变化趋势

近 8 年来华北地区年均 NDVI 值是增加的。图 14-1-4 为 Hurst 指数分布图，从图中可以看出 Hurst 指数高值区主要分布在燕山山脉、太行山脉、吕梁山脉地区，说明其未来地表绿色覆盖持续改善的趋势明显。而坝上草原地区正好相反，是 Hurst 指数的低值区，在全区年均 NDVI 值增加的背景下，表现出退化的趋势。类似的地区还有太行山、燕山山前平原铁路、公路沿线。

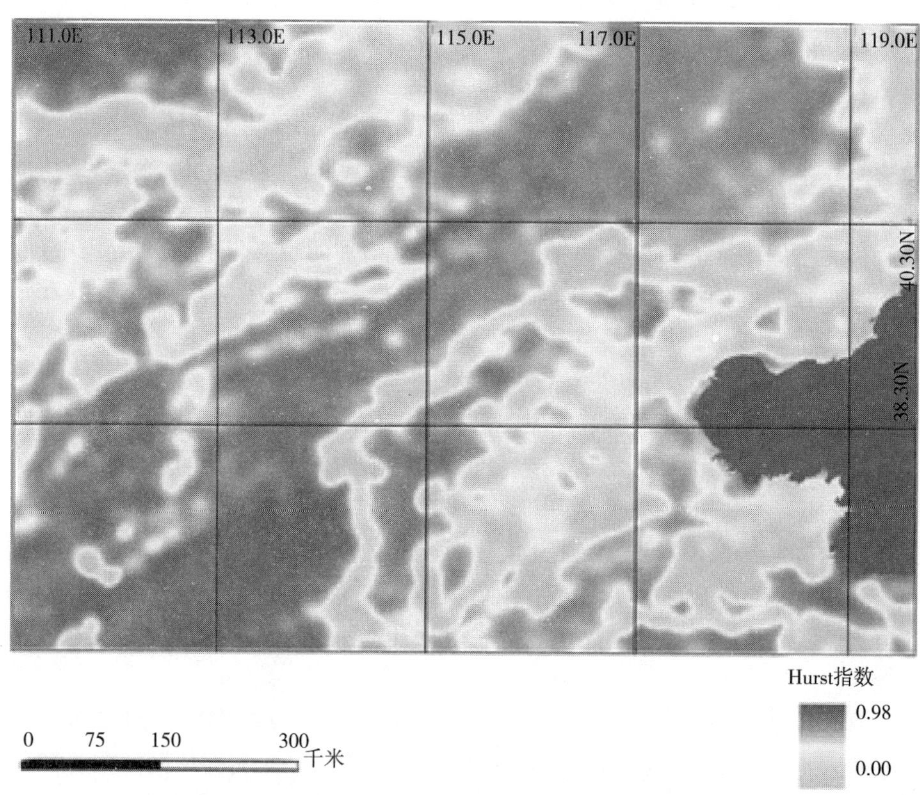

图 14-1-4　Hurst 指数分布

2. 不同植被类型的 Hurst 指数分析

从以上论述可知，农地、林地、建设用地典型点年均 NDVI 值近 8 年来是增加的，草地略有减少。农地、林地、建设用地典型点可以反映整个区域的情况，因为相同自然地理区具有相似自然地理条件和相同的土地利用政策，地表绿色覆盖变化的趋势应该是一致的。草地的典型点取在河北坝上草原地区，因其为华北地区最大最典型的草原区，区域环境和其他地区有较大的差异，只能代表典型点附近的区域及环境条件与其相似的区域。

由表 14-1-4 可以看出，各种植被类型的 Hurst 指数平均值均为 0. 5<H<1，即均为可持续性序列。林地不同植被群系的平均 Hurst 指数也表现出不同的大小，即针叶林>阔叶林>灌丛矮林，这说明针叶林的可持续性更强，生态系统更趋于稳定，其中侧柏林的平均 Hurst 指数最高。矮林和灌丛生长的区域生态环境相对脆弱，生态系统稳定性比针叶林要差一些，其可持续性稍差，其中草原沙地锦鸡儿、柳、蒿灌丛 Hurst 指数最小。

表 14-1-4　不同植被类型的 Hurst 指数

植被类型	平均 Hurst 指数	植被类型	Hurst 指数
寒温带、温带针叶林	0. 886	云杉林	0. 879
		松林	0. 883
		侧柏林	0. 896
温带落叶阔叶林	0. 817	落叶栎林	0. 843
		石灰岩榆科树种、黄连木杂木林	0. 811
		桦、杨林	0. 798
温带、亚热带落叶灌丛、矮林	0. 802	虎榛子、绣线菊灌丛	0. 858
		荆条灌丛	0. 843
		草原沙地锦鸡儿、柳、蒿灌丛	0. 704
温带草原	0. 813	羊草草原	0. 829
		白羊草、黄背草草原	0. 823
		大针茅、克氏针茅草原	0. 698
		克氏针茅草原、糙隐子草草原	0. 723
		本氏针茅、短花针茅草原	0. 776
		短花针茅草原	0. 926
		戈壁针茅草原	0. 918

续表

植被类型	平均 Hurst 指数	植被类型	Hurst 指数
一年一熟粮作和耐寒经济作物	0.817	春小麦、大豆、玉米、高粱、甜菜、亚麻、李、杏、小苹果	0.856
		春小麦、糜子、马铃薯、甜菜、胡麻	0.778
一年两熟或两年三熟旱作和暖温带落叶果树园、经济林	0.75	冬小麦、杂粮（高粱、大豆、玉米、谷子）、棉花、枣、苹果、梨、葡萄、柿子、板栗、核桃	0.75

草地 Hurst 指数平均值为 $0.5<H<1$，属可持续性序列，但近 8 年来典型点其 NDVI 值是减小的，即草地典型点地区及与之有相似地理环境的地区地表绿色覆盖有变差的趋势，这种趋势也是可持续的，如果不采取一定措施，将来地表草地覆盖有可能不断减少。其中短花针茅草原的 Hurst 指数最高，可能退化最快；大针茅、克氏针茅草原的 Hurst 指数最低，相对来讲退化可能较慢。

农地属于可持续性序列，其中一年一熟粮食作物和耐寒经济作物 Hurst 指数 0.817 比一年两熟或两年三熟旱作作物和暖温带落叶果树园、经济林 Hurst 指数 0.75 要高，说明其可持续性更强，生态系统更具有相对稳定性。

3. 不同高度 Hurst 指数平均值

在华北地区，100 米以下的区域以农耕地为主，随高度增加人工植被逐渐被自然植被所代替，依次出现落叶阔叶林、针阔混交林、落叶灌丛、矮林和山地草甸等。GIS 统计结果是农业植被区 Hurst 指数为 0.759，自然植被区 Hurst 指数为 0.811。从图 14-1-5 可以看出，1000 米以下 Hurst 指数随高度增加而增加，1000 米以上 Hurst 值数随高度增加而减小。在 1000 米以下，地表绿色覆盖除受自然因素影响外人类活动的干扰起重要作用。在 1000 米高度上下受人类活动干扰减少，生态系统相对稳定，可持续性增强；1000 米以上随高度增加环境脆弱性增强，生态系统稳定性减弱，可持续性减弱。

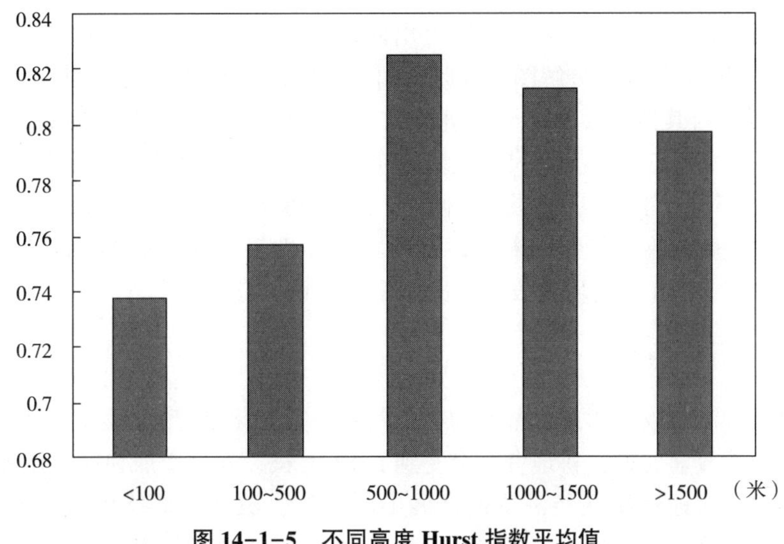

图 14-1-5　不同高度 Hurst 指数平均值

五、结论和讨论

近 8 年来华北地区年均 NDVI 值整体呈增加的趋势。地表绿色覆盖整体得到改善的区域比植被退化的区域面积要大。得到改善的区域约占总面积的 61%，基本不变的区域约占总面积的 22%，退化的区域约占总面积的 16%。不同土地利用类型有不同表现：除草地外，农地、林地、建设用地典型点年均 NDVI 均呈增加趋势，但波动规律存在异同。近 8 年来不同植被类型、不同海拔高度 Hurst 指数均为 $0.5<H<1$，即表现为持续性（Persistence）。说明未来变化趋势为农地、林地区域 NDVI 将有上升趋势；部分草地 NDVI 值有下降的趋势，应该采取适当的措施以防草地退化。在土地利用规划中，对 1000 米以上的地区要更多地考虑自然因素的影响，在 1000 米以下的地区要更多地考虑人为因素的影响，以增加土地利用的可持续性。

第二节　基于 EMD 的河北省耕地数量变化与社会经济因子多尺度关系分析

使用 1949~2006 年河北省经济统计数据，对耕地数量、GDP、人口和粮食产量增长率作 EMD 分解，分别得出四级本征模函数 IMF1、IMF2、IMF3、IMF4，生成系列 EMD 分解图。在此基础上分析其波动周期，并把耕地数量波动 IMF 分量与其他要素 IMF 分量进行比较找出相关关系。研究结果表明：在 20 世纪末 21 世纪初 7~8 年尺度上 GDP 增长为耕地数量变化的主要驱动因子；在 13~15 年尺度上人口变化是耕地数量变化的驱动力；在多尺度上粮食产量波动受耕地数量变化控制。未来 2~4 年内依惯性耕地增长率还有持续下降的可能，未来 7~10 年内耕地数量增长率表现出回升趋势。

一、研究意义

耕地资源是农业生产最基本的物质条件，其变化必将影响区域经济发展。在经济快速发展时期，耕地资源会受到 GDP 增长、人口增加和城市用地的竞争，有限的耕地资源在经济快速发展中的丧失，威胁到地球生命支撑系统，因此，加强耕地资源保护、管理和有效利用已成为 21 世纪实现区域发展的必然选择。一些学者在跟踪国际相关领域研究热点，从不同角度研究耕地变化的过程及其驱动机制。河北省作为我国粮食主要生产省份之一，在全国农业发展格局中具有举足轻重的地位，但由于社会经济发展、人口增长和非农建设等原因占用大量耕地，致使耕地日益减少，人口与耕地、建设用地等矛盾十分突出。因此加强耕地数量变化研究，分析耕地减少的驱动因子，对合理利用耕地资源具有重要意义。近年来经验模态分解（Empirical Mode Decomposition，EMD）方法作为一种多尺度分析的数学工具，已成功应用于信号处理、图像处理、湍流、地震及大气科学等众多的非线性科学领域，本研究以相关统计数据为基础，EMD 方法为基本手段，对河北省耕地数量、GDP、人口和粮食产量变化进行多尺度分析，找出它们之间变化的相互关系，以期为制定合理的土地利用方案提供参考。

二、数据和研究方法

（一）数据来源

采用 1985~1994 年《河北经济统计年鉴》和 1995~2007 年《河北统计年鉴》中河北省耕地数量、GDP、人口和粮食产量统计数据，求出各要素逐年增长率，对其作经验模态分解（EMD），分别得出四级本征模函数 IMF1、IMF2、IMF3、IMF4，生成系列 EMD 分解图（见图 14-2-1）。

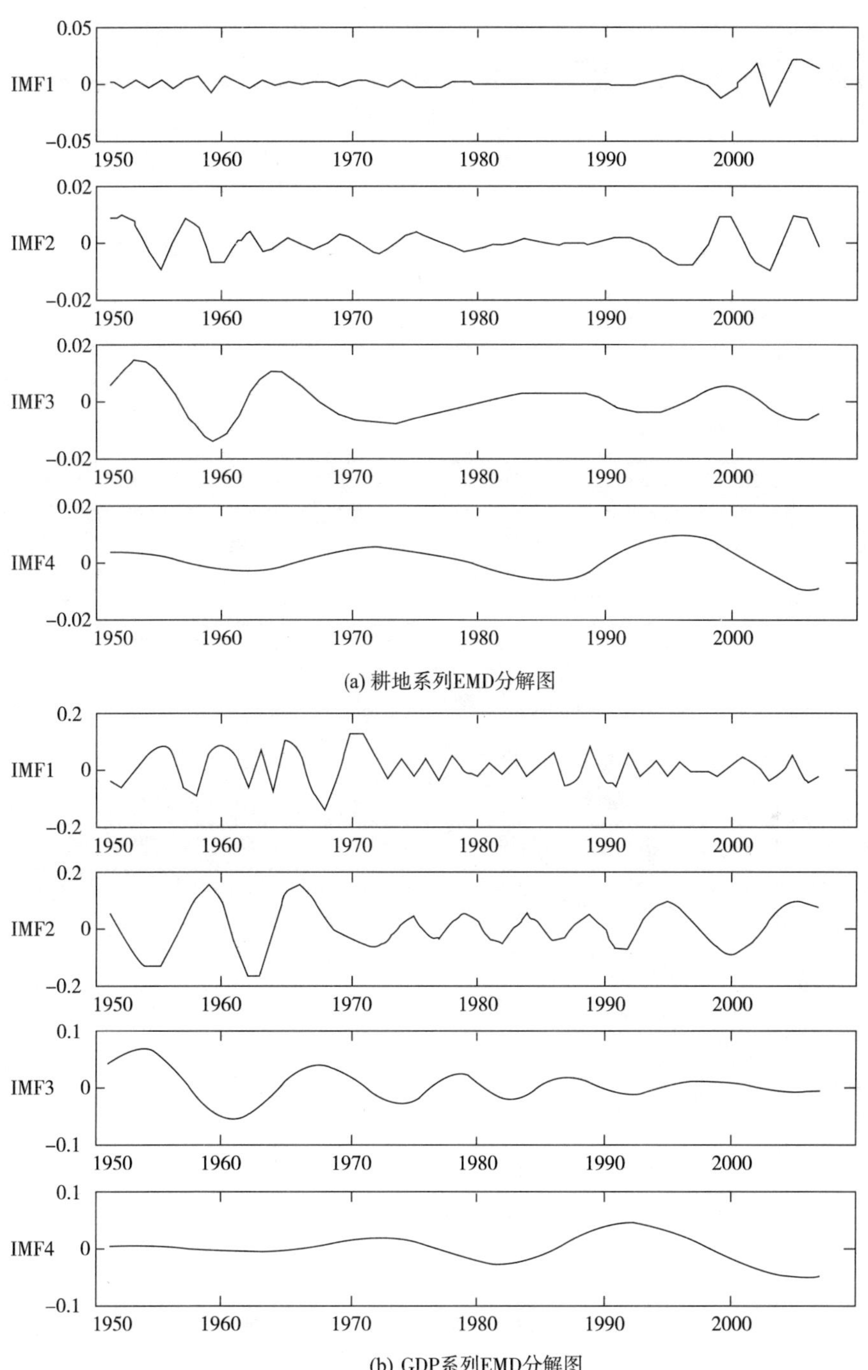

(a) 耕地系列EMD分解图

(b) GDP系列EMD分解图

图 14-2-1　系列 EMD 分解图

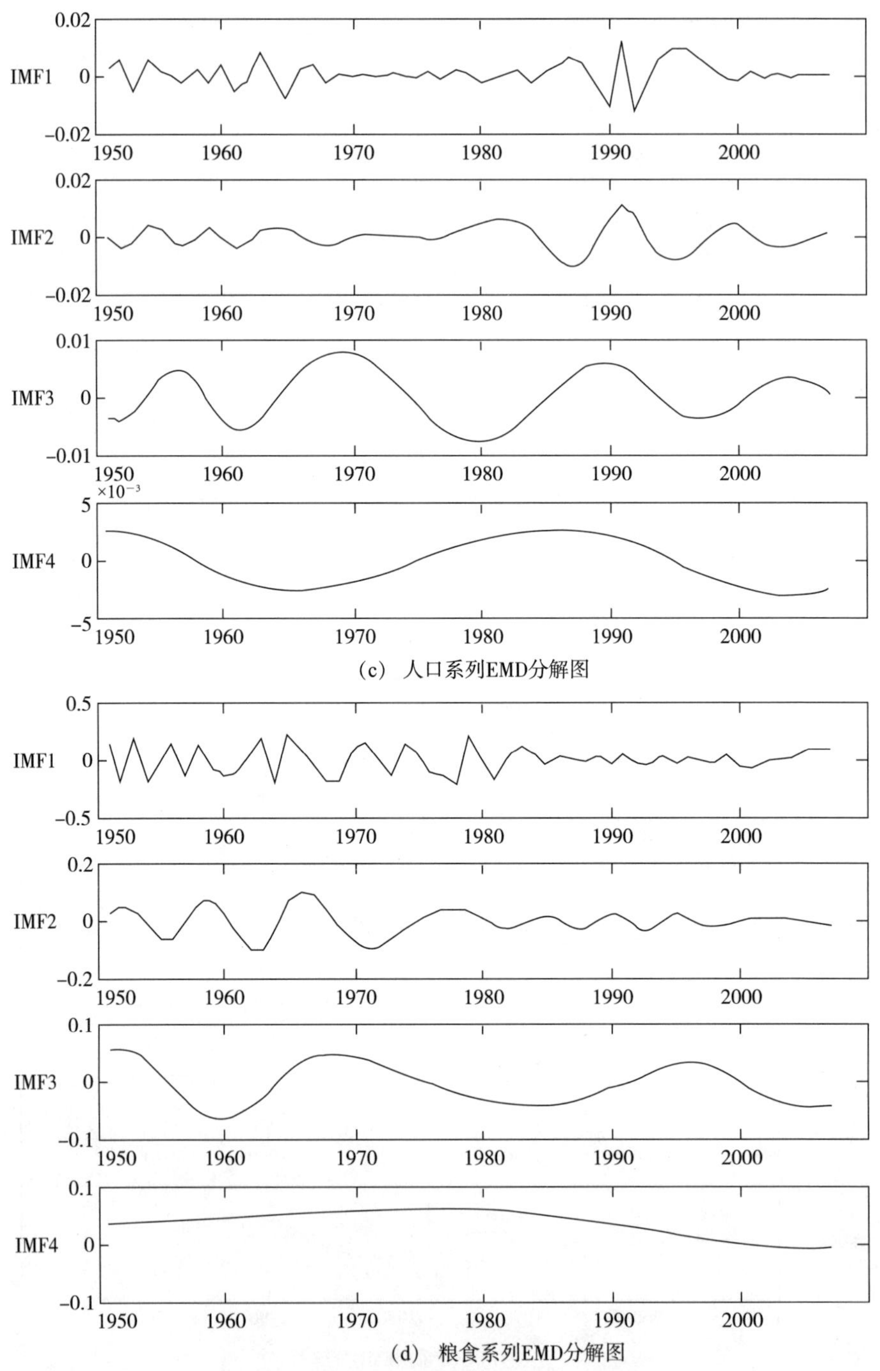

（c） 人口系列EMD分解图

（d） 粮食系列EMD分解图

图 14-2-1 系列 EMD 分解图（续）

（二）经验模态分解

经验模态分解（Empirical Mode Decomposition，EMD）方法是 1998 年 Huang 等提出的，1999 年又作了一些改进。其具体处理方法是：找出原始数据序列 X（t）所有的极大值点，并将其用三次样条函数拟合成原始数据序列的上包络线；找出 X（t）所有的极小值点，并将其用三次样条函数拟合成原始数据序列的下包络线；上下包络线的均值为原始数据序列的平均包络线 m_1（t）；将原始数据序列 X（t）减去该平均包络后即可得到一个去掉低频的新数据序列 h_1（t）：

$$X(t) - m_1(t) = h_1(t) \tag{14-5}$$

一般来讲，h_1（t）仍然不是一个平稳数据序列，为此需要对它重复上述处理过程。重复进行上述过程 k 次，直到得到的平均包络趋于零为止，这样就得到了第一个 IMF 分量 C_1（t）：

$$h_{1(k-1)}(t) - m_{1k}(t) = h_{1k}(t) \tag{14-6}$$

$$C_1(t) = h_{1k}(t) \tag{14-7}$$

第一个 IMF 分量代表原始数据序列中最高频的组分。将原始数据序列 X（t）减去第一个 IMF 分量 C_1（t），可以得到一个去掉高频组分的差值数据序列 r_1（t）。对 r_1（t）进行上述平稳化处理可以得到第二个 IMF 分量 C_2（t）。如此重复下去直到最后一个差之数据序列 r_n（t）不可再被分解为止。此时 r_n（t）代表原始数据序列的均值或趋势。

$$r_1(t) - C_2(t) = r_2(t), \cdots, r_{n-1}(t) - C_n(t) = r_n(t) \tag{14-8}$$

最后，原始数据即可由这些 IMF 分量以及一个均值或趋势项表示：

$$X(t) = \sum_{j=1}^{n} C_j(t) + r_n(t) \tag{14-9}$$

由于每一个 IMF 分量是代表一组特征尺度的数据序列，因此 EMD 分解过程实际上是将原始数据序列分解为各种不同特征波动的叠加。需要说明的是，每一个 IMF 分量既可以是线性的，也可以是非线性的。

三、结果分析

中华人民共和国成立以来，河北省耕地数量变化经历了先增加后减少的变化过程，1949~2006 年耕地净减少 1383.27×10^3公顷。耕地总量最多的年份是 1953 年，达 7645. 23 $\times 10^3$ 公顷；人均耕地数量最多的年份是 1949 年和 1952 年，分别为 0. 2354 公顷和 0. 2353 公顷。到 2006 年人均耕地不到 0. 0853 公顷，比 1949 年减少了 0. 1502 公顷。全省耕地数量总量在 1953 年达到峰值后总体趋势是减少的，但也有明显的波动。

（一）EMD 分解图分析

由耕地系列 EMD 分解图 14-2-1（a）可见：IMF1、IMF2、IMF3 和 IMF4 分量分别可以反映出耕地数量变化率具有准 3~4 年、准 7~8 年、准 13~15 年和准 20 年周期性振荡。GDP 系列 EMD 分解［图 14-2-1（b）］的 IMF1、IMF2、IMF3 和 IMF4 分量分别可以反映出 GDP 变化率具有准 7~8 年、准 9~10 年、准 15 年和准 20 年周期性振荡，和耕地系列 EMD 分解分量对应的周期有 7~8 年和 15 年；同样人口系列 EMD 分解分量［图 14-2-1（c）］对应耕地系列的周期有准 3~4 年和准 13~15 年；粮食系列 EMD 分解分量［图 14-2-1（d）］对应耕地系列的周期有准 3~4 年、准 7~8 年和准 13~15 年周期性振荡。把耕地数量波动 IMF 分量和具有相同波动周期的 GDP、人口和粮食产量 IMF 分量进行对比找出相关关系。

（二）耕地数量、GDP、人口和粮食产量变化率的相关性分析

1. 耕地数量变化和 GDP 变化相关关系分析

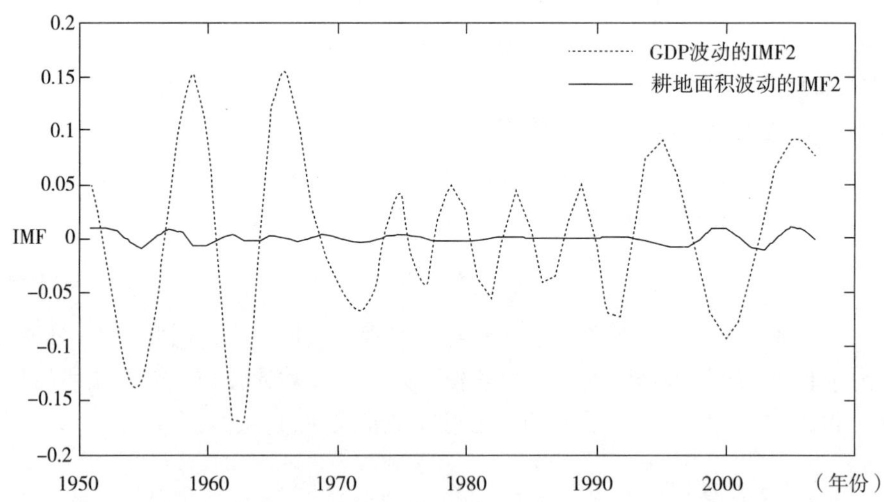

图 14-2-2　耕地数量波动的 IMF2 分量与 GDP 波动的 IMF2 分量

图 14-2-2 是耕地数量波动的 IMF2 分量与 GDP 波动的 IMF2 分量的比较，从图 14-2-2 可以看出在 7~8 年尺度上，1950~1970 年经济发展还处于新中国初期的摸索阶段，GDP 变化幅度很大，和耕地面积变化对应关系不明显；1970~1990 年 GDP 和耕地数量波动幅度都较小；1990~2004 年耕地数量和 GDP 波动趋势基本上具有反相关关系，说明 GDP 增长周期与耕地数量减少周期基本同步，在 7~8 年尺度上 GDP 增长与耕地数量变化关系在一定程度上反映出大量耕地被占用是驱动区域经济发展的重要因素之一，也反映了土地资源在区域发展中的重要作用。之后由于用地政策的改变和实施，它们之间的关系发生变化，目前正处于国家政策调控之中。

2. 耕地数量变化和人口变化相关关系分析

图 14-2-3 是耕地数量波动的 IMF3 分量与人口波动的 IMF3 分量的比较，从图 14-2-3 可以看出，耕地数量变化和人口波动基本呈相反趋势，但耕地变化相对落后于人口，即人口数量峰值出现后耕地数量谷值出现。说明在 13~15 年尺度上人口变化是耕地数量变化的驱动力。人口增加需要更多住房和配套的基础设施建设等，导致城市扩张、农村村落面积增大，耕地数量减少。

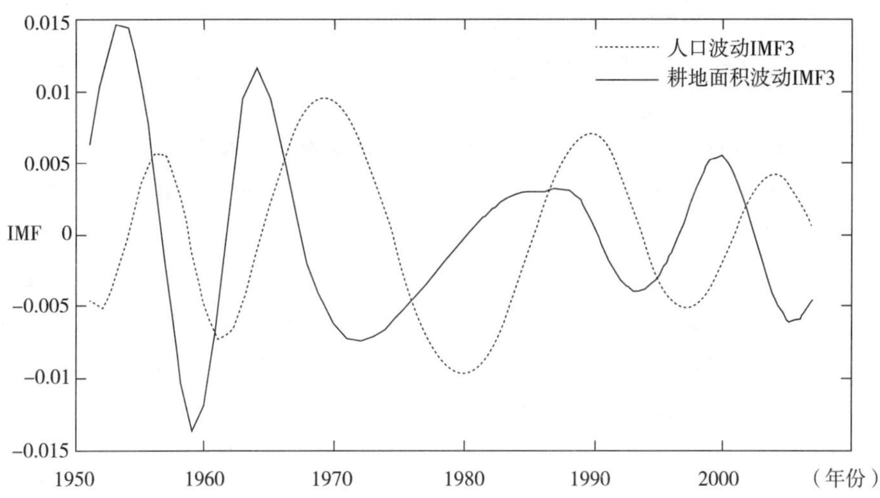

图 14-2-3　耕地数量波动的 IMF3 分量与人口波动的 IMF3 分量

3. 耕地数量变化和粮食产量变化相关关系分析

耕地数量变化和粮食产量变化波动具有一致性，它们共有的周期最多，有准3~4年、准7~8年和准13~15年。在这些尺度上粮食产量波动均受耕地数量变化的影响。虽然影响粮食产量的因素很多，如气候、技术进步、物化要素投入、粮食价格等因素对粮食总产量的影响，但根据作物学原理，农作物总产=播种面积×单位面积产量。因此，无论从哪一角度分析，影响粮食产量最直接、简单的因素为单产和播种面积。但联产承包之后随着农民种粮热情的提高，随着科学技术进步、物化要素投入的增加、粮食单产的提高，耕地数量变化对粮食总产量变化的影响也有减小趋势。

（三）耕地数量变化预测

从耕地数量波动（见图14-2-1a）的IMF1和IMF2分量可以看出其增长率都处于下降阶段，IMF1和IMF2分量分别表示3~4年和7~8年的周期，即反映未来2~4年内依惯性耕地增长率还有下降的可能。但从耕地数量波动的IMF3和IMF4分量可以看出其增长率都处于下落之后逐渐回升的阶段，它们分别表示13~15年和20年左右的周期，即反映未来7~10年内耕地数量增长率会有回升。

四、结论与讨论

通过对1950年以来河北省耕地数量、GDP、人口和粮食产量波动的EMD分解，得到各要素四级IMF分量，由EMD分解图分析可知：

（1）耕地数量、GDP、人口和粮食产量变化率均存在多尺度波动周期。

（2）把耕地数量波动IMF分量和具有相同波动周期的GDP、人口和粮食产量IMF分量进行对比发现，在20世纪末21世纪初7~8年尺度上经济增长为耕地数量变化的主要驱动因子；在13~15年尺度上人口变化是耕地数量变化的驱动力；在多尺度上粮食产量波动主要受耕地数量变化控制，但联产承包之后随着农民种粮热情的提高，随着科学技术进步、物化要素投入的增加、粮食单产的提高，耕地数量变化对粮食总产量变化的影响也有减小趋势。

（3）未来2~4年内依惯性耕地增长率还有下降的可能。未来7~10年内耕地数量增长率会有回升趋势。耕地数量变化的预测只是根据以往变化规律作出的一种判断，土地利用必须认真执行国家土地保护政策，增强国民耕地保护意识，推进土地整理进行，使经济发展进入良性发展阶段，耕地数量有望稳定在一定水平。

第三节　基于 Morlet 小波的河北省耕地数量动态分析

使用 1949~2005 年河北省统计年鉴统计数据，求出耕地数量、GDP、人口和粮食产量逐年变化率，选择 Morlet 小波对其做多尺度分解。结果表明：各要素均存在多尺度波动周期；15 年尺度为耕地数量、人口和粮食产量波动的主周期，5~10 年尺度为 GDP 波动主周期；1978 年以后耕地数量和人口数量波动呈现出反相关关系。20 世纪 90 年代以后耕地数量和 GDP 表现出反相关关系，大量耕地被占用是启动区域经济发展的重要因素之一。正确处理 GDP 增长和土地利用的关系，加快绿色 GDP 增长；进一步落实好国家的人口政策，控制人口过快增长才是区域经济发展的根本之道。

一、研究意义

土地是支撑区域经济发展最为基础的自然资源，其中耕地是人类生命和农业生产赖以存在和发展之本，其动态变化无疑是影响区域可持续发展的关键问题。由 IGBP 和 IHDP 联合发起的全球土地研究计划（Global Land Project，GLP）的重要研究内容之一就是测度和解释土地系统的变化及其引起的社会、经济和政治后果。土地利用转型，即土地利用形态在时间序列上的变化也因此成为国内地理与资源科学等领域学者日益关注的前沿热点问题。一些学者在跟踪国际相关领域研究热点，从不同角度研究耕地变化的过程及其驱动机制。河北省作为我国粮食主要生产省份之一，在全国农业发展格局中具有举足轻重的地位。但由于社会经济发展、人口增长和非农业建设等原因占用大量耕地，致使耕地日益减少，人口与耕地、建设用地等矛盾十分突出。因此，加强耕地数量变化研究，分析耕地减少的驱动因子，对合理利用耕地资源具有重要意义。

小波分析作为一种数学工具，近年来在揭示多尺度特征方面具有明显优势，并被广泛应用到多个领域。本研究以相关统计数据为基础，以 Morlet 小波变换方法为基本手段，对河北省的耕地数量变化、GDP 增长、人口变化和粮食产量进行多尺度分析，找出它们之间变化的相互关系，以期为制定合理的土地利用方案提供参考。

二、数据和处理方法

（一）数据来源

采用 1985~1994 年《河北经济统计年鉴》和 1995~2007 年《河北统计年鉴》中逐年耕地数量、GDP、人口和粮食产量统计数据，求出各要素年增长率，用 Matlab 软件对其进行多尺度相关分析。

（二）多尺度分析的工作步骤

（1）选择合适的基本小波：考虑到小波的正交归一性，选用的基本小波为 Morlet 小波。

（2）计算数据的小波系数：本次研究采用 11 级分解，提取的小波系数为详细系数（Detailed Coefficients）。

（3）计算相关系数：对提取的相关系数进行多尺度的相关分析，计算相关系数。

（三）小波分析方法原理

小波分析（Wavelet Analysis）是由 Y. Meyer，S. Mallat 与 I. Daubeehies 等科学家提出并迅速发展起来的一种新的数学方法，通常是指由 Hilbert 空间中的满足某种特性的一列向量组成的集合，是在傅立叶（Fourier）变换的基础上引入了窗口函数，小波变换基于平移和伸缩的不变性，允许把一个时间序列分解为时间和频率的贡献，其优势在于它能进行多分辨率分析，并在时域和频域都有良好的局部化的性质，从而解决了傅立叶变化不能解决的许多问题，被称为“数学显微镜”。小波分析原理主要包括小波变化的形式、母小波的选择以及小波方差分析，本书通过编写数据处理及运算程序，在 Matlab 中运行。

小波变换就是通过“小波”（wavelet）与待分析函数“相乘”（内积），以达到分解原函数的目的。小波变换的含义是：把某一被称为基本小波（或母小波，Mother Wavelet）的函数 ψ（t）作位移 τ 后，再在不同尺度 a 下与待分析函数 f（t）作内积，形如：

$$C(a,\ \tau)=\frac{1}{\sqrt{a}}\int_{-\infty}^{+\infty}f(t)\psi\left(\frac{t-\tau}{a}\right)dt \qquad a>0 \qquad (14-10)$$

式（14-10）中，a 为尺度因子，τ 为平移因子，C 为小波系数。这里 ψ（t）为一平方可积函数，即 $\psi(t)\in L^2(R)$。经过基本小波与待分析函数作内积之后，可分解得到不同尺度下的小波系数。

本研究采用 Morlet 小波函数，Morlet 函数有多种形式，应用 Math Works 公司的数学软件 Matlab7.4 提供的 Morlet 小波函数，其形式为：

$$\psi(t) = e^{-t^2/2} e^{i\omega_0 t} \tag{14-11}$$

式（14-11）中：ψ（t）为基本小波或母小波，t 为时间，ω_0 为常数。提取不同尺度下耕地数量、GDP、人口和粮食产量变化率的小波系数，取详细系数计算小波方差，结果见图 14-3-1 和图 14-3-2。

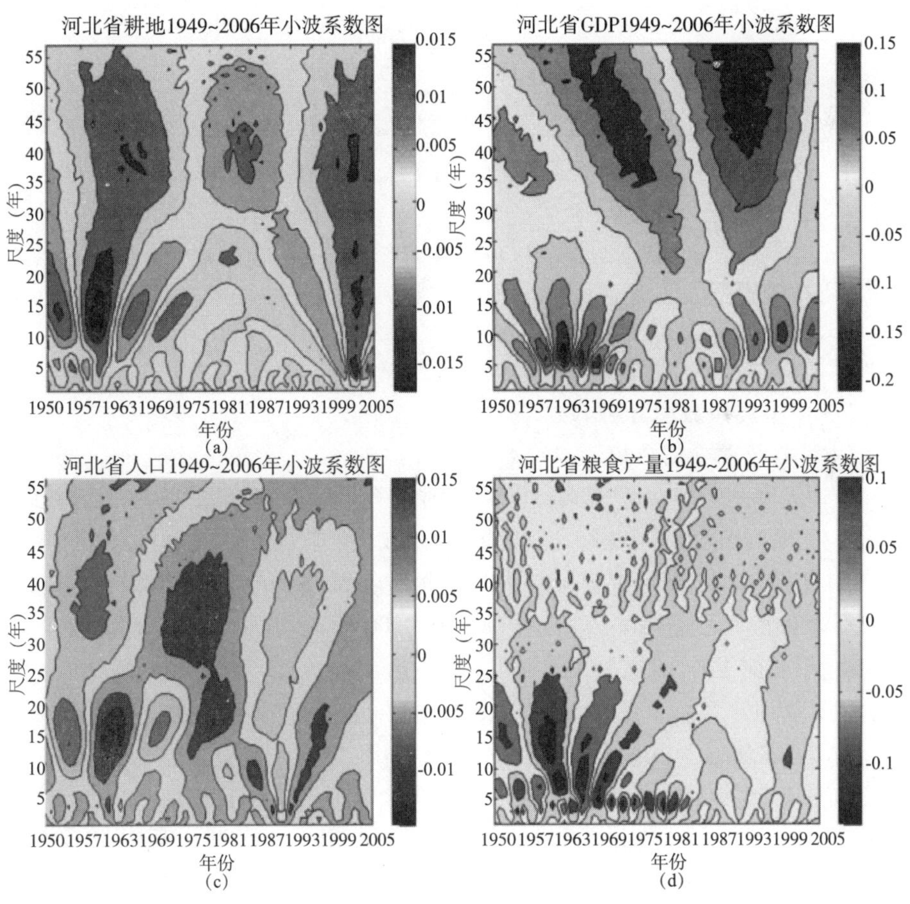

图 14-3-1　1949~2006 年河北省耕地数量、GDP、人口和粮食产量变化率小波系数

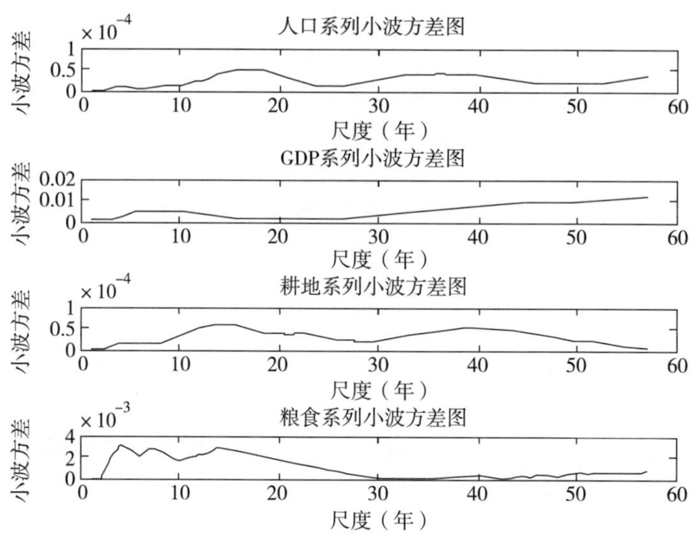

图 14-3-2 小波方差图

三、结果分析

（一）小波系数图分析

1. 耕地数量变化分析

中华人民共和国成立以来，河北省耕地数量变化经历了先增加后减少的变化过程，1949~2006 年耕地净减少 1383. 27×10³公顷。耕地总量最多的年份是 1953 年达 7645. 23×10³公顷；人均耕地数量最多的年份是 1949 年和 1952 年分别为 0. 2354 公顷和 0. 2353 公顷。到 2006 年人均耕地不到 0. 0853 公顷。比 1949 年减少了 0. 1502 公顷。

全省耕地数量总量在 1953 年达到峰值后总体趋势是减少的，但也有几个明显的波动周期，从小波系数图 14-3-1a 看出：

（1）在 15 年尺度上 1949~1953 年有一个高值区，全省耕地数量呈增加趋势，净增耕地 379. 44×10³公顷，平均年增长 94. 86×10³公顷，其中 1952 年耕地数量增长率为 2. 06%。

1949~1953 年中国处于经济恢复和发展时期，中央和地方政府把开荒造田、扩大耕地作为发展农业的重要措施，鼓励和扶持农民开荒，尤其是 1950 年全省土地改革基本完成，农民开垦造田、发展生产的积极性高涨。同时国家投资先后在滨海平原、坝上高原和内陆洼地开荒，建立了一批国营农场，耕地数量迅速扩大。

（2）在15年尺度上1953~1961年有一低值中心，耕地数量呈递减的趋势，具体表现为：1953~1962年，耕地总面积大幅度下降，净减少691.4×10^3公顷，年均减少76.82×10^3公顷，其中1958年增长率为-3.72%。期间由于开展经济建设，工矿、水利占用一些耕地，“大跃进”期间耕地被大量占用和损毁（如小高炉、平原水库占地等），再加上严重的自然灾害致使耕地逐年减少。

（3）1961~1964年由于《农村人民公社工作条例》等一系列农村经济政策的贯彻执行，调动了农民生产的积极性，促进了农业生产的发展，耕地有所增长。1963~1964年耕地数量增加43.28×10^3公顷，增长率为0.62%。

（4）在15年尺度上1964~1978年河北省耕地增长率基本上为低值，耕地数量在波动中呈下降趋势，除1973年增长率0.27%以外均为负增长。净减少耕地543.27×10^3公顷，年均减少14.68×10^3公顷。随着科技的进步，温饱问题得到解决，为人们寻找提高收入的新土地经营方式提供了可能，因此农业内部比较效益的作用使得大量耕地转向种植业以外的其他农业生产。

（5）1978~1993年，随着经济发展，工业用地和城镇范围扩大等都占用了大量耕地，使耕地总面积持续减少。1993~2000年，由于前期耕地大量流失政府采取一系列耕地保护措施，耕地数量增长率稍有回升。

（6）在15年尺度上2001~2006年为明显的低值区，耕地数量在波动中明显减少。由于农业结构调整、退耕还林、耕地的开发整理、复垦以及开发后备耕地资源等原因，耕地数量变化表现出明显的波动性。2002年增长率为-5.02%，2004年为0.16%。从总数量来看，净减少耕地数量566.41×10^3公顷，年均减少113.282×10^3公顷，耕地数量呈现锐减的趋势。本阶段一些地方政府为追求经济数字的增长，擅自扩大建设用地数量，盲目兴建开发区、大学城、工业园、小城镇等，造成耕地数量锐减。

另外，在40年尺度上还可以看出20世纪50年代中后期到70年代初期耕地数量增长率为低值，70年代初期到90年代中期耕地数量增长率为高值，90年代中期之后到2006年增长率一直保持低值。

2. GDP变化分析

从GDP小波系数图14-3-1b可以看出，在5~10年尺度上1956年以前为低值区，GDP增长率较低。因为中华人民共和国成立初期处于经济恢复时期，即为经济增长低迷阶段。1958年左右存在一个高值中心，受“大跃进”影响

1958 年取得了 21.63%的经济增长率，但这种经济高速增长是不可持续的。1961 年左右出现低值中心，由于全国性自然灾害影响经济出现负增长，1960 ~1963 年增长率分别为-1.04%、-25.29%、-11.19%、-8.00%。1965 年前后为相对高值中心，自然灾害之后经济恢复对应较高的经济增长率。1967 年左右为低值中心，受“文化大革命”影响又一次出现经济负增长，1967 年经济增长率为-2.65%。之后受经济波动周期影响经济复苏进入低迷状态，1976 年经济增长率为-4.28%，为“文化大革命”末期出现的改革开放前的最后一个经济负增长。

20 世纪 80 年代之后，河北省经济增长经过了三次大的起伏，第一次出现在 20 世纪 80 年代的初期，从 1981 年左右开始发动，到 1988 年到达高点，然后逐渐减速，于 1990 年到达最低点，完成了改革开放以后的第一个循环。第二次出现在 20 世纪 90 年代的初期，从 1991 年开始发动，到 1993 年到达高点，然后逐渐减速，在 1999 年前后到达低点，完成了改革开放后的第二个循环。第三次出现在 21 世纪初期，也就是我们目前经历的这个新的经济发展时期。它在 2001 年前后表现出加速的特征，2004 年已经出现一个较高的数值，到目前为止，仍然在上升通道中运行。

另外在 40 年尺度上 20 世纪 90 年代中期有一个高值中心，70 年代末 80 年代初有一个明显的低值中心，50 年代中期有一个次高值中心。

3. 人口变化分析

从人口小波系数图 14-3-1c 可以看出，在 15 年尺度上 1953 年左右人口增长有一个高值中心，1953 年人口增长率为 3.27%，是由于中华人民共和国成立后经济在复苏，耕地数量在增加，粮食增产，人民生活水平在逐步提高；1960 年左右出现低值中心，为新中国成立后唯一人口负增长时期，1960 年增长率为-0.32%，是由于自然灾害所致，当时粮食产量低，GDP 负增长、耕地数量在减少；1964 年左右为高值中心，由于自然灾害过后耕地数量恢复增长，粮食产量增加，人民生活温饱问题得到解决，出生率升高。

20 世纪 70 年代中国实行计划生育政策后，河北省人口增长率在波动中呈现降低趋势。70 年代和 80 年代增长率基本上在 1%上下波动，90 年代在 1%以下，进入 21 世纪后的几年在 0.5%~0.6%上下波动。1988~1990 年人口增长率相对偏高，可能是由于前一个增长高峰的人口已经到了生育年龄所致；2000 年增长率相对偏高，可能与世纪婴儿的出生有关。

在 40 年尺度上有一个高值中心（1956~1957 年）、一个次高值中心（1987~1988 年）和一个明显的低值中心（1974~1975 年）出现。

4. 粮食产量变化分析

从图 14-3-1a、d 可以看出在 15 年尺度上河北省 1949~2006 年粮食产量小波系数图和耕地数量变化小波系数图有很大相似性，在耕地数量增长率高的年份，粮食产量增长率也为高值，如 1949~1953 年全国范围推行土改，极大地调动了农民的种粮热情；1962~1964 年正是自然灾害结束之后，国家增加农业投入，粮食生产逐步恢复等；1978~1979 年是结束“文化大革命”，改革开放前夕，农民生产积极性很大。而在耕地数量增长率较低的年份粮食产量增长率也较低，如 1953~1964 年、2001~2006 年。

从粮食产量小波系数图还可以看出，在 3~4 年尺度上粮食产量增长率的波动，1981 年以前表现明显，有多个高低值中心出现。主要受气候变化、粮食单产（粮食作物播种面积单产）等因素波动的控制。

（二）小波方差分析

为了揭示各要素变化的主周期，本研究进行了小波方差分析。小波方差图反映了波动能量随尺度的分布，可以用来确定一个时间序列中各种尺度扰动的相对强度，对应峰值处的尺度称为该序列主要时间尺度即主要周期，我们用它来分析河北省耕地、GDP、人口和粮食产量变化中的主要周期。

从图 14-3-2 可以看出，人口系列小波方差图有 2 个明显的峰值，分别对应周期为 15~18 年、35~40 年，说明河北省人口变化存在着 15~18 年和 35~40 年这两个主要的周期振荡，其中 15~18 年周期性振荡较强；GDP 系列小波方差图中有一个明显的峰值，GDP 变化存在着 5~10 年周期振荡。这种起伏反映了河北省经济增长过程中的周期性，和北京大学经济学院教授刘伟提出的 1978 年以后我国经济增长的 10 年左右周期相吻合；耕地系列小波方差图中有 3 个峰值，存在着 3 年、15 年和 40 年三个主要的周期振荡，其中 15 年周期性振荡较强；粮食系列小波方差图中有 3 个明显的峰值，存在着 3~4 年、7~8 年和 15 年周期振荡。同时对比前面小波系数图的分析，可见耕地数量、GDP、人口和粮食变化的特征时间尺度和主要周期是一致的。

（三）小波方差分析和 EMD 分解对比

对河北省耕地数量、GDP、人口和粮食产量变化率作 EMD 分解，分别得出四级本征模函数 IMF1、IMF2、IMF3、IMF4，生成系列 EMD 分解图。由 EMD 分解图也可以得到人口系列准 13~15 年和 40 年的周期性振荡；GDP 系列的准 5~10 年周期的波动；耕地系列的是一个准 3~4 年、15 年、40 年的周期性振荡；粮食系列的准 3~4 年、7~8 年、15 年周期的波动。和小波方差分析得出的主周期相对应，进一步确认了这一系列周期的可信度。

（四）各要素相关分析

将各要素小波系数图（图 14-3-1）做对比，分析 15 年尺度上的波动规律可见：1978 年以前，耕地数量、人口和粮食产量波动趋势大体一致。此阶段影响各要素变化的因素比较单一，计划生育政策还未实施，耕地面积增加、粮食产量增加会导致人口出生率增加，人口数量增长，故人口波动相对稍微滞后。1978 年以后耕地数量和人口数量波动呈现出反相关关系。因为人口增加需要更多住房和配套基础设施建设等，导致城市扩张、农村村落面积增大、耕地数量减少。1978 年以后耕地数量和粮食产量波动的相关关系较差，随着农业科技水平的提高和种植结构的调整，耕地数量已经不是粮食产量唯一重要的决定因素。

从图 14-3-1 还可以看出，20 世纪 80 年代以前耕地数量与 GDP 波动大体一致基本相似，因为在农业经济为主的时期，耕地数量和粮食产量是决定 GDP 的重要因素。改革开放初期两者关系逐渐发生变化，到 20 世纪 90 年代以后表现出反相关关系。目前河北省正处于快速的城市化和工业化进程中，2006 年 GDP 达到 11660.43 亿元。在经济快速增长的同时，其耕地数量也随之快速减少。GDP 增长与耕地数量变化关系在一定程度上反映出大量耕地被占用是启动区域经济发展的因素之一，也反映了土地资源在区域发展中的重要作用。

四、结论和讨论

（1）通过对 1949~2006 年河北省耕地数量、GDP、人口和粮食产量波动的小波分析，得知各要素变化存在不同尺度周期。15 年尺度为耕地数量、人口和粮食产量波动的主周期，5~10 年尺度为 GDP 波动主周期。

（2）1978 年以前，耕地数量、人口和粮食产量波动趋势大体一致。1978 年以后耕地数量和人口数量波动呈现出反相关关系。1978 年以后耕地数量和粮食产量波动的相关关系较差，随着农业科技水平的提高和种植结构的调整，耕地数量已经不是粮食产量唯一重要决定因素。

（3）20 世纪 80 年代以前耕地数量与 GDP 波动大体一致基本相似，20 世纪 90 年代以后表现出反相关关系，在经济快速增长的同时，其耕地数量也随之快速减少。GDP 增长与耕地数量变化关系在一定程度上反映出大量耕地被占用是启动区域经济发展的因素之一，也反映了土地资源在区域发展中的重要作用。

（4）未来河北省经济发展、城市化进程还要进一步加快，人口依惯性持续增长，正确处理 GDP 增长和土地利用的关系，加快绿色 GDP 增长；进一步落实好国家的人口政策，控制人口过快增长才是区域经济发展的根本之道。

第四节 承德市 1999~2004 年生态足迹与土地生态承载力分析

根据生态足迹原理和方法，用 1999~2004 年承德市统计数据计算出 7 年来承德市生态足迹和生态承载力，并与北京、天津、河北省生态足迹与生态承载力进行比较。结果表明 1999~2004 年承德市人均生态足迹呈上升趋势，说明这期间承德市人类活动对自然的生态占用在增加。1999~2004 年承德市人均生态足迹大于土地生态承载力为生态赤字，必须改变消费和生产方式，树立科学发展观，走集约、节约、高效型的循环经济发展模式。从横向比较看，承德市 6 年平均人均生态足迹仅为全球 1993 年平均水平的 43.69%，是北京、天津、河北 1990~2003 年平均水平的 48.17%、50.98%、50.98%，是全国 1999 年水平的 91.98%，说明承德市的经济发展水平略低于全国平均发展水平，在京津冀地区属于相对发展滞后区。而承德市作为京津冀都市圈的生态屏障区，为保障其他区域的发展而某种程度上限制了当地资源的开发和经济发展，应该得到相应的生态补偿。而从全球角度，相对较低的生态赤字表明承德市的发展是相对生态可持续的。

一、研究意义

全球和区域资源数量是有限的，区域发展需要走可持续之路，但要将可持续发展理念变成可操作的发展模式，就必须定量测度发展的可持续性状态。可持续发展定量测度的核心是确定人类是否生存于生态系统的承载力范围之内。生态足迹的研究方法是 1992 年 William Rees 和他的学生 Wackernagel 提出并于 1996 年完善的，是一种定量测量人类对自然利用程度的新方法。该方法通过将区域生物资源和能源消费转化为提供这种物质流所必需的各种生物生产土地面积（生态足迹需求），并同区域能提供的生物生产土地面积（生态承载力或生态足迹供给）进行比较，能定量判断一个区域的发展是否处于生态承载能力的范围内。由于采用看得见的足迹来反映人类消费对自然的影响，生态足迹研究方法自提出以来，已经得到了广泛的应用。承德市的土地生态承载力到底有多大？生态经济是否可持续发展？和周围地区的生态环境如何相互影响？生态足迹原理和方法为回答这些问题提供了一种较为可行的方法。本书用当前国际上流行的生态足迹原理和方法，求出 1999~2004 年承德市生态足迹、生态承载力及生态赤字/盈余，并与北京、天津和河北省进行对比，旨在揭示承德市生态经济可持续状况和资源利用强度的变化过程及其原因，以期寻求在资源环境承载力范围内实现该市可持续发展的途径和对策。

二、数据来源和处理

数据来源于承德市人民政府办公室、承德市统计局编制的《1949~1999 承德五十年》和承德市统计局 2000~2005 年编制的《承德统计资料》。农村居民消费数据由农村住户调查基本情况和生产情况、农村住户户均购买情况、农村住户人均出售商品情况三部分得来，农村居民消费量=生产商品量-出售商品量+购买商品量；城市居民消费数据由城市居民家庭购买主要商品情况抽样调查资料得来；能源消费数据来自于工业企业产值综合能耗及农村居民和城市居民能源购买情况，总能源消费量=农村居民能源消费量+城市居民能源消费量+工业企业能源消费量。

三、承德市土地生态承载力评价

（一）生态足迹一般计算步骤

生态足迹的计算是基于以下两个基本事实：①人类可以确定自身消费的绝大多数资源及其所产生的废弃物的数量；②这些资源和废弃物能转换成相应的生物生产土地面积（Biologically productive area）。因此，任何已知人口（某个个人、一个城市或一个国家）的生态足迹是生产这些人口所消费的所有资源和吸纳这些人口所产生的所有废弃物所需要的生物生产土地总面积（包括陆地和水域）。其计算公式如下：

$$EF = Nef = N\sum(aa_i) = N\sum(c_i/p_i) \tag{14-12}$$

式（14-12）中：EF 为总生态足迹；N 为人口数；ef 为人均生态足迹；aa_i为人均 i 种交易商品折算的生物生产土地面积；i 为消费商品和投入的类型；c_i为 i 种商品的人均消费量；p_i为 i 种消费商品的平均生产能力。

（二）承德市生态足迹计算方法与过程

根据生态足迹原理和方法，利用承德市人民政府办公室、承德市统计局编制的《1949～1999 承德五十年》和承德市统计局 2000～2005 年编制的《承德统计资料》统计数据，对承德市近 7 年来的生态足迹进行计算和分析。承德市生态足迹的计算包括两部分：生物资源消费和能源消费。生物资源消费主要包括农产品、动物产品、林产品和水产品；能源消费主要包括电力、煤气、液化石油气、煤、柴油、塑料膜、化肥、水泥、钢材等。在生物资源消费计算中，生物资源折算面积采用联合国粮农组织（FAO）1993 年计算的有关生物资源世界平均产量资料，将承德市不同时期生物资源消费量转化为提供这类消费所需的生物生产土地面积。生物资源消费采用的计算方法如下：

$$EF_i = \frac{P_i + I_i + E_i}{Y_{average}} \tag{14-13}$$

式（14-13）中：EF_i为 i 种资源消费的生物生产面积；P_i为 i 种生物资源总生产量；I_i、E_i为 i 种资源消费的进口和出口量；$Y_{average}$为世界上 i 种生物资源平均产量。

计算能源消费足迹时，以世界单位化石燃料生产土地面积平均发热量为标准，将承德市能源消费折算成一定的化石燃料生产土地面积。计算公式如下：

$$A_i = \sum \frac{C_i \times H_i}{\overline{EP_i}} \tag{14-14}$$

式（14-14）中：A_i为化石燃料生产土地面积（ha）；C_i为第 i 种能源消费量（t），H_i为第 i 种能源燃烧释放热量折算系数（GJ），$\overline{EP_i}$为全球森林对 i 种能源燃烧排放温室气体的平均吸收能力（GJ/ha）。

对承德市不同年份各种生物生产土地面积进行分类汇总，并进行均衡因子的修正，耕地和建筑用地为 2.8，林地和化石燃料用地为 1.1，草地 0.5，水域 0.2，得到承德市 1999～2004 年的人均生态足迹。为了查明资源利用效益，本书计算了承德市万元产值生态足迹。

（三）土地生态承载力计算方法与过程

根据承德市 1999～2004 年土地利用变更调查数据，采用生态承载力计算模型，对人均拥有的各类生物生产土地面积乘以均衡因子和产量因子，计算公式为：

$$ec = r_j \times y_j \times \sum_{j=1}^{6} a_j \quad (14-15)$$

式（14-15）中：ec 为人均生态承载力（公顷/人）；r_j为均衡因子；y_j为产量因子；a_j为人均占有的第 j 类生物生产性土地面积（公顷/人）。扣除 12%的生物多样性保护面积后，得到承德市 1999~2004 年人均土地生态承载力。计算中产量因子采用 Wackernagel 等对中国生态足迹计算时的取值，耕地、建筑用地均为 1.66，草地 0.19，林地 0.91，水域为 1。

在上述计算基础上，将 1999~2004 年承德市生态足迹和生态承载力进行比较，分析其生态赤字和生态盈余。此外，本书还将承德市人均生态足迹、人均生态承载力、人均生态赤字/盈余与北京、天津和河北省进行了对比，以便更清楚地了解承德市生态状况及其与周围地区的生态关系。

四、结果分析

（一）人均生态足迹结构及变化趋势分析

从多年平均生物资源消费看，各种生物资源消费项目中，人均水产品消费生态占用面积最大，其次是粮食、猪肉、牛肉、羊肉和蔬菜，前六种生物资源占到总消费生态面积的 85.28%。家禽、水果、干果、豆类、豆制品、鲜乳品、鲜蛋等的人均消费生态占用面积较小。可见，在承德市日常消费结构中，粮食、肉类和蔬菜生产占用较多土地面积。从各种生物资源消费项目变化趋势看，承德市除鸡蛋、水果、木材消费生态占用面积略呈下降趋势外，其他生物产品消费生态占用面积均呈上升趋势，说明承德市生物产品消费需求旺盛，处于明显经济增长阶段。

从多年平均能源消费看，在各行业能源消费项目中，工业企业能耗人均生态占用面积最大，占到人均能源消费总生态面积的 73.16%，其次是农用化肥、煤气、农村生活用煤和水泥。工业企业耗能、农用化肥、煤气、农村生活用煤和水泥五种能源消费生态占用面积之和占人均消费总生态面积的 97.18%。电力、液化石油气、城市居民用煤、农用柴油、农药、农用塑料膜、钢材消费人均生态占用面积较小。这与承德市能源消费结构特征相一致。从变化趋势看，除城市居民煤炭消费占用生态面积呈下降趋势，柴油、水泥消费占用生态面积略有下降外，其他能源消费生态占用面积均呈上升趋势。这说明承德市能源消费需求同样旺盛，进一步证明其处于明显经济增长阶段。

从人均生态足迹变化趋势看（见图 14-4-1），承德市人均生态足迹呈上升趋势。1999~2004 年增长明显，由 0.9288 公顷上升到了 1.6594 公顷，上升了 0.7305 公顷。这说明期间承德市人类活动对自然的生态占用增加迅速。

生态足迹结构在一定程度上反映区域发展程度。在各类生态生产土地面积中，承德市化石燃料生态占用面积最大，占人均生态足迹的 51.41%，其次是耕地和草地，分别占人均生态足迹面积的 37.73%和 8.21%，三者占承德市人均生态足迹的 97.350%。从各类生态生产性土地面积变化趋势看，承德市各类用地人均生态占用面积均呈增大趋势，其中以化石燃料地增加幅度最大，其次是耕地和草地，而林地、水域、建筑用地人均生态占用面积增大趋势不明显。这说明承德市对能源、粮食、肉类等生活消费品需求在不断增加，人民生活水平在不断提高。

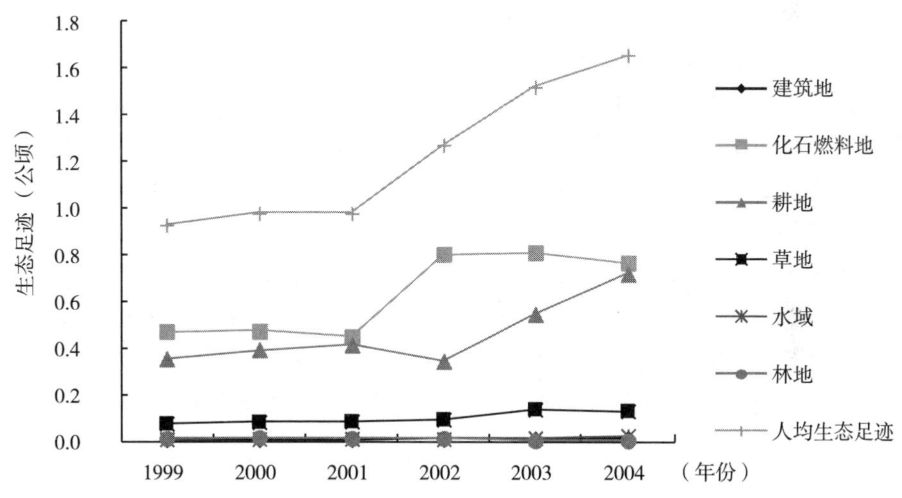

图 14-4-1　承德市 1999~2004 年的人均生态足迹

（二）万元产值生态足迹变化趋势分析

由图 14-4-2 可见，承德市万元产值生态足迹在波动中有上升的趋势。1999 年、2001 年和 2004 年较低分别为 2.07 公顷、1.91 公顷和 2.04 公顷，2000 年、2002 年和 2003 年较高分别为 2.12 公顷、2.28 公顷和 2.33 公顷。说明承德市资源利用效益没有提高，生物生产面积类型的产出率有下降的趋势。经济发展应该开始由粗放、耗能型向节约、集约型转变。

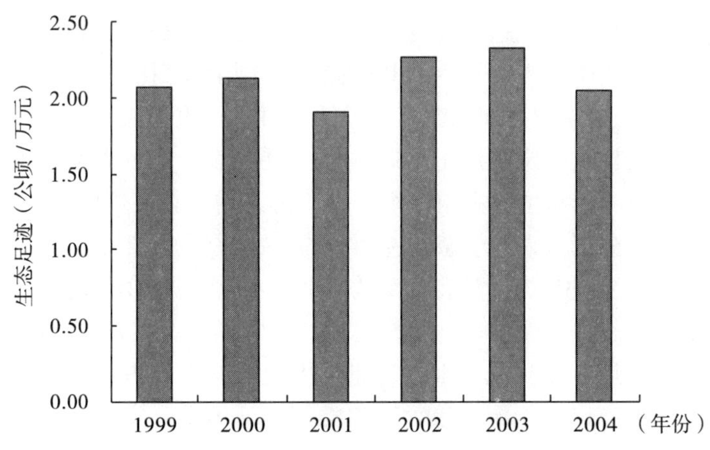

图 14-4-2　承德市万元产值生态足迹

（三）生态赤字及盈余分析

由图 14-4-3 和图 14-4-4 可见，从 1999~2004 年，承德市无论是人均生态足迹还是总生态足迹都在增加，人均生态承载力和总生态承载力都在逐渐减小，生态足迹大于生态承载力为生态赤字，且生态赤字绝对值呈逐渐增加的变化趋势。

1999 年承德市总生态足迹 328. 23×10^4公顷，总生态承载力 301. 45×10^4公顷，总生态赤字 26. 78×10^4公顷。2004 年总生态足迹 463. 85×10^4公顷，总生态承载力 284. 07×10^4公顷，总生态赤字 179. 78×10^4公顷。可见，承德市资源消耗量已逐渐超过其资源再生能力，其生态经济发展处于相对不可持续状态。

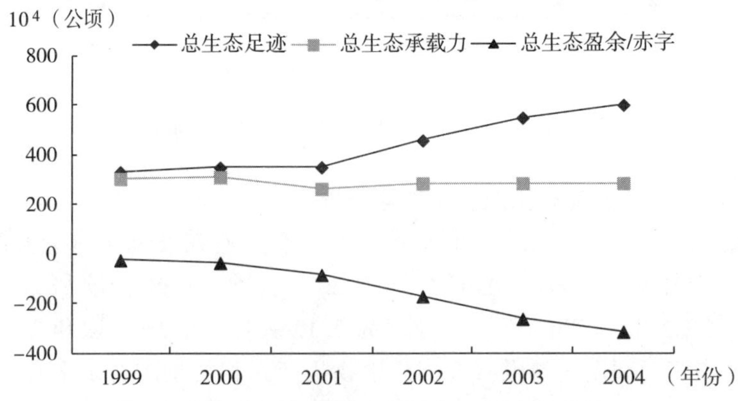

图 14-4-3　承德市 1999~2004 年生态盈余/赤字分析

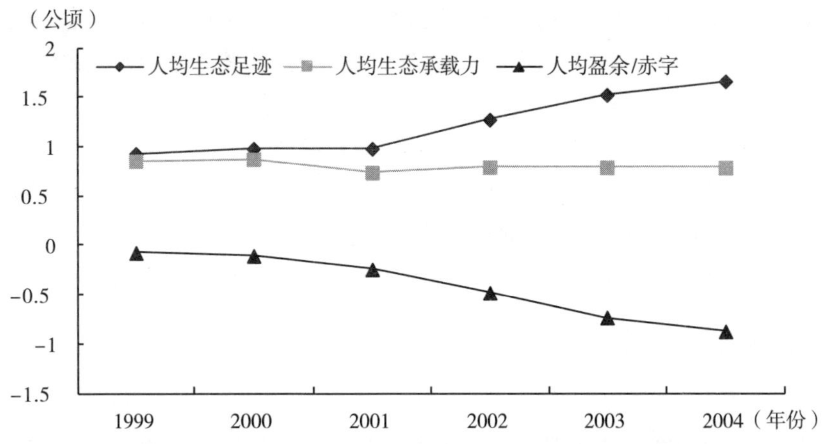

图 14-4-4 承德市 1999~2004 年生态盈余/赤字分析

(四) 承德市与其他地区比较分析

将承德市 1999~2004 年平均生态足迹和承载力平均值与河北、北京、天津 1990~2003 年平均值进行比较，横向分析其生态足迹情况（见图 14-4-5）。

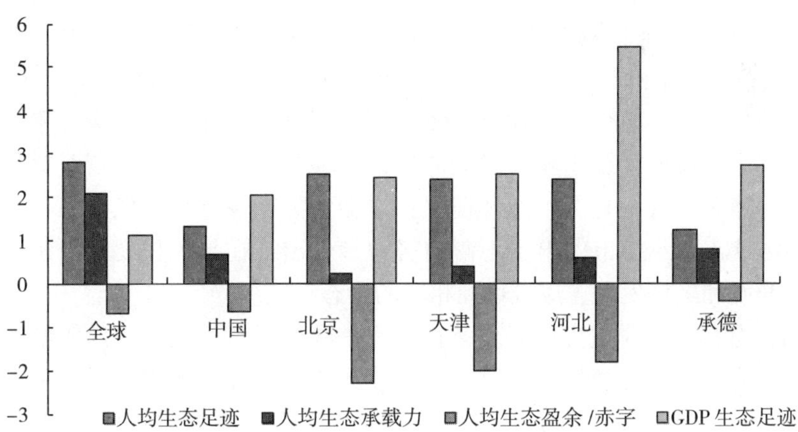

图 14-4-5 承德市人均生态足迹与其他地区比较

注 全球为 1993 年数值，中国为 1999 年数值，北京、天津、河北为 1990~2003 年平均值。

从人均生态足迹看，承德市 1999~2004 年平均人均生态足迹较低，仅为北京、天津、河北 1990~2003 年平均水平的 48.17%、50.98%和 50.98%，是全国 1999 年水平的 91.98%，是全球 1993 年水平的 43.69%。从生态盈余/赤字看，全球 1993 年人均生态赤字为 0.7 公顷/人，承德市 1999~2004 年人均生态赤字为 0.42 公顷/人，低于全球平均水平，仅为北京、天津、河北的 18.26%、20.79%和 23.33%。可见，从全球角度来看承德市生态发展是相对可持续的。承德市是京津冀都市圈生态屏障区，特别是在生态环境保护方面，为减少沙尘天气，为保护首都北京饮水水源清洁，承德市做出了不懈的努力，在某种程度上限制了当地资源的开发和经济发展，应该得到必要的经济补偿。

五、结论与讨论

（1）1999~2004 年，承德市人均生态足迹呈上升趋势，1999~2004 年增长明显，由 0.9288 公顷上升到了 1.6594 公顷，上升了 78.65%，这说明期间承德市经济发展的加速，人民生活质量的提高，同时人类活动对自然的生态占用也在迅速增加。

（2）承德市人均生态足迹超过其土地生态承载力为生态赤字。必须改变消费和生产方式，树立科学发展观，社会经济发展必须走更集约、节约、高效型的循环经济发展模式。而从全球比较的生态赤字值相比，承德市的发展是相对生态可持续的。

（3）从横向比较看，承德市人均生态足迹仅为北京、天津、河北的 48.17%、50.98%和 50.98%,，是全国 1999 年水平的 91.98%，是全球 1993 年水平的 43.69%。这些比例说明承德市的经济发展水平略低于全国平均发展水平，在京津冀地区属于相对发展滞后区。事实上，承德市是京津冀都市圈的生态屏障区，特别是在生态环境保护方面，为减少沙尘天气，保障首都北京的清洁饮水，承德市做出了不懈的努力和付出，在某种程度上限制了当地资源的开发和经济发展，应该得到相应的生态补偿。

（4）数据是科学研究的必要条件，也是限制因素。由于统计年鉴的局限性，部分为抽样统计数据。同时，由于数据的可得性，承德市生态足迹的计算分析，只是统计和计算了人们消费的部分生物和能源消费项目，水资源、汽油、化工产品等其他资源的消费尚未计算在内，所以计算的人均生态足迹难免有偏差。但通过与其他区域的横向对比，仍然可以得到与实施符合的评价结果，因此研究具有一定的意义。

第五节　承德土地压力评估及其缓解途径

用土地压力定量评估方法，以承德市八个县区 1999~2005 年统计数据为基础，评估各县区粮食生产压力和经济发展压力，并将其与实际土地生产力和经济发展实力进行了比较。结果表明：土地压力在空间上具有非均衡性，但相对于土地生产力的相对土地压力则存在空间均衡化的趋势。1999~2005年，区域 25%的县粮食生产能力能够支撑粮食生产压力，各县区土地经济产出都不能够支撑其经济发展压力。如果土地压力不能得到有效缓解，粮食生产、经济发展与生态保护之间会存在明显冲突。劳动力转移、发展经济林果和特色产业等是缓解上述压力的主要途径。

一、研究意义

承德地处燕山腹地，北部为坝上高原，中部为低山丘陵，南部峰峦重叠，峡谷幽深。该区为京津地区重要水源地，滦河、潮白河等流域土地利用/覆被变化影响区域水土流失状况，而土地利用/覆被变化则源于不断上升的区域土地压力。要改变区域水土流失的整体状况，关键在于调控区域土地利用变化，更在于平衡区域土地压力与土地生产力。而要做到这一点，势必先要认清区域土地压力和土地生产力的实际状况，考察两者之间的高低关系，进而寻求使两者平衡的可行途径。

目前学界对土地生产力已经有了清晰的认识，对土地压力的认识我们赞同的观点是，土地压力应当是一方土地所实际承受的对应于人类需求的产出压力，既包括土地的实物产出和功能产出压力，也包括土地的价值产出压力。

本研究将借鉴土地评价研究的相关成果，综合考虑区域粮食生产、经济发展和生态保护，对土地的需求，利用土地压力定量评估方法，评估各区域的土地压力，并将其与实际土地生产力进行比较，进而从各区域的经验事实中提取出使两者平衡的有效途径。

二、土地压力的评估方法

（一）粮食生产压力评估

粮食生产压力来源于人类对土地粮食产出的需求。理论上，一个地区粮食生产压力的大小与生活在该区的人口数量、人均粮食需求（合理需求）成正比，具体可表示为：

$$Gp = P \times AD \tag{14-16}$$

式（14-16）中：Gp 为一个地区的粮食生产压力；P 为该地区的人口总量；AD 为人均粮食年需求量。上述自变量中，人口总量数据一般可通过统计途径获取，关键是要确定人均粮食年需求量。

人均粮食年需求量首先决定于人类的食物需求，并随食物消费结构变化而变化；此外，粮食是许多工业产品的原材料，如酿酒、制造淀粉、制造生物燃料、制造药品、提炼调味品、提炼植物油或保健品等，工业发展对粮食作物的需求越来越大。就食物需求而言，根据联合国粮农组织的标准，每人每年 220 千克粮食就能基本满足人类的营养需求，但这不过是个底线，实际人均营养水平往往要高于这一标准。从欧美等发达国家的情况看，1999 年全年的人均营养供应量折合粮食为 315～375 千克。如果综合考虑工业需求等其他需求，人均粮食年需求量则更高，如美国 70 年代后基本稳定的人均粮食综合消费量就达到 600～700 千克。

具体到中国的情况，流行的看法认为中国人均粮食需求量当不低于 400 千克/年。这一标准无疑大大高于世界人均消费量 263 千克/年。国务院发展中心农村部的研究表明，20 世纪 80 年代以来中国人均粮食消费水平一直没有超过 400 千克/年，人均粮食产量超过 370 千克的年份，就会出现不同程度“卖粮难”的问题。考虑到中国粮食的人均实际消费水平，中国人均粮食需求大致在 370 千克/年。

具体到承德土石山区的情况，该区经济发展滞后，粮食需求主要取决于食物需求，而山区人口的食物消费结构较全国平均状况又更为偏向植物性食物，因此，结合野外调查中了解到的实际情形，本书以人均 300 千克/年作为该区人均粮食合理需求量，以联合国粮农组织营养标准（220 千克/年）作为底线，并以此来评估研究区的粮食生产压力。然后将区域粮食生产压力与土地粮食生产力进行比较。

（二）经济发展压力评估

经济发展过程中，并不是每一个地区都要生产本地需要的粮食，粮食生产压力可以通过贸易的途径进行空间转移，此时对于粮食进口地区而言，粮食生产压力就直接转化为经济发展压力，成为经济发展压力的基本部分。而对于粮食生产地区而言，粮食生产也不仅仅是实物生产，同时也是价值生产，粮食生产还要与其他经济活动一起，满足区域的经济产出需求。这样，市场经济条件下，区域粮食生产压力最终都会上升为区域经济发展压力。

经济发展压力来源于人类对土地经济产出（价值产出）的需求。人们需要一定的经济收入来购买生活消费品和生产资料，维持其生存和发展，而劳动是获得经济收入的唯一正当途径，同时人类的一切劳动，无论是农业生产还是工业生产，都离不开土地，这样人类的劳动收入需求，从土地的角度看，也就是对土地经济产出的需求。理论上，一个地区的经济发展压力可根据工作在该地区的劳动力数量与劳均收入期望值来计算，用数学表达式可表示为：

$$Ep = Pl \times AS \tag{14-17}$$

式（14-17）中：Ep 为区域经济发展压力；Pl 为工作在该地区的劳动力数量；AS 为劳均收入期望。

劳均收入期望受区域消费水平、资本投入水平等诸多因素的影响。对于广大农村地区而言，劳动力时刻面对继续务农还是外出务工的两种选择，从机会成本的角度看，只有在两者收入水平大致相同的情况下，农业劳动力才能留在农村安心务农，因此，农业劳动力的收入期望应与其外出务工的机会成本相当。但不同劳动力因其年龄、性别、受教育程度等自身条件的不同，其外出务工的机会成本各异，很难分类统计。在实际分析中，一般用外出务工劳动力的平均收入来反映农村劳动力的平均机会成本，尽管这样的估计有可能偏高。

20 世纪 80 年代以来，我国农村劳动力外出务工收入不断增加，根据我们的调查，1999~2005 年，承德土石山区的农村劳动力外出务工收入为 400~800 元/月。因此，本书中，以劳均收入 600 元/月作为本阶段研究区劳均合理收入，并以此来评估承德土石山区的经济发展压力。

三、数据来源

数据来源于 1999~2005 年《承德统计资料》，并经实地考察验证。利用粮食生产压力评估模型、经济发展压力评估模型对各项进行相应计算，然后用 Excel 软件对各区域计算结果进行对比分析，找出不同区域土地压力缓解的途径。

四、结果分析

（一）粮食生产压力分析

从各县区粮食生产压力的评估结果来看（见图 14-5-1），由于人口密度的差异，不同县区之间单位土地面积所承受的粮食生产压力具有明显的差异。兴隆县单位土地面积的粮食生产压力高达 104 千克/公顷，而丰宁县只有 16.55 千克/公顷，前者是后者的 6 倍以上。

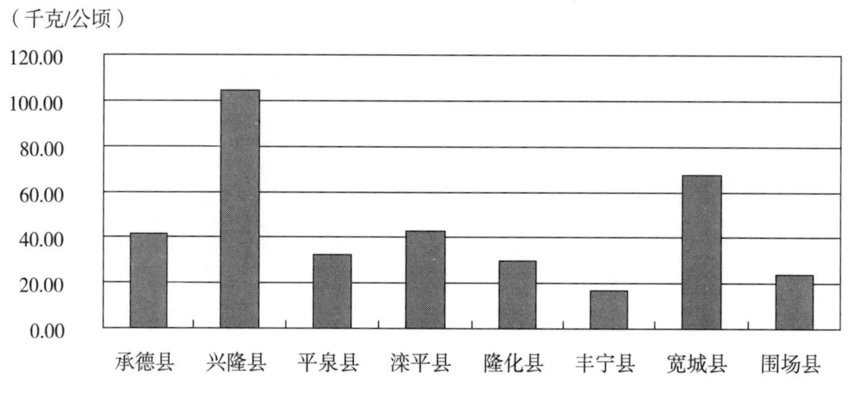

图 14-5-1　单位土地面积的粮食生产压力

将各县粮食年总产量与粮食生产压力相比较（见图 14-5-2），有平泉县和隆化县 2 个县粮食总产高于粮食生产压力，能够满足人均 300 千克/年的需求，占已知样本的 25%。粮食生产能力低于粮食生产压力的有 6 个县，其中承德县、滦平县、丰宁县、围场县，粮食总产量与粮食生产压力比分别为：90.92%、81.13%、91.64%和 78.42%，都在 75%以上，人均粮食产量均超过 225 千克/年，略高于联合国营养安全标准（220 千克/年），但低于世界人均粮食消费水平。粮食生产压力较高的兴隆县、宽城县粮食总产量只占粮食生产压力的 52.31%和 57.15%。要使上述 6 个县域粮食产量达到人均 300 千克/年的标准，并且假设单位耕地面积的平均产量不变，相应地要增加9%～48%的耕地面积。

（二）经济产出压力分析

从 8 个县区经济产出压力的评估结果来看（见图 14-5-3），由于各县区劳动力数量的不同，不同县区之间单位土地面积所承受的经济产出压力也具有明显的差异。兴隆县单位土地面积上的经济产出压力高达 1665.04 元/公

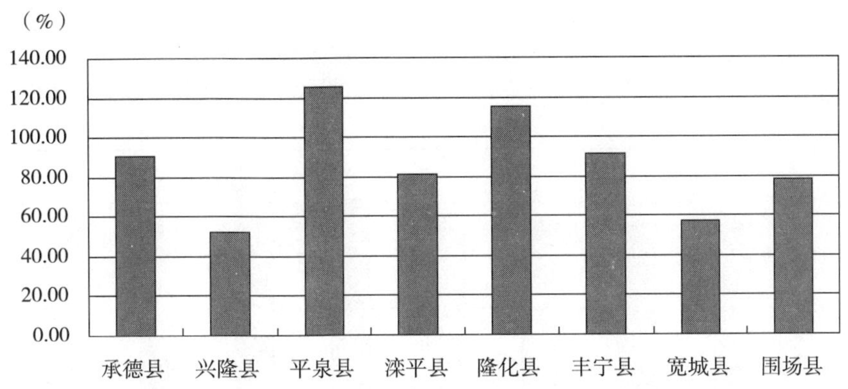

图 14-5-2　粮食总产量占粮食生产压力的比例

顷，而丰宁县只有 192. 39 元/公顷，两者相差 8 倍多。

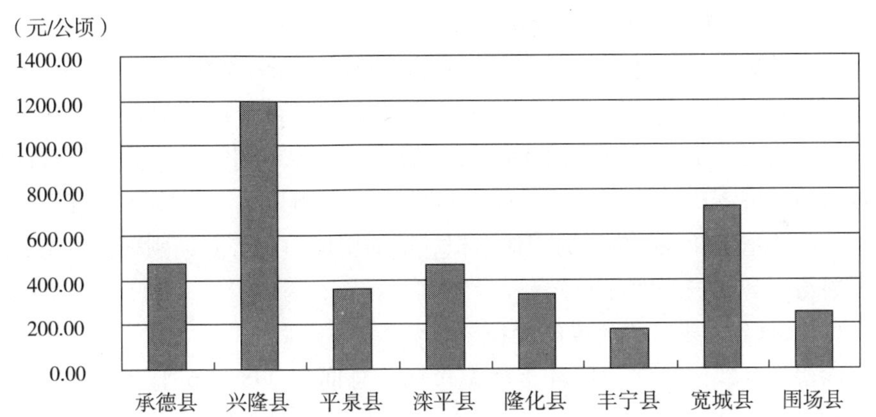

图 14-5-3　单位土地面积的经济产出压力

将县区的年总收入与经济产出压力相比较（见图 14-5-4），各县区实际收入均低于经济产出压力，即劳均收入小于劳动力外出务工的平均机会成本。只有丰宁县劳均收入超过劳动力外出务工的平均机会成本的 50%，平泉县和宽城县只有 36. 57%和 36. 04%。要使这 8 个县区劳均收入达到劳动力外出务工的收入水平，并且假设单位用地面积的平均收益不变，相应地要增加 49%~64%的用地面积。

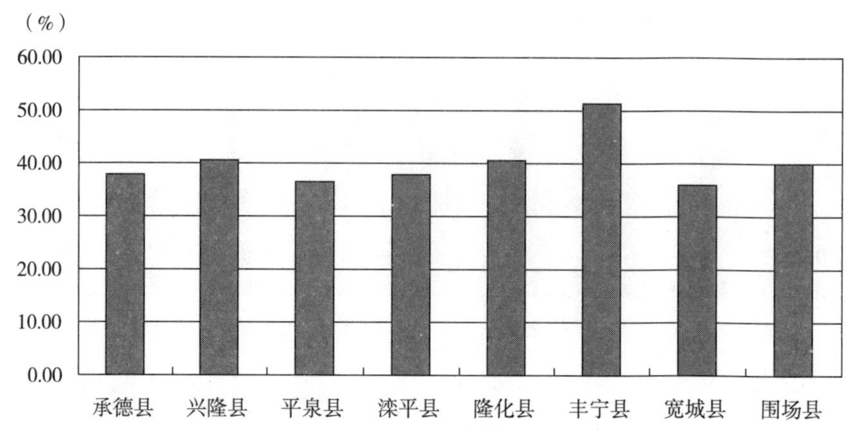

图 14-5-4　总收入占经济产出压力的比例

(三) 不同县区土地压力缓解途径分析

综合上述分析，25%的县区能够承受各自的粮食生产压力，而 75%的县区则不能承受，要使这 75%县区的土地生产力与粮食生产压力达到均衡，在实际生产力水平下，需要增加 9%~48%的耕地面积。同时，各县区都难以承受各自的经济产出压力，要想承受相应的经济产出压力，在实际经济产出水平下，需要增加 49%~64%的用地面积。增加用地面积势必加剧粮食生产、经济发展与生态保护之间的冲突。

1. 承德县土地压力的缓解途径

承德县东、南、北三面环抱承德市区，总面积 3989. 66 平方千米，耕地面积约 31884 公顷。粮食总产量占粮食生产压力的 90. 92%，不能够承受人均 300 千克的粮食生产压力。第一产业总收入占经济产出压力的 37. 83%，即劳均收入小于劳动力外出务工的平均机会成本。

为此，经济发展应始终坚持“工业立县，产业富民”的发展思路，大力推进特色主导产业发展。工业上，形成以建龙、天福为代表的钒钛冶金业，以乾隆醉、畅达为代表的食品饮料业，以高时、环球为代表的石材建材业，以正桥、祥业为代表的冶金白灰业，以亿财、富豪为代表的针纺服装业，以帝贤、天成为代表的造纸印刷业，以上板城电子工业园为代表的电子信息业，使产业结构日趋合理，实力不断增强。

农业上，应发展以三融肉鸡、顺鑫生猪为龙头的畜牧业，以绿丰、从玉为龙头的蔬菜业，以红螺为龙头的果品业迅速发展。此外，生猪、玉米种子、食用菌等特色产业应加快发展，以带动农民增收能力不断增强。

2. 兴隆县土地压力的缓解途径

兴隆县位于承德市南部，总面积 3117.11 平方千米，耕地面积约 6367 公顷。粮食总产量占粮食生产压力的 52.31%，不能够承受人均 300 千克的粮食生产压力。第一产业总收入占经济产出压力的 40.43%，即劳均收入小于劳动力外出务工的平均机会成本。

为缓解土地压力应积极推进产业化经营，大力发展林果，坚持栽管并举。同时，推进设施蔬菜、食用菌、中药材、畜禽水产等特色种养业稳步发展，使农民多元增收渠道进一步拓宽，农业综合效益不断提高。

该县旅游资源得天独厚，地处县城东北部的燕山主峰雾灵山，被称为“京东第一山”是国家级保护区，省级森林公园。山上树林茂密，草地丰富，动植物品种繁多。奇山怪石、溪间流水美不胜收，仙人塔、莲花池、龙谭等景点已开发，另外还有窟窿山、药丸洞、卧龙石等旅游景观，风景独好。拥有亚太地区直径最大的 2.16 米天文望远镜的北京天文台兴隆观测站位于县城东南部山顶。应开展旅游总体发展规划和重点乡镇、景区的总体规划编制工作，整合推出兴隆精品景区三日游、百里画廊、天地奇观三条旅游线路，与蓟县、平谷、密云、遵化等县区合作，形成环京津精品旅游线路。实现物流配送、连锁经营、物业管理等现代服务业较快发展。

3. 平泉县土地压力的缓解途径

平泉县位于辽宁、内蒙古、河北三地交界处，总面积 3295.53 平方千米，耕地面积约 39254 公顷。粮食总产量占粮食生产压力的 125.65%，能够承受人均 300 千克的粮食生产压力。第一产业总收入占经济产出压力的 36.57%，即劳均收入小于劳动力外出务工的平均机会成本。

为保证农业农村经济全面发展，应进一步推进两高一优农业和农业产业化经营，全县形成种子、食用菌、杏仁、林果业和畜禽养殖为主的五大特色产业。

该县是全国对外开放县之一，地近京津，背依辽蒙，区位优势突出。为此，大力推进对内对外开放作为缩小与先进地区差距的关键，坚持借助名城（承德），面向辽蒙，依托京津、挤入两湾的开放工作思路和重点，制定完善优惠政策，加强基础设施建设，扩大对外开放领域，在全县形成全方位、多层次、宽领域的开放格局。

平泉县境内有丰富的旅游资源，优美的景观为度假、休闲提供了和谐的自然环境。可进一步开发利用的旅游景点有：辽河源头国家级森林公园，号称华北第一洞的党坝古溶洞、二泉地温泉等。

4. 滦平县土地压力的缓解途径

滦平县位于承德市西南部，素有北京北大门之称，是沟通京津辽蒙的交通要冲，总面积3194.61平方千米，耕地面积约21273公顷。粮食总产量占粮食生产压力的81.13%，不能够承受人均300千克的粮食生产压力。第一产业总收入占经济产出压力的37.70%，即劳均收入小于劳动力外出务工的平均机会成本。

滦平县南部交通便利，毗邻京、津地区。考虑到此处地理位置优越，发展设施农业的市场前景广阔，应把设施蔬菜视为重点扶持项目，大力发展设施蔬菜产业。在把种植业放在重要位置的同时，结合当地人文自然环境，大力开发当地旅游业，以服务型第三产业的发展，拉动当地财政收入的有效增幅。在创新市场运营机制、严格管理体制、统筹资金投入等一系列关键环节的指挥下，形成以金山岭长城为龙头，白草洼、碧霞山、九龙山有机农业观光园为骨干的旅游产业带。

5. 隆化县土地压力的缓解途径

隆化县位于承德市中部，七老图山脉西侧，总面积4375.30平方千米，耕地面积约38892公顷。粮食总产量占粮食生产压力的115.40%，能够承受人均300千克的粮食生产压力。第一产业总收入占经济产出压力的40.49%，即劳均收入小于劳动力外出务工的平均机会成本。

隆化县应继续加大调整农业结构力度，使产业化水平不断提高，快速发展以养牛、水稻、制种、“两杏一果”（山杏、大扁、山楂）为主的农业四大主导产业，加快发展以物流、旅游为主的服务业，进一步完善配套设施，加大市场建设力度，加快推动旅游产业，突出红色旅游、生态旅游、温泉疗养等特色，加大资源开发力度，加快发展繁荣隆化经济。

6. 丰宁县土地压力的缓解途径

丰宁县北面毗邻内蒙古自治区，南与首都北京接壤。总面积8738.26平方千米，耕地面积约65276公顷。粮食总产量占粮食生产压力的91.64%，不能够承受人均300千克的粮食生产压力。第一产业总收入占经济产出压力的51.32%，即劳均收入小于劳动力外出务工的平均机会成本。

丰宁县为京津地区水源地，积极保护生态环境，融入首都经济圈，加速实现“9631”工程，“大旅游促大开放，大开放促大联合，大联合促大开发，大开发促大发展”。努力打造工业经济强县、特色农业大县、生态旅游名县，这是丰宁经济发展的大战略。

7. 宽城县土地压力的缓解途径

宽城县位于承德市东南部。总面积 1932. 33 平方千米，耕地面积约 8168 公顷。粮食总产量占粮食生产压力的 57. 15%，不能够承受人均 300 千克的粮食生产压力。第一产业总收入占经济产出压力的 36. 04%，即劳均收入小于劳动力外出务工的平均机会成本。

依据县域环境和特点，坚持“山、水、林、田、路、电”综合治理的方针，以提高社会效益、经济效益、生态效益为中心，以增加农民收入、振兴农村经济、脱贫致富、尽快奔小康为总体目标，积极探索山区综合开发的方向与途径，本着“宜农则农、宜林则林、宜果则果、宜牧则牧、宜渔则渔”的原则，对土地、种子、林果、桑蚕、牧渔、农电以及小流域治理等优势项目，进行统一规划。综合开发，采取按工程管理、按区域、按基地施工，按标准验收的方法，注意开发的整体性、综合性和三大效益的优势发挥，建设以种植养殖产业为先导的优质苹果、板栗、桑蚕、蔬菜、淡水养鱼、食用菌等八条农业龙型经济体系。

8. 围场县土地压力的缓解途径

围场县位于河北省最北部。总面积 9062 平方千米，耕地面积约 54459 公顷。粮食总产量占粮食生产压力的 78. 42%，不能够承受人均 300 千克的粮食生产压力。第一产业总收入占经济产出压力的 39. 90%，即劳均收入小于劳动力外出务工的平均机会成本。

围场县和丰宁县同为京津的水源地，积极保护生态环境，坚持实施“以旅游促开放，以开放促开发，以开发促发展”的开放带动战略，促使国民经济及社会各项事业快速健康发展。开发丰富的旅游、马铃薯、时差蔬菜、林业、畜牧业、矿产业等优势产业，以缓解土地压力。

五、结论与启示

通过对各县区的粮食生产压力、经济发展压力评价，对土地压力与土地生产力的对比分析，以及不同县区土地压力的缓解途径分析，大致可得出如下几点结论：

（1）由于人口、劳动力数量的差异，在现实经济发展水平、生活水平和环境背景下，不同县区承受着不同的土地压力，土地压力在空间上具有明显的非均衡性。但是通过各种缓解途径，各县区土地压力与土地生产力之间的差距在逐步缩小，即相对土地压力（相对于土地生产力）存在空间均衡化的趋势。

（2）1999~2005年，区域25%的县粮食生产能力能够支撑粮食生产压力，各县区土地经济产出都不能够支撑其经济发展压力。如果土地压力不能得到有效缓解，粮食生产、经济发展与生态保护之间会存在明显冲突。

（3）劳动力转移和农村经济结构调整成为当前阶段区域土地压力的主要缓解途径，各种缓解途径中，劳动力转移的缓解作用最大，可以同时缓解粮食生产压力和经济发展压力；发展经济林果次之；发展生态旅游和特色养殖业则是局部地区的特殊途径。

由上述结论可以看出，在我国当前经济发展背景下，本区发展的根本出路在于劳动力转移，更好地开展劳务派遣，有组织输出城乡劳动力，有利于缓解流域的土地压力。其次在于发挥区域资源优势，大力发展经济林果、生态旅游以及各种特色产业，通过山区林果等特色资源的开发利用来改善土地覆被状况，同时提升山区的经济发展能力。

第六节　基于LCCI的承德市土地资源承载力研究

以人粮关系为基础，用土地资源承载指数（Land Carrying Capacity Index，LCCI）模型，定量评价1949~2009年承德市土地资源承载力。结果表明：1949~2009年承德市土地资源承载能力在波动中略有增长趋势，随着人口的持续稳定增长，到2009年承德土地资源承载力仍未达到人粮平衡状态。有的年份粮食产量大幅度减少导致粮食亏缺严重、人口超载状况恶劣。除了1996年和1998年以外的所有年份处于人口超载状态。34.42%的年份严重超载，其中有7年人口超载率R_P>100%，这7年降水量均小于485.20毫米。承德市粮食产量与其降水量密切相关，应该增加旱作农业科技含量，以保证粮食产量的不断增加。

一、研究意义

土地承载力（Land Carrying Capacity）一般是指一定地区的土地所能持续供养的人口数量，即土地人口承载量（Population Supporting Capatity of Land）。土地承载力研究在国外经过了两个时期，1970年以前，土地承载力研究大多是生态学上承载力延伸，影响较大的研究是1948年威廉·福格特的《生存之路》和1965年威廉·阿伦的土地承载力计算方法。20世纪70年代以后，随着全球性人口、粮食、资源、环境等问题日益突出，在人口增长和需求扩张的双重压力下，再度兴起了以协调人地关系为中心的承载力研究，并从土地资源研究领域扩展到整个资源领域，影响较大的研究包括三个：澳大利亚的土地资源承载力研究，联合国粮农组织（Food and Agriculture Organization，FAO）的发展中国家土地潜在人口支持能力研究，联合国教科文组织（United Nations Educational，Scientific and Cultural Organization，UNESCO）的资源承载力研究。

1986 年中国科学院自然资源综合考察委员会受全国农业区划委员会委托，在中国 1 比 100 万土地资源图编制基础上，首先开展并完成了中国土地资源生产能力与人口承载量研究。之后相继完成了中国土地资源概查和土地资源详查。在此基础上科技部开展了中国农业资源综合生产能力与人口承载力研究，对不同时间尺度的中国农业资源综合生产能力和人口承载能力进行了系列评估。这段时期以前土地资源承载力研究的核心多是以土地生产潜力为基础，确定区域人口最大承载量，而土地实际承载力与土地承载潜力之间存在的差距相当大。因此，本研究以人粮关系为基础，用土地资源承载指数模型，定量评价承德市土地资源承载力的过去与现在（1949~2009 年），旨在为承德市粮食安全与区域可持续发展提供科学依据和决策支持。

二、数据来源与研究方法

（一）数据来源

数据来自于《承德统计资料》，包括 1949~2009 年末总人口、实有耕地面积、粮食产量、城镇及乡村人口等数据。

（二）土地资源承载力（LCC）模型

土地资源承载力旨在区域人口与粮食的关系，用一定粮食消费水平下，区域粮食生产力所能供养的人口数量来度量，用公式表示为：

$$LCC = G/G_{pc} \tag{14-18}$$

式（14-18）中，LCC 为土地资源承载力（人）；G 为粮食总产量（千克）；G_{pc}为人均粮食消费标准（千克/人）。基于联合国粮农组织公布的人均营养热值标准，根据国内众多专家研究计算并提出的中国人均粮食消费 400 千克即可达到营养安全的要求，结合承德市实际情况，本研究把人均粮食消费 400 千克作为营养安全的标准。

土地资源承载指数（LCCI）反映现实人口数量与土地资源承载力之间的

关系，揭示承德市过去与现在实际人口与其土地资源承载能力相适应状况。LCCI 及其相关指数的计算公式如下：

$$LCCI = P_a / LCC \tag{14-19}$$

$$R_p = (P_a - LCC) / LCC \times 100\% = (LCCI - 1) \times 100\% \tag{14-20}$$

$$R_g = (LCC - P_a) / LCC \times 100\% = (1 - LCCI) \times 100\% \tag{14-21}$$

上式中，LCCI 为土地资源承载指数；LCC 为土地资源承载力（人）；P_a 为现实人口数量（人）；R_p为人口超载率，R_g为粮食盈余率。

根据土地资源承载指数（LCCI）的大小，将土地资源承载力划分为 3 种类型：粮食盈余、人粮平衡和人口超载。①土地资源承载指数（LCCI）低于 0. 875 为粮食盈余，表示粮食平衡有余，具有一定的发展空间；②土地资源承载指数（LCCI）介于 0. 875~1. 125 为人粮平衡，表示人粮关系基本平衡，发展潜力有限；③土地资源承载指数（LCCI）高于 1. 125 为人口超载，表示粮食缺口较大，人口超载严重。根据盈余或超载的程度不同，将土地资源承载力进一步划分为 8 个级别，基于 LCCI 的土地资源承载力分级评价标准如表 14-6-1 所示。

表 14-6-1　基于 LCCI 的土地资源承载力分级评价标准

土地资源承载力		指数		人均粮食（千克）
类型	级别	LCCI	R_p、R_g	
粮食盈余	富富有余	LCCI≤0. 5	R_g≥50%	800
	富裕	0. 5<LCCI≤0. 75	25%≤R_g<50%	533~800
	盈余	0. 75<LCCI≤0. 875	12. 5%≤R_g<25%	457~533
人粮平衡	平衡有余	0. 875<LCCI≤1	0≤R_g<12. 5%	400~457
	临界超载	1<LCCI≤1. 125	0<R_p≤12. 5%	356~400
人口超载	超载	1. 125<LCCI≤1. 25	12. 5%<R_p≤25%	320~356
	过载	1. 25<LCCI≤1. 5	25%<R_p≤50%	267~320
	严重超载	LCCI>1. 5	R_p>50%	<267

三、基于人粮关系的承德土地资源承载力评价

（一）土地资源承载力（LCC）和土地资源承载指数（LCCI）分析

按照土地资源承载力（LCC）模型和土地资源承载指数（LCCI）模型，系统评估承德市1949~2009年的土地资源承载力，绘制1949~2009年承德市土地资源承载力图。由图14-6-1可以看出，1949~2009年承德市土地资源承载能力在波动中略有增长趋势，随着人口的持续稳定增长，到2009年承德土地资源承载力仍未达到人粮平衡状态。有的年份粮食产量大幅度减少导致粮食亏缺严重、人口超载状况恶劣。

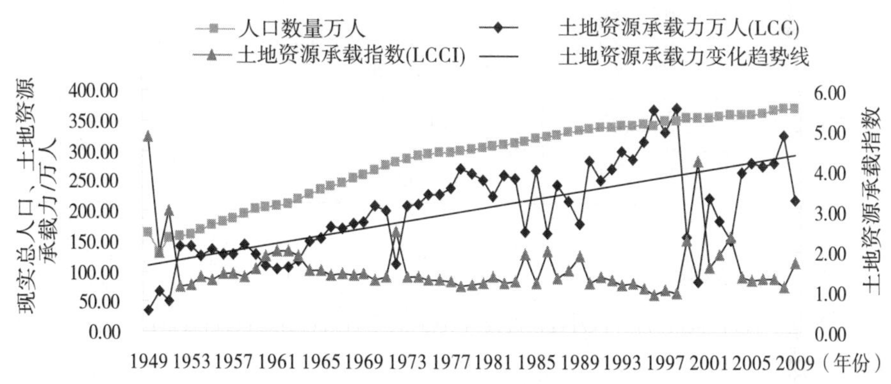

图14-6-1　1949~2009年承德市土地资源承载力

把400千克作为人均消费粮食营养安全的标准，承德市1949~2009年，粮食产量多数年份低于粮食需求量。如表14-6-2所示，LCCI≤0.5、0.5<LCCI≤0.75以及0.75<LCCI≤0.87的年份均为0，说明承德市自新中国成立以来粮食盈余情况从未出现过。0.875<LCCI≤1的年份只有2年包括1996年和1998年，分别为0.93和0.95，表现为粮食平衡有余，只占总年份的3.28%。1<LCCI≤1.125的年份有4年，包括1952年、1978年、1995年和1997年，分别为1.10、1.11、1.09、1.05，表现为临界超载，占总年份的6.55%。人口超载1.125<LCCI≤1.25的年份有11年，分别是1953年、1977年、1979年、1980年、1982年、1983年、1985年、1990年、1993年、1994年和2008年，占总年份的16.67%。人口过载1.25<LCCI≤1.5的年份有23年，占总年份的37.7%。人口严重超载LCCI>1.5的年份有21年，占总年份的34.42%。但是从土地资源承载力变化趋势线来看，土地资源承载力是增加的。

表 14-6-2　承德市土地资源承载力

土地资源承载力		LCCI	年份	占总年份的百分比（%）
类型	级别			
粮食盈余	富富有余	LCCI≤0. 5	0	0
	富裕	0. 5<LCCI≤0. 75	0	0
	盈余	0. 75<LCCI≤0. 875	0	0
人粮平衡	平衡有余	0. 875<LCCI≤1	2	3. 28
	临界超载	1<LCCI≤1. 125	4	6. 55
人口超载	超载	1. 125<LCCI≤1. 25	11	16. 67
	过载	1. 25<LCCI≤1. 5	23	37. 70
	严重超载	LCCI>1. 5	21	34. 42

（二）人口超载率 R_p 分析

根据式（14-20）计算出 1949～2009 年承德市人口超载率，绘制 1949～2009 年承德市人口超载率图。由图 14-6-2 可以看出，除了 1996 年和 1998 年以外的所有年份 R_p 均大于零，处于人口超载状态。严重超载的年份有 21 年，其中 $R_p>100\%$ 的年份有 7 年，包括 1949 年、1951 年、1961 年、1972 年、1999 年、2000 年、2003 年。这 7 年降水量均小于 485. 20 毫米。承德市粮食产量与其降水量密切相关，而其农业耕作粗放，靠天吃饭的状况仍未得到改变。但是，从变化趋势曲线看，人口超载率趋于减小。

（三）粮食盈余率 R_g 分析

根据式（14-21）计算出 1949～2009 年承德市粮食盈余率 R_g，并与人口超载率 R_p 一起绘图。由图 14-6-3 可以验证粮食盈余率 R_g 与人口超载率 R_p 的反相关关系。

（四）承德市粮食需求情况预测及对策

承德市粮食需求不断增加，一是因为人口在增加，食品结构在改善。二是承德加工企业正处于发展之中，酒类企业制造集团粮食需求链较大，如承德乾隆醉酒业集团、避暑山庄酒业集团、兴隆塞罕坝酒业集团、丰宁县九龙醉酒业集团等。三是淀粉加工、玉米饴糖企业刚刚起步，如丰宁玉源生物有

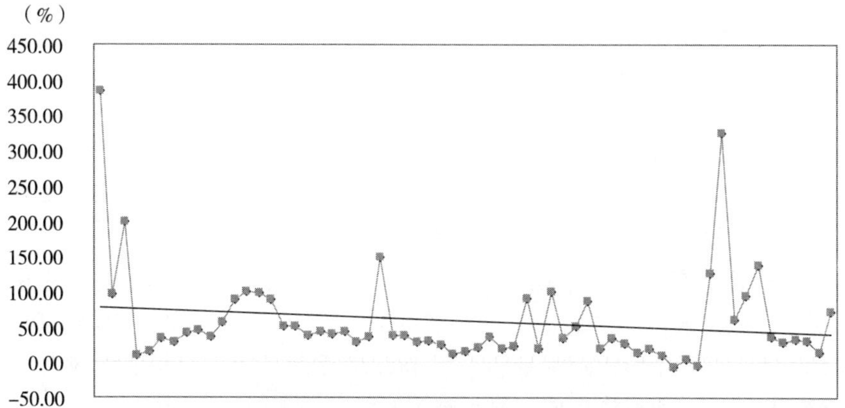

图 14-6-2　1949~2009 年承德市人口超载率

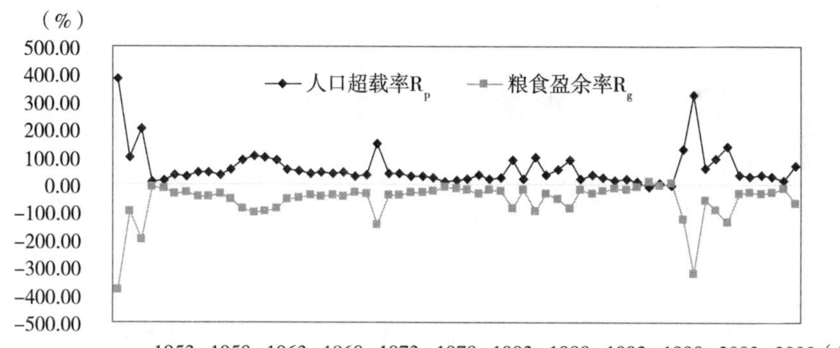

图 14-6-3　1949~2008 年承德市人口超载率、粮食盈余率

限公司等。四是承德畜牧业的深入发展，特别是养猪、养牛、养羊业正处于加速发展时期，这些因素都导致粮食需求不断增加。

粮食生产的制约因素分析依然存在，降水减少，旱耕地为主，低产田面积较大，农业基础设施薄弱，农机化作业水平较低。春旱，大风，冰雹，低温冻害，洪涝发生较频繁，都是粮食生产的制约因素，给农业生产带来了严重损失，所以承德市人粮关系仍然处于不平衡状态。为解决这些矛盾，针对本区域条件特征，应该推广旱作农业新品种，提高农业科技含量；推广旱作农业新技术，提高农业耕作水平；推广机械化耕作，提高农业机械化水平；以保证粮食产量的不断增加。

四、主要结论与讨论

（1）1949~2009 年承德市土地资源承载能力在波动中略有增长趋势，随着人口的持续稳定增长，到 2009 年承德土地资源承载力仍未达到人粮平衡状态。有的年份粮食产量大幅度减少导致粮食亏缺严重、人口超载状况恶劣。

（2）人口超载率 R_p 分析表明，除了 1996 年和 1998 年以外，所有的年份 R_p 均大于零，处于人口超载状态。严重超载的年份有 21 年，其中 $R_p>100\%$ 的年份有 7 年，这些年份的降水量均小于 485.20 毫米。承德市粮食产量与其降水量密切相关，农业耕作粗放，靠天吃饭的状况仍未得到改变。

（3）为了解决粮食供需矛盾，针对承德市资源环境特征，应该加强旱作农田基本建设，增加科技投入，加大资金投入力度，从旱作农业工程建设入手，大力推广雨水高效利用技术，不断调整种植业结构，以农业增效、农民增收为目标，实现粮食产量不断提高，解决人粮关系不平衡矛盾。

第七节　承德食物供给能力分析

根据承德各类型生态系统（农田、草地、水域、森林）实际食物生产量，按食物营养成分转化率，将各类食物折算成人类生存所需的三大营养成分（热量、蛋白质、脂肪）产量，得出承德实际食物供给能力。结果表明：三大营养成分均供给有余，但供给能力有所不同。玉米、猪肉为主要食物供应来源，食物供应结构与消费结构不一致。农田生态系统的贡献长期占据绝大部分；草地生态系统所占的比例远远高于中国草地生态系统食物供给比例；水域生态系统所占比例很小，平均为 0.53%；森林生态系统食物所占比例增长速度在加快。承德农田生态系统三大食物营养成分人均供应能力均低于中国人均供应能力；草地生态系统远高于全国人均供应能力；水域生态系统均远低于全国人均供应能力。应调整优化产业结构，改善居民食品营养结构，提高承德人民生活水平。

一、研究意义

食物是人类生存和发展的基础，食物安全是区域繁荣进步的前提，食物安全问题引起各国政府和国际社会广泛关注。国内外学者对全球/区域食物安全及其影响因素、粮食安全预警和国际组织的应对策略等方面作了大量研究。对食物供给能力的研究，现有的方法分为两大类：一是从自然生产力出发的食物资源潜力研究，二是对作物实际产量或人均占有量等指标的分析或预测。而将食物产量结合人口营养需求水平的实际供需平衡分区研究，还比较少。以往的研究往往只考虑农田生态系统粮食供给能力。而实际上，人类的食物来源远不止粮食，还包括能提供人类生存所需营养成分的其他产品，如油料、糖料、肉类、奶类、禽蛋、水产品等，因此，畜牧业和水产业以及林产品，都是食物总供给的重要来源。随着居民生活水平提高和消费结构改变，耕地以外生态系统食物供给能力得以重视，人均口粮消费量减少了，高品质的水果、蔬菜、畜产品和水产品消费增加了。然而，不同来源食物给人类提供的营养成分差异很大。因此，单纯“粮食”相关指标作为食物安全的唯一评判标准已不能满足决策需求，“食物营养安全”是“食物安全”概念中的重要内容。全面掌握承德食物供给的历史、现状和未来，从食物营养角度评估承德食物供给能力，是制定区域发展相关政策的必要前提。

二、数据来源和研究方法

（一）数据来源

数据来源于《承德市统计资料》。本研究采用更广义的食物概念，即所有能提供人类食物的来源，包括农田、草地、水域和林地的食物产品。实际供给能力的计算利用食物营养转化模型，通过将承德农田、草地、水域和森林生态系统各来源的食物营养供给量进行计算，得出承德总的实际食物营养供给能力。根据中国营养学会在《中国食物与营养发展纲要（2001～2010年）》中提出的2010年营养发展目标，结合居民不同生活水平下的营养需求标准，利用食物供给能力模型，计算承德实际人口供给能力。将承德食物供应能力与中国平均食物供应能力作比较，找出差异。

（二）食物营养转化计算模型

按照下面的食物营养转化模型进行折算：

$$NUTR_i = \sum M_j \cdot QN_{ij} \tag{14-22}$$

式（14-22）中：$NUTR_i$是指生态系统主要食物产品折算的第 i 种食物营养总产量；i=1，2，3，分别代表热量、蛋白质、脂肪；M_j为第 j 种食物产品总产量；j=1，2，3，…，n，n为食物产品种类数；QN_{ij}为第j种食物产品转化成第i种食物营养的折算系数。

20世纪90年代，中国中长期食物发展研究组根据我国的实际情况，提出了中国在温饱、宽裕、小康、富裕4个阶段人民膳食营养与主要食物消费需求目标。此外，一些学者也从不同的角度对中国的生活标准进行了不同的划分，并设定了营养参考值。参照以上划分标准，并结合中国在十七大中强调的2020年建设全面小康社会的要求，将我国人民生活标准分为3级，从低到高分别为温饱型、小康型、富裕型，各生活标准型下的营养物质需求（见表14-7-1）。根据不同生活水平下对三大营养成分的摄入量以食物营养可供给总量，计算出中国人口供养能力。

$$FP_i = F_i / F_{pi} \tag{14-23}$$

式（14-23）中：FP_i为食物供给能力（人）；F_i为食物总产量（i=1，2，3分别代表热量、蛋白质、脂肪）；F_{pi}为食物消费标准。

表14-7-1　不同生活水平每人每天所需营养成分

生活水平	热量（kcal）	蛋白质（g）	脂肪（g）
温饱	2289	77	67
小康	2295	81	67.5
富裕	2347	86	72

三、结果分析

（一）农田生态系统食物供给能力

农田生态系统是人类食物最主要的来源。本书中农田生态系统食物产量计算了40种耕地种植作物（包括粮食作物、豆类、薯类、油料作物、蔬菜、食用菌、瓜果、大棚蔬菜）。根据中国疾病预防控制中心营养与食品安全所编著的《中国食物成分表》，将农田生态系统主要作物的产量（t）按照不同食物成分折算系数代入式（14-22），折算成三大营养成分（热量、蛋白质、脂肪）产量。

表 14-7-2　承德农田生态系统食物供给能力

年份	热量（10^8kcal）	蛋白质（t）	脂肪（t）
2001	28384.44	90342.49	30806.04
2002	23935.62	77282.14	26654.13
2003	20084.71	67197.26	21746.48
2004	34791.14	113765.85	41005.56
2005	38053.56	127282.48	44986.30
2006	37888.52	128704.83	43790.71
2007	40516.09	136637.76	45859.65
2008	45229.71	151589.94	52461.56

表 14-7-2 为 2001～2008 年农田生态系统食物供给计算结果。以 2008 年为例，承德农田生态系统主要食物生产量折合热量 45229.71×10^8 卡路里，蛋白质 15.16 万吨，脂肪 5.25 万吨。在小康生活水平下，这些营养分别可以供给 539.94 万人、512.73 万人和 212.93 万人生活。2008 年承德市人口 369.38 万人，可见，农田生态系统食物热量、蛋白质供应有余，而脂肪供应不足。

对比 2008 年和 2001 年，承德食物热量、蛋白质和脂肪的供应水平分别增长了 37.24%、40.40%和 41.28%。国家粮食政策的调整，种植结构得以逐步优化，蛋白质、油脂作物的种植和产量增加，如胡麻子和葵花子 2008 年产量比 2001 年分别增加了 94.20%和 76.95%，因此食物脂肪供应量增加相对较快。

（二）草地生态系统食物供给能力

草地是陆地生态系统中最重要的生态系统之一，也是人类食物的重要来源。草地生态系统主要生产牧草，为人类提供畜肉产品和奶制品等。将草地生态系统主要产品的产量（t）按照不同食物成分折算系数代入式（14-22），折算成三大营养成分（热量、蛋白质、脂肪）产量，计算结果如表 14-7-3 所示。

表 14-7-3　承德草地生态系统食物供给能力

年份	热量（10^8kcal）	蛋白质（t）	脂肪（t）
2001	8780.70	47699.58	72198.21
2002	9402.00	53076.79	76190.77
2003	10056.74	57078.42	81017.03
2004	10734.29	61112.62	86178.01
2005	11537.32	66033.79	92201.21
2006	12689.79	73168.52	100862.02
2007	7890.98	50788.83	59237.89
2008	9434.41	62213.64	69728.37

2008 年草地生态系统主要食物生产量折合热量 9434.41×10^8 卡路里，蛋白质 6.22 万吨，脂肪 6.97 万吨。在小康生活水平下，这些营养分别可以供给 112.63 万人、210.43 万人和 283.02 万人生活。脂肪的供应能力较强，可以弥补农田生态系统脂肪供应不足的状况。

对比 2008 年和 2001 年，承德草地生态系统食物热量、蛋白质的供应水平分别增长了 6.93%、23.33%，而脂肪供应水平降低了 3.54%。因为主要肉类产品牛肉、鸡肉、牛奶的产量 2008 年比 2001 年分别增长了 26.14%、82.16%、66.91%，而高脂肪含量的猪肉产量下降了 27.78%。

（三）水域生态系统食物供给能力

水域生态系统食物生产，包括内陆水域捕捞和内陆水域养殖，各类又包括鱼类、甲壳类、贝类等，按照不同水产品的食物成分折算系数（参照《中国食物成分表》），代入式（14-22）计算，得到水产类三大类营养成分产量（见表 14-7-4）。可以看出，水域生态系统食物供给能力较低，但有增长趋势。

表 14-7-4　承德水域生态系统食物供给能力

年份	热量（10^8kcal）	蛋白质（t）	脂肪（t）
2001	41.06	663.69	154.18
2002	43.62	705.28	163.73

续表

年份	热量（10^8kcal）	蛋白质（t）	脂肪（t）
2003	46. 01	743. 82	172. 71
2004	68. 94	1114. 71	258. 75
2005	122. 46	1986. 79	457. 12
2006	230. 55	3733. 10	863. 35
2007	196. 29	3177. 77	735. 20
2008	209. 25	3387. 64	783. 77

（四）森林生态系统食物供给能力

在地球陆地上，森林生态系统是最大的生态系统。与陆地其他生态系统相比，森林生态系统有着最复杂的组成，最完整的结构，能量转换和物质循环最旺盛，因而生物生产力最高，生态效应最强。森林不仅能够为人类提供大量的木材和多种林副业产品，而且在维持生物圈的稳定、改善生态环境等方面起着重要的作用。

承德 2001~2008 年林地覆盖率为 43. 8%~48. 56%，提供了一定量的食用林产品和园林水果，将其产量代入式（14-22）计算，得到三大类营养成分产量（见表 14-7-5），承德森林生态系统食物供给能力有较明显的增长趋势。

表 14-7-5　承德森林生态系统食物供给能力

年份	热量（10^8kcal）	蛋白质（t）	脂肪（t）
2001	1728. 37	1685. 49	1200. 39
2002	1918. 87	1745. 23	1192. 20
2003	2153. 17	2274. 02	1456. 71
2004	3083. 08	3234. 26	1918. 93
2005	4174. 65	6515. 42	7596. 60
2006	5151. 31	7573. 24	7517. 50
2007	6402. 73	9308. 15	8552. 78
2008	6989. 11	9992. 72	9968. 28

（五）承德食物供给总量和可供养人口

1. 承德食物供给总量

将农田、草地、水域、森林生态系统四大来源的食物营养成分总供给量相累加，得到了2001~2008年承德实际食物营养成分总供给量（见表14-7-6）。

表14-7-6　承德实际食物营养成分总供给量

年份	热量（10^{12}kcal）	蛋白质（10^4t）	脂肪（10^4t）
2001	3.893	14.039	10.436
2002	3.530	13.281	10.420
2003	3.234	12.729	10.439
2004	4.868	17.923	12.936
2005	5.389	20.182	14.524
2006	5.596	21.318	15.303
2007	5.501	19.991	11.439
2008	6.186	22.718	13.294

以2008年为例，承德实际食物供给能力为：热量6.186×10^{12}卡路里，蛋白质22.718万吨，脂肪13.294万吨。根据中国营养学会提出的2010年营养发展目标（根据中国社会科学院社会学研究所发表的2010年《社会蓝皮书》），可计算出该目标下食物营养需求（见表14-7-7）。通过对比可以看出，热量、蛋白质和脂肪的总供给已达到并超出了2008年营养总需求量。

表14-7-7　2008年承德食物需求量

人口（人）	生活水平	热量（10^{12}kcal）	蛋白质（10^4t）	脂肪（10^4t）
3693810	温饱	3.086	10.381	9.033
3693810	小康	3.094	10.921	9.101
3693810	富裕	3.164	11.595	9.707

按小康生活水平计算2008年承德食物需求量占供应量的比例为热量50.02%、蛋白质48.07%、脂肪68.46%。按富裕生活水平计算2008年承德食物需求量占供应量的比例为热量51.15%、蛋白质51.04%、脂肪73.02%。

从食物供应结构来看，以2008年为例，玉米供给量占农田生态系统的比例为热量66.89%、蛋白质51.83%、脂肪65.42%；玉米供给量占食物供应总量的比例为热量48.91%、蛋白质34.58%、脂肪25.81%。猪肉供给量占草地生态系统的比例为热量52.85%、蛋白质26.78%、脂肪66.98%；猪肉供给量占食物供应总量的比例为热量8.06%、蛋白质7.33%、脂肪35.13%。鱼类供给量占水域生态系统的比例分别为热量98.41%、蛋白质98.15%、脂肪98.83%；鱼类占食物供应总量的比例很小。板栗供给量占森林生态系统的比例为热量22.83%、蛋白质36.25%、脂肪6.06%；板栗供给量占食物供应总量的比例为热量2.58%、蛋白质1.59%、脂肪0.45%。苹果供给量占森林生态系统的比例为热量22.47%、蛋白质6.04%、脂肪6.06%；苹果供给量占食物供应总量的比例为热量2.54%、蛋白质0.27%、脂肪0.45%。红果供给量占森林生态系统的比例为热量29.10%、蛋白质10.71%、脂肪12.89%；红果供给量占食物供应总量的比例为热量3.29%、蛋白质0.47%、脂肪0.97%。山杏仁和杏扁供给量占森林生态系统的比例为热量11.98%、蛋白质33.47%、脂肪68.48%。

可见，玉米、猪肉为主要食物供应来源，占食物供应总量的比例为热量56.97%、蛋白质41.91%、脂肪60.94%。板栗、苹果、红果、山杏仁和杏扁为森林生态系统中主要食物供应来源，占比例为热量86.38%、蛋白质86.48%，脂肪93.49%，山杏仁和杏扁的脂肪供应量为森林生态系统供应量的68.48%。

2. 承德食物可供养人口

由计算所得承德实际食物供给总量（见表14-7-6），结合不同生活水平下人类生活所需营养成分，利用前文中的食物供给能力模型进行计算，分别得到温饱、小康和富裕水平下的人口供给能力（见表14-7-8）。三种营养成分均供给有余，但供给能力有所不同，其中蛋白质供给能力最强，可供给人口为447.2万~808.3万人；脂肪供应能力最弱，为397.1万~543.6万人，2008年温饱水平才增长到543.6万。事实上，目前承德食用植物油基本从区域外进口，市场供给易受区域市场影响。因此需要稳定油料作物种植面积和产量，注重提高食物脂肪的供给能力。

表 14-7-8　不同生活水平下各类营养实际可供养人口　单位：10^6人

年份	热量			蛋白质			脂肪		
	温饱	小康	富裕	温饱	小康	富裕	温饱	小康	富裕
2001	4.660	4.647	4.544	4.995	4.749	4.472	4.267	4.236	3.971
2002	4.225	4.214	4.121	4.725	4.492	4.231	4.261	4.229	3.965
2003	3.871	3.861	3.775	4.529	4.305	4.055	4.269	4.237	3.972
2004	5.827	5.811	5.683	6.377	6.062	5.710	5.290	5.251	4.922
2005	6.450	6.433	6.291	7.181	6.826	6.429	5.939	5.895	5.527
2006	6.698	6.680	6.532	7.585	7.211	6.791	6.258	6.211	5.823
2007	6.584	6.567	6.421	7.113	6.762	6.369	4.678	4.643	4.353
2008	7.404	7.385	7.221	8.083	7.684	7.237	5.436	5.396	5.059

3. 各来源食物在总供给中所占比例

将农田、草地、水产、森林生态系统食物的热量、蛋白质、脂肪各自所占三大食物营养成分总量的百分比加以平均，得到农田、草地、水产、林地食物占食物供给总量的平均百分比（见图 14-7-1）。承德食物总供给中，农田生态系统的贡献长期占据绝大部分，2001~2008 年平均占 54.31%；草地生态系统所占的比例平均为 40.37%，远远高于中国草地生态系统食物供给比例。水域生态系统所占比例很小，平均为 0.53%；森林生态系统食物所占比例初期较小，2001 年为 2.63%，2005 年以后增长加快，2007 年达到 7.92%，整体而言，承德食物供给中林产品所占的比例有所增长，而且近年增长的速度在加快。

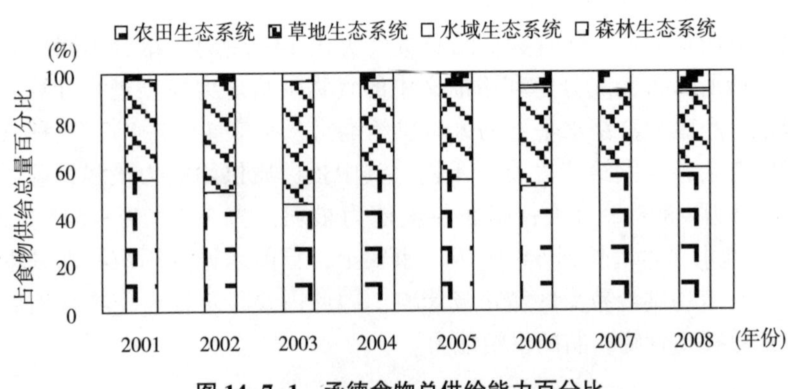

图 14-7-1　承德食物总供给能力百分比

4. 承德与中国食物供应能力比较

将共有数据 2001~2004 年承德各生态系统食物供应能力求平均值与同年份中国各生态系统食物供应能力平均值比较。

由表 14-7-9 可以看出，承德农田生态系统各食物营养成分（热量、蛋白质、脂肪）人均供应能力均低于全国人均供应能力；草地生态系统各食物营养成分人均供应能力均远高于全国人均供应能力；水域生态系统各食物营养成分人均供应能力均远低于全国人均供应能力。

表 14-7-9　2001~2004 年各生态系统平均食物供应能力比较

	中国人均			承德人均		
	热量（10^4kcal）	蛋白质（kg）	脂肪（kg）	热量（10^4kcal）	蛋白质（kg）	脂肪（kg）
农田生态系统	101.34	31.70	13.21	74.77	24.31	8.38
草地生态系统	2.37	2.22	1.65	27.18	15.27	22.01
水域生态系统	3.48	5.65	0.91	0.14	0.22	0.05
森林生态系统				6.19	0.62	0.40

注：中国食物供应能力数据来自于王情、岳天祥、卢毅敏等发表于《地理学报》的中国食物供给能力分析。

四、结论与讨论

承德农田生态系统食物热量、蛋白质供应有余，而脂肪供应不足以满足总需求。草地生态系统脂肪的供应能力相对较强，可以弥补农田生态系统脂肪供应不足的状况。各来源食物在总供给中所占比例，农田生态系统的贡献长期占据绝大部分，2001~2008 年平均占 54.31%；草地生态系统所占的比例平均为 40.37%，远远高于中国草地生态系统食物供给比例；水域生态系统所占比例很小，平均为 0.53%；森林生态系统食物所占比例初期较小，2001 年为 2.63%，2005 年以后增长加快，2007 年达到 7.92%，整体而言，承德食物供给中林产品所占的比例有所增长，而且近年增长的速度在加快。

从食物供给总量和可供养人口看，三大营养成分均供给有余，但供给能力有所不同，其中蛋白质供给能力最强，可供给人口为 447.2 万~808.3 万人；脂肪供应能力最弱，为 397.1 万~543.6 万人。从食物供应结构来看，玉米、猪肉为主要食物供应来源，占食物供应总量的比例为热量 56.97%、蛋白质 41.91%、脂肪 60.94%。

与中国人均食物供应能力比较，承德农田生态系统三大营养成分人均供应能力均低于全国人均供应能力；草地生态系统各食物营养成分人均供应能力均远高于全国人均供应能力；水域生态系统各食物营养成分人均供应能力均远低于全国人均供应能力。

承德应大力发展玉米深加工及其产品出口，提高产品附加值。利用区位优势，增加荞麦、莜麦等绿色无污染农产品产量。增加猪肉出口和水产品进口或努力提高水产品产量。不断提高时差菜、食用菌、马铃薯等十大主导产业农产品产量，提供无公害、优质、安全产品。保护森林生态系统的同时，继续提高森林食物的供应量，并发展板栗出口，红果、山杏仁和杏扁深加工及相关产业，提高承德市人民生活水平，改善营养结构。

第八节　承德市近 58 年气温和降水序列多时间尺度分析

利用墨西哥帽（Mexican Hat）小波函数对承德市 1951~2008 年共 696 个月的气温和降水数据进行多尺度分析，确定序列中存在的主周期，并用 Malin-Kendafl 法进行检验。结果表明：承德市气候总体变化特征为小尺度变化嵌套在较大尺度的复杂背景之中，气温序列数据表现出 14 个月、6 个月和 2 个月左右变化周期，14 个月左右为变化主周期。降水序列数据表现出 10~12 个月、4 个月和 1 个月左右周期，4 个月左右为变化主周期。气温序列 14 个月主周期反映冷暖交替的情况，21 世纪以前在多尺度波动的背景下，气温呈现上升的总趋势。降水序列 4 个月尺度主周期反映干湿交替的情况，表明多雨年份明显减少，且当前降水仍然偏少。

一、研究意义

气候作为人类赖以生存的自然环境重要组成部分，它的任何变化都会对自然生态系统以及社会经济系统产生深远的影响。气候学家从气候资料分析发现近百余年来全球平均气温呈上升趋势，平均增加约 0.5℃，北半球气温上升趋势更加明显，增温达 1℃以上，而 20 世纪 80 年代以来，增温最为迅速，统计学上达到了突变程度。气候变化给全球的自然生态系统以及社会经济系统造成的影响是持续、多方面和多层次的，全球气候变化研究备受关注，同时，区域性气候变化也已经引起人们的普遍重视。

承德市位于河北省东北部，属暖温带向亚寒带过渡地带，半湿润半干旱大陆性季风型气候，生态环境较为脆弱。作为京津冀地区重要的水源供应地及其环境保护屏障，气候变化不仅给本区域自然生态系统、社会经济系统造成影响，也影响到环首都大经济圈的发展。为研究在全球气候变化大背景下，承德市气候要素如何响应，本书采用墨西哥帽（Mexican Hat）小波函数对承德市 1951~2008 年逐月气温和降水序列数据进行分析，得到承德市近 58 年来气温和降水在不同时间尺度上的变化特征，运用小波方差图确定主要振荡周期，并用 Malin-Kendafl（MK）方法进行验证。基于分析的结果，对未来一段时间内气温、降水演变的趋势作出预测。

二、数据与方法

本研究选用承德市 1951 年 1 月至 2008 年 12 月气温和降水数据，数据来自国家气象局气候资料中心和承德市气象局。其中气温数据共 696 个（12 月×58 年），降水数据 696 个（12 月×58 年），数据总样本数 1392 个。为消除月份变化的影响，首先对气温、降水序列进行距平，以去除年周期的趋势影响。以逐月气温序列距平为纵坐标、以时间为横坐标作图。从图14-8-1a 可以发现，月气温距平 20 世纪 60 年代初期（1960~1962 年）和 20 世纪 90 年代末期（1996~1998 年）较高。在 20 世纪 50 年代中期（1954~1956 年），20 世纪 60 年代末期（1966~1969 年）及 21 世纪初期（2002~2005 年）较低。

以逐月降水序列距平为纵坐标、以时间为横坐标作图。从图 14-8-1b 可以发现，对于降水变化序列波动幅度没有明显变化，且 1958 年以后正距平出现次数明显低于负距平累计出现次数，说明 1958 年后降雨量存在减小的趋势。

然后选择适当的基本小波类型和变换类型（连续或离散），本书选用墨西哥帽（Mexican Hat）为基本小波，进行连续小波变换。提取不同尺度的小波系数并作图，以时间序列（年）为横轴，实际尺度（以月为单位）为纵轴，作小波系数分布图。利用小波变换分别计算不同尺度下气温、降水的小波方差。用 Malin-Kendafl 法对小波分析结果进行检验。

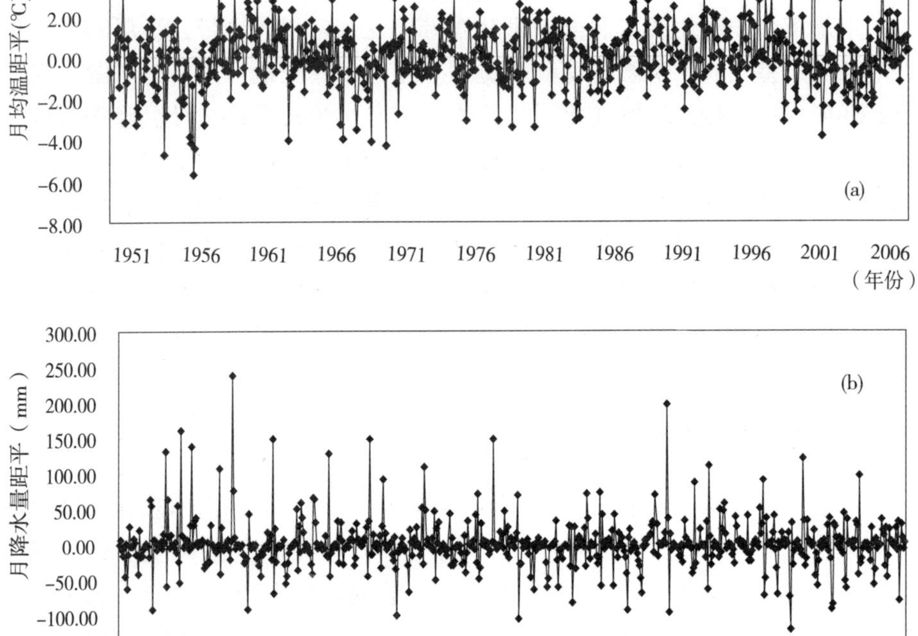

图 14-8-1　承德市 1951~2008 年逐月气温（a）和降水（b）序列数据距平

三、结果分析

（一）逐月气温序列的小波分析

1. 逐月气温序列的小波分析

图 14-8-2 是承德市 1951~2008 年逐月气温距平墨西哥帽（Mexican Hat）小波变换的小波系数图，纵坐标表示实际尺度（以月为单位），横坐标表示相对时间（以 1951 年为起始年份）。图的上半部分为低频，对应较长尺度周期的振动；下半部分为高频，对应较短尺度周期的振动。

在图 14-8-2 上部，年代际尺度（10 年以上尺度）有 1 个最明显的高值中心在 20 世纪 60 年代初期（1960~1962 年），有 1 个次高值中心在 20 世纪 90 年代（1996~1998 年），有 1 个最明显的低值中心在 20 世纪 50 年代中期

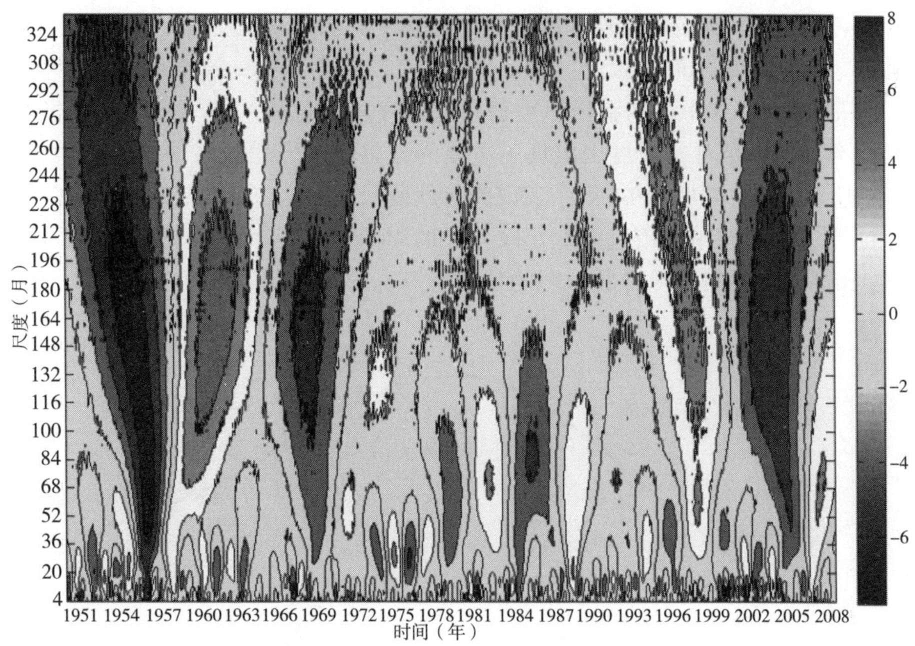

图 14-8-2　承德市 1951~2008 年逐月气温序列数据小波系数

（1954~1956 年），有 2 个次低值中心在 20 世纪 60 年代末期（1966~1969 年）及 21 世纪初期（2002~2005 年）。1970~1990 年之间年代际尺度上并没有出现明显的高低值中心，波动变化不明显，气温处于相对较低水平。总体来看，承德市自 1951 年以来气温出现低、高、低、高、低的波动变化。最明显的波动变化出现在 20 世纪 50 年代到 60 年代。最后一个低值中心比较明显（可能与承德市气象观测站 2001 年迁址有关）且正在闭合中，表明承德市气温正在从气温下降的趋势向升高转变。

在图 14-8-2 的下部，年际尺度（10 年以下尺度）上振荡复杂多变，但 2 年尺度和 6 年尺度表现较为明显。2 年尺度上有 3 个高值中心（1955 年、1975 年、1989 年，其中 1975 年高值中心最为显著），1 个低值中心（1976 年）。6 年尺度上有 3 个高值中心（1983 年、1998 年和 2007 年），3 个低值中心（1956~1957 年、1985~1986 年以及 2003~2004 年，其中 1956~1957 年最为显著）。可见，高值中心均出现在 20 世纪 80 年代以后，20 世纪 50 年代的低值中心最为显著，说明气温存在升高的趋势。

为了揭示气温变化的主周期，本研究进行了小波方差分析。图 14-8-3 为

1951~2008 年气温距平系列小波方差图。纵坐标表示小波方差（Wavelet Variance），横坐标表示时间尺度（Scale）。

从图 14-8-3 中可以看出，承德市气温序列的优势尺度表现的简单明显，在 14 年（168 个月）尺度上出现了主要的气温小波方差极大值，说明承德市的气温变化的主周期为 14 年，表现为年代际尺度。次一级的方差极值在尺度为 12 个月，说明承德市气温变化次一级的周期为 1 年。年际尺度上以 1 年为周期印证了承德市四季冷暖分明的气候特点。

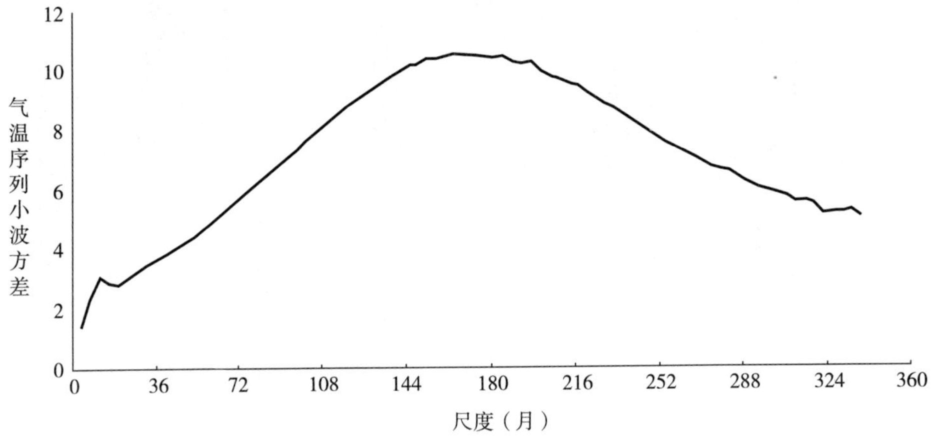

图 14-8-3　承德市 1951~2008 年逐月气温序列数据小波方差

2. 气温序列数据 MK 检验

由图 14-8-4 可以看出，MK 对于主周期尺度小波系数检验结果的突变点一致。可以看出，1958 年和 2000 年对应着气温序列数据的两个突变点。承德市 1951~2008 年逐月气温序列数据小波系数图 1958 年位于最低值中心和高值中心的中间点，即 1958 年对应着气温加速升高的突变点；2000 年则对应着小波系数图中高值中心向低值中心转变的突变点。MK 检验充分印证了小波分析的结论。

（二）逐月降水序列的小波分析

1. 逐月降水序列的小波分析

图 14-8-5 是承德市 1951~2008 年逐月降水距平墨西哥帽（Mexican Hat）小波变换的小波系数图，纵坐标表示实际尺度（以月为单位），横坐标表示相对时间（以 1951 年为起始年份）。图 14-8-5 的上半部分为低频，对应较长尺度周期的振动；下半部分为高频，对应较短尺度周期的振动。

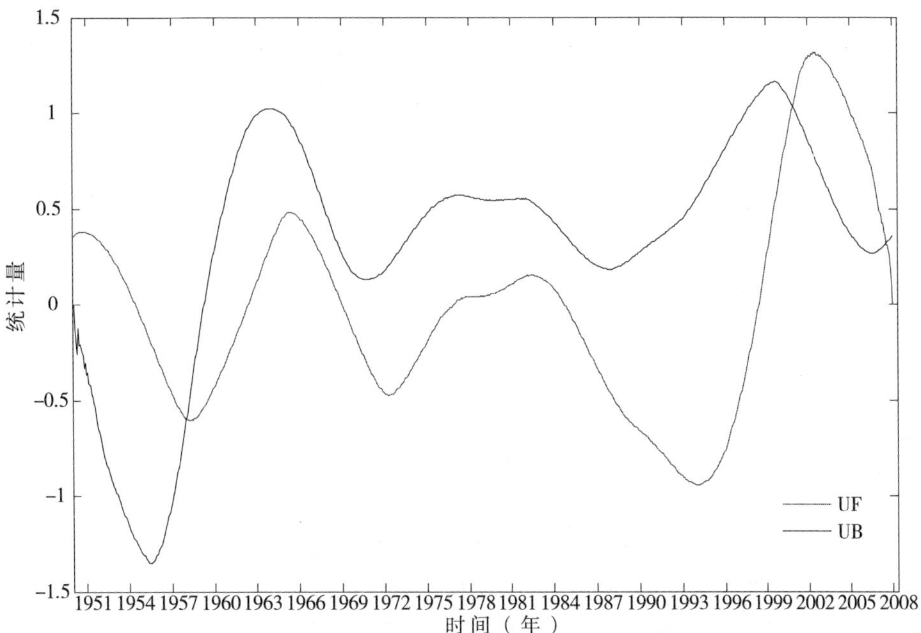

图 14-8-4　承德市 1951~2008 年逐月气温序列数据 168 个月尺度的小波系数

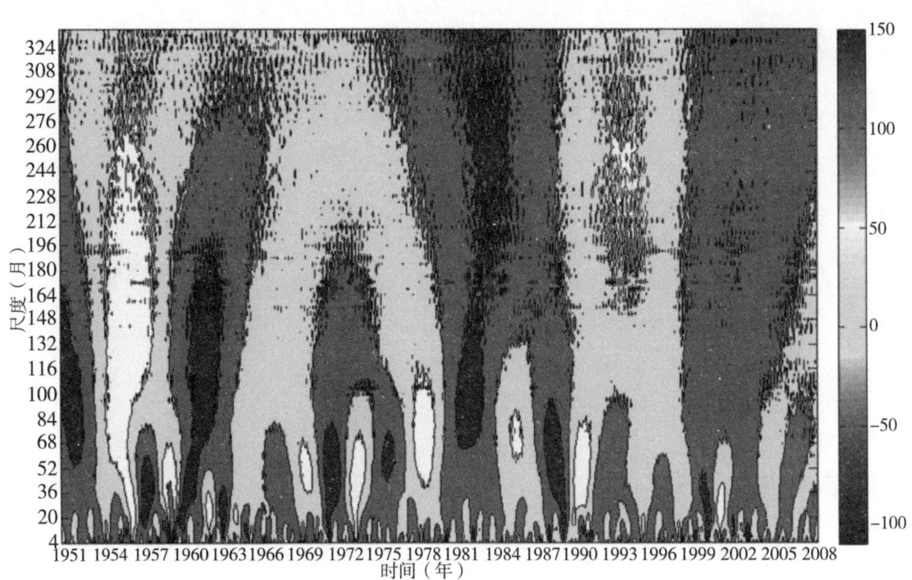

图 14-8-5　承德市 1951~2008 年逐月降水序列数据小波系数

在图 14-8-5 上部，年代际尺度（10 年以上尺度）有 1 个高值中心在 20 世纪 50 年代中期（1954~1957 年），有 3 个低值中心在 20 世纪 50 年代初期（1951 年）、60 年代初期（1960~1963 年）和 80 年代初期（1980~1982 年）。其他时段年代际尺度上并没有出现明显的高低值中心，波动变化不明显。最明显的波动变化出现在 20 世纪 50 年代到 60 年代。相对于高值中心，低值中心比较明显，表明承德市过去的 50 年内降水减少的趋势明显，相对的降水增加的趋势并不凸显。20 世纪 50 年代中期高值中心以及 20 世纪 70 年代没有出现明显的低值中心与中国降水变化状况基本吻合。

在图 14-8-5 的下部，年际尺度（10 年以下尺度）上振荡复杂多变，但 4 年尺度表现较为明显。4 年尺度上有 1 个高值中心（1959 年），5 个低值中心（1957 年、1960~1961 年、1971 年、1988~1989 年和 2000 年）。可见，20 世纪 60 年代以后承德市降水没有出现高值中心，只有低值中心出现，即降水呈减少趋势。与黄河流域降水 4~6 年周期变化规律基本一致。

为了揭示降水变化的主周期，本研究进行了小波方差分析。图 14-8-6 为 1951~2008 年降水距平系列小波方差图，纵坐标表示小波方差（Wavelet Variance），横坐标表示时间尺度（Scale）。从图上可以清楚地看出，尺度为 48 个月时降水小波方差出现主要的极大值，表征承德市降水变化的主周期为 4 年。年代际尺度上并没有明显的变化周期。年际尺度上也存在一个次一级的变化周期，为 1 年（12 个月），这印证了承德市四季干湿分明的气候特点。

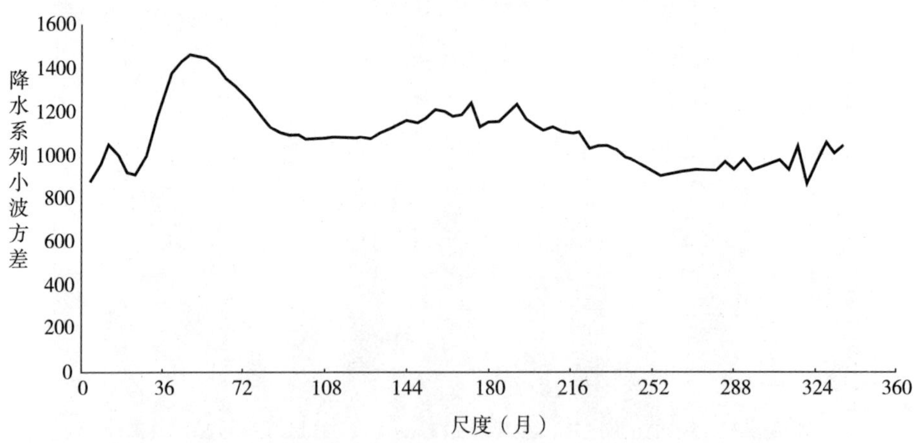

图 14-8-6　承德市 1951~2008 年逐月降水序列数据小波方差

2. 降水序列数据 MK 检验

由主周期尺度的小波系数 MK 检验（见图 14-8-7）可以看出，1952 年、1980 年、1987 年、1990 年、1997 年、1998 年、2000 年、2002 年、2005 年和 2007 年降水序列数据的多个突变点。对应着承德市 1951~2008 年逐月降水序列数据小波系数图在主周期 4 年尺度上高值、低值之间相互转换的主要中间突变点。

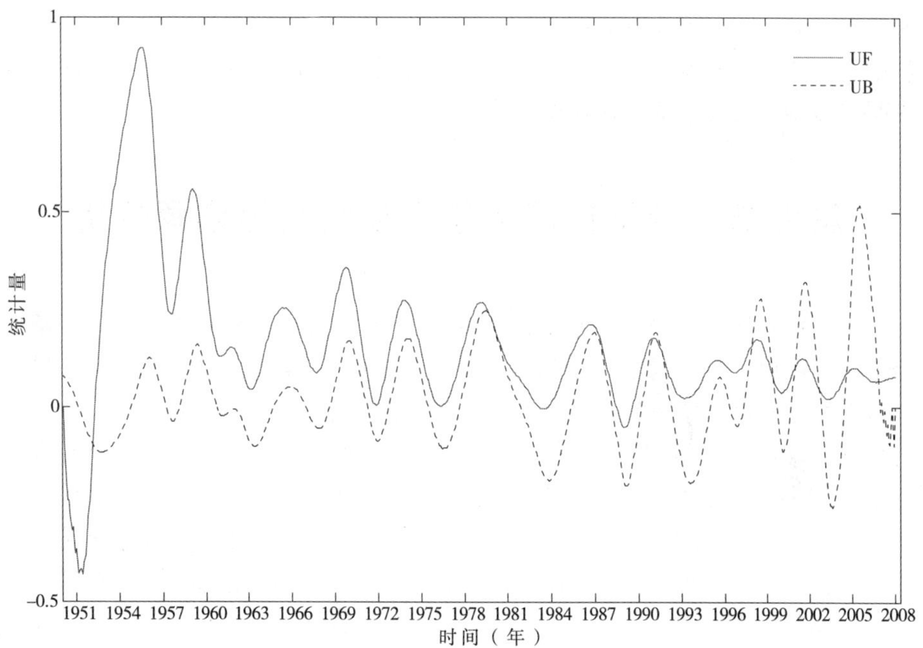

图 14-8-7　承德市 1951~2008 年逐月降水序列数据 48 个月尺度小波系数

四、结论与讨论

（1）承德市气候总体变化特征为小尺度变化嵌套在较大尺度的复杂背景之中，气温序列数据表现出 14 个月、6 个月和 2 个月左右变化周期，小波方差分析结果表明 14 个月左右为变化主周期，MK 检验充分印证了小波分析的结论。降水序列数据表现出 10~12 个月、4 个月和 1 个月左右周期，小波方差分析结果表明 4 个月左右为变化主周期，1 个月周期印证了承德市四季干湿分明的气候特点。

（2）从气温序列数据变化 14 个月主周期看，气温有低、高、低、高、低的波动变化。最明显的波动变化出现在 20 世纪 50 年代到 60 年代，50 年代中期到 60 年代初期温度升高，60 年代初期到末期气温降低，之后保持气温上升状态。与 35°N 以北地区变化规律基本一致，在多尺度波动的背景下，21 世纪以前气温呈现上升的总趋势。

（3）从降水序列数据变化 4 个月主周期看，存在 1 个高值中心（1959 年），5 个低值中心（1957 年、1960～1961 年、1971 年、1988～1989 年和 2000 年）。可见，20 世纪 60 年代以后承德市降水没有出现高值中心，只有低值中心出现，即降水呈减少趋势。从主周期干湿交替的情况可以判断多雨年份明显减少，且当前降水仍然偏少。

第九节　承德市城乡结合部大气污染源分析

用实地调研的方法获得承德市城乡结合部大气污染源类型及数据，结合相关统计资料，按照国家环保总局（环发〔2003〕64 号）“燃料燃烧排放大气污染物物料衡算办法”进行计算。结果表明：承德市城乡结合部 2013 年主要大气污染源为烟尘、二氧化硫、一氧化碳、氮氧化物，分别占污染物排放总量的 71.83%、3.04%、19.97%和 5.61%。烟尘主要来自居民生活和建筑工地，分别占 60.70%和 39.30%。交通污染源中，氮氧化物排放量占交通污染源排放总量的 54.44%，一氧化碳排放量占 38.08%。抑制生活污染源的主要对策为改变生活方式减少煤炭燃烧量；交通污染源治理首先应推广汽车尾气处理装置，其次减少私家车的使用；加强建筑工地防尘处理。

一、研究意义

2014 年 1 月 4 日，国家减灾委员会办公室、民政部通报 2013 年自然灾情，将雾霾天气首次纳入自然灾害范畴。2013 年，多发、频发的严重雾霾天气出现在我国中东部地区。除 8 月外，各月雾霾日数均比历史同期偏多，其中，1～3 月、9～12 月雾霾天气比其他月份更为严重。大气污染关系到国民身体状况，国内学者对大气污染高度重视，江梅等做了国家大气污染物排放标准体系研究；刘伦升做了大气污染物排放权初始分配研究；盛青做了主要氮氧化物排放源排放标准及其环境影响模拟研究；还有区域污染物排放研究。承德市和同期其他城市相比虽然雾霾天气较少，但与本地历年状况比较，雾霾天气也有增加趋势。城乡结合部是指兼具城市和乡村土地利用性质的城市与乡村地区的过渡地带，尤其是指接近城市并具有某些城市化特征的乡村地带。目前，对承德市城乡结合部大气污染源类型、分布、产生途径、源强等情况研究较少，治理管理措施相对滞后，因此该区域产生的大气污染物在一定程度上对承德市中心城区产生不利的影响。为了更好地治理城市大气污染，改善承德市大气环境质量，调查承德市城乡结合部大气污染物的产生、源强、分布特性、传输渠道等状况尤为重要。调查组立足承德市城乡结合部实际情况，对位于承德市东西南北四个方向城乡结合部的红石砬村、太平庄、大三岔口村、老西营进行了详细调查。调查的大气污染源按来源分为五个类别：生活源、交通源（道路和车辆）、农业源、工业源、大型施工工地。最后，针对主要影响因子进行定性定量分析，为承德市城乡结合部大气污染防治提出对策建议。

二、研究区概况

红石砬村、太平庄、大三岔口村和老西营分别位于承德市区东部、东南部、西部和北部四个方位，均属典型的城乡结合部。本区属季风气候区，风向的变化具有明显的季节性。冬季 12 月至次年 2 月以偏北风为主，夏季 6~8 月以偏南风为主，春秋两季是这两种气流的转换季节，春季接近夏季情况，秋季则近于冬季。除静风外，年最多风向为西南和西北。年平均风速为 1.4~4.3 米/秒，全年大风日数 11~63 天。

红石砬村位于承德市区东部，原来是一个大村庄，有 508 户居民 1675 人，户均人口 3.3 人/户。2005 年开始城中村改造拆迁，在村庄周围选址该居住楼房，但回迁楼还没有建成，拆迁户均未回迁。拆迁户目前多数租房住或借助亲戚家，住房条件比较艰苦。未拆迁的有 70 多户居民，他们因为随时准备拆迁，近年来也没有对住房进行投资装修，所以在红石砬村看不到窗明几净的住房。

居民冬季采暖设备为土暖气，取暖以烧煤为主，个别家庭住火炕烧木柴。冬季做饭与取暖同用炉灶烧煤，配合使用电饭锅、电饼铛等，夏季做饭用电为主，个别家庭烧木柴和锯末。

居民已没有耕地，没有大型企业。村民以经商打工为生，主要经营有小卖部、煤炭、水果。此外，逢五逢十为大集，集市期间可采购日常生活用品。全村现在居住的 70 多住户中有十多辆家用汽车，3 辆运货卡车，有 2 辆旧拖拉机。

三、数据来源和分析方法

（一）数据来源

立足于调查区现状，调查大气污染源按来源分为五个类别：生活源、交通源（道路和车辆）、大型施工工地、农业源、工业源。其中以生活源作为重点调查内容，调查每个家庭住户冬季取暖能源消费结构；交通源统计家用汽车拥有量。

（二）污染源数据处理

1. 生活污染源

（1）煤炭消耗量。

红石峦村每个住户年煤炭购买量3~5吨，全村70户居民年均煤炭消耗总量为210~350吨。每户住房面积大约120平方米，户均人口3.3人。计算得知人均年煤炭消耗量0.9~1.5吨，取其平均值为人均年煤炭消耗量1.2吨。双桥区农业人口5.1万人，他们的生活方式大致相同，多居住在城乡结合部。以此为依据计算得出承德市城乡结合部年煤炭消耗总量为5.1×1.2=6.12万吨。

（2）煤炭燃烧污染物排放种类和排放量。

按照国家环保总局（环发〔2003〕64号）“燃料燃烧排放大气污染物物料衡算办法”进行计算可得：

①烟尘排放量

$$G_{sd}=1000\times B\times A\times D_{fh}\times(1-\eta)/(1-C_{fh})$$

式中G_{sd}为烟尘排放量（千克），B为耗煤量（T），A为煤中灰分（%），D_{fh}为灰分中烟尘（%），η为除尘系统除尘效率（%），C_{fh}为烟尘中可燃物（%）。

承德市城乡结合部燃煤年烟尘排放量为

$$G_{sd}=1000\times61200\times27.41\%\times25\%\times(1-0)\div(1-45\%)$$

$$=7549854.545\text{ 千克}=7549.85\text{ 吨}$$

②二氧化硫排放量

$$G_{SO_2}=1600\times B\times S$$

式中 G_{SO_2} 为 SO_2 排放量（千克），B 为耗煤量（T），S 为燃煤全硫分含量（%）。

承德市城乡结合部燃煤年 SO_2 排放量为：

$$G_{SO_2}=1600\times61200\times0.53\%=518976\text{ 千克}=518.976\text{ 吨}$$

③一氧化碳排放量

$$G_{CO}=2300\times B\times C\times Q$$

式中 G_{CO} 为 CO 排放量（千克），B 为耗煤量（T），C 为燃煤中碳含量（%），Q 为燃煤燃烧不完全值（%）。

承德市城乡结合部燃煤年一氧化碳排放量为：

$$G_{CO}=2330\times61200\times80\%\times3\%=3422304\text{ 千克}=3422.304\text{ 吨}$$

④氮氧化物排放量

$$G_{NO_x}=1630\times B\times(0.015\times\beta+0.000938)$$

式中 G_{NO_x} 为 NO_x 排放量（千克），B 为耗煤量（T），β 为燃煤中氮的转化率（%）。

承德市城乡结合部年氮氧化物排放量 $G_{NO_x}=1630\times61200\times(0.015\times50\%+0.000938)=841741.128$ 千克 = 841.74 吨。

2. 交通污染源

（1）燃油消耗量。

红石峦村交通运输工具统计有 3 辆卡车（1800 升油/车年）、14 辆家用轿车（1200 升油/车年）、2 辆基本废弃的拖拉机构不成主要大气污染源。3 辆卡车年油耗量 3×1800 升 = 5400 升油；14 辆家用轿车年油耗量 141200 升 = 16800 升。总计 16800+5400 = 22200 升。人均年油耗量 22200÷(70×3.3) = 96.10 升。

双桥区农业人口 5.1 万人，他们的生活方式大致相同，多居住在城乡结合部。以此为依据计算得出承德市城乡结合部年均消耗汽油总量为 5.1×96.10 = 490.13 万升 = 490.13 万升÷1379.31 = 3553.44 吨。

（2）燃油污染物排放种类和排放量。

按照国家环保总局（环发〔2003〕64 号）“燃料燃烧排放大气污染物物

料衡算办法”进行计算：

①二氧化硫排放量

$$G_{SO_2}=2000\times B\times S$$

式中 G_{SO_2}为 SO_2排放量（千克），B 为耗油量（T），S 为燃油全硫分含量（%）。

承德市城乡结合部燃油年 SO_2排放量为：

$$G_{SO_2}=2000\times 3553.44\times 0.1\%=7106.88\text{ 千克}=7.1\text{ 吨}$$

②一氧化碳排放量

$$G_{CO}=2330\times B\times C\times Q$$

式中 G_{CO}为 CO 排放量（千克），B 为耗油量（T），C 为燃油中碳含量（%），Q 为燃油燃烧不完全值（%）。

承德市城乡结合部燃油年一氧化碳排放量为：

$$G_{CO}=2330\times(3553.44\times 24.3\%)\times 90\%\times 2\%=36214.599\text{ 千克}=36.21\text{ 吨}$$

③氮氧化物排放量

$$G_{NO_x}=1630\times B\times(N\times\beta+0.000938)$$

式中 G_{NO_x}为 NO_x排放量（千克），B 为耗油量（T），N 为燃油中氮含量（%），β 为燃油中氮的转化率（%）。

承德市城乡结合部燃油年氮氧化物排放量为：

$$G_{NO_x}=1630\times 3553.44\times(0.02\times 40\%+0.000938)=51769.85415\text{ 千克}=51.80\text{ 吨}$$

3. 其他污染源

红石峦村没有工厂和农田，即没有农业和工业污染源。大型施工工地位于村庄北部的小北沟，面积 260×150＝39000 平方米＝3.9 万平方米，地面状况裸露，建筑面积为 3.9 万平方米×21＝81.9 万平方米。计算出工地扬尘排放量：

红石峦施工工地扬尘排放量是按照物料衡算方法，根据建筑面积（市政工地按施工面积)、施工期和采取的扬尘污染控制措施，按基本排放量和可控排放量分别计算红石峦村施工工地扬尘排放量。

$$W=W_B+W_K$$

$$W_B=A\times B\times T$$

$$W_K=A\times（P_{11}+P_{12}+P_{13}+P_{14}+P_2）\times T$$

$$B=P_{11}+P_{12}+P_{13}+P_{14}+P_2$$

式中 W 为施工工地扬尘排放量（吨），W_B为基本排放量（吨），W_K为可控排放量（吨），A 为建筑面积（市政工地按施工面积，万平方米），B 为基本排放量排放系数（吨/万平方米×月），P_{11}、P_{12}、P_{13}、P_{14}为各项控制扬尘措施所对应的一次扬尘可控排放量排污系数（吨/万平方米×月），P_2为控制运输车辆扬尘所对应二次扬尘可控排放量系数（吨/万平方米×月），T 为施工期（月）。

$W_B=A\times B\times T=81.9$ 万平方米×2.8 吨/万平方米×月×7 月＝1605.24 吨

施工工地没有扬尘控制措施，故 $W_K=0$。

施工工地年扬尘排放量为：

$$W=W_B+W_K=1605.24\text{ 吨}$$

红石峦村人均施工工地年扬尘排放量＝1605.24 吨/1675 人＝0.96 吨/人。

双桥区农业人口 5.1 万人，他们的生活方式大致相同，多居住在城乡结合部。以此为依据计算得出承德市城乡结合部年均施工工地年扬尘排放量为 5.1×0.96＝4887.60 吨。

表 14-9-1　承德市城乡结合部污染物排放量统计

污染物种类	生活污染源排放量（千克）	交通污染源排放量（千克）	其他污染源排放量（千克）	总计（吨）
烟尘排放量	7549854.55	0.00	4887600.00	12437.45
二氧化硫排放量	518976.00	7106.88	0.00	526.08
一氧化碳排放量	3422304.00	36214.60	0.00	3458.52
氮氧化物排放量	841741.13	51769.85	0.00	893.51

四、数据统计分析

（一）污染物数据统计

统计结果表明，承德市城乡结合部年均烟尘排放量 12437.45 吨，二氧化硫排放量 526.08 吨，一氧化碳排放量 3458.52 吨，氮氧化物排放量 893.51 吨。在污染物排放总量贡献率分别为 71.83%、3.04%、19.97% 和 5.61%（见图 14-9-1）。

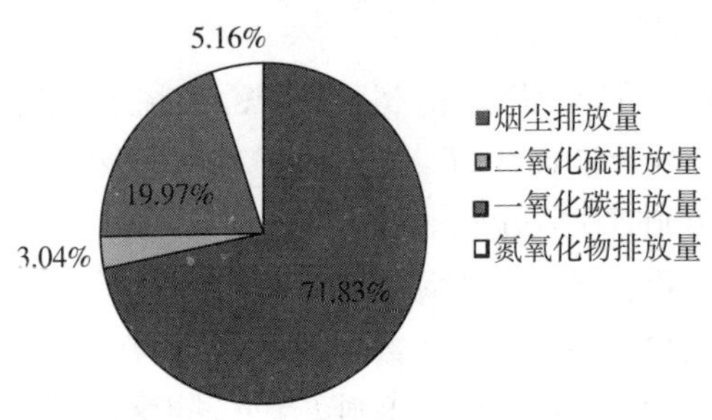

图 14-9-1　污染物在排放总量中的占比

由表 14-9-1 可以看出，生活污染源排放的污染物排放量，分别为烟尘排放量 7549854.55 千克，二氧化硫排放量 518976.00 千克，一氧化碳排放量 3422304.00 千克，氮氧化物排放量 841741.13 千克。

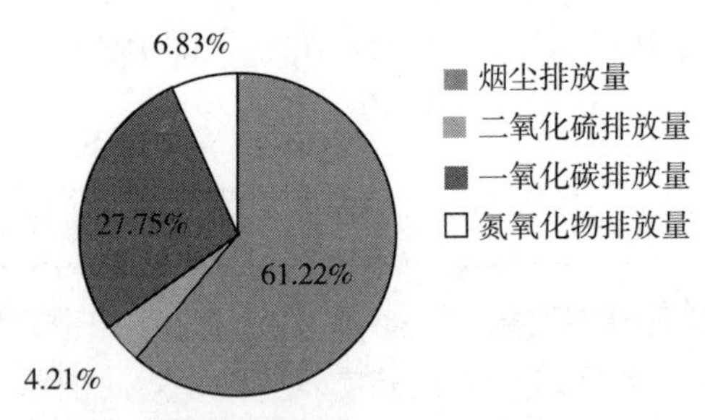

图 14-9-2　生活源排放量

由图 14-9-2 可以看出在污染物排放总量贡献率分别为 61.22%、4.21%、27.75%和 6.83%。

由表 14-9-1 可以看出，交通污染源排放的污染物排放量，分别为二氧化硫排放量 7106.88 千克，一氧化碳排放量 36214.60 千克，氮氧化物排放量 51769.85 千克。

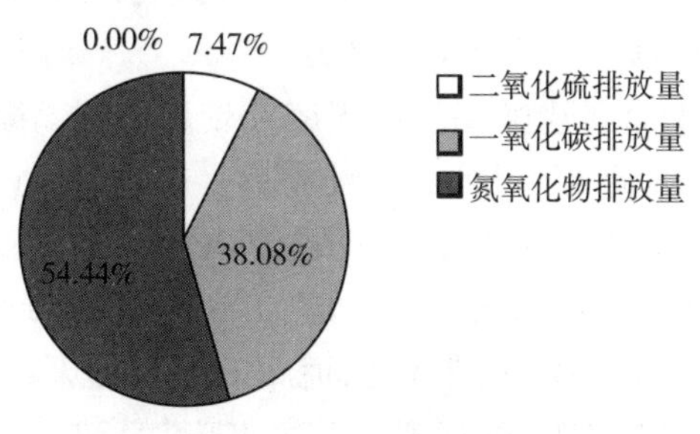

图 14-9-3　交通源排放量

由图 14-9-3 可以看出在污染物排放总量贡献率分别为 7.47%、38.08% 和 54.44%。

（二）数据统计分析结果

调查统计表明承德市 2013 年城乡结合部主要大气污染源为：①烟尘排放量 12437.45 吨；②二氧化硫排放量 526.08 吨；③一氧化碳排放量 3458.52 吨；④氮氧化物排放量 893.51 吨，在污染物排放总量贡献率分别为 71.83%、3.04%、19.97%和 5.61%，污染物种类以烟尘为主。烟尘主要来自居民生活和建筑工地，分别占 60.70%和 39.30%。

按污染源统计，生活污染源排放量分别占烟尘、二氧化硫、一氧化碳、氮氧化物排放总量的 60.70%、98.65%、98.95%、94.21%。可见，生活污染源为主。生活污染源中烟尘排放量占生活污染源排放总量的 61.22%，一氧化碳占 27.75%。

交通污染源中，氮氧化物排放量占交通污染源排放总量的 54.44%，一氧化碳排放量占 38.08%。

五、大气污染防治的对策建议

（1）抑制生活污染源的主要对策为改变生活方式，减少煤炭燃烧使用量。在城乡结合部，居民冬季采暖大多采用土暖气小锅炉，存在大量原煤散烧的现象，严重影响空气质量。建议首先加快城乡结合部及重点地区平房拆迁进度，居民住房建设注重隔热、采光，让居民尽早回迁到窗明几净的住房，搬离目前采光差、隔热差的住房，减少冬季取暖煤炭消耗，如能实行统一供暖，效果更好。其次加快取暖煤改电，通过改造，使居民冬季取暖的时候主要用电炉取暖，取代原煤土暖气取暖；这种方法成本会比较高，但为保护环境政府应考虑给居民一定经济补贴，加大政策宣传力度，让老百姓了解取暖煤改电的好处。

（2）交通污染源治理建议安装汽车尾气处理装置，减少私家车的使用，发展公共交通，减少汽车尾气排放量，同时倡导公共交通工具使用环保清洁能源，如电能、液化天然气等，可进一步降低尾气排放量。

（3）加强建筑工地防尘处理包括：施工区域要围挡封闭；施工现场应做硬化处理；保持路面的湿润，控制清扫道路的扬尘污染；控制土方施工、堆放、混凝土、砂浆拌制、脚手架清理、拆除的扬尘污染。

第十节　基于能值分析的承德绿色 GDP 研究

用能值分析方法核算 2009 年承德绿色 GDP，在此基础上通过计算部分能值指标，进一步解释承德资源利用效率，评价其可持续发展状况。结果表明：2009 年承德绿色 GDP 为传统 GDP 的 74.29%，经济增长的正面效应较高。能值/货币比率为 5.55×10^{12} sej/＄，能值自给率为 88.22%，能值密度为 1.56×10^{12} sej/m^2，人均占有能值量 16.62×10^{15} sej/a，经济发展水平、对外交流程度、经济活动频繁程度、居民生活水平均不及东南沿海省份，但高于内陆省份；在资源环境保护方面不及瑞士，好于印度。环境负载率 5.98，能值可持续指标（ESI）1.42，接近消费型经济，但富有活力和发展潜力。应该提高生产和管理过程中的科技含量，减少资源浪费，加强环境保护，充分激活发展潜力，实现国际旅游名城建设的目标。

一、研究意义

GDP（Gross Domestic Product）是一定时期内一个国家或地区经济生产出的全部最终产品和劳务的市场价值总和，是衡量一个国家或地区经济总产出及发展水平的重要指标。传统 GDP 只能反映经济总量的增长，没有考虑经济增长对环境和资源的负面影响，因此不能反映经济发展的质量。绿色 GDP 是指一个国家或地区在考虑了自然资源（主要包括土地、森林、矿产、水和海洋）与环境因素（包括生态环境、自然环境、人文环境等）影响之后经济活动的最终成果，即将经济活动中所付出的资源耗减成本和环境降级成本从

GDP 中予以扣除。绿色 GDP 实质上代表了国民经济增长的净正效应。绿色 GDP 占 GDP 的比重越高，表明国民经济增长的正面效应越高，负面效应越低，反之亦然。20 世纪中后期以来，一些国家和国际组织对绿色 GDP 着力进行了研究，旨在利用资源指标核算反映经济增长和资源及环境压力的关系。以往的研究方法多是从经济学的角度计算具有市场价格的环境资源资产，如林木资源、石油资源等，而对具有非市场价值的环境资源，如阳光、空气、水等，却未纳入核算体系，因为这些资源所提供的服务尚无可计量的货币价格。能值理论解决了这些难题。

能值理论是美国生态学家 Odum H. T. 于 20 世纪 80 年代创立的，已被应用在多个领域，如农业、生态经济、城市与人居环境、资源及可持续发展评价以及市县的功能分区等。在绿色 GDP 的核算上，张虹等对福建省绿色 GDP、康文星等对怀化市绿色 GDP、陈超等对大连市绿色 GDP 进行了能值分析。本书将对承德绿色 GDP 进行核算，在此基础上通过计算部分能值指标，进一步解释承德资源利用效率，评价其可持续发展状况。

二、研究区概况

承德位于河北省东北部北纬 40°11′~42°40′，东经 115°54′~119°15′；毗邻京、津，西顾张家口，东接辽宁，北倚内蒙古，南邻秦皇岛、唐山。辖 8 县 3 区：承德县、隆化县、滦平县、兴隆县、平泉县、宽城满族自治县、丰宁满族自治县、围场满族蒙古族自治县和双桥区、双滦区、鹰手营子矿区。2009 年全市总人口 371.91 万人，其中农业人口 271.93 万人，占总人口的 73.12%。土地总面积 39.51 万平方千米，人均 1.06 公顷。承德地处燕山腹地，北部是七老图山脉，中部属燕山山脉，为低山丘陵区，南部属燕山山脉东段的延续。河流有潮河、滦河、柳河、老牛河等，水量相对丰富，为北京和天津的重要水源地之一。承德海拔 200~1200 米，平均海拔 350 米，最高峰雾灵山 2118 米。承德属亚温带向亚寒带过渡地带，半湿润半干旱大陆性季风型气候，四季分明，光照充足，昼夜温差大。太阳辐射强度 $6.45\times10^4 \sim 7.51\times10^4\ J/cm^2 \cdot a$。年均气温 8.5℃，年均无霜期 159 天，年均雨量 356.7 毫米。夏季多温凉，冬季少严寒，雨量适中。

三、能值分析方法与步骤

（一）数据来源

本书采用的数据来自《承德统计资料》和承德市环保局，能值转换率引用 Odum 和蓝盛芳等的《生态经济系统能值分析》，能量折算数据主要参考北京大学赵志强、高阳等的研究成果。

（二）数据处理方法

1. *原始数据*

根据能值计算方法对原始数据进行计算，将计算结果进行分类整理之后输入 Excel，算出能值总量、能值货币比率和能值—货币价值，制作能值分析表。

2. *绿色 GDP 核算*

绿色 GDP 核算的表达式如下：

$$\text{绿色 GDP} = \text{GDP} - \sum A - \sum B - \sum C$$

式中，$\sum A$ 为系统中各种不可更新自然资源的能值—货币价值之和，$\sum B$ 为系统中所实际消耗不可更新资源产品的能值—货币价值之和，$\sum C$ 为系统中排放各种废弃物的能值—货币价值之和。

四、绿色 GDP 核算结果分析

（一）社会—经济—自然复合生态系统投入的总能值

2009 年承德社会—经济—自然复合生态系统能值投入总量为 6.18×10^{22}sej（见表 14-10-1），包括可更新自然资源 1.25×10^{21}sej、不可更新自然资源 1.89E$\times10^{20}$sej、不可更新资源产品 5.31×10^{22}sej 和进口货币流 7.28×10^{21}sej。为了避免重复计算，同一性质的能量投入只取其最大值，风能、雨水化学能、雨水势能、地球循环能实质上都是太阳能的转化形式，因此只取其最大的一项：雨水化学能。2009 年承德 GDP 为 7.60×10^{6}万元人民币，按当年美元汇率折算成美元为 1.11×10^{10} \$ 。单位货币（通常转化成美元）相当的能值量为能值/货币比率，等于该年能值投入总量除以当年货币循环量。据此计算出 2009 年承德社会—经济—自然复合生态系统能值/货币比率为 5.55×10^{12}sej/ \$ 。

表 14-10-1　承德社会—经济—自然复合生态系统能值分析表（2009）

项目	原始数据（J/a g/a）	能值转换率（sej/unit）	太阳能值（sej）	能值—货币价值（$）
可更新环境资源				
1. 太阳能（J）	3.03×10^{20}	1.00	3.03×10^{20}	5.45×10^{7}
2. 风能（J）	4.27×10^{15}	1.50×10^{3}	6.40×10^{18}	1.15×10^{6}
3. 雨水化学能（J）	6.96×10^{16}	1.80×10^{4}	1.25×10^{21}	2.26×10^{8}
4. 雨水势能（J）	4.83×10^{16}	1.00×10^{4}	4.83×10^{20}	8.70×10^{7}
5. 地球旋转能（J）	3.95×10^{16}	2.90×10^{4}	1.15×10^{21}	2.06×10^{8}
小计			1.25×10^{21}	2.26×10^{8}
不可更新环境资源				
6. 表土层损耗（J）	3.02×10^{15}	6.25×10^{4}	1.89×10^{20}	3.40×10^{7}
小计			1.89×10^{20}	3.40×10^{7}
不可更新资源产品与消耗				
工业				
7. 工业企业用标煤（J）	2.10×10^{17}	1.06×10^{4}	2.23×10^{21}	4.01×10^{8}
8. 工业企业取水总量（J）	9.53×10^{14}	4.10×10^{4}	3.91×10^{19}	7.04×10^{6}
主要建材消耗量				
9. 钢材（g）	3.33×10^{11}	1.40×10^{9}	4.67×10^{20}	8.41×10^{7}
10. 木材（J）	1.46×10^{15}	3.49×10^{4}	5.11×10^{19}	9.20×10^{6}
11. 水泥（g）	1.47×10^{12}	3.30×10^{10}	4.85×10^{22}	8.73×10^{9}
12. 玻璃（g）	4.15×10^{9}	8.40×10^{8}	3.49×10^{18}	6.28×10^{5}
13. 铝材（g）	8.75×10^{9}	1.60×10^{10}	1.40×10^{20}	2.52×10^{7}
农业				
14. 柴油（J）	4.69×10^{15}	5.40×10^{4}	2.53×10^{20}	4.56×10^{7}
15. 农药（J）	1.25×10^{14}	1.97×10^{6}	2.47×10^{20}	4.44×10^{7}

续表

项目	原始数据 (J/a g/a)	能值转换率 (sej/unit)	太阳能值 (sej)	能值—货币价值（＄）
16. 氮肥（g）	5.66×10^{10}	3.80×10^{9}	2.15×10^{20}	3.87×10^{7}
17. 磷肥（g）	1.17×10^{10}	3.90×10^{9}	4.56×10^{19}	8.21×10^{6}
18. 钾肥（g）	7.30×10^{9}	1.10×10^{9}	8.03×10^{18}	1.45×10^{6}
19. 复合肥（g）	2.68×10^{10}	2.80×10^{9}	7.50×10^{19}	1.35×10^{7}
20. 地膜使用量（g）	2.07×10^{9}	3.80×10^{8}	7.86×10^{17}	1.42×10^{5}
21. 用电量（J）	5.22×10^{15}	1.59×10^{5}	8.30×10^{20}	1.50×10^{8}
小计			5.31×10^{22}	9.56×10^{9}
进口流				
22. 进口总额（＄）	1.30×10^{8}	5.79×10^{12}	7.52×10^{20}	1.35×10^{8}
23. 实际利用外资（＄）	7.13×10^{7}	5.79×10^{12}	4.13×10^{20}	7.43×10^{7}
24. 境外旅游外汇收入（＄）	5.48×10^{7}	5.79×10^{12}	3.17×10^{20}	5.71×10^{7}
25. 境内旅游收入（＄）	1.00×10^{9}	5.79×10^{12}	5.80×10^{21}	1.04×10^{9}
小计			7.28×10^{21}	1.31×10^{9}
出口流				
26. 出口总额（＄）	1.01×10^{8}	5.79×10^{12}	5.87×10^{20}	1.06×10^{8}
废弃物				
27. 废气（J）	4.09×10^{15}	6.53×10^{5}	2.67×10^{21}	4.80×10^{8}
28. 废水（J）	1.52×10^{16}	6.53×10^{5}	9.95×10^{21}	1.79×10^{9}
29. 固体废弃物（J）	8.99×10^{13}	1.70×10^{6}	1.53×10^{20}	2.75×10^{7}
小计			1.28×10^{22}	2.30×10^{9}
总太阳能值			6.18×10^{22}	1.11×10^{10}
GDP（＄）	1.11×10^{10}	5.55×10^{12}	6.18×10^{22}	1.11×10^{10}
能值/货币比率（sej/＄）		5.55×10^{12}		

（二）自然资源和自然资源产品的消耗

从表 14-10-1 可知，承德社会—经济—自然复合生态系统中消耗可更新自然资源太阳能值 1.25×10^{21}sej，占能值总投入的 2.03%，能值—货币价值为 2.26×10^{8} $。消耗不可更新自然资源表土层损耗能值为 1.89×10^{20}sej，占能值总投入的 0.31%，能值—货币价值为 3.40×10^{7} $。可更新自然资源利用之后，系统可自然恢复，如太阳能、风能、雨水化学能、雨水势能和地球旋转能；不可更新自然资源表土层的形成是一个漫长的过程，损失后在短期内无法从自然环境中得到补偿。

承德社会—经济—自然复合生态系统中消耗不可更新资源产品的太阳能值 5.31×10^{22}sej，占能值总投入的 85.89%，能值—货币价值为 9.56×10^{9} $。包括工业能耗折合成的标煤和工业企业用水；建筑业消耗的钢材、木材、水泥、玻璃和铝材，农用柴油、农药、氮肥、磷肥、钾肥、复合肥、地膜使用量、农村用电量。它们相应的能值分别为工业消耗 2.27×10^{21}sej，占能值总投入的 3.67%；建筑消耗 4.92×10^{22}sej，占能值总投入的 79.51%；农业消耗 1.67×10^{21}sej，占能值总投入的 2.71%。能值—货币价值分别为：工业消耗 4.08×10^{8} $；建筑消耗 8.85×10^{9} $；农业消耗 3.02×10^{8} $。可见，2009 年建筑业消耗能值比例较高，和当时的房地产业过热有关系。

2009 年承德社会—经济—自然复合生态系统消耗的不可更新自然资源和不可更新资源产品之和为 5.33×10^{22}sej，占能值总投入的 86.19%，能值—货币价值为 9.60×10^{9} $。

2009 年承德农业生态系统能值投入中，以用电量为主，占农业能值投入总量的 49.59%。柴油、农药和化肥的能值投入分别占农业能值投入总量的 15.11%、14.73%和 20.53%。

（三）废弃物排放消耗能值分析

2009 年承德统计工业废物排放量为：废气排放量 1738.6 亿标立方米、废水排放量 6098 万吨、固体废物排放量 1.59 万吨。其能值分别为 2.67×10^{21}sej、9.95×10^{21}sej、1.53×10^{20}sej，合计 1.28×10^{22}sej。能值—货币价值分别为 4.80×10^{8} $、$1.79\times10^{9}$ $、$2.75\times10^{7}$ $，合计为 2.30×10^{9} $。三者各占废弃物能值总量的 20.88%、77.92%、1.20%，可见，废水污染带来的环境资源损耗最大，其次是废气。废弃物排放消耗能值相当于总能值投入的 20.66%。

（四）2009 年绿色 GDP 核算

根据绿色 GDP 核算表达式计算 2009 年承德绿色 GDP（见表 14-10-2），不可更新自然资源损耗能值—货币价值 3.40×10^{7} $，占 GDP 的 0.31%，不可更新资源产品消耗的能值—货币价值 5.27×10^{8} \$，占 GDP 的 4.74%；环境受到污染损失的能值—货币价值合计 2.30×10^{9} \$，占 GDP 的 20.66%。绿色 GDP 为 8.27×10^{9} \$，占传统 GDP1.11×10^{10} \$ 的 74.29%。说明其经济活动中付出了资源耗减成本和环境降级成本。

表 14-10-2　承德 2009 年绿色 GDP 核算

GDP/ \$	自然资源		环境损耗			绿色 GDP/ \$
	不可更新自然资源/ \$	不可更新自然资源产品/ \$	废气/ \$	废水/ \$	固体废弃物/ \$	
1.11×10^{10}	3.40×10^{7}	5.28×10^{8}	4.80×10^{8}	1.79×10^{9}	2.75×10^{7}	8.28×10^{9}

注：不可更新资源产品能值为排除重复计算后的净能值投入。

将 2009 年承德绿色 GDP 占传统 GDP 的比重与其他区域做对比，张虹等用能值方法核算的福建省 2001~2006 年绿色 GDP 占传统 GDP 的比重在 45%~55%。康文星等用能值方法核算的湖南省怀化市 2006 年绿色 GDP 为传统 GDP 的 30.71%。陈超等对大连市绿色 GDP 进行了能值分析，2001~2005 年绿色 GDP 占传统 GDP 的比重在 44.02%~53.25%。王秀明等用能值方法核算的天津市 2000~2009 年绿色 GDP 占传统 GDP 的比重在 32.1%~41.2%。2009 年承德绿色 GDP 占传统 GDP 的比重高于福建省、大连市、天津市、湖南省怀化市，其经济增长的正面效应较高。

五、可持续发展探讨

运用能值分析方法从能值/货币比率、能值自给率、能值密度、人均能值用量、环境负载率、可持续发展指数六个能值指标评价承德可持续发展状况，并与同期其他国家或地区 2001~2006 年平均情况做对比，从而更深入了解承德的可持续发展状况，解释其资源利用效率。

（一）能值/货币比率

能值/货币比率是一个区域单位货币相当的能值量，即能值与货币的比率（Emergy Dollar Ratio，EDR），等于该区域全年能值投入总量除以当年货币循环量。全年应用的能值总量包括可更新自然资源（太阳光、雨等）、不可更新自然资源、不可更新自然资源产品（煤、石油、天然气、矿藏、土地等）及进口商品和资源的能值。发展中国家或地区具有较高的能值/货币比率，发达国家则相反。2009 年承德能值/货币为 5.55×10^{12} sej/ $。与其他地区或国家 2001~2006 年平均情况相比（见表 14-10-3），在国内低于西藏、青海、新疆、甘肃，与福建省大致相当，高于江苏、浙江，也高于 2009 年天津市能值/货币为 2.23×10^{12} sej/ $。在国际上高于美国和瑞士，低于澳大利亚和印度，比 2001~2006 年世界平均水平略高。可见，承德经济发展水平略低于 2001~2006 年世界平均经济发展水平；高于地广人稀的中国内陆地区，也高于印度；但低于中国的江苏和浙江，低于美国和瑞士；也不属于澳大利亚那种矿产资源丰富、出口量大的经济发展类型。

表 14-10-3　承德能值分析指标与部分国家和地区的比较

国家和地区	能值/货币比率（10^{12}sej/ $）	人均能值（10^{15}sej/人·a）	能值密度（10^{11} sej/m^2）	能值自给率（%）	环境负载率（%）
承德	5.55	16.62	15.65	88.22	5.98
西藏	628.21	113.43	1.99	96.00	0.03
青海	49.10	51.60	3.85	96.76	0.09
新疆	14.70	11.70	1.25	91.10	0.18
甘肃	11.90	5.62	3.11	99.27	0.64
福建	6.75	9.66	27.37	72.30	0.30
江苏	3.02	4.28	30.60	76.10	23.16
浙江	2.28	4.57	20.20	84.50	11.25
印度	6.37	1.07	2.05	88.00	1.02
瑞士	0.72	11.51	17.70	19.00	7.44
澳大利亚	6.37	59.00	1.42	92.00	0.86
美国	2.55	29.25	7.00	77.00	7.06
世界	4.05	3.86	1.36	—	1.15

（二）能值自给率

能值自给率（Emergy Self-suificiency Ratio，ESR）为系统自然环境投入能值与系统能值投入总量之比。能值自给率越高，该系统资源越丰富，自给自足能力越强，对内部资源开发程度越高，但也反映该地区对外交流程度越差。2009 年承德社会—经济—自然复合生态系统能值自给率为 88.22%。在国内低于西藏、青海、新疆、甘肃，高于福建、江苏、浙江，其对外交流程度不及苏浙闽地区。在国际高于美国和瑞士，低于澳大利亚，和印度持平，对内部资源开发程度没有澳大利亚高。

（三）能值密度

能值密度（Emergy Density，ED）为区域能值总利用量与该区域面积之比，反映区域经济发展强度和经济发展等级。能值密度越大的区域，经济活动越频繁，经济越发达。2009 年承德社会—经济—自然复合生态系统能值密度为 1.56×10^{12} sej/m^2。在国内高于 2001～2006 年西藏、青海、新疆、甘肃，低于江苏、浙江、福建，经济活动频繁程度不及苏浙闽地区。在国际高于印度和瑞士，低于澳大利亚和美国，高于 2001～2006 年世界平均水平。在资源环境保护方面不及瑞士，好于印度；经济活动频繁程度不及澳大利亚和美国。

（四）人均能值用量

人均能值用量（Emergy Per Capita，EPC）为区域总能值使用量与总人口数量之比，是评价居民生活水平的指标。2009 年承德社会—经济—自然复合生态系统人均能值用量为 1.66×10^{16} sej/人·a。在国内低于 2001～2006 年西藏、青海，西藏、青海人均享受的能值用量水平很高，和其他一些发展中国家或欠发达地区一样，由于地域辽阔、人口稀少，能随心所欲地使用大量自然资源，从生态经济学的观点看，这也是一种福利，属于生活水平高的一种类型，这一指标与社会学意义上的生活标准有所差异；高于新疆、甘肃、福建、江苏、浙江，这是由于新疆、甘肃人口较少，但经济欠发达，能值使用量不高，所以人均能值也比较低，居民生活水平有待提高。福建、江苏、浙江经济加快发展，能值使用量较多，但是人口也很多，人均能值稍微偏低，但总体上居民生活水平比较高的。在国际高于印度和瑞士，低于澳大利亚和美国。瑞士是世界知名低能耗国家，但居民生活水平较高，是承德经济发展可借鉴区域。发达国家往往通过不等价交换从发展中国家掠夺大量的能值财富而人均能享受的能值较高，生活水平也较高，如美国等。澳大利亚地广人稀、资源丰富，人均能值用量大，居民生活水平高。2009 年承德人均能值用量高于 2001～2006 年世界平均水平。承德居民生活水平低于沿海省份，高于印度，也高于世界平均水平。

（五）环境负载率

环境负载率（The Environmental Loading Ratio，ELR）为购买的和非更新

的本地能值与无偿的环境能值（可更新资源能值）之比。环境负载率越大，表明系统能值利用强度越高，环境压力较大。2009 年承德社会—经济—自然复合生态系统环境负载率 5.98。在国内高于 2001～2006 年西藏、青海、新疆、甘肃、福建，低于江苏、浙江。在国际低于美国和瑞士，高于澳大利亚和印度，比 2001～2006 年世界平均水平略高。2009 年承德社会—经济—自然复合生态系统环境负载率是 2001～2006 年发展中国家印度的 5.9 倍，是澳大利亚的 7 倍，接近美国和瑞士的水平。承德社会—经济—自然复合生态系统人均占有能值量较高，环境负载率较大，且生产和管理过程的科技含量较低，存在着资源浪费和破坏，系统对于环境的压力较大。2009 年承德社会—经济—自然复合生态系统废弃物能值与总能值比 0.21，远高于新疆 1999 年的 0.0076 和 1989 年西藏的 0.00051。说明在经济发展过程中环境保护程度和新疆、西藏还有较大差距。这不符合国际旅游名城建设的发展目标。

（六）能值可持续指标（ESI）

能值可持续指标（Emergy Sustainable Indices，ESI）为系统能值产出率与环境负载率之比。如果一个区域经济系统能值产出率高而环境负载率又相对较低，则 ESI 较高，其发展是可持续的，反之是不可持续的，但并不是 ESI 值越大可持续性越高。ESI>10 则是经济不发达的象征，ESI 值在 1 和 10 之间表明经济系统富有活力和发展潜力。Ulgiati 认为当 ESI<1 时，为消费型经济系统。2009 年承德社会—经济—自然复合生态系统能值可持续指标（ESI）为 1.42，与辽宁省 2005 年可持续发展指数（ESI）1.41 基本持平。2000 年江苏省为 0.18，江西 1.19，甘肃 44.19，新疆 64.1，美国 0.48。表明 2009 年承德社会—经济—自然复合生态系统接近消费型经济，但富有活力和发展潜力。

六、结论与讨论

（1）用能值分析方法核算的 2009 年承德绿色 GDP 为传统 GDP 的 74.29%，说明其经济活动中付出了资源耗减成本和环境降级成本。绿色 GDP 占传统 GDP 的比重高于福建省、大连市、天津市、湖南省怀化市，说明 2009 年承德经济增长的正面效应较高。

（2）2009 年承德社会—经济—自然复合生态系统能值/货币为 5.55×10^{12} sej/ $，经济发展水平高于地广人稀的中国内陆地区，也高于印度，但低于中国的江苏和浙江，低于美国和瑞士，也不属于澳大利亚那种矿产资源丰富、出口量大的经济发展类型。2009 年承德能值自给率为 88.22%，其对外交流程度不及苏浙闽地区，对内部资源开发程度没有澳大利亚高。2009 年承德能值密度为 1.56×10^{12}sej/m^2，经济活动频繁程度不及苏浙闽地区，在资源环境保护方面不及瑞士，好于印度。2009 年承德人均能值用量为 1.66 × 10^{16} sej/人 · a，承德居民生活水平低于沿海省份，高于印度，也高于世界平均水平。

（3）2009 年承德社会—经济—自然复合生态系统环境负载率 5.98，人均占有能值量较高，环境负载率较大，且生产和管理过程的科技含量较低，存在着资源浪费和破坏，系统对于环境的压力较大。在经济发展过程中环境保护程度不高，这不符合国际旅游名城建设的发展目标。2009 年承德能值可持续指标（ESI）为 1.42，接近消费型经济，但富有活力和发展潜力。

（4）基于以上结论，本书的政策建议是：经济发展过程中应该加强对外交流，提高外贸质量和效益，促进劳务输出和服务贸易快速发展。充分利用区域外资源，提高经济活动频繁程度，同时加强环境资源保护，提高生产和管理过程中的科技含量，减少资源浪费，充分激活发展潜力。做到：①牢固树立"生态环境是可持续发展第一资源、第一竞争力"的理念，加快发展休闲旅游产业，大力发展现代服务业和高新技术产业，建设功能完善、产业发达、环境优美、品牌响亮的国际旅游城市核心区。②主动接受首都辐射带动作用，推动传统优势产业提层级、战略性新兴产业成规模、现代服务业上水平、现代农业增质效，打造实力雄厚的经济崛起带。把北京作为区域经济合作的发展重点，在水资源保护，生态环境建设，绿色有机农产品供给等方面为首都提供支持，建设一批新兴产业示范园区、现代物流园区、科技成果孵化园区，培养发育一批养老、健身、休闲度假、宜居生活基地，建立长期稳定、互利共赢的战略合作机制。③建设循环经济示范区，以绿色农业和绿色矿业为重点，重点培育建设一批绿色企业、高新技术产业和生态工业园区促进企业层面循环式生产、产业层面循环式组合、园区层面循环式布局、社会层面资源循环利用，实现经济效益、生态效益与社会效益的有机统一，建设国家级生态文明示范区，实现建设国际旅游名城的目标。

第十一节　基于能值分析的承德生态经济发展研究

生态经济系统的能量流动、转化过程经过自然和人类经济社会，能值可用于表达自然、环境与经济的关系。根据能值理论，从能值资源的投入和产出、区域环境压力及可持续发展状况三个方面考虑建立能值指标体系，分析2004~2011年承德生态经济发展状况。结果表明：承德经济增长速度较快，但平均消耗81.02%的不可更新资源及其产品，且81.41%~88.26%为本地资源。进口能值比率虽然呈现增加趋势，但占总能值用量的比例在16.33%以下。生态经济系统能值利用强度增大，环境压力加大，系统可持续发展能力在不断下降。应该结合京津水源地保护与生态屏障建设要求，加强京津冀区域间合作发展，增加进口能值流量，降低对本地资源的开发利用强度，促进生态文明建设。

一、研究意义

生态经济基于对生态系统承载能力的考虑，根据生态经济学原理，采用系统工程方法力图使不合理消费方式和生产方式得以改变，开发可利用资源潜力，发展高效生态经济产业，建设景观适宜、生态健康的环境以及和谐的社会文化。生态经济可以实现环境保护与经济发展的和谐统一，利于推进区域经济可持续发展。美国学者奥德姆（H. T. Odum）于20世纪80年代创立了能值（Emergy）分析理论和方法。能值理论与分析方法是一种新的环境—经济价值理论和系统分析方法，涉及学科很多，如生态学、地球科学等自然科学，经济学、社会学等人文学科。能值被认为是联结生态学和经济学的桥梁，具有重大科学意义和实践意义。应用能值及其转换单位太阳能值转换率（Solar transformity），可将流动和储存于生态系统内的各种不同类别的物质和能量所蕴含的能值，转换为统一衡量标准的能值进行定量描述和分析。应用该理论和方法可以对生态系统的结构和功能进行定量分析，用于自然资源利用的评估、为区域经济关系的协调发展以及人与自然和谐共处等具有现实和长远意义，为国家经济政策的制定提供科学依据。

近年来，能值方法研究应用领域不断扩展，如从区域来讲，对国家土地利用和社会经济可持续发展、省区循环经济以及城市规划发展做能值分析；从系统来讲，对具体的生态系统、经济系统及生态经济复合系统做能值分析等。这些研究都可在一定程度上说明区域或系统的发展状况，为本研究提供了方法。

河北承德位于京津北部，是京津的环境保护屏障和水源地，在发展经济的同时保持其生态服务功能尤其重要，资源利用方式不仅关系到本区域的发展，也关系到京津地区的生态安全。经济发展与水土保持、防风治沙、水源涵养等生态功能应该兼容并蓄，形成良好的生态经济发展模式。近十多年来，承德开展了“退耕还林/还草”“稻改旱”等工程，退耕面积累积已达33万多公顷。承德地理位置决定了其生态与经济耦合发展的需求，衡量其生态经济发展状况，适合用能值理论和方法分析。本书基于能值方法分析承德生态经济系统的综合状况，解释承德资源利用效率，评价其可持续发展状况，为实现承德生态经济可持续发展、保护京津生态环境、促进京津冀区域间协调发展提供对策建议。

二、研究方法

根据奥德姆的能值理论，核算研究区能值消耗量，确定区域生态经济系统能值指标，包括能值投入量和产出量、环境能值指标和可持续发展能值指标，在此基础上分析区域生态经济可持续发展状况，提出可持续发展的对策建议。

（一）能值核算方法

本地提供的能值主要包括：可更新资源能值（Em_R）、不可更新资源能值（Em_N）和不可更新资源产品与消耗能值（Em_{N1}）。

1. 可更新资源能值（Em_R）

可更新资源项目包括：太阳能、雨水能、风能、地球旋转能。根据蓝盛芳等提出的计算方法，太阳能为研究区面积和太阳光平均辐射量的乘积；风能为高度、空气密度、涡流扩散系数、风速梯度和研究区面积的乘积；雨水化学能为研究区面、年降雨量和吉布斯自由能的乘积；雨水势能为研究区面积、平均海拔高度、年均降雨量、密度和重力加速度的乘积；地球旋转能为研究区面积和热通量的乘积。为了排除重复计算因素，取其中最大能值作为可更新资源项目，承德生态经济系统中雨水化学能值最大。

2. 不可更新资源能值（Em_N）

不可更新资源为表土层损耗。表土层年损失的热能值为研究区面积、侵蚀率、有机质平均含量和热能值的乘积。

3. 不可更新资源产品与消耗能值（Em_{N1}）

不可更新资源产品与消耗包括工业、建筑业、农业以及居民日常生活的消耗，同时包括对外贸易方面的进、出口产品能值，将各种消耗的热能值按照奥德姆能值理论给出的太阳能值转化率转化为太阳能值。

另外统计固、液、气态废弃物排放量，因为废弃物分解消耗系统能值，所以需要按照太阳能值转化率将其转化为太阳能值。

（二）能值指标体系

1. 能值投入产出

（1）总能值用量。

总能值用量（Em_U）能够反映在一定技术水平下一定区域拥有的可供支配的能值财富，可用于衡量资源富裕程度。公式表达为：

$$Em_U = Em_R + Em_N + Em_{N1} + Em_I \tag{14-24}$$

式（14-24）中，Em_R表示可更新资源、Em_N表示不可更新资源、Em_{N1}表示不可更新资源产品、Em_I表示输入能值。

（2）能值自给率。

能值自给率（Emergy Self-support Ratio，ESR）为来自环境的无偿能值输入除以总能值用量，即：

$$ESR = (Em_R + Em_N + Em_{N1}) / Em_U \tag{14-25}$$

能值自给率越高，说明区域系统拥有越丰富的资源，自给自足能力越强，同时也说明区域经济发展开发内部资源的程度越高，与外区域资源交流程度越低。

（3）能值投资率。

能值投资率（Emergy Investment Ratio，EIR）为来自经济活动的反馈（输入）能值除以本地提供能值输入，即：

$$EIR = Em_I / (Em_R + Em_N + Em_{N1}) \tag{14-26}$$

能值投资率可以衡量每开发单位本地资源所需要的能值输入。一个区域能值投资率越低，生产过程越具有节约性，开发过程中区域竞争能力越强。能值投资率越小，说明生态经济系统运行对于本地资源依赖程度越大，即从区域当地环境中获取能量较多。能值投资率太低，不利于吸引外资，不利于区域间交流和协调发展，越接近封闭的发展模式，封闭的发展模式有可能进一步影响到本地经济发展和资源开发利用。能值投资率大，说明区域经济发展中有偿的资源投入较大，导致产品价格上涨，区域系统的竞争力会较低。制约能值投资率大小的有社会经济因素、资源环境观以及政治因素。

（4）能值产出率。

能值产出率（Emergy Yield Ratio，EYR）是区域生态经济发展过程中产生的能值量与输入能值之比，输入的能值包括燃料、货物、劳务等，输入能值等于利用外资量、境外旅游收入、进口总额和劳务输出收入等项的和，即：

$$EYR = Em_U / Em_I \tag{14-27}$$

能值产出率表示经济过程向经济活动提供基础能源的情况。能值产出率越高，表明在区域系统能值投入一定的前提下，生产出来的产品具有越高能值量，表明区域系统有较高的生产效率；如果能值产出率小，则说明该区域资源利用效率差、竞争力较弱，不利于区域发展。

2. 环境能值指标

（1）环境负载率。

环境负载率（Environmental Loading Ratio，ELR）是系统不可更新能源投入总能值与可更新资源能值（Em_R）之比，即：

$$ELR = (Em_N + Em_I) / Em_R \tag{14-28}$$

环境负载率越大，表明系统能值利用强度越高，环境压力较大。奥德姆指出，环境负载率越大，区域经济系统能值利用强度越大，承受环境破坏的压力越大。如果系统环境负载率长期过高，将产生区域系统功能退化或丧失且不可逆转。所以环境负载率增大是对区域经济系统的一种警示。

（2）废弃物能值比率。

废弃物能值比率（Emergy Waste Ratio，EWR）是指废弃物的能值（Em_W）与系统总能值用量的比值，即：

$$EWR = Em_W / Em_U \tag{14-29}$$

系统废弃物能值比率越大，说明相同能值利用情况下产生的废弃物所蕴涵的能值越多。所以废弃物能值比率可以衡量系统废弃物的可利用价值。

（3）废弃物与可更新资源能值比率。

废弃物与可更新资源能值比率（Emergy Waste Renew Ratio，EWRR）是指废弃物能值（Em_W）与可更新资源能值的比值，即：

$$EWRR == Em_W / Em_R \tag{14-30}$$

废弃物与可更新资源能值比率越大，表明在可更新资源一定的情况下，造成的环境污染越严重，此比率可用于废弃物对环境压力的评价。

3. 能值可持续发展指标

（1）能值可持续发展指数。

可持续发展指数（Emergy Sustainable Index，ESI）为能值产出率和环境负载率之比，即：

$$ESI = NEYR/ELR \tag{14-31}$$

如果一个区域经济系统能值产出率较高，环境负载率相对较低，则可持续发展指数较高，区域经济系统发展是可持续的，反之区域经济系统发展不可持续。但可持续发展指数可持续性并非呈简单线性关系。ESI>10 则是经济不发达的象征，ESI 值在 1 和 10 之间表明经济系统富有活力和发展潜力。Ulgiati 认为当 ESI<1 时，为消费型经济系统。

（2）系统可持续发展复合指数。

系统可持续发展复合指数（Emergy Index for Sustainable Development，EISD）为能值产出率与能值交换律的乘积与环境负载率之比，即

$$EISD = (EYR \times EER)/ELR \tag{14-32}$$

式中，EYR 为能值产出率，EER 为能值交换率。EISD 值越高，表示单位环境压力下的社会经济效益越高，区域系统可持续发展性能越好。此指数是一个可同时兼顾社会经济效益与生态环境压力的系统可持续发展性能的复合评价指标。

三、研究区概况

承德位于河北省东北部北纬 40°11′~42°40′，东经 115°54′~119°15′；毗邻京、津，西顾张家口，东接辽宁，北倚内蒙古，南邻秦皇岛、唐山。辖 8 县 3 区，土地总面积 39.51 万平方千米，人均 1.06 公顷。承德北部是七老图山脉，中部属燕山山脉。气候为半湿润半干旱大陆性季风型气候，属亚温带向亚寒带过渡地带，四季分明，光照充足，昼夜温差大。夏季多温凉，冬季少严寒，雨量适中。承德“十二五”规划以加快转变经济发展方式为主线，以建设国际旅游名城为目标，着力调整经济结构，改善生态环境，实现经济社会发展新跨越。

四、数据来源和分析方法

本研究采用《承德统计资料》数据，从中获得 2004~2011 年承德市环生

态经济系统消耗的资源，可更新环境资源包括太阳能、风能、雨水化学能、雨水势能、地球旋转能；不可更新环境资源包括表土层损耗；不可更新资源产品与消耗包括工业、农业、建筑业和居民生活消耗；进出口金额；境内外旅游收入；废弃物包括废气、废水和废渣。《河北年鉴》用于订正和查补数据。《中国统计年鉴》数据用于对比区域辽宁、新疆、江苏、江西的能值情况分析。

以 2004~2011 年承德自然、经济和社会统计数据为基础，首先将各项资源原始数据（J、g 或 $，其中人民币根据当年美元兑人民币汇率折算成美元）根据能值转换率转换成太阳能值，生成承德市生态经济系统能值分析表，再按照能值指标式（14-24）至式（14-32），计算出各项能值指标，并做出 2004~2011 年的变化趋势图，分析承德生态经济发展状况。

五、能值分析结果

（一）能值流量分析

由图 14-11-1（a）可以看出，2004~2011 年，本系统可更新资源能值占流入总能值的比例很小，平均为 3.68%且相对稳定，保持在 12.50×10^{20} ~ 21.79×10^{20} sej/a。在可更新资源能值（Em_R）保持相对稳定投入量的情况下，不可更新资源产品与消耗能值（Em_{N1}）投入年均增长 17.75%，从 275.88×10^{20} sej/a 增长到 756.66×10^{20} sej/a，2011 年占总能值量（Em_U）的 81.69%，2004~2011 年平均占总能值量的 81.02%。说明在此期间虽然承德经济增长速度较快，但却消耗了过多的不可更新资源及其产品。

由图 14-11-1（b）可以看出，在对外贸易方面，2004~2011 年承德进口能值（Em_I）从 58.74×10^{20} sej/a 增长到 151.68×10^{20} sej/a，出口能值（Em_O）从 6.73×10^{20} sej/a 增长到 94.52×10^{20} sej/a，均呈增长趋势，年均分别增长 28.64%和 113.15%；2011 年进口能值和出口能值分别占到了总能值用量（Em_U）的 16.33%和 10.18%，进出口能值占总能值用量的比例小，对总能值用量的影响并不明显。

在废弃物排放和资源利用效率方面，承德废弃物能值（Em_W）2008 年以前呈现上升趋势，2004~2008 年分别为 161.96×10^{20} sej/a、120.04×10^{20} sej/a、134.70×10^{20} sej/a、150.21×10^{20} sej/a、152.39×10^{20} sej/a。2009~2011 年有所下降，分别为 127.76×10^{20} sej/a、130.90×10^{20} sej/a、56.21×10^{20} sej/a。因为 2009 年以后承德市固体废物综合利用率、污水集中处理率和生活垃圾无害化处理率不断提高，2011 年分别为 12.2%、86.63%和 99.05%。废弃物排放量

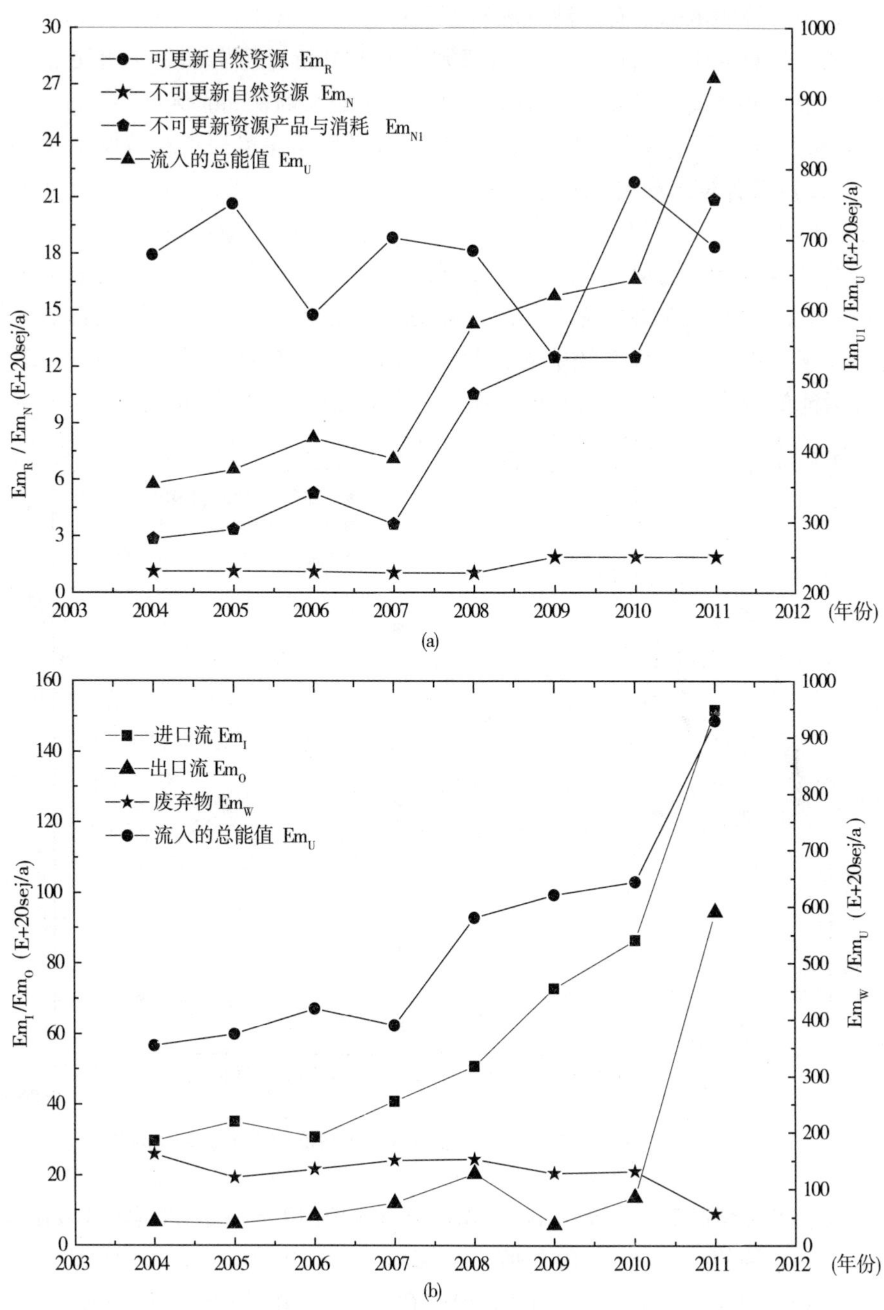

图 14-11-1　承德能值流量变化趋势

先增后减，说明承德生态经济发展转型取得了一定成效。

流入的总能值包括可更新自然资源、不可更新自然资源、不可更新资源产品与消耗和进口流量，从 353.69×10^{20}sej/a 增长到 928.59×10^{20}sej/a，年均增长 16.39%，说明承德生态经济系统所消耗的能值总量在不断增加。

（二）资源投入产出分析

由图 14-11-2 可以看出，从资源投入角度来看，2004~2011 年，承德能值自给率（ESR）在 81.41%到 88.26%之间波动中略有上升，说明承德生态经济发展以对本地资源开发为主，对外交流程度减弱。2007 年能值自给率偏低是由于当年主要建材消耗中的钢材、水泥、铝材能值用量明显偏少。2010 年以后能值自给率减少与主要建筑耗材能值消耗量减少呈正相关。

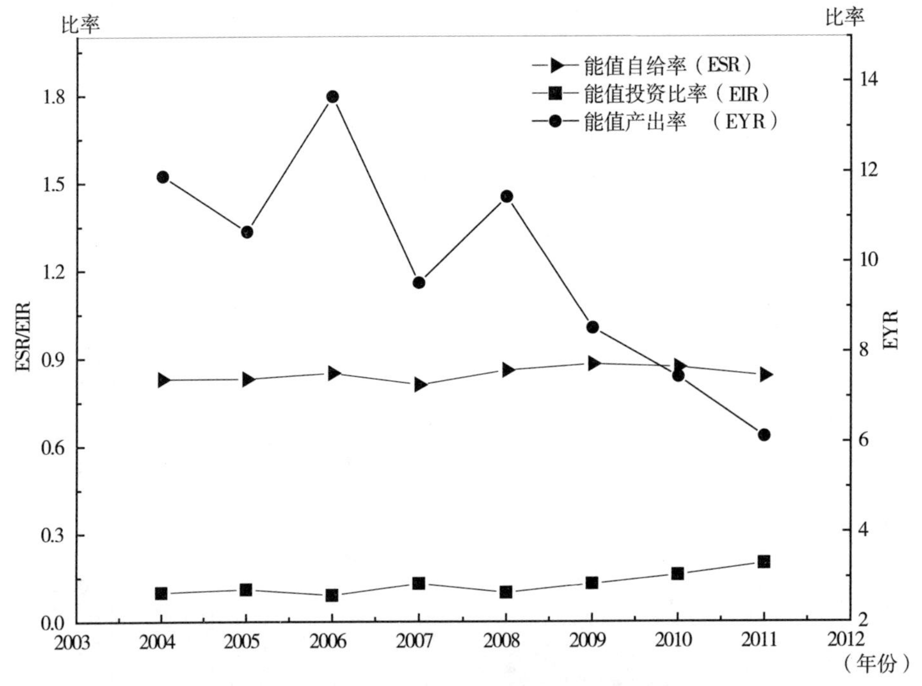

图 14-11-2　承德能值自给率、能值投资率与能值产出率变化趋势

承德能值投资率（EIR）2004~2011 年平均为 12.67%，和其他区域比较，2000 年甘肃能值投入率（EIR）值为 5.00%，新疆 9.50%，江苏 30.21%，江西 46.53%，美国 700%，世界平均水平 200%。承德能值投资率（EIR）仅高于中国的甘肃和新疆，远低于沿海省份江苏和江西，更低于美国。这表明承德生态经济系统运行对于本地资源依赖程度越大，即从区域当地环境中获取能量较多，对外开放程度较低，利用外界资源的数量较少。从发展趋势看，承德能值投资率（EIR）在波动中呈上升趋势，2004～2011 年从 10.08%上升到 19.52%，年均增长 12.90%。从区外购买的能值比率在增加，有利于降低对本地资源的开发利用强度，促进生态文明建设。

能值产出率（EYR）呈明显下降趋势，从 2004 年的 11.90 下降到 2011 年的 6.12，年均降低 6.91%。承德能值产出率及其变化趋势和辽宁省情况类似，辽宁省的能值产出率从 2000 年的 11.19%降低到 2010 年的 4.98%。说明区域系统投入一定能值，生产出来的产品能值量在降低，即区域系统生产效率在降低，系统资源的竞争力减弱，开发时产生的回报效益较低。

（三）环境压力分析

从图 14-11-3 可知，承德环境负载率（ELR）由 2004 年的 1.72 上升到 2011 年的 8.36，年均增长 34.25%。表明承德能值利用强度增大，环境压力加大。要做京津环境保护屏障，建设国际旅游名城，就要保持较低的环境负载率，应该发展生态高效产业，从区域间资源合作利用层面入手，降低不可更新资源的消耗，保持良好的生态环境，洁净的水源，做京津环境屏障。

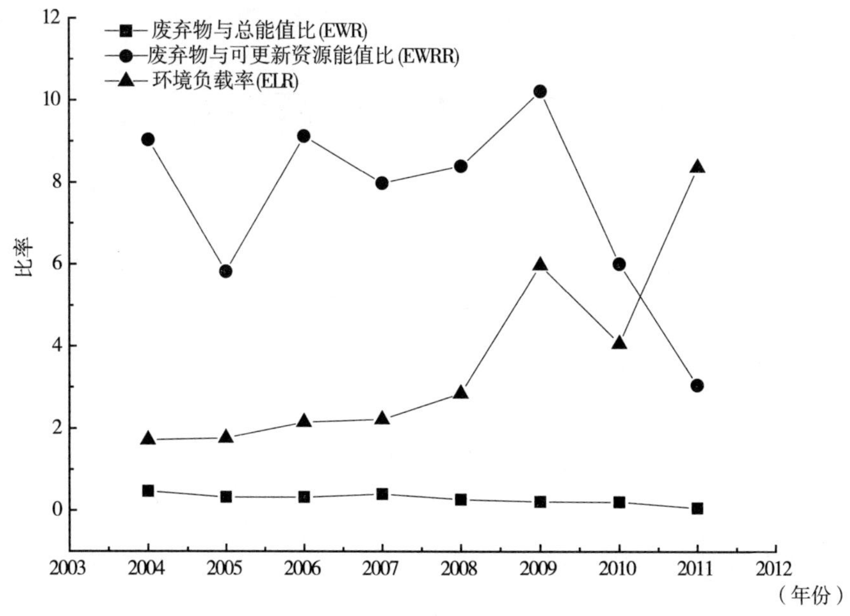

图 14-11-3　承德能值比率和环境负载率变化趋势

2004~2009 年，承德废弃物与可更新资源能值比（EWRR）在波动中有上升趋势，2009 年升到 10.22，表明 GDP 快速增长的同时经济活动引起的废弃物总量在增加，造成的环境污染有加重的趋势。2011 年承德废弃物与可更新资源能值比（EWRR）又降低到 3.06，说明承德市固体废物综合利用、污水集中处理和生活垃圾无害化处理工作 2009 年以后初见成效。2004~2011 年承德废弃物与总能值比（EWR）从 0.46 下降到 0.06，年均降低 19.23%。废弃物的增长速度比总能值用量的增长速度慢，说明废弃物资源化率在提高。

（四）可持续发展指数分析

如图 14-11-4 所示 2004~2011 年承德可持续发展指数（ESI）和可持续发展复合指数（EISD）变化趋势。2004~2006 年 ESI>6，说明承德经济系统能值产出率较高，环境负载率相对较低，则可持续发展指数较高，区域经济系统发展是可持续的。2004~2010 年 1<ESI<10 的整体状况表明经济系统富有活力和发展潜力，但是可持续发展指数处于持续降低状态，特别是 2008~2009 年从 4.01 猛降到 1.43，2011 年又急剧降到 0.73，转变为消费型经济系统。在短时间内快速降低的可持续性不符合承德生态经济发展要求。

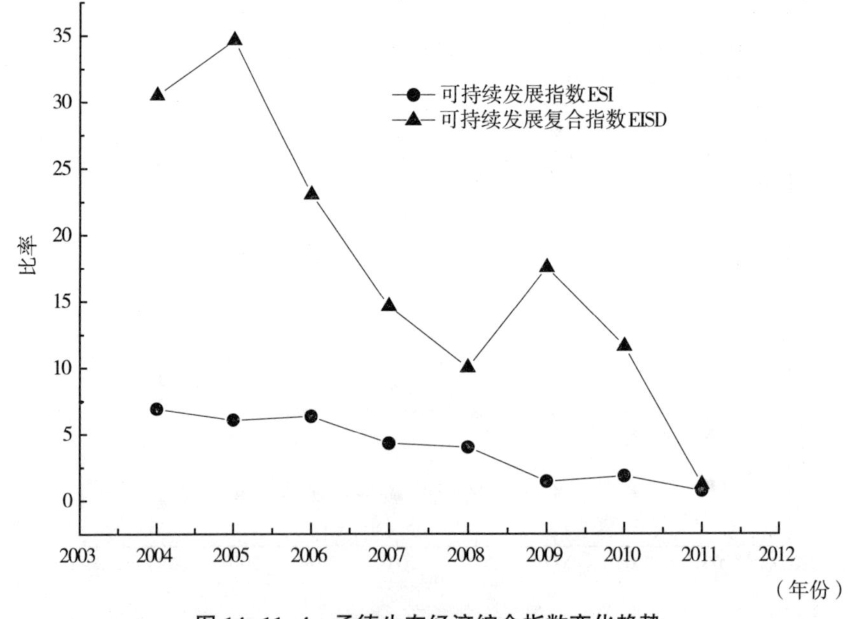

图 14-11-4　承德生态经济综合指数变化趋势

2004~2011 年承德可持续发展复合指数（EISD）呈下降趋势，年均降低 19.47%。表明承德生态经济系统单位环境压力下的社会经济效益下降，可持续发展性能减弱，同时兼顾社会经济效益与生态环境压力的可持续发展性能在下降。

总之，承德经济虽然保持较高发展速度，但也过多地消耗了不可更新资源与产品，结果导致区域系统可持续发展能力出现降低趋势。应该加强区域间的合作，不断提高输入能值比率，根据承德区域特征和区域发展规划，加强生态保护，提高资源利用水平。

（五）承德生态经济系统发展综合分析

能值流量分析表明，2004~2011 年不可更新资源产品与消耗能值（Em_{N1}）投入年均增长 17.75%，2011 年占总能值用量的 81.69%。在这种情况下，2004~2011 年承德废弃物与可更新资源能值比（EWRR）表现为上升和下降两个阶段，废弃物与总能值比（EWR）年均降低 19.23%。说明承德市固体废物综合利用率、污水集中处理率和生活垃圾无害化处理率不断提高，使生态经济发展转型取得了一定成效。

资源投入产出分析表明，2004~2011 年承德能值自给率（ESR）在 81.41%到 88.26%之间波动中略有上升趋势。承德经济发展以对本地资源开发为主，对外交流程度减弱。承德能值投资率（EIR）呈上升趋势，2004~2011 年从 10.08%上升到 19.52%，从区外购买的能值比率在增加，但进口能值占总能值用量的比例小。所以，承德环境负载率（ELR）由 2004 年的 1.72 上升到 2011 年的 8.36，年均增长 34.25%。承德能值利用强度增大，环境压力加大，使 2004~2011 年承德可持续发展指数（ESI）和可持续发展复合指数（EISD）均呈下降趋势。

总之，不同指标之间的相互影响表现为，系统输入的能值比例降低、不可更新能值投入比例必然增高，导致能值产出率（EYR）下降，环境负载率（ELR）增加，能值可持续发展指数（ESI）降低，系统可持续发展复合指数（EISD）呈下降趋势，可持续发展的能力降低。固体废物综合利用、污水集中处理和生活垃圾无害化处理，可以使承德生态经济发展转型取得成效。

六、结论

（1）基于以上分析可知，承德生态经济系统 2004~2011 年不可更新资源产品与消耗能值（Em_{N1}）投入年均增长 17.75%，2011 年占总能值用量的 81.69%，而且能值自给率（ESR）在 81.41%到 88.26%之间波动中略有上升趋势，这种发展模式将抑制其京津环境保护屏障和水源地的功能。作为环首都经济圈的组成部分，承德应主动配合京津冀协同发展要求，承担起京津生态环境保护屏障和水源涵养地保护的责任，生态经济系统发展应该加强区域间合作，充分利用域外资源，提高经济活动频繁程度，增加进口能值流量，提高外贸质量和效益，提高输入能值比率，以便降低对本地不可更新资源的开发利用强度。在区域合作发展过程中，促进劳务输出和服务贸易快速发展，扩大就业机会，提高居民收入，增进居民福祉，推动退耕还林的进行，促进生态文明建设。

（2）承德环境负载率（ELR）由 2004 年的 1. 72 上升到 2011 年的 8. 36，年均增长 34. 25%。承德能值利用强度增大，环境压力加大，使 2004~2011 年承德可持续发展指数（ESI）和可持续发展复合指数（EISD）均呈下降趋势。这不符合生态服务功能区发展要求，应该根据承德区域特征，围绕农业、林业资源高质量利用、旅游资源合理开发，结合京津水源地保护与生态屏障建设要求，发展生态经济，加强环境资源保护，保持较低的环境负载率。提高生产和管理过程中的科技含量，建设战略性新兴产业、提高现代化服务业发展水平、提高现代农业产品质量。减少资源浪费，充分激活发展潜力，保持良好的生态环境，洁净的水源，建设国际旅游名城，做京津环境保护屏障。

（3）2004~2011 年承德废弃物与总能值比（EWR）年均降低 19. 23%。说明承德市固体废物综合利用率、污水集中处理率和生活垃圾无害化处理率不断提高，使生态经济发展转型取得了一定成效。所以，应加快城市环境保护基础设施建设，建议垃圾处理厂增加垃圾渗滤液处理设施，提倡居民小区废水回收利用，改进城市郊区居民取暖设备，提高承德生态经济系统可持续发展能力。实现经济效益、生态效益与社会效益的有机统一，实现建设国际旅游名城的目标，做京津环境保护屏障。

参考文献

[1] Huang N E, Shen Z, Long S R, et al. The empirical mode decomposition and the Hilbert spectrum for nonlinear and non-stationary series analysis [J]. Proc R Soc Lond A, 1998, 454: 899-995.

[2] Huang N E, Shen Z, Long S R. A new view of nonlinear water waves: The Hilbert spectrum [J]. Annual Review of Fluid Mechanics, 1999, 31: 417-457.

[3] Cramer W P, R Leemans. Assessing impacts of climate change vegetation using climate classification system. in: Solomon A M, Shuart H H (eds.), Vegetation dynamics and global change [M]. London: Chapman and Hall, 1993. 190-217.

[4] Maisongrande P, Duchemin B, Dedieu G. VEGETATION/SPOT: An operational mission for the Earth monitoring; presentation of new standard products [J]. International Journal of Remote Sensing, 2004, 25 (1): 9-14.

[5] Purevdorj T S, Tateishi R, Ishiyam T, et al. Relationships between percent vegetation cover and vegetation indices [J]. Remote Sens., 1998, 19: 3519-3535.

[6] Stow D, Daeschner S, Hope A, et al. Variability of the seasonally integrated normalized difference vegetation index across the north slope of Alaska in the 1990s [J]. International Journal of Remote Sensing, 2003, 24 (5): 1111-1117.

[7] Malmstrom C M, Thompson M V, Juday G P, et al. Interannual variation in global-scale net primary production: Testing model estimates [J]. Global Biogeochem. Cycl, 1977, 11: 367-392.

[8] Moran E, Ojima D, Buchmann N, et al. Global Land Project (GLP) Science Plan and Implementation Strategy [R]. IGBP Report No. 53 & IHDP Report No. 19, 2005.

[9] Wackernagel M, Rees W. Qur ecological footprint - reducing Human impact on the earth [J]. New Society Publishers, 1996. 61-68.

[10] Hardi P, Barg S, Hodge T et al. Measuring sustainable development: Review of current practice [R]. Occasional Paper Number 17, 1997 (IISD). 1-2, 49-51.

[11] Wackernagel M, Onisto L, Bello P, et al. National natural capital accounting with the ecological footprint concept [J]. Ecological Economics, 1999, 29 (3): 375-390.

[12] Wackernagel M, Onisto L., Bello P., et al. Ecological footprints of nations [A]. In: Commissioned by the Earth Council for the Rio+5 Forum [C]. Toronto: International Council for Local Environmental Initiatives, 1997.

[13] Wackernagel M, Rees W. Our Ecological Footprint: Reducing Human Impact on the Earth [M]. Gabriola Island: New Society Publishers, 1996.

[14] Jonathan A Foley, Ruth DeFries, Gregory P Asner et al. Global consequences of land use [J]. science, 205, 309: 570-574.

[15] Mankiw N G. Principles of Economics [M]. USA: Dryden Press, 1998: 18-55.

[16] Acs S, Hanley N, Dallimer M et al. The effect of decoupling on marginal agricultural systems: Implications for farm incomes, land use and upland ecology [J]. Land Use Policy, 2010, 27: 550-563.

[17] Macer Darryl R J, Bhardwaj Minakshi, Maekawa Fumi et al. Ethical opportunities in global agriculture, fisheries, and forestry: The role for FAO [J]. Journal of Agricultural and Environmental Ethics, 2003, 16 (5): 479-504.

[18] Yue Tianxiang, Tian Yongzhong, Liu Jiyuan et al. Surface modeling of human carrying apacity of terrestrial ecosystems in China [J]. Ecological Modelling, 2008, 214 (2-4): 168-180.

[19] Tao Fulu, Yokozawa M, Zhang Zhao et al. Remote sensing of crop production in China by production efficiency models: Models comparisons, estimates and uncertainties [J]. Ecological Modelling, 2005, 183 (4): 385-396.

[20] Xiong Wei, Lin Erda, Ju Hui et al. Climate change and critical thresholds in China' s food security [J]. Climatic Change, 2007, 81 (2): 205-221.

[21] Ye Liming, Ranst E V. Production scenarios and the effect of soil degradation on long-term food security in China [J]. Global Environmental Change,

2009，19：464-481.

［22］Yue Tianxiang，Tian Yongzhong，Liu Jiyuan et al. Surface modeling of human carrying capacity of terrestrial ecosystems in China［J］. Ecological Modelling，2008，214（2-4）：168-180.

［23］Yue Tiangxiang，Wang Qing，Lu Yimin et al. Change trends of food provisions in China［J］. Global and Planetary Change，2010（in Press）.

［24］Odum H T. Environment Accounting：Emergy and Environental Dicision Making［M］. New York：J ohn Wiley & Soon，1996.

［25］Odum H. T. System Ecology：An Introduction［M］. Wiley Inter Science，New York，1983.

［26］Odum H. T. Environmental Accounting-Emergy and Environmental Decision Making［M］. Wiley Inter Science，New York，1996.

［27］李秀彬. 中国近20年来耕地面积的变化及其政策启示［J］. 自然资源学报，1999，14（4）：329-333.

［28］傅泽强，蔡运龙，杨友孝，等. 中国粮食安全与耕地资源变化的相关分析［J］. 自然资源学报，2001，16（4）：313-319.

［29］摆万奇，赵士洞. 土地利用变化驱动力系统分析［J］. 资源科学，2001，23（3）：39-40.

［30］叶浩，濮励杰. 江苏省耕地面积变化与经济增长的协整性与因果关系分析［J］. 自然资源学报，2007，20（5）：766-774.

［31］熊鹰，王克林，郭娴. 湖南省耕地数量动态变化与经济发展关系研究［J］. 地理与地理信息科学，2003，19（5）：70-72.

［32］邵晓梅，杨勤业，张洪业. 山东省耕地变化趋势及驱动力研究［J］. 地理研究，2001，20（3）：298-306.

［33］李志雄，朱航，刘杰，曾钢平，等. 基于EMD的中国大陆强震活动特征分析［J］. 地震，2007，27（3）：57-62.

［34］林振山，汪曙光. 近四百年北半球气温变化的分析：EMD方法的应用［J］. 热带气象学报，2004，20（2）：90-96.

［35］熊学军，郭炳火，胡莜敏，等. EMD方法和HILBERT谱分析法的应用与探讨［J］. 黄渤海海洋，2002，20（2）：12-21.

［36］河北省统计局，河北省社会科学院经济研究所. 河北经济统计年鉴（1985年至1994年各年）［M］. 北京：中国统计出版社.

［37］河北省经济年鉴编委会. 河北经济年鉴（1995年2007年各年）

[M]. 北京：中国统计出版社.

[38] 许月卿，李秀彬. 河北省耕地数量动态变化及驱动因子分析 [J]. 资源科学，2001，23（5）：28-32.

[39] 封志明，刘宝勤，杨艳昭. 中国耕地资源数量变化的趋势分析与数据重建：1949~2003 [J]. 自然资源学报，2005，20（1）：35-42.

[40] 王梅，曲福田. 基于变异率的中国 50 多年的耕地变化动因分析 [J]. 资源科学，2005，27（2）：39-44.

[41] 李双成，高伟明，周巧富，等. 基于小波变换的 NDVI 与地形因子多尺度空间相关分析 [J]. 生态学报，2006，26（12）：4198-4203.

[42] 刘会玉，林振山，张明阳. 基于 EMD 的我国粮食产量波动及其成因多尺度分析 [J]. 自然资源学报，2005，20（5）：746-751.

[43] 张衍广，林振山，李茂玲，等. 基于 EMD 的山东省 GDP 增长与耕地变化关系 [J]. 地理研究，2007，26（6）：1147-1155.

[44] 毕于运，郑振源. 建国以来中国实有耕地面积增减变化分析 [J]. 资源科学，2000，22（2）：8-12.

[45] 路甬祥，牛文元，蔡运龙，等. 中国可持续发展总纲，中国地理多样性与可持续发展 [M]. 北京：科学出版社，2007（14）：266-268.

[46] 张镱锂，丁明军，等. 三江源地区植被指数下降趋势的空间特征及其地理背景 [J]. 地理研究，2007，26（3）：500-506.

[47] 顾娟，李新，黄春林. 时间序列数据集重建方法述评 [J]. 遥感技术与应用，2006，21（4）：391-395.

[48] 李双成，高伟明，周巧富，刘逢媛. 基于小波变换的 NDVI 与地形因子多尺度空间相关分析 [J]. 生态学报，2006. 26（12）：4198-4203.

[49] 孙红雨，王长耀，牛铮，等. 中国地表植被覆盖变化及其与气候因子关系 [J]. 遥感学报，1998，2（3）：205-210.

[50] 刘淑珍，周麟，仇崇善，等. 西藏自治区那曲地区草地退化沙化研究 [M]. 拉萨：西藏人民出版社，1999，73-79.

[51] 方精云，朴士龙，贺金升，等. 近 20 年来中国植被活动在增强 [J]. 中国科学（C 辑），2003，33（6）：554-565.

[52] 朴士龙，方精云. 1982~1999 年我国陆地植被活动对气候变化相应的季节差异 [J]. 地理学报，2003，58（1）：119-125.

[53] 朴士龙，方精云. 最近 18 年来中国植被覆盖的动态变化 [J]. 第四纪研究，2001，21（4）：294-302.

［54］宋怡，马明国. 基于 SPOT VEGETATION 数据的中国西北植被覆盖变化分析［J］. 中国沙漠，2007，27（1）：89-93.

［55］江田汉，邓莲堂. Hurst 指数估计中存在的若干问题——以在气候变化研究中的应用为例［J］. 地理科学，2004，24（2）：177-182.

［56］杨建平，丁永康，陈仁升. 长江黄河源区高寒植被变化的 NDVI 纪录［J］. 地理学报，2005，60（3）：467-478.

［57］付新峰，杨胜天，刘昌明. 雅鲁藏布江流域 NDVI 变化与主要气候因子的关系［J］. 地理研究，2007，26（1）：60-66.

［58］陈佑启，Peter H V，徐斌. 中国土地利用变化及其影响的空间建模分析［J］. 地理科学进展，2000，19：116-127.

［59］李双成，杨勤业. 中国森林资源动态变化的社会经济学初步分析［J］. 地理研究，2000. 19（1）：1-7.

［60］陈百明. 试论中国土地利用和土地覆被变化及其人类驱动力研究［J］. 自然资源，1997，2：31-36.

［61］摆万奇，赵士洞. 土地利用变化驱动力系统分析［J］. 资源科学，2001，23（3）：39-40.

［62］河北省经济年鉴编委会. 河北经济年鉴（1995~2007）［M］. 北京：中国统计出版社，1995-2007.

［63］刘伟，蔡志洲. 经济周期与宏观调控. 北京大学学报（哲学社会科学版）［J］. 2005，42（2）：109-120.

［64］封志明，刘宝勤，杨艳昭. 中国耕地资源数量变化的趋势分析与数据重建：1949~2003. 自然资源学报，2005，20（1）：35-42.

［65］王梅，曲福田. 基于变异率的中国 50 多年的耕地变化动因分析［J］. 资源科学，2005，27（2）：39-44.

［66］刘会玉，林振山，张明阳. 基于 EMD 的我国粮食产量波动及其成因多尺度分析［J］. 自然资源学报，2005，20（5）：746-751.

［67］陈克龙，李双城，周巧富，等. 江河源区大日县近 50 年气候变化的多尺度分析［J］. 地理研究，2007，26（3）：526-531.

［68］张衍广，林振山，李茂玲，等. 基于 EMD 的山东省 GDP 增长与耕地变化关系［J］. 地理研究，2007，26（6）：1147-1155.

［69］朱玫. 粮食生产波动与 1997 年预测［J］. 中国农村经济，1997，（4）：43-48.

［70］胡岳岷. 中国粮食生产波动周期解析［J］. 江汉论坛，2001（6）：

32-34.

［71］刘伟，蔡志洲. 经济周期与宏观调控［J］. 北京大学学报（哲学社会科学版），2005，42（2）：109-120.

［72］邓拥军，王伟，钱成春，等. EMD 方法及 Hilbert 变换中边界问题的处理［J］. 科学通报，2001. 46（3）：257-263.

［73］张志强，孙成权，程国栋等. 可持续发展研究：进展与趋向［J］. 地球科学进展，1999，14（6）：589-595.

［74］徐中民，张志强，程国栋. 甘肃省 1998 年生态足迹计算与分析［J］. 地理学报，2000，55（5）：607-616.

［75］于兴丽，陈兴鹏，蒋莉. 甘肃省 1990~2002 年生态足迹的计算与分析［J］. 干旱区资源与环境，2007，21（2）：100-103.

［76］承德市人民政府办公室，承德市统计局. 1949~1999 承德五十年［M］. 北京：中国统计出版社，1999.

［77］许月卿. 基于生态足迹的北京市土地生态承载力评价［J］. 资源科学，2007，29（5）：37-42.

［78］李利锋，成升魁. 生态占用——衡量可持续发展的新指标［J］. 资源科学，2000，15（4）：375-382.

［79］徐中民，陈东景，张志强，等. 中国 1999 年的生态足迹分析［J］. 土壤学报，2002，3（3）：441-445.

［80］高长波，张世喜，莫创荣，等. 广东省生态可持续发展定量研究：生态足迹时间维动态分析［J］. 生态环境，2005，14（1）：57-62.

［81］蔡运龙，蒙吉军. 退化土地的生态重建：社会工程途径［J］. 地理科学，1999，19（3）：198-204.

［82］陈百明. "中国土地资源生产能力及人口承载量"项目研究方法概论［J］. 自然资源学报，1991，6（3）：197-205.

［83］朱会义. 北方土石山区的土地压力及其缓解途径［J］. 地理学报，2010，4（4）：476-484.

［84］傅伯杰，陈利顶，马诚. 土地可持续利用评价的指标体系与方法［J］. 自然资源学报，1997，12（2）：113-118.

［85］谢高地，成升魁，丁贤忠. 人口增长胁迫下的全球土地利用变化研究［J］. 自然资源学报，1999，14（3）：193-199.

［86］蔡运龙，傅泽强，戴尔阜. 区域最小人均耕地面积与耕地资源调控［J］. 地理学报，2002，57（2）：127-134.

[87] 封志明，史登峰. 近 20 年来中国食物消费变化与膳食营养状况评价 [J]. 资源科学，2006，28 (1)：2-8.

[88] 李里特. 中国食物供需分析与农业经营 [J]. 中国食物与营养，2006，(11)：8-10.

[89] 韩俊. 多少粮食才安全 [J]. 瞭望新闻周刊，2005，(27)：56-57.

[90] 朱会义. 中国土地利用的分区优势及其演化机制 [J]. 地理学报，2007，62 (12)：1318-1326.

[91] 弗兰克·艾利思. 农民经济学：农民家庭农业和农业发展 [A]. 胡景北译. 地理学报 65 卷. 上海：上海人民出版社，2006.

[92] 肖笃宁，陈文波. 论生态安全的基本概念和研究内容 [J]. 应用生态学报，2002，13 (2)：354-358.

[93] 石敏俊，王涛. 中国生态脆弱带人地关系行为机制模型及应用 [J]. 地理学报，2005，60 (1)：165-174.

[94] 封志明. 土地承载力研究的过去、现在与未来 [J]. 中国土地科学，1994，8 (3)：1-9.

[95] 陈百明. 中国农业资源综合生产能力与人口承载能力 [M]. 北京：气象出版社，2001.

[96] 石玉林. 中国土地资源的人口承载能力研究 [M]. 北京：中国科学技术出版社，1992.

[97] 谢俊奇. 中国土地资源的食物生产潜力和人口承载潜力研究 [J]. 浙江学刊，1997，(2)：41-44.

[98] 郑振源. 中国土地的人口承载潜力研究 [J]. 中国土地科学，1996，10 (4)：33-38.

[99] 党安荣，阎守邕，吴宏岐，等. 基于 GIS 的中国土地生产潜力研究 [J]. 生态学报，2000，20 (6)：910-915.

[100] 侯光良，刘允芬. 我国气候生产潜力及其分区 [J]. 自然资源，1985，(3)：55-59.

[101] 谢俊奇，蔡玉梅，郑振源，等. 基于改进的农业生态区法的中国耕地粮食生产潜力评价 [J]. 中国土地科学，2004，18 (4)：31-37.

[102] 申元村. 土地人口承载力研究理论与方法探讨 [J]. 资源科学，1990，(1)：21-26.

[103] 陈念平. 土地资源承载力若干问题浅析 [J]. 自然资源学报，1989，4 (4)：371-380.

[104] 卢良恕，刘志澄. 中国中长期食物发展战略 [M]. 北京：农业出版社，1993.

[105] 梅方权. 21 世纪前期中国粮食发展分析 [J]. 中国软科学，1995，(11)：99-101.

[106] 封志明，杨艳昭，张晶. 中国基于人粮关系的土地资源承载力研究：从分县到全国 [J]. 自然资源学报，2008，23 (5)：865-875.

[107] 李玉平，蔡运龙. 区域耕地—人口—粮食系统动态分析与耕地压力预测 [J]. 北京大学学报（自然科学版），2007，(2)：230-234.

[108] 辛良杰，李秀彬，谈明洪. 中国区域粮食生产优势度的演变及分析 [J]. 农业工程学报，2009，25 (2)：222-227.

[109] 毕继业，朱道林，王秀芬等. 基于 GIS 的县域粮食生产资源利用效率评价 [J]. 农业工程学报，2008，24 (1)：94-100. 57 (2)：127-134.

[110] 殷培红，方修琦. 中国粮食安全脆弱区的识别及空间分异特征 [J]. 地理学报，2008. 63 (10)：1064-1072.

[111] 吕新业. 我国食物安全及预警研究 [D]. 北京：中国农业科学院，2006.

[112] 国务院. 中国食物与营养发展纲要（2001~2010 年）[J]. 营养学报，2002，24 (4)：337-341.

[113] 田永中. 基于栅格的中国陆地生态系统食物供给功能评估 [D]. 北京：中国科学院地理科学与资源研究所，2004.

[114] 卢良恕，刘志澄. 中国中长期食物发展战略 [M]. 北京：农业出版社，1993.

[115] 封志明，陈百明. 中国未来人口的膳食营养水平 [J]. 中国科学院院刊，1992，(3)：21-26.

[116] 王情，岳天祥，卢毅敏等. 中国食物供给能力分析 [J]. 地理学报，2010. 65 (10)：1229-1240.

[117] 丁一汇，戴晓苏. 中国近百年来温度变化 [J]. 气象，1994，20 (12)：19-26.

[118] 范丽红，崔彦军，何清，等. 新疆石河子地区近 40 年来的气候变化特征分析 [J]. 干旱区研究，2006，23 (2)：334-338.

[119] 李玲萍，杨永龙，钱莉. 石羊河流域近 45 年气温和降水特征分析 [J]. 干旱区研究，2008，25 (5)：706-710.

[120] 李克让. 全球气候变化及其影响研究进展和未来展望 [J]. 地理

学报，1996，51（12）：1-14.

［121］宋春英，延军平，刘路花. 黄河三角洲地区气候变化特征及其对气候生产力的影响［J］. 干旱区资源与环境，2011，25（7）：106-111.

［122］陈克龙，李双成，周巧富. 江河源区达日县近50年气候变化的多尺度分析［J］. 地理研究，2007，26（5）：526-532.

［123］李双成，赵志强，高江波. 基于空间小波变换的生态地理界线识别与定位［J］. 生态学报，2008，28（9）：4313-4322.

［124］李小梅，沙晋明，连江龙. 基于小波变换的NDVI区域特征尺度［J］. 生态学报，2010，30（11）：2864-2873.

［125］许月卿，李双成，蔡运龙. 基于小波分析的河北平原降水变化规律研究［J］. 中国科学D辑地球科学，2004，34（12）：1176-1183.

［126］张月丛，李双成. 基于EMD的河北省耕地数量变化与社会经济因子多尺度关系分析［J］. 干旱区资源与环境，2009，23（10）：14-18.

［127］邵晓梅，许月卿，严昌荣. 黄河流域降水序列变化的小波分析［J］. 北京大学学报（自然科学版），2006，42（4）：503-509.

［128］王绍武. 近百年气候变率的诊断研究［J］. 气象学报，1994，52（3）：261-273.

［129］江梅，张国宁，张明慧，等. 国家大气污染物排放标准体系研究［J］. 环境科学，2012，33（12）：4417-4421.

［130］刘伦升. 大气污染物排放权初始分配研究［D］. 武汉理工大学，2010.

［131］盛青. 主要氮氧化物排放源排放标准及其环境影响模拟研究［D］. 中国环境科学研究院，2011.

［132］杨存备. 焦作市大气颗粒物矿物组成及源解析［D］. 河南理工大学，2011.

［133］杨书申，邵龙义，李卫军，等. 煤炭燃烧对上海市大气质量影响的分析［J］. 煤炭学报，2007，32（10）：1070-1074.

［134］徐涛，刘晓红. 煤燃烧污染与控制技术的分析研究［J］. 应用能源技术，2008，131（11）：32-35.

［135］顾松圃. 京津风沙源区生态环境治理存在的问题与对策［J］. 山西水土保持科技，2008，（1）：36-37.

［136］吴建平. 襄汾县水土保持生态建设成效与做法［J］. 山西水土保持科技，2008，（1）：38.

［137］李学惠. 集中供热——缓解乌鲁木齐大气污染的有效途径［J］. 新疆环境保护，2005，27（3）：19-21.

［138］邹旭东，田晓波，杨洪斌，等. 2007年冬季沈阳典型大气污染源PM10排放模拟［J］. 气象与环境学报，2011，27（6）：28-34.

［139］孙雷. 城市规划环评中大气环境容量计算应用及实例分析——以合肥市城市总体规划环评为例［D］. 合肥工业大学，2010.

［140］阮幸，曹国良，蒋琴，等. 西安高新区大气环境质量综合评价及其防治对策［J］. 环境与可持续发展，2011（5）：49-52.

［141］周来东，胡翔，邓也，等. 成都市城乡结合部大气污染源调查［C］. 成都市科技年会分会场——世界现代田园城市空气环境污染防治学术交流会论文集. 2010，9：58-72.

［142］张虹等. 基于能值分析的福建省绿色 GDP 核算［J］. 地理学报，2010.

［143］杨多贵等. 发展尺度的跃进：从财富衡量到能力评价［J］. 学术论坛，2001.

［144］杨仲山. 中国国民经济核算体系模式的选择［J］. 财经问题研究，2004.

［145］李海涛等. 新疆生态系统的能值分析及其可持续评估［J］. 自然资源学报，2003.

［146］卜华等. 煤矿绿色 GDP 核算方法探讨［J］. 生态经济（学术版），2008.

［147］邹金伶等. 基于农业生态经济系统能值分析的农业绿色 GDP 核算——以怀化市为实例［J］. 中南林业科技大学学报（自然科学版），2009.

［148］常春等. 基于能值理论的农用地估价方法与实证研究［J］. 中国土地科学，2010.

［149］严茂超. 西藏生态经济系统的能值分析与可持续发展研究［J］. 自然资源学报，1998.

［150］李加林等. 基于能值分析的江苏生态经济系统发展态势及持续发展对策［J］. 经济地理，2003.

［151］刘浩等. 基于能值分析的区域循环经济研究——以辽宁省为例［J］. 资源科学，2008.

［152］李金平等. 城市环境经济能值综合和可持续性分析［J］. 生态学报，2006.

[153] 李双成等. 中国经济持续发展水平的能值分析 [J]. 自然资源学报，2001.

[154] 李双成等. 基于能值分析的土地可持续利用态势研究 [J]. 经济地理，2002.

[155] 康文星等. 基于能值分析法核算的怀化市绿色 GDP [J]. 生态学报 2010.

[156] 陈超. 基于能值分析的区域绿色 GDP 核算研究 [D]. 大连：大连理工大学，2007.

[157] 蓝盛芳等. 生态经济系统能值分析 [M]. 北京：化学工业出版社，2002.

[158] 赵志强等. 基于能值改进的开放系统生态足迹模型及其应用——以深圳市为例 [J]. 生态学报，2008.

[159] 高阳等. 基于能值改进生态足迹模型的全国省区生态经济系统分析 [J]. 北京大学学报（自然科学版），2011.

[160] 王秀明等. 基于能值分析法的天津市绿色 GDP 核算 [J]. 生态经济（学术版），2011.

[161] 蓝盛芳，钦佩，陆宏芳. 生态经济系统的能值分析 [M]. 北京：化学工业出版社，2000.

[162] 李双成，傅小锋，郑度. 中国经济持续发展水平的能值分析 [J]. 自然资源学报，2001，16（4）：297-304.

[163] 李双成，蔡运龙. 基于能值分析的土地可持续利用态势研究 [J]. 经济地理，2002，22（3）：346-350.

[164] 刘浩，王青，宋阳，等. 基于能值分析的区域循环经济研究——以辽宁省为例 [J]. 资源科学，2008，30（2）：192-198.

[165] 赵志强，李双成，高阳. 基于能值改进的开放系统生态足迹模型及其应用——以深圳市为例 [J]. 生态学报. 2008，28（5）：2220-2231.

[166] 张月丛. 基于能值方法的承德市农业生态系统分析 [J]. 河北师范大学学报（自然科学版），2009，33（4）：551-556.

[167] 高阳，黄姣，王羊，等. 基于能值分析及小波变换的城市生态经济系统研究——以深圳市为例 [J]. 资源科学，2011，33（4）：781-788.

[168] 张月丛，张才玉，成福伟，等. 承德市近 58 年气温和降水序列多时间尺度分析 [J]. 水土保持研究. 2012，19（5）：70-73.

[169] 杜鹏，徐中民. 甘肃生态经济系统的能值分析及其可持续性评估

[J]. 地球科学进展，2006，21（9）：982-988.

[170] 李加林，许继岁，张正龙. 基于能值分析的江苏生态经济系统发展态势及持续发展对策 [J]. 经济地理，2003，23（5）：615-620.

[171] 张军民. 基于能值分析的新疆玛纳斯河流域绿洲生态经济评价 [J]. 水土保持通报，2007，27（1）：151-154.

[172] 李海涛，廖迎春，严茂超，等. 新疆生态经济系统的能值分析及其可持续性评估 [J]. 地理学报，2003，58（5）：765-772.

[173] 孙玥，程全国，李晔，等. 基于能值分析的辽宁省生态经济系统可持续发展评价 [J]. 应用生态学报，2014，25（1）：188-194.

[174] 李素艳，翟鹏辉，孙向阳，等. 滨海土壤盐渍化特征及土壤改良研究 [J]. 应用基础与工程科学学报，2014，6：1069-1078.

[175] 魏玲娜，陈喜，张志才，等. 考虑植被生理生态特征变化的生态水文过程模拟 [J]. 应用基础与工程科学学报，2013，6：1027-1036.

[176] 刘艳东. 承德市水资源现状与保护对策 [A]. 中国环境科学学会. 2013 中国环境科学学会学术年会论文集（第六卷）[C]. 中国环境科学学会：2013，3.

[177] 葛京，赵士超，高倩，田铁锋. 白洋淀纯水区村留守渔民经济收入调查 [J]. 河北渔业，2013（11）：22-23.

[178] 陈绍军，程军，史明宇. 水库移民社会风险研究现状及前沿问题 [J]. 河海大学学报（哲学社会科学版），2014（2）：26-30+90-91.

[179] 陈绍军，曹志杰. 气候移民的概念与类型探析 [J]. 中国人口·资源与环境，2012（6）：164-169.

[180] 陈绍军，施国庆. 中国非自愿移民的贫困分析 [J]. 甘肃社会科学，2003（5）：114-117.

[181] 王洁琼. 水库移民后期扶持效果综合评价研究 [D]. 华北水利水电大学，2014.

[182] 黄世涛，郭丽朋，朱强，王洁琼. 大坝安全综合评价——以 W 水库为例 [J]. 水利科技与经济，2016（1）：62-64.

[183] 张赛. 承德市水资源保护补偿研究 [D]. 河北师范大学，2010.

[184] 张月丛，张才玉，成福伟，孟宪峰，杨依天. 承德市近 58 年气温和降水序列多时间尺度分析 [J]. 水土保持研究，2012（5）：70-73.